"十四五"职业教育部委级规划教材

染色工艺与实施

尚润玲　文水平　主　编
薛桂萍　张　伟　副主编

中国纺织出版社有限公司

内 容 提 要

本书主要介绍了纤维素纤维制品染色、蛋白质纤维及其混纺织物染色、合成纤维及其混纺织物染色、新型合成纤维及其混纺织物染色四部分内容，相应地分为四个模块，每个模块包含若干个相应任务，具有较强的实用性和可操作性。

本书既可作为高等职业院校染整技术及相关专业的教材，也可供纺织、染整、助剂、染料等行业的技术人员参考。

图书在版编目（CIP）数据

染色工艺与实施 / 尚润玲，文水平主编. -- 北京 ：中国纺织出版社有限公司，2023. 7（2024.8重印）
"十四五"职业教育部委级规划教材
ISBN 978-7-5229-0646-1

Ⅰ. ①染… Ⅱ. ①尚… ②文… Ⅲ. ①染色（纺织品）–高等职业教育–教材 Ⅳ. ①TS193

中国国家版本馆 CIP 数据核字（2023）第 093586 号

责任编辑：孔会云　　特约编辑：陈彩虹　　责任校对：楼旭红
责任印制：王艳丽

中国纺织出版社有限公司出版发行
地址：北京市朝阳区百子湾东里 A407 号楼　邮政编码：100124
销售电话：010—67004422　传真：010—87155801
http：//www. c-textilep. com
中国纺织出版社天猫旗舰店
官方微博 http：//weibo. com/2119887771
三河市宏盛印务有限公司印刷　各地新华书店经销
2024 年 8 月第 1 版第 2 次印刷
开本：787×1092　1/16　印张：19
字数：450 千字　定价：59. 00 元

前言

本教材的结构和内容按照任务驱动的编写思路设计。全书以典型纺织品染色为主线，通过任务分析、知识准备、任务实施、任务拓展和思考与练习等环节，介绍了不同纤维织物的染色性能、染料选择、染色工艺、染色设备、染色操作以及质量控制等基础知识，将理论知识的学习和实践操作融为一体；主要内容包括纤维素纤维制品染色、蛋白质纤维及其混纺织物染色、合成纤维及其混纺织物染色以及新型合成纤维及其混纺织物染色四大模块，每个模块分为若干个任务；每个任务结合当前行业的生产实际和染色数字化转型，增加了生产实践知识和新材料、新工艺、新助剂和数字化设备等，在教材中以二维码形式插入了重点知识和技能相关的动画、视频、微课等资源，并与泛雅平台的课程资源进行链接，构建了可听、可视、可练、可互动的数字化、立体化新形态教材。

本教材可作为高职高专院校及中等职业学校数字化染整技术及相关专业的教学用书，也可供纺织行业的技术人员学习染色知识与技能。本教材由江阴职业技术学院尚润玲和广东职业技术学院文水平担任主编，广东职业技术学院薛桂萍和盐城工业职业技术学院张伟担任副主编，全国多所知名高职高专院校数字化染整技术专业的多名资深教师共同参与编写。

本教材编写分工如下：第一、第二和第四模块由尚润玲、文水平和薛桂萍编写；第三模块主要由尚润玲编写。全书由尚润玲负责统稿。

本教材在编写过程中主要参考了染色相关教材和印染企业部分染色技术资料，在编写过程中还得到了各兄弟院校、企业专家和领导的关心和支持，尤其是江苏阳光集团教授级高工赵先丽。此外，本教材还得到了江阴职业技术学院纺织教研室教师的大力支持。在此一并表示衷心的感谢。

由于编者水平有限，且编写时间仓促，书中难免有不妥之处，敬请各位专家、读者批评指正。

编者

2023 年 2 月

目录

绪论

一、纺织品染色

染色即染上颜色，是指用化学的或其他的方法影响物质本身而使其着色。在技术允许的条件下，通过染色可以使物体呈现出人们所需要的各种颜色，用五颜六色来装点世界。染料是指一类通过直接或间接作用能附着在各种纤维和其他材料上，并使其获得一定颜色的天然或合成物质。纺织品染色是将染料或颜料应用于纺织材料，如纤维、纱线和织物，以获得具有一定色牢度的颜色。

1. 染料的历史发展与现状

人类使用染料的历史可以追溯到距今5万~10万年的旧石器时代。我国古代用矿物颜料染丝绸的方法，称为石染；而利用植物染料着色的方法，称为草染。矿物颜料作为施色剂使用的历史远远早于植物染料。在北京山顶洞人文化遗址中发现的石制项链已经用矿物颜料染成了红色。随着植物染料品种的扩大、染色助剂的应用以及媒染和套染为主的染色技术的发展，丝绸的颜色色谱不断扩展，染色质量不断提高，草染逐渐成为染色的主要方法，如从蓝草叶中提取的靛蓝、从茜草中提取的茜素均是我国古代染色的重要原料。

染料的概念

1856年，英国化学家珀金（Perkin）制得第一种合成染料——苯胺紫，此后用于各类纤维染色、印花的染料等获得了长足发展，陆续出现了许多性能良好的品种，如碱性染料、酸性染料、直接染料、硫化染料及蒽醌结构的还原染料等。随着黏胶纤维、醋酯纤维等再生纤维素纤维的面世以及人们对纤维化学结构及微结构的深入研究，人们对染色技术及染色理论进行深入研究，也促使许多性能良好的染料品种继续涌现，染色技术不断进步。

20世纪以来，伴随着煤焦油工业的发展，聚酰胺纤维、聚酯纤维、聚丙烯腈纤维、聚丙烯纤维等新一代合成纤维的出现，完全改变了以前纺织工业以天然纤维和再生纤维为主要原料的产业结构。与此同时，应用范围更广的合成染料工业也得到了迅猛发展。由于合成染料具有品种多、色谱全、价格低、质量稳定、色牢度好、染色工艺较简单等优点，它很快就替代了天然染料。新型的纺织材料、合成染料促进了纺织、染整加工技术的发展，使染料与纤维之间相互促进、相互发展，染色技术和理论日臻完善，并使纺织产品的应用范围不断扩大。

近年来，国际上对环境的恶化与生态平衡的失调十分关切，合成染料的环保问题也越来越引起人们的关注。作为染料中间体的芳胺，已被一些国家的政府机构列为可疑致癌物，其中联苯胺和乙萘胺被确认为是对人类危害很大的致癌物。随着各国对环境和生态保护要求的不断提高，禁用染料的范围不断扩大，许多国家和地区已连续发布禁用偶氮染料法规，世界各国的染料界都在致力于禁用染料替代品的研究。

今天，我们对生态纺织品和环保染料提出了新的要求。Oeko-Tex Standard 100是1992年由15个国家组成的国际环保纺织协会颁布的，从颁布起，就成为国际上判定纺织品生态性能的基准，具有广泛性和权威性，其理论基础是纺织生态学。纺织生态学从纺织的生产、使用和废弃的动态过程考察纺织生产与纺织品的生态性能。该标准对纺织品上各种有害物质的含量做了明确规定，特别是对与人体接触会引起癌变的染料，比如对会分解出被公认为具有强致癌性的芳香胺等染料提出了更严格的标准。

2. 纺织品染色技术的发展趋势

目前，全球对纺织纤维的需求量约为 1.1 亿吨，染料生产能力约为 150 万吨，纺织纤维中 80%以上均要经过染色加工。染料的生产及染色过程中污水及废弃固体物的排放对生态环境产生了严重的影响；部分染料可能会分解产生致癌物或对人体皮肤具有刺激性，这促使各国制定了更严格的环境保护法及纺织品生态标准，已经或正在促进纺织品染色工艺的更新、发展。目前，节水节能、高速高效、生态环保的染色加工技术的研究工作不断推进，有的已在生产实践中发挥了作用。同时，由于信息技术的飞速发展，染色工艺及对市场需求能做出迅速反应的加工组合也在发展之中。

采用超临界二氧化碳流体作为染色介质是当前研究的热点。该方法与以水作为染色介质的传统工艺相比具有许多优点，如无污水排放、节能、染色时间短、二氧化碳无毒、可循环使用等，缺点是需高压设备。

在越来越严格的环保压力下，为降低有色废水的排放，目前，欧洲主要倡导应用的清洁生产的“四 R 原则”（Reduce 内部减少、Recovery 回收、Reuse 回用、Recycle 循环）成为世界染色工业技术发展的主流。据估计，世界染料产量的 1/10 是在应用过程中废弃的。目前使用量最大的活性染料损失最为严重，因此，对活性染料及水的回收、再利用是当前国内外研究的重点。

合成染料由于在合成及使用过程中对环境造成了严重污染，近年来，人们对天然染料越来越感兴趣。使用天然染料不仅可以减少染料对人体的危害，充分利用天然可再生资源，而且可以大大减少染色废水的毒性，有利于减少污水处理负担，保护环境。国外许多学者采用某些天然染料对涤纶、锦纶等合成纤维进行了染色研究，得到了明亮的浓色，同时染色物具有很好的染色牢度。此外，还采用不同种类的天然染料对黄麻、棉、羊毛等天然纤维进行了染色研究，也取得了良好的染色结果。虽然天然染料有广阔的应用前景，但是大规模应用于工业化生产还有许多问题要解决。由于大多数天然染料染色时需要用重金属盐进行媒染，这不仅会产生毒性很大的污水，还会使染色后的纺织品上含有重金属物质。所以，天然染料并不能从根本上解决纺织品染色的生态问题。实现纺织品生态染色的最重要途径还是选择符合纺织生态学标准的染料进行染色。

涂料染色

涂料染色工艺

涂料染色质量

涂料染色也是染色工艺的一个重要发展方向，不但可获得与普通染色工艺完全不同的时尚效果，而且浸染和轧染工艺具有良好的续缸性能，染料的浪费及污水排放少，污水中不含有碱、电解质等对环境有害的物质。由于颜料是通过黏着剂固着在纤维表面，因此黏着剂的性能对染色牢度（耐日晒色牢度除外）、手感具有决定性的影响。而超细颜料和新型黏着剂的不断出现，使颜料染色织物的色牢度更好，手感更柔，甚至不需要水洗处理。新型防泳移剂也解决了轧染烘干时颜料的泳移问题。此外，经过改性的纤维素可直接用颜料进行染色而不使用黏着剂，可获得良好的色牢度和手感。

通过对棉纤维进行化学改性，可以提高活性染料的固色效率，降低电解质的使用量，减少环境污染。通过阳离子化改性的纤维素纤维可以采用直接染料进行差别化染色，降低电解质的用量及染色温度。棉纤维经苯甲酰巯基乙酸钠进行处理，可以提高分散染料对其的直接性。苯甲酰化的羊毛用分散染料染色可以有良好的得色量和满意的耐水洗色牢度及耐光色牢度。采用助剂增溶染色法用分散染料对羊毛进行染色可获得理想的染色效果。此外，研究人员对棉织物的前处理与染色一浴法及染色与柠檬酸防皱整理一浴法加工也进行了初步研究。

以信息技术为载体的自动化控制已渗透到了印染加工的各个领域。人们正在运用高新技术成果研究和开发新型染色技术，包括高速、高效及高度自动化的染色加工设备。如真空吸液技术，用各种传感器对上染工艺参数适时监控以达到良好的匀染效果及最高固色率等。由于普遍采用自动化程序控制，利用各种高新技术加强工艺过程的在线检测、质量控制等先进的生产手段（如计算机测色配色、计算机分色制版、网络远程通信确认订单等），印染加工已从原先一般意义上的小批量多品种，提升为即时化生产和一次准确化生产。因此大大降低了生产成本，缩短了交货周期，增强了产品的竞争力，使染色技术与印花技术向高速、高效及数字化方向发展。

今天，染色技术已成为一门综合性的科学，离不开相关学科的发展。随着科学技术的高速发展，学科之间更强调相互渗透与交叉。计算机科学、材料科学、生物科学及其他学科在染色与印花技术中的应用为染色与印花技术的发展拓宽了外延。

3. 纺织品染色的目的与要求

纺织品的染色与印花过程实质上是以染料从外部介质（外相）向纤维（内相）的转移扩散过程为基础的，是染料在两相间的分配过程。包括染料从外相向纤维表面扩散、在纤维外表面的吸附、在纤维中的扩散及在纤维内表面的吸附与固着所组成。外相可能是固态、液态、气态或液态与气态的结合态（超临界态）。染色过程中的液态介质，乃是染料在水中、有机溶剂中或其混合物中的溶液或分散液。印花过程中的浆膜为固态外部介质。分散染料热熔法染色高温焙烘升华后出现了气态外部介质。超临界二氧化碳流体则是结合了液体与气体两种介质性质的一种新型的染色介质。染色和印花的最终目的是染料在纤维上（含外表面）的吸附与固着。

所谓染色，是指用染料按一定的方法使纤维、纺织品获得颜色的加工过程。它包括将染料制成某种介质（一般是水）的溶液或分散液，利用染料与纤维之间产生物理的、化学的或物理与化学相结合的作用对纤维染色，或者用化学方法使染料中间体在纤维上生成颜料，从而使纺织品具有一定的颜色。纺织品通过染色所得的颜色应符合指定颜色的色泽、均匀度和色牢度等要求，同时也应该符合一定标准的生态环保要求。

二、染料的分类与命名

1. 染料的分类

染料的分类一般有两种。一种是根据染料分子化学结构的特征分类，称为结构分类，这种分类方法适用于染料的研究和制造人员应用；另一种是根据染料应用性能的特点分类，称为应用分类，这种分类方法常为印染行业工作者应用。

按结构分类，染料主要有偶氮染料、蒽醌染料、靛类染料、硫化染料、甲川染料、三芳甲烷染料、酞菁染料等。按应用分类，染料有直接染料、活性染料、还原染料、硫化染料、不溶性偶氮染料、酸性染料、酸性媒染染料、酸性含媒染料、分散染料、阳离子染料等。

染料的分类

2. 染料的命名

染料不但数量多，而且每类染料的性质和使用方法又各不相同。为了便于区别和掌握，对染料进行统一命名的方法已经正式采用。只要看到染料的名称，就可以大概知道该染料是属于哪一种类染料，以及其颜色、光泽等。我国统一使用三段命名法，染料名称分为三个部分，即冠称、色称和尾注。

染料的命名

（1）冠称。主要表示染料根据其应用方法或性质分类的名称，如分散染料、还原染料、活性染料、直接染料等。

（2）色称。表示用这种染料按标准方法将织物染色后所能得的颜色的名称。通常表示方法有：用物理上通用名称表示，如红、绿、蓝等；用植物名称表示，如橘黄、桃红、草绿、玫瑰等；用自然界现象表示，如天蓝、金黄等；用动物名称表示，如鼠灰、鹅黄等。

（3）尾注。表示染料的色光、性能、状态、浓度以及适用什么织物等，一般用字母和数字代表。

染料的三段命名法使用比较方便。例如还原紫 RR，可知道这是带红光的紫色还原染料，冠称是还原，色称是紫色，R 表示带红光，两个 R 表示红光较重。目前，有关染料的命名尚未在世界各国得到统一，各染厂都为自己生产的每种染料取一个名称，因此出现了同一种染料可能有几个名称的情况，需加以甄别。

三、颜色特征与染料发色

1. 颜色的基本特征

在色彩感觉形成的过程中，颜色来源于光，光又伴随着色，色与光有着密切的关系，同时颜色有其基本特性。任何一种彩色均由三个量表示：色相、明度和纯度。

颜色的基本特征

（1）色相。色相是色彩最基本的特征，人们根据色相来称呼颜色，如红色、黄色、绿色等。色相是由物体表面反射到人眼视神经的色光来确定。对于单色光，可以用其光的波长确定。若是混合光组成的色彩，则以组成混合光各种波长光量的比例来确定色相。例如，在日光下，物品表面反射波长为 500~550nm 的色光，而相对吸收其他波长的色光，该物品在视觉上的感觉便是绿色。

（2）明度。明度也称亮度，是指色彩的明亮程度，各种有色物体由于它们的反射光量的区别而产生颜色的明暗强弱。色彩的明度有两种情况。一是同一色相不同明度，如同一颜色在强光照射下显得明亮，弱光照射下显得较灰暗模糊；二是各种颜色的不同明度，每一种纯色都有与其相应的明度，白色的明度最高，而黑色的明度最低。明度是物体反射光线的数量方面的一种特性，物体对彩色光反射率越高，人们眼睛感觉到这种色越明亮，它的明度值越高。所以明度是颜色在量方面的特性，明度有时称度。

（3）纯度。纯度又称为彩度，是指色相的纯度和强度，即颜色的纯洁性，它表示颜色中所含有色成分的比例。含有色成分的比例越大，则色彩的纯度越高，含有色成分的比例越小，则色彩的纯度越低。可见光的各种单色光是最饱和的颜色，当一种颜色掺入黑、白或其他彩色时，饱和度就产生变化，掺入越多，就越不饱和。

2. 染料的发色原理

染料都是有色物，关于染料能产生颜色有多种解释，其中最典型的有两种理论，即发色团发色理论和现代发色理论。前者从现象上对染料的发色做出了解释，后者从本质上对此进行了说明。

染色的发色理论

（1）发色团发色原理。该理论认为，染料之所以能产生颜色与染料的结构密切相关。研究表明，染料分子中均含有能呈现颜色的发色基团或发色体，这些发色基团或发色体通常为一些含有双键的基团，如偶氮基（—N ═N—）、亚乙烯基（—CH ═CH—）、芳环等相互连接所构成的不饱和共轭体系。同时，在染料分子结构中还含有助色团，助色团通常为一些极性基团，如氨基（$—NH_2$）、硝基（$—NO_2$）、羟基（—OH）、羧基（—COOH）等。助色团与发色团相连，可增加染料颜色的深度和浓度。

（2）现代发色理论。该理论认为，染料产生颜色与染料分子轨道中电子的跃迁有关。染料分子中的电子在不同能量的分子轨道上运动，通常情况下，电子总是优先处在能量最低的分子轨道上运动，此时电子所处的状态称为基态，或称为稳定态。当受到光照后，染料分子中的电子吸收光能，就能从基态跃迁到能量较高的分子轨道上，此时电子所处的状态称为激发态。染料分子中不同的分子轨道都具有各自相应的能量。电子激发态与电子基态间的能量差就是电子跃迁所具备的能量，称电子跃迁能。当入射光的光子能量正好等于电子跃迁能时，这一光子的能量就能被电子吸收，完成电子的跃迁。由于染料分子中电子的跃迁能恰好在可见光的光子能量范围内，因此它可以吸收可见光的光子能量进行跃迁，即染料可以对可见光进行选择性吸收，从而使染料呈现出颜色。

影响染料颜色的因素

四、染色方法

染色方法的实施是在染色设备上完成的。染色设备是染色顺利进行的必要条件和手段，对染料的上染速率、匀染性、染色坚牢度、色差、染料利用率、劳动强度、生产效率、能耗及染色成本等都有很大的影响。节水、节能、多用途、智能化是当今染色设备的发展趋势。染色设备的品种、型号很多，分类方法也很多。按染色方法可分为浸染机、卷染机、轧染机；按被染物形态可分为散纤维染色机、纱线染色机、织物染色机；按染色温度及压力可分为常温常压染色机及高温高压染色机；按设备运转方式可分为间歇式染色机及连续式染色机等。

染色过程

纺织品可以以不同的形态进行染色，如散纤维染色、纱线染色、织物染色等。其中织物染色应用最广，包括各种纯纺、混纺或交织的机织物和针织

染色的概念

物。纱线染色主要用于纱线制品和色织物或针织物所用纱线的染色，其应用也比较广泛。而散纤维染色主要用于一些具有特殊效果的纺织品，应用范围小。目前又出现了成衣染色，即将白坯织物制作成服装后再染色，由于其具有适合小批量生产、交货迅速、可快速适应市场的变化、产品具有良好的服用性能等特点，而引起了人们的重视。

根据把染料施加于染色物和使染料固着在纤维上的方式不同，染色方法可分为浸染和轧染两种。

1. 浸染

浸染是将纺织品浸渍于染液中，经一定时间使染料上染纤维并固着在纤维上的染色方法。浸染时，染液及被染物可以同时循环运转，也可以只有一种循环。在染色过程中，染料逐渐上染纤维，染液中的染料浓度相应地逐渐下降。

浸染方法适用于各种形态的纺织品的染色，如散纤维、纱线、针织物、真丝织物、丝绒织物、毛织物、稀薄织物、网状织物等不能经受张力或压轧的染色物的染色。浸染一般是间歇式生产，生产效率较低。浸染的设备比较简单，操作也比较容易，常用的主要有散纤维染色机、绞纱或筒子纱染色机、经轴染色机、卷染机、绳状染色机、喷射溢流染色机、气流染色机等。气流染色机属于新一代喷射染色机，其所需水和热量只是传统喷射染色机的一半，生产效率却比后者高 100%，并且广泛适用于各种纤维和织物。

浸染时被染物质量与染液质量之比称为浴比。由于染色介质一般为水，则习惯上将被染物质量（kg）与染液体积（L）之比称为浴比。染料用量一般用对纤维质量的百分数（owf）表示，称为染色浓度。例如，被染物 50kg，浴比 1∶20，染色浓度为 2%（owf），则染液体积为 1000L，所用染料质量为 1kg。

浸染时，首先要保证染液各处的染料、助剂的浓度均匀一致，否则会造成染色不匀，因此染液和被染物的相对运动是很重要的，同时要尽可能地保证染液均匀流动。上染速率太快，易造成染色不匀，一般可通过调节温度及加入匀染助剂来达到控制上染速率的目的。调节温度时应使染浴各处的温度均匀一致，升温速率必须与染液流速相适应。加入匀染剂可控制上染速率，或增加染料的移染性能，因此获得匀染。另外，为了纠正初染率太高而造成的上染不匀，也可以采用延长上染时间的办法来增进移染，但对于移染性能差的染料很难有效。

浴比大小对染料的利用率、匀染性、能量消耗及废水量等都有影响。一般来讲，浴比大对匀染有利，但会降低染料的利用率及增加废水量。为了提高染料的利用率，在保证匀染的情况下，可加用促染剂以提高染料的利用率。

纺织品在纤维生产和纺织加工过程中会受到各种张力的作用，为了防止或减少纺织品在染色过程中发生收缩和染色不匀的现象，应预先消除其内应力。例如，棉织物染色前应用水均匀润湿，合成纤维织物染色前经热定形处理等。

2. 轧染

轧染是将织物在染液中经过短暂的浸渍后，随即用轧辊轧压，将染液挤入纺织品的组织孔隙中，并除去多余的染液，使染料均匀分布在织物上，染料的上染是在以后的汽蒸或焙烘等处理过程中完成的。

和浸染不同，在轧染过程中，织物浸在染液里的时间很短，一般只有几秒到十几秒。浸轧后，织物上带的染液（即带液率或轧液率，织物上带的染液质量占干布质量的百分率）不多，在 30%~100%。如合成纤维的轧液率在 30%左右，棉织物的轧液率在 70%左右，黏胶纤维织物的轧液率在 90%左右。不存在染液的循环流动，没有移染过程。

轧染一般是连续染色加工，生产效率高，适合大批量织物的染色，但被染物所受张力较大，通常用于机织物的染色，丝束和纱线有时也用轧染染色。

为了保证匀染性及防止色差，首先要求轧液要均匀，织物浸轧后，前后及左中右的轧液率要求均匀一致。目前较理想的染色轧车是均匀轧车。该轧车的特点为：在轧辊的两端用压缩空气加压，在轧辊内部用油泵加压，通过调节使轧辊整个幅度上压力相同，不宜造成织物边部与中间的深浅疵病；其一对轧辊都为软辊。

用于轧染的织物需有良好的润湿性能，这样染液才能迅速透入织物的组织孔隙，将空气置换出来。因此染色前织物除应先经充分的前处理（如煮练、丝光）外，也可在染液中加适当的润湿剂。在这种情况下，增加轧辊压力可以更多地除去多余的染液，获得比较低的轧液率。但如果织物的润湿性能不好，则增加轧辊压力可以使更多的染液透入织物的组织孔隙中，反而可以增加轧液率。

浸轧有一浸一轧、一浸二轧、二浸二轧或多浸一轧等几种形式，采用哪种方法可视织物、设备、染料等情况而定。织物厚，渗透性差，染料用量高，则不宜用一浸一轧。

织物经过轧点时，多余的染液大部分被轧去，但也有一部分染液在织物经过轧点后被重新吸收。经过轧压以后，织物上的染液可以分为三部分：即被纤维所吸收的染液，留在织物组织的毛细管孔隙中的染液，留在织物间隙中、在重力作用下容易流动的染液。烘干时，织物表面的水分蒸发，后两部分染液通过毛细管效应向织物的受热表面移动，产生“泳移”现象，造成色斑。所谓泳移，是指织物在浸轧染液以后的烘干过程中染料随水分的移动而移动的现象。泳移不但使染色不匀，而且易使耐摩擦色牢度降低。很显然，织物含湿量越大，染料就越易泳移，因此浸轧时轧液率越高，烘干过程中产生泳移的情况越严重。织物上含湿量在一定数值以下时（例如棉织物大约在 30%以下，涤棉混纺织物大约在 25%以下），泳移现象就不显著。除了降低轧液率防止泳移外，加入防泳移剂也是一个有效的途径。

一般染料对纤维都有一定的直接性，在浸轧过程中会对纤维发生吸附，因此轧余回流下来的染液浓度降低，轧槽里的浓度也随之而下降，造成染色前浓后淡的色差。染料对纤维的初染率越高，前浓后淡差别越大。一般可通过开车初期适当冲淡轧槽染液浓度的方法来避免。反之，如果染料对纤维没有直接性而又不能随水一起扩散进入纤维，那么回流下来的染液浓度反而增加了，结果会产生前淡后浓的现象。一般可通过提高开车初期的染液浓度减少这种色差。

浸轧后的织物烘干一般有红外线烘燥、热风烘燥、烘筒烘燥三种，分别属于辐射、对流、传导三种传热方式。前两种属于无接触式烘燥，烘干效率较低，最后一种属于接触式烘燥，烘干效率最高。

热风烘燥是利用热空气使织物上的水分蒸发，一般采用导辊式热风烘燥机（有直导辊式和横导辊式两种）。空气先经蒸汽管加热，由喷风口送入烘箱内，各喷风口的风量要相等，左右要一致，以免引起烘燥不匀。由于从织物上蒸发的水分直接散逸在热空气中，使热空气的含湿量增高，又由于其属于对流传热，因此烘燥效率较低。

烘筒烘燥是将织物贴在里面用蒸汽加热的金属圆筒表面，使织物上的水分蒸发。烘筒烘燥是接触式烘燥，烘燥效率高。由于烘筒壁的厚薄不一致以及表面平整程度的差异，织物浸轧染液后直接用烘筒烘干，极易造成烘干不匀和染料泳移，因此一般烘筒烘燥往往与热风烘燥或红外线烘燥结合起来使用，待用热风或红外线烘至一定湿度后再使织物接触温度高的烘筒。

轧染中使染料固着的方法一般有汽蒸、焙烘（或热熔）两种。汽蒸就是利用水蒸气使织物温度升高，纤维吸湿溶胀，染料与化学药剂溶解，同时染料被纤维所吸附而扩散进入纤维内部并固着。汽蒸在汽蒸箱中进行，根据所用染料，有时用水封口，有时用汽封口。汽蒸时间一般较短，约 50s，温度为 100～102℃。除这种常压饱和蒸汽汽蒸外，还有常压高温蒸汽（即过热蒸汽）和高温高压蒸汽汽蒸。常压高温汽蒸是用温度高于 100℃的过热蒸汽汽蒸，常用的温度范围在 170～190℃，一般用于涤纶及其混纺织物的分散染料热熔染色，也可用于活性染料常压高温汽蒸固色。高温高压汽蒸是用 130℃左右的高压饱和蒸汽汽蒸，可用于涤纶及其混纺织物的分散染料染色。

焙烘是以干热气流作为传热介质使织物升温，染料溶解并扩散进入纤维而固着。焙烘箱一般为导辊式，与热风烘燥机相似，但温度较高，一般是利用可燃性气体与空气混合燃烧，也有用红外线加热焙烘的。焙烘法特别适用于涤纶及其混纺织物的分散染料热熔染色，也可用于活性染料的固色。焙烘箱内各处温度及风量应均匀一致，汽蒸箱内各处湿度及温度也应均匀一致，固色条件不一致就会造成色差。

汽蒸或焙烘后再根据不同要求进行水洗、皂洗等后处理，最后经烘筒烘干。

此外，轧堆染色是在浸轧后堆置过程中固色的一种半连续染色方法，主要用于活性染料对棉织物的染色，如活性染料的冷轧堆染色。

五、染色过程

1. 上染过程的四个阶段

（1）第一阶段——染料分子随染液流动靠近纤维界面。

受染液流动速率的影响，越靠近纤维界面的区域，染液的流动速率越慢，形成染液本体和纤维界面间的速度梯度。一般把染液流速从染液本体到纤维表面流速降低的区域称为动力边界层。动力边界层的体积虽小，但在染料的传递过程（包括染色和水洗）中却起着非常重要的作用。动力边界层的厚度与纤维表面的染液流速有关。

（2）第二阶段——染料通过纤维表面的扩散边界层向纤维表面扩散。

动力边界层内靠近纤维表面的染液几乎是静止的，此时，染料主要靠自身的扩散靠近纤维表面，该液层称为扩散边界层。扩散边界层中的染料浓度从染液本体到纤维表面是逐渐降低的，存在着浓度梯度，染料的扩散方向由染液本体指向纤维表面。扩散边界层是动力边界层的一部分，厚度约为动力边界层的 10%，因此与动力边界层的厚度有关。扩散边界层会阻碍或降低纤维对染料的吸附速率或解吸速率，这种影响会随着扩散边界层厚度的增加而增加。因此，在染色过程中，若染液流动速率有差异，会使纤维表面的扩散边界层厚度不均匀，从而造成染料吸附速率或上染速率的不均匀，导致染色不匀。提高染液的流动速率，减小扩散边界层厚度是提高染色速率、获得匀染的重要途径之一。

（3）第三阶段——染料分子被纤维表面吸附。

染料在扩散边界层中靠近纤维到一定距离后，染料分子被纤维表面迅速吸附，并与纤维分子间产生氢键、范德瓦耳斯或库仑引力结合。纤维对染料分子的吸附主要是通过物理吸附（如范德瓦耳斯力和氢键）及化学吸附（如离子键）等来完成的。吸附速率受纤维表面的电荷性质、染料的分子结构及所带电荷、染料的溶解性质以及染料分子在扩散边界层中的扩散速率等因素的影响。

（4）第四阶段——染料向纤维内部扩散并固着在纤维内部。

染料吸附到纤维表面后，在纤维内、外形成染料浓度差，因而染料向纤维内部扩散并固着在纤维内部。此阶段的扩散是在固相介质中进行的，由于染料分子在扩散过程中受到纤维分子的机械阻力、化学吸引力及染料分子间吸引力的阻碍，扩散速率仅为在溶液中扩散速率的千分之一到百万分之一，这往往是决定上染速率的阶段。这种扩散直到纤维和溶液间的染料浓度达到平衡，纤维内、外表面染料浓度相等即纤维染透为止。纤维中的染料分子分布在无定形区，有的成单分子状态吸附在纤维分子链上，有的则和纤维分子链上的染料保持平衡状态，分布在纤维内孔道的溶液中，少量染料分子也可能成多分子层吸附在纤维分子链上。

2. 染料在染液中的状态

染料按其溶解度的大小，可分为水溶性染料和难溶性染料。染料上染纤维一般以水作为染色介质来完成，而染料在水溶液中的集聚或溶解状态直接影响染料的上染速率以及平衡吸附量。随着染料分子结构、溶解温度、pH值，以及其他成分的不同，染料的溶液可以呈现分子或离子状以及胶体和悬浮状。

染料在染液中的状态

水溶性离子型染料，如直接染料、活性染料、酸性染料、阳离子染料等，由于水分子为极性分子，染料的亲水部分能与水分子形成氢键结合，并根据其亲水性的强弱与水形成水合离子或水合分子而溶解，形成染料的水溶液。不含水溶液的基团或极性基团的染料，如还原染料及硫化染料，不溶于水，以微小颗粒状分散在水中形成染料的水封单分散悬浮液。含有极性集团的非离子染料，如分散染料，在水中的溶解度很低，染色时以细微颗粒与水形成分散状态的悬浮体，随着染色温度的上升，染料逐渐溶解，从而对纤维进行染色。

在配制染液时，染料在染液中一般有溶解与电离、分散与集聚等状态。

（1）染料的溶解与电离。水溶性染料一般含有水溶性基团，如硫酸基、羧基等，这类染料能溶解在水溶液中。染料的溶解性能首先与染料分子中极性基团的性能和含量有关。极性基团包括离子基（$—SO_3Na$、—COONa、$—OSO_3Na$ 等）和非离子基（—OH、$—NH_2$、$—CONH_2$ 等）。例如，在直接染料、酸性染料和活性染料的分子中都含有酸基（或其钠盐），在可溶性还原染料和乙烯型活性染料的分子中含有硫酸酯（钠盐或钾盐）基，在缩聚染料的分子中含有硫代硫酸（钠盐）基，在阳离子染料中含有季铵盐等。离子基一般都是强的电离基，习惯上称它们为水溶性基团，其中以羧基应用最广。

直接染料、活性染料、酸性染料等在水中离解为：

$$DM \rightarrow D^- + M^+$$

D^-代表染料阴离子（通常含有$—COO^-$、$—SO_3^-$），M^+代表伴随的金属阳离子。

阳离子染料在水中离解为：

$$DM \rightarrow D^+ + X^-$$

D^+代表染料阳离子，X^-代表伴随的阴离子（多数为 Cl^-）。

溶解度的大小与染料种类、温度、染液的 pH 值等因素有关；在染液中加入助溶剂如尿素、表面活性剂等，有利于染料的溶解。

（2）染料的分散与集聚。当染料投入水中，染料的晶体结构不能受水分子的极性作用而遭到破坏，染料只能以晶体的形式均匀地分布在水中，则称为染料的分散，该体系称为染料分散液或染料悬浮液，它一般是混浊、不透明的体系。染料的分散必须在分散剂的作用下才能进行，否则会因染料的重力而产生染料的沉降和体系的分层。染料分散液的稳定性与染料晶体颗粒的大小，分散剂的性质、用量，染料分散液的温度等因素有关。一般而言，染料颗粒越小，染料分散液越稳定；分散剂的分散能力越强，用量越大，染料分散液越稳定；染料分散液温度越低，染料分散液越稳定。

电离后的单离子染料或溶解后的单分子染料又可能聚集在一起，形成染料的聚集态，这个过程称为染料的聚集。染料在水中除溶解呈单分子状态外，由于染料分子之间的疏水部分的氢键和范德瓦耳斯力的作用而使染料发生不同程度的聚集。染料的溶解和聚集实际上是可逆的。染料聚集倾向的大小反映了染料分子之间吸引力的大小，也在一定程度上反映了染料亲水性的强弱和染料与纤维之间吸引力的大小，因此会影响染料的染色性能，如吸附速率、在纤维中的扩散速率及匀染性等。

染料的聚集反应以含有磺酸基的阴离子型染料为例写成下式：

$$D—SO_3Na \longrightarrow D—SO_3^- + Na^+$$

D 为染料母体，$D—SO_3^-$ 为电离的色素阴离子。

在染液中，染料离子、分子及其聚集体之间存在着动态平衡关系。染料对纤维的上染是以单分子或离子状态进行的，随着染液中染料分子或离子上染纤维，染液浓度逐渐降低，染料聚集体不断解聚，直到染色达到平衡。难溶性染料在水中的溶解度很小，如分散染料、还原染料等。在实际染色中，染料用量远大于其溶解度，染料在水中主要以分散状态存在，借助表面活性剂的作用，在溶液中形成悬浮液。

在染液中，一部分染料以细小的晶体状态悬浮在染液里，一部分染料溶解在分散剂的胶束里，小部分染料成溶解状态，这三种状态保持一定的动态平衡关系。难溶性染料染色时，必须保证染液的分散稳定性，避免染料沉淀。

染料分散稳定性与染料颗粒大小、温度、电解质、分散剂性能等有关。为保证染液的分散稳定性，染料颗粒一般要求小于 2μm，染料颗粒过大，容易发生沉淀；染液温度升高，染液分散稳定性变差，甚至沉淀；染液中加入电解质，会使染液分散稳定性降低；分散剂分散性能对染液稳定性有很大影响。

3. 纤维在染液中的状态

当纤维投入染液中后，纤维的形态、性质将会发生某些变化，其中对染色影响较大的是纤维在染液中的吸湿膨胀和纤维在染液中的电现象。

纤维结构中通常有晶区和非晶区两部分。当将纤维投入染液时，纤维的非晶区将会吸湿发生膨胀，从而使纤维分子链间的微隙增大，这将大大有利于染料的上染。不同的纤维，由于其结构不同，其吸湿能力也不同。纺织纤

纤维在染液中的状态

维的吸湿能力可用其在一定湿度下的回潮率来衡量。纤维的吸湿能力不同，其吸湿溶胀的程度也不一样。一般而言，亲水性纤维（棉、黏胶纤维、丝、毛等）易吸湿溶胀，疏水性纤维（如涤纶、腈纶等）不易吸湿溶胀。如黏胶纤维吸湿溶胀前分子链间的微隙是 0.5nm，吸湿溶胀后分子链间的微隙是 3～10nm；羊毛纤维吸湿溶胀前分子链间的微隙是 0.6nm，吸湿溶胀后分子链间的微隙是 4nm。

纤维与染液接触时，在纤维的表面通常会带有一定量的电荷。在中性或碱性条件下，纤维表面一般带有负电荷。纤维表面带电的原因有三：其一是纤维分子中原有的羧基、磺酸基等基团在染液中发生了电离（如腈纶），或纤维分子中因氧化（如在漂白过程中）而产生的羧基在染液中发生了电离，使纤维表面带有负电荷；其二是纤维在染液中吸附了带负电的粒子，如氢氧根离子等，使纤维表面带有负电荷；其三是由于纤维的介电常数小于染液的介电常数，由经验规则可知，在接触的两相之间介电常数小的物质带负电，介电常数大的物质带正电，因此，在染液中纤维表面带负电。

纤维在染液中，由于其表面带有电荷，因此染液中带电离子通常会受到两个方面作用力的影响。一是纤维表面电荷的静电力作用，当染液中的带电离子所带电荷与纤维所带电荷电性相反时，其静电力为引力，带电离子有靠近纤维表面的趋势；当染液中的带电离子所带电荷与纤维所带电荷电性相同时，其静电力为斥力，带电离子有远离纤维表面的趋势。二是由于带电离子自身的热运动和染色时的搅拌作用，有使带电离子分布均匀的趋势。两种作用力综合作用，使带有与纤维表面电荷电性相反的离子浓度随着与纤维表面距离的增加而逐渐降低，直到和染液深处一样。相反，带有与纤维表面电荷电性相同的离子，浓度随着与纤维表面距离的增加而逐渐提高，直到和染液深处一样。

纤维染色电现象

六、染色牢度

染色牢度是指染色织物在使用过程中或在以后的加工过程中，染料或颜料在各种外界因素影响下，能保持原来颜色状态的能力。染色牢度是衡量染色成品的重要质量指标之一，容易褪色的成品染色牢度低，不易褪色的成品染色牢度高。经过染色、印花的纺织品，在使用过程中要经受日晒、水洗、摩擦、汗渍等各种外界因素的作用；或染色、印花以后，还要经过其他的后处理加工过程（如树脂整理等），都有可能引起纺织品色泽的变化。保持原来色泽能力低的，即容易褪色，则染色牢度低，不容易褪色的染色牢度高。

染色牢度的种类很多，一般以染料在纺织品上所受外界因素作用的性质不同而分类，主要有耐洗色牢度、耐水色牢度、耐摩擦色牢度、耐刷洗色牢度、耐日晒色牢度、耐汗渍色牢度、耐热压色牢度、耐干热色牢度、耐氯漂色牢度、耐气候色牢度、耐酸（碱）滴色牢度、耐干洗色牢度、耐有机溶剂色牢度、耐海水色牢度、耐烟熏色牢度、耐口水色牢度等。

染色产品的用途不同，对染色牢度的要求也不一样。如夏季服装面料应具有较高的耐洗及耐汗渍色牢度，而汽车用布则要求有良好的耐日晒色牢度及耐摩擦色牢度。为了对产品进行质量检验，国际标准化组织（ISO）参照纺织品的服用情况，制定了一套染色牢度的测试方法及标准。各个国家也根据其国情和具体情况制定了相应的染色牢度国家标准，如美国标准（AATCC）及日本标准（JIS）等。我国的国家标准包括强制性国家标准（GB）及推荐性国家标准（GB/T）。此外，还有推荐性行业标准（FZ/T）、企业标准及其他标准。由于纺织品的实际服用情况比较复杂，因此这些试验方法只是一种近似的模拟。对纺织品色牢度进行检测时，应根据其适用范围来选用标准，同时应明确执行该标准方法的原理、适用的设备和材料、试验样品的制备、操作方法和程序以及试验报告的要求等。

1. 耐日晒色牢度

耐日晒色牢度是指染色物在日光照射下保持原来色泽的能力。按一般规定，耐日晒色牢度的测定以太阳光为标准。在实验室中为了便于控制，一般都用人工光源，必要时加以校正。最常用的人工光源是氙气灯光，也有用炭弧灯的。染色物在光的照射下，染料吸收光能，能级提高，分子处于激化状态，染料分子的发色体系发生变化或遭到破坏，导致染料分解而发生变色或褪色现象。日晒褪色是一个比较复杂的光化学变化过程，它与染料的结构、染色浓度、纤维种类、外界条件等都有关系。试验方法参考 GB/T 730—2008《纺织品色牢度试验蓝色羊毛标样（1-7）级的品质控制》。

同一染料在同一品种纤维上，染色物的耐日晒色牢度会随染色浓度的变化而有所不同，浓度低的耐日晒色牢度一般较浓度高的差，这种情况对硫化染料及不溶性偶氮染料更为明显，只有极个别的分散染料和某些碱性染料在某些合成纤维上的耐日晒色牢度是随染色浓度的提高而降低的，分散染料对聚酯微细纤维染色浓度高时耐日晒色牢度也会降低。除了染料和纤维的因素以外，外界条件如光源的光谱组成及入射角度、周围的大气成分和温度、试样的含湿率高低等都会影响试样的耐日晒色牢度。如污染大气中的二氧化硫、二氧化氮等气体都可能引起染料变色或褪色；试样的含湿率高，会使染料的褪色速率增加；织物上有尿素、苯酚等化合物存在，也会降低耐日晒色牢度。如果综合这些因素，将纺织品在气候侵蚀不加任何保护的情况下或在模拟外界气候条件下进行曝晒试验，所测定的织物色牢度称为耐气候色牢度。

耐日晒色牢度分为 8 级，1 级为最低，8 级为最高。每级有一个用规定的染料染成一定浓度的蓝色羊毛织物标样。它们在规定条件下日晒，发生褪色所需的时间大致逐级成倍地增加（如 1 级标样约相当于在太阳光下曝晒 3h 开始褪色，而 8 级标样约相当于在太阳光下曝晒 384h 以上开始褪色）。这些标样称为蓝色标样。测定试样的耐日晒色牢度时，将试样和 8 块蓝色标样在同一规定条件下进行曝晒，看试样褪色情况和哪一块蓝色标样相当而评定其耐日晒色牢度。

2. 耐洗色牢度

耐洗色牢度是指染色物在肥皂等溶液中洗涤时的牢度。耐洗色牢度包括原样褪色及白布沾色两项内容。原样褪色即织物在皂洗前后相比的褪色情况，白布沾色是指与染色织物同时皂洗的白布因染色物褪色而沾色的情况。试验方法参考 GB/T 3921—2008《纺织品　色牢度试验　耐皂洗色牢度》。

耐洗色牢度首先与染料的化学结构有关。水溶性染料如直接染料、酸性染料等，由于其含有水溶性基团，且染料与纤维之间的结合键能较弱，若染色后未经固色处理（封闭其水溶性基团或提高染料分子与纤维之间的结合力），则耐洗色牢度一般较差，经固色后处理的染色物，耐洗色牢度可得到一定程度的提高。水溶性较差或水不溶性的染料，耐洗色牢度一般均较高。活性染料虽然具有较强的水溶性，但由于染料与纤维之间产生具有较强键能的共价键结合，因此耐洗色牢度较好。耐洗色牢度还与执行不良的染色工艺有密切的关系，如活性染料的水解、固色不充分、浮色多、染色后水洗及皂煮不良，均会导致耐洗色牢度降低。耐洗色牢度的褪色及沾色等级分别按“染色牢度褪色样卡”（习称灰卡）和“染色牢度沾色样卡”的规定评定。样卡分 5 级 9 档，每档相差半级，以 1 级最差，5 级最好。

3. 耐摩擦色牢度

耐摩擦色牢度一般分为耐干摩擦色牢度和耐湿摩擦色牢度两种。耐干摩擦色牢度指用干的白布在一定压强下摩擦染色织物时白布的沾色情况，耐湿摩擦色牢度指用含水率 100%的白布在相同摩擦条件下白布的沾色情况，因此耐湿摩擦色牢度一般均比耐干摩擦色牢度差。染色织物的耐摩擦色牢度与染料在纤维上的分布状态有关，染料透染性好，表面无浮色，则耐摩擦色牢度高。染色浓度高时易造成浮色，且在单位时间及单位面积内掉下来的染料数量常较浓度低时为多，故耐摩擦色牢度较差。耐摩擦色牢度试验方法参考 GB/T 3920—2008《纺织品　色牢度试验　耐摩擦色牢度》。试验时按规定条件将白布和试样摩擦，按原样褪色、白布沾色情况，分别与褪色、沾色灰色样卡比较来评定级别。耐摩擦色牢度也分为 5 级，1 级最差，5 级最好。其他染色牢度除耐气候色牢度分为 8 级以外，其余均分成 5 级，各种试验方法可参见相应的标准。

评定染料的染色牢度应将染料在纺织物上染成规定的色泽浓度才能进行比较。这是因为色泽浓度不同，所测得的色牢度是不一样的。例如，浓色试样的耐日晒色牢度比淡色的高，耐摩擦色牢度的情况则与此相反。为了便于比较，应将试样染成一定浓度的色泽，主要颜色各有一个规定的所谓标准浓度参比标样，这个浓度写作“1/1”染色浓度。一般染料染色样卡中所载的染色牢度都注有“1/1”“1/3”等染色浓度。“1/3”的浓度为 1/1 标准浓度的 1/3。

模块1　纤维素纤维制品染色

纤维素纤维按照来源可以分为天然纤维素纤维和再生纤维素纤维。按照染色对象的不同可以分为机织物、针织物、纱线及成衣等。在当前染整企业的生产实际中，染色较多的天然纤维素纤维制品有棉针织物、棉机织物、亚麻机织物和棉纱线等；染色较多的再生纤维素纤维制品有黏胶纤维、莫代尔和天丝等。

任务1　纯棉针织物染色

学习目标

1. 知识目标

（1）了解经编和纬编针织物。

（2）理解活性染料染纯棉针织物的染色原理。

（3）掌握活性染料染色工艺因素对纯棉针织物染色效果的影响。

2. 能力目标

（1）能进行纯棉针织物活性染料染色工艺分析与设计。

（2）能选择合适的活性染料对纯棉针织物染色。

（3）能计算工艺处方中活性染料、碳酸钠和元明粉用量，能实物仿色打样。

（4）能针对染色后的纯棉针织物的质量问题提出改进措施。

3. 素质目标

（1）养成严谨的科学态度。

（2）培养学生与人沟通的能力。

4. 课程思政目标

（1）通过活性染料的染色工艺条件的学习培养学生的环保意识。

（2）在活性染料染色任务实施中强化学生精益求精的工匠精神。

（3）培养学生团队合作意识。

任务分析

当工艺员接到纯棉针织物染色生产订单时，首先要对客户的要求及产品的用途和特点进行分析，选择合适的染料和染色方法，设计染色工艺，进行小样染色打样，然后按照纯棉针织物的染色工艺组织大生产，并且要发现和解决纯棉针织物染色中的质量问题。本任务选用纯棉针织物常用的活性染料，在学习针织物特点、活性染料及其对纯棉针织物的染色原理和染色工艺及质量控制的基础上完成。

知识准备

一、针织物概述

针织物是利用织针将纱线弯曲成圈并相互串套而形成的织物。针织物与机织物的不同之处在于纱线在织物中的形态不同。针织物分为经编和纬编。目前针织物面料广泛应用于服装面料及里料、家纺产品中，受到广大消费者的喜爱。

1. 纬编针织物

纬编针织物常以棉纱、毛纱、低弹涤纶丝或异形涤纶纱、锦纶丝等为原料，采用平针组织、罗纹组织、双罗纹组织、提花组织等在各种纬编机上编织而成。它的品种较多，一般有良好的弹性和延伸性，织物柔软、耐折皱，且易洗快干。但织物不够挺括，易脱散、卷边，化纤织物易起毛、起球、勾丝。主要品种除棉针织物外，还有涤纶色织针织物、涤纶针织灯芯绒、涤盖棉针织物、天鹅绒针织物等。

2. 经编针织物

经编针织物常以涤纶、锦纶、维纶、丙纶等合成纤维长丝为原料，也有用棉、毛、丝、麻、化纤及其混纺纱作为原料织制的。它具有纵向尺寸稳定性好、织物挺括、脱散性小、不会卷边、透气性好的优点，但其横向延伸、弹性和柔软性不如纬编针织物。主要品种有涤纶经编织物、经编起绒织物、经编网眼织物、经编丝绒织物、经编毛圈织物等。

二、活性染料

1. 活性染料概述

活性染料是水溶性染料，分子中含有一个或一个以上的反应性基团（习惯上称活性基团），在适当的条件下能与纤维素纤维中的羟基、蛋白质纤维及聚酰胺纤维中的氨基等发生反应而形成共价键结合，所以活性染料也称反应性染料。

活性染料制造较简单，价格较低，色泽鲜艳度好，色谱齐全，一般不需要和其他类型染料配套使用，而且染色牢度好，尤其是湿牢度；但活性染料也存在一定的缺点，染料在与纤维反应的同时，也能与水发生水解反应，其水解产物一般不能再和纤维发生反应，染料的利用率较低，难以染深色。大部分活性染料的耐氯漂色牢度较差，有些活性染料的耐日晒、耐气候色牢度较差。活性染料除可以用于纤维素纤维的染色外，还可以用于蛋白质纤维和聚酰胺纤维的染色。活性染料的染色一般包括吸附、扩散、固色三个阶段，染料通过吸附和扩散上染纤维，然后两者间发生共价键结合而固着在纤维上。

我国自 1956 年开始生产活性染料以来，发展很快，新品种不断涌现，染料的固色率、色牢度及其他各项性能不断改进。目前国产活性染料的主要品种有 X 型、K 型、KX 型、M 型、KD 型、KP 型、KE 型、R 型等。

活性染料结构

2. 活性染料化学结构

活性染料的化学结构通式可以表示为：

S—D—B—Re

式中：S 为水溶性基团，一般为磺酸基；D 为染料母体，它对染料的亲和力、扩散性、颜色、耐日晒色牢度等有较大的影响；B 为桥基或称连接基，即将染料的活性基和母体连接在一起；Re 为活性基，具有一定的反应性，也是活性染料区别于其他各类染料的特征基团，它主要影响染料的反应性以及染料和纤维间共价键的稳定性。

3. 活性染料分类

活性染料分类

（1）单活性基团活性染料。

①一氯均三嗪型。结构通式为：

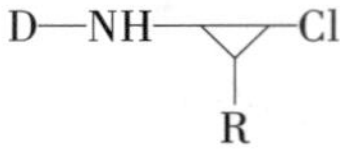

这类染料中只含有一个活泼氯原子，化学反应性较低，通常要在高温（90℃以上）、强碱（碳酸钠或磷酸钠）条件下与纤维发生固着反应。这类染料储存稳定性较好，因此又称为高温型或热固型活性染料，国产 K 型以及国外的普施安 H 型（Procion H）、汽巴克隆等牌号的活性染料均属此类型。

②二氯均三嗪型。结构通式为：

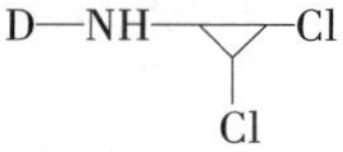

这类染料中含有两个活泼氯原子，化学反应性高，在较低的温度和碱性较弱的条件下可与纤维素纤维反应，因此又称为普通型或冷染型活性染料。国产的 X 型、进口的普施安（Procion）MX 型等属于这一类。

这类染料的反应性较高，所以稳定性差，在储存过程中特别是在湿热条件下染料中的活性基易与水发生水解反应放出氯化氢，因而失去与纤维反应的能力。

在温和的条件下即在较低温度和碱性较弱时基本只有一个氯原子参加反应；而在碱性较强和温度较高的条件下，两个氯原子都参加反应，生成多种产物。因此二氯均三嗪型染料染色时一般不宜采用较强碱性和较高温度的工艺条件。

③乙烯砜型。结构通式为：

$$D—SO_2CH_2CH_2OSO_3Na$$

这类染料的活性基团是乙烯砜基（$—SO_2CH═CH$），反应性介于一氯均三嗪型和二氯均三嗪型之间，又称为中温型染料。国产的 KN 型、国外的雷玛素（Remazol）等属于这一类。

乙烯砜基不稳定，因此商品染料以 β-乙烯砜硫酸酯基的钠盐形式存在，在碱性条件下生成乙烯砜基与纤维反应，在酸性或中性液中非常稳定，即使煮沸也不发生水解，溶解度较好，但染料或染料—纤维耐碱性水解能力很差，生产过程中易产生风印。

（2）双活性基型。早期的活性染料在印染过程中有水解副反应，导致固色率不超过 70%。因此为提高固色率，研发出了双活性基的活性染料。目前这种染料中含有的活性基主要有以下两种。

①两个一氯均三嗪。国内品种主要有 KD 型、KE 型、KP 型等。这类染料的反应性与 K 型活性染料相似，但固色率高。KD 型活性染料母体与直接染料相似，结构较为复杂，对纤维素纤维具有较高的亲和力，主要适用于黏胶纤维及蚕丝的染色。KP 型活性染料的直接性很

低，主要用于印花。

②一氯均三嗪和β-乙烯砜硫酸酯基混合型。国内主要品种有 M 型、ME 型、B 型。国外的品种主要有日本住友公司的 Sumifix Supra 型。这类染料具有较高的固色率和色牢度，同时又具备两种活性基的优点，所以对染色工艺的适用范围比较宽，反应性比 K 型染料高，染料与纤维之间的键耐酸、碱的稳定性较 K 型和 KN 型好。

活性染料除以上两大类外，还有卤代嘧啶型、磷酸基型和α-卤代丙烯酰胺型等其他类型的活性染料。

4. 活性染料对纤维素的染色机理

(1) 上染。活性染料的上染是指活性染料从染液中被吸附到纤维上，并在纤维上均匀扩散的过程。染料吸附到纤维表面后，在纤维内外形成一个浓度差，因而纤维表面的染料可以向纤维内部扩散。染液的扩散是在固态相介质中进行的，比在溶液中扩散更慢，这也是决定上染速率的主要阶段，这种扩散直到纤维和溶液间的染料浓度达到平衡，纤维内外染料浓度相等即染透为止。

活性染料
染色固色

活性染料母体结构一般都比较简单，且含有一定数量的水溶性基团，溶解度较高，在水中电离后带负电荷。而纤维素纤维在染浴中也带负电荷，所以大多数活性染料对纤维素纤维的亲和力较低，匀染性好，上染率不高。加入中性电解质食盐或者元明粉时，染液中的钠离子和氯离子（或硫酸根离子）浓度增加，氯离子（或硫酸根离子）由于受到纤维表面负电荷的斥力作用而远离纤维，钠离子则受到纤维表面负电荷的引力而靠近纤维，造成钠离子在纤维表面附近溶液内的浓度高于溶液深处，使纤维的双电层变薄，动电层电位的绝对值降低，染料阴离子向纤维表面移动所受到的电荷斥力减少。另外，中性电解质加入以后，染浴中钠离子浓度大大增加，降低了纤维附近与染液本体间的钠离子浓度差，使钠离子伴随着染料阴离子向纤维表面迁移时的阻力降低，从而使染料的上染速率提高。因此，中性电解质在活性染料上染过程中起促染作用。但要注意电解质的使用量，过小时起不到很好的促染效果，过大时会使溶解度低的活性染料发生沉淀，同时也加重对环境的污染。所以染液中中性电解质的用量应根据染色深度、浴比、续缸情况、染料的溶解度和亲和力等因素决定。

(2) 染料与纤维素纤维的固色反应。活性染料上染纤维后，由于染料与纤维间作用力小，若不进行固色，耐洗色牢度很差。在适当的条件下染料活性基团与纤维素纤维上的羟基发生反应，即固色反应。不同类型的活性染料固色反应机理不同，主要有两种形式。

①亲核取代反应。这类反应主要发生在卤代均三嗪型或其他含氮杂环类活性染料基团的活性染料与纤维素纤维之间。因为染料三嗪环上氮原子的电负性大于碳原子，所以电子偏向氮原子，而使三嗪环的碳原子上电子云密度降低。又由于碳原子上连接了强吸电子诱导效应的氯原子，结果使环上碳原子形成容易接受纤维素负离子 Cell—O$^-$进攻的反应中心，发生亲核取代反应。整个反应是分两步进行的，反应历程表示如下：

$$\text{Cell—OH} \xrightarrow{OH^-} \text{Cell—O}^- + H_2O$$

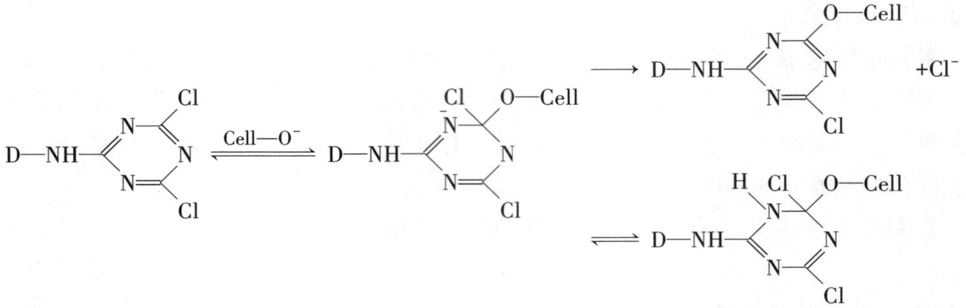

第一步：发生纤维素负离子的亲核加成反应，生成不稳定的中间体。

第二步：碳—氯键的离解反应。氯以离子的形式进入溶液，即进行消除反应。由反应机理得知，氮杂环是反应中心，碳原子的电子云密度越低，固色反应就越容易进行。当二氯均三嗪类染料与纤维素反应后，氯被纤维素氧负离子 Cell—O$^-$取代，由于 Cell—O$^-$是供电子基，所以氮环上的电子云密度提高，第二个活泼氯的取代反应需要在更高的条件下进行。K 型活性染料以—NHR（或—OR）代替了 X 型活性染料中的一个氯原子，使三嗪环中碳原子的电子云密度升高，所以反应性降低。这种反应是不可逆的，反应后染料—纤维间生成的键为酯键。

②亲核加成反应。这类反应发生在含乙烯砜基活性基团的活性染料与纤维素纤维之间，由于染料分子中含有 β-乙烯砜硫酸酯基，在碱性条件下，染料首先发生消除反应，硫酸酯基脱落生成乙烯砜基。

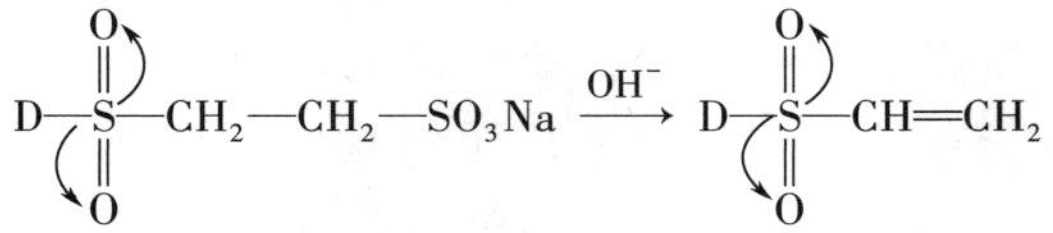

由于砜基的强吸电子性，使乙烯砜基的碳—碳双键活化，β 碳原子上电子云密度降低，容易受到亲核试剂纤维素氧负离子的进攻，发生亲核加成反应。反应历程表示如下：

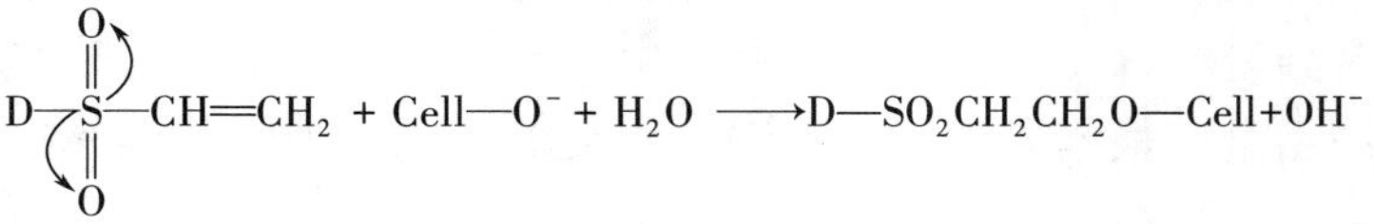

由反应机理可知，乙烯砜基 β 碳原子上电子云密度越低，固色反应越容易进行。这种反应是可逆的，反应后染料—纤维间生成的键为醚键。

（3）染料与水的反应。在碱性条件下，染液中及吸附在纤维上的活性染料也能与水的氢氧根离子发生亲核取代反应或亲核加成反应，生产水解活性染料，使其不能再与纤维发生键合反应，从而造成染料的浪费。水解染料越多，固色率就越低。以普施安艳红 2B 为例，当将吸附着染料的纤维素纤维浸入室温下 pH 为 11 的纯碱溶液中，染料便能迅速与纤维发生结合，而染料在同样的纯碱溶液中经 20min 水解仅为 5%左右。染料与纤维的反应优先于染料和水的反应，主要原因如下。

①染料对纤维有亲和力，加之纤维的有效容积小，因此染料在纤维中的浓度远大于在染液中的浓度。反应速率与反应物的浓度呈正比，因而染料与纤维的反应速率远大于染料与水的反应速率。

②虽然纤维素和水的电离常数很接近，都为 10^{-14} 数量级，但在染色条件下由于加入了大量中性电解质，随着纤维内相溶液中 OH^- 浓度的提高，纤维素氧负离子浓度也不断提高。当染液 pH 为 7~11 时，纤维素氧负离子的浓度与水中 OH^- 的浓度比例约为 30：1，pH 升高，这一比值下降，但纤维素氧负离子的浓度仍大于氢氧根离子的浓度。

③纤维素氧负离子的亲核反应比氢氧根亲核性强，因此在与活性染料反应时，纤维素氧负离子将优先进行反应。

除此之外，还有位阻的影响。基于上述原因，在浸染中虽然水的数量比纤维多，但染料的上染速率仍远远大于染料的水解速率，这也是活性染料可以用于染色实践的原因。

（4）影响活性染料固色率的因素。活性染料只有与纤维发生键合反应（即固色），才算真正地被利用。通常将发生键合的染料量占投入染液中染料总量的百分率称为固色率。

虽然固色反应速率远大于水解反应速率，但如果条件控制不当，将会使染料水解加剧、固色率降低、增加染色织物上的浮色、加重后处理负担，从而使染色成本提高、印染废水处理负担加重。因此提高活性染料的固色率是活性染料染色中一个重要问题。影响活性染料固色率的因素主要有以下几种。

①染料的直接性。染料的直接性是指染料离开染液向纤维转移的性能。固色的前提条件是染料被纤维所吸附，而染料的直接性是影响吸附量的主要因素。一般情况下，活性染料的固色率随直接性的增加而提高。以乙烯砜型活性染料为例，直接性与固色率的关系如图 1-1-1 所示。

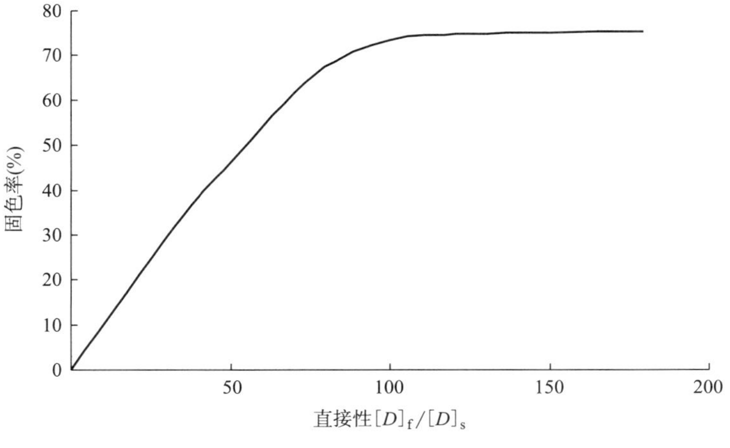

图 1-1-1　活性染料固色率和直接性的关系

从图 1-1-1 中曲线可知，当染料的直接性较低时，固色率随直接性的增加而迅速提高，当直接性高达一定程度后，固色率增加已不明显。这是因为直接性高的染料扩散性能差，使染料在纤维表面固着而易洗去的缘故。染料的直接性太高，会造成水解染料不易洗净，影响染色牢度，同时会使匀染性降低。

而活性染料的直接性一般均较小，这是导致活性染料固色率较低的原因之一。因此要提高活性染料的固色率，应采用低温、中性条件上染。因为温度提高、pH 升高，染料的直接性下降。

另外，在染料上染过程中加入中性电解质促染，有利于提高固色率。染料的扩散性能也会影响到染料的固色率。若染料扩散性好，与纤维素氧负离子相接触的概率就高，使反应加快而固色率提高。

②染浴的 pH。染液 pH 越高，即碱性越强，越有利于纤维素的离子化，纤维素氧负离子的浓度增加，纤维的溶胀增大，因此键合反应速率提高，固色率一般也提高。但当 pH 高于 11 时，随着染液中 pH 的增高，染液中[OH^-]比纤维中[$Cell—O^-$]增加更快，[$Cell—O^-$]/[CH^-]的值减小。水解反应比例增加，因此在活性染料固色时，过高的 pH 是不利的。

③固色温度。一般而言，温度升高，反应速率提高。提高固色温度虽然可以提高键合反应速率，但由于水解反应速率提高得更快，所以染料水解比例会上升，固色率反而降低。同时温度升高，平衡上染率降低，也影响固色率。因此，染色时必须选择合适的固色温度，使其在规定时间能充分反应，以获得较高的固色率。对反应性高的染料固色温度应低些；对反应性低的染料，固色温度应高些。

④中性电解质。染液中存在中性电解质时，纤维内相与外相溶液中[OH^-]发生变化。随着溶液中电解质浓度的提高，纤维内相[OH^-]随之提高，从而提高了纤维素的离子化，使[$Cell—O^-$]提高，同时电解质促使被纤维吸附的染料量升高，键合反应速率提高，从而提高了固色率。

⑤染色时间。活性染料染色分上染和固色两个阶段，延长上染阶段时间能使染料充分扩散、渗透，利于匀染。但活性染料经固色后，染料与纤维发生了键合反应，不能再发生移染，此时延长固色时间对匀染的作用不大。但对于那些反应性较弱的染料来说，延长固色时间，可以使染料固色更充分，有利于提高固色率。但要考虑到染料—纤维键的耐碱能力，耐碱能力差的染料延长固色时间会使已经固色的染料水解下来，这种情况下延长固色时间对固色率反而不利。

⑥染色浴比。在其他条件相同的情况下，由于活性染料的直接性小，所以染色浴比小，可以增加染料与纤维之间反应的概率，并且可减少染料的水解，固色率就高。

三、棉针织物的活性染料染色工艺

1. 活性染料染色工艺分类

棉针织物活性染料染色

活性染料染色有浸染、卷染、轧染及冷轧堆染色法等。棉针织物染色主要以浸染为主。浸染宜选用亲和力较高的活性染料，如 M 型、B 型等活性染料。根据染色时染料和碱剂是否一浴以及上染和固色是否一步，可分为三种方法：一浴一步法、一浴二步法、二浴二步法。

棉针织物活性染料浸染

（1）一浴一步法。也称全浴法，是将染料、促染剂、碱剂等在开始染色时全部加入染浴的简便染色方法。此法由于水解的染料较多，不适宜续缸染色。一般用于棉纱绞纱、毛巾等一些疏松产品的染色。浸染时尽可能让染料迅速上染，每次染色时间为 20min 左右，染色的产量较高，但染料利用率、透染性、染色牢度等不及其他方法。应用此法较多的是 X 型活性染料，并以中浅色为主。

（2）一浴二步法。是在中性浴中染色，染色一定时间，染料充分吸附和扩散后，加入碱剂固色。这种方法主要适用于小批量多品种的染色，染料吸尽率较高，织物的染色牢度较好。目前棉针织物、纱线等一般采用这种方法进行染色。

（3）二浴二步法。是先在中性浴中进行染色，再在另一不含染料的碱性浴中进行固色。由于染料的上染和固色是在两个浴中分别进行，所以染料的水解率较低，可以续缸使用，染料利用率高。但在固色时，织物上染料会溶落下来，色光较难控制。

2. 一浴二步法染色工艺

（1）工艺流程。

练漂半制品→润湿→染色→固色→水洗→皂煮→热水洗→冷水洗→烘干

（2）工艺处方及条件（表 1-1-1）。

表 1-1-1　染色工艺处方及条件

染化料及工艺条件		用量
染色处方	活性染料（%，owf）	0.2~10
	无水硫酸钠（g/L）	20~80
固色处方	纯碱（g/L）	5~30
皂煮处方	净洗剂（mL/L）	0.5~1.5
工艺条件	浴比	1：（10~12）
	染色温度	视染料类别而定
	染色时间（min）	10~25
	固色温度	视染料类别而定
	固色时间（min）	10~25
	固色 pH	9~11
	皂煮温度（℃）	85~95
	皂煮时间（min）	10~15

①中性电解质。中性电解质在活性染料染色过程中主要起到促染作用，可以提高上染百分率。工业上多采用元明粉。电解质的用量取决于染料的溶解度、亲和力和匀染性。溶解度低、亲和力高及匀染性差的染料，电解质的用量较低，反之较高。此外，电解质的用量也与染料的浓度有关，染料浓度高，加入的量也应多，但过多的电解质容易造成染色不匀，还会引起染料的聚集和沉淀。电解质用量一般为 20~80g/L。为了获得比较好的匀染效果，电解质一般是在染色 10min 左右加入，并宜分 2~3 次加入。

②碱剂。碱剂在活性染料染色中常称为固色剂。当染浴中加入碱剂后，促使纤维素纤维羟基离子化，纤维素氧负离子增加，加速了染料与纤维的反应，同时它能中和染料与纤维反应时生成的酸，有利于固色反应的进行。碱剂的加入，打破了原来的染料吸附平衡，促使染料继续上染，因此它还起到了促染剂的作用。固色阶段的上染对棉针织物匀染有影响，对于固色阶段有大量染料上染的深色染料来说，这一阶段的上染对匀染的影响更为明显。

碱剂不同，染液 pH 不同，固色速率和水解速率则不同。一般应根据染料的反应性和用量选择合适的碱剂，维持染液在较低的 pH 范围，以减少染料的水解，提高固色率。固色用碱剂有纯碱、磷酸三钠、烧碱等，最常用的是纯碱，一般用量为 5~30g/L。

碱剂可以一次加入，也可分批加入。当染较深色泽，固色前染浴中还存在大量染料时，一次加入会造成大量的染料水解。此外，碱剂的促染作用会使染料迅速上染而造成匀染性差。在这种情况下可以采用分批加碱的方法来提高固色率，并确保匀染。

③温度。应根据不同类型活性染料的性质选择最适宜的上染温度和固色温度。上染温度较高，有利于提高上染速率和匀染性，但染料的直接性降低，水解速率加剧，影响固色率。所以对于亲和力较小，尤其是反应性较强的活性染料，上染温度不宜太高，如 X 型一般采用室温上染。

固色温度应根据染料的反应性确定。反应性强的染料，为避免染料的水解损失，固色温度应尽可能低些；反应性相对较弱的染料，为保证染料与纤维的反应，固色温度可以适当高些。

④浴比。一般采用 1∶(10~12)。浴比除了对染料上染率有影响外，对匀染性也有直接的影响。所以，亲和力较大的染料宜采用较大浴比染色，亲和力较小的染料宜采用较小浴比，利于提高固色率。

⑤后处理。为了去除助剂、未反应的染料及水解染料，染后要经过充分水洗、皂洗等，以提高染色织物的鲜艳度及色牢度。只有经过充分皂洗才能洗除染色物上的助剂及未与纤维素纤维发生键合反应的染料。皂洗一般采用中性合成洗涤剂 1g/L 左右，在 90~95℃下洗涤 5~10min。皂煮液中一般不用纯碱，因为染料与纤维之间的化学键对碱比较敏感，易发生水解而引起色光改变和染色牢度下降。染色织物上的碱剂要充分洗除，以防止在储存过程中发生颜色的改变，即产生风印。尤其是 KN 型活性染料染色织物更易产生风印。若在染色结束烘干前浸轧醋酸中和，可以有效防止风印。

四、染色设备

纯棉针织物由于其特殊的线圈结构，受力易变形，所以不适宜轧染和卷染，只能采用浸染的染色设备以减少加工过程中的张力。目前，用于针织物染色的机械很多，主要有绳状染色机、喷射染色机和溢流染色机等。绳状染色机如图 1-1-2 所示。

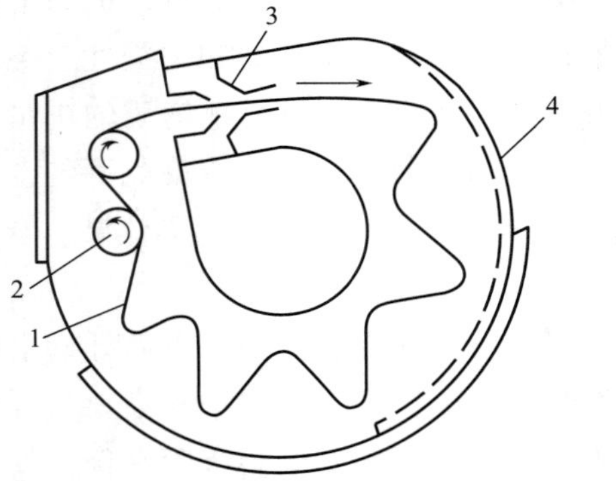

图 1-1-2　D 型常压绳状染色机结构示意图
1—织物　2—导辊　3—喷嘴　4—过滤假底

该常压绳状染色机使用方便，为棉针织物最常用的染色设备，由进出布装置、染槽、花轮导布辊、传动装置等组成。

染色时，坯布在 D 型箱中靠液流和坯布本身的重量移动，坯布所受张力很小，染品手感好。染色时批量大，浴比小，色泽容易染得匀透，不易产生皱痕。

喷射染色机和溢流染色机较为常见，如 J 形溢流喷射染色机，属于常压绳状染色机，是一种性能较好、使用更方便的针织物染色设备，由加料桶、循环装置、加热装置、染缸、传动装置等组成。目前，我国东宝公司研发了先进的数字化节能环保溢流染色机。扫描旁边二维码可观看该设备的结构和染色流程。

节能环保溢流染色机及染色过程

此外，纯棉针织物小样染色常采用水浴锅。目前，国内已研发并使用了先进的全自动小样染色设备。扫描旁边二维码可观看该设备的结构及染色过程。

全自动红外染色机

五、染色质量控制

1. 耐水洗色牢度差

（1）产生原因。活性染料染色织物的耐水洗色牢度差主要是由于水洗的过程中没有洗掉织物上未固着的染料，以及使用的染料质量差或堆放不好导致染料发生水解变质。

（2）解决措施。在后处理的过程中充分水洗，采用中性洗涤剂将织物表面的浮色洗除，在皂洗后可以进行固色处理；另外，应选择与纤维之间的键耐碱稳定性好的染料，同时加强进厂染料的检验，堆放时间过长的染料再使用的时候一定要分析成分。

2. 风印

风印是指活性染料未固色前受外界条件影响而产生的色变、色浅、色萎等现象。

（1）产生原因。

①活性染料染色织物遇酸气、酸雾等导致固色率下降。

②湿热空气中，印花织物上带碱而引起染料水解。

③铜络染料遇酸气、雾气等造成变色。

④乙烯砜型染料与其水解产物反应，生成醚化产物。

⑤乙烯砜型染料遇二氧化硫等物质而导致失活。

（2）解决措施。

①织物染色后应及时烘干，不能久堆不烘，尤其对翠蓝 KN-G 更要特别注意。

②烘干后不能堆在风中吹冷风。

③固色后应充分洗涤。

此外，由于棉针织物活性染料染色大多采用间歇式生产，由此产生缸与缸之间的颜色差异，即缸差。缸差是染整行业的大难题，影响缸差的因素很多，也颇为复杂。虽说从根本上无法解决，但可以通过把控染料和严格控制染色工艺来减小缸差。

任务实施

一、准备

1. 仪器设备

恒温水浴锅、电炉、分析天平、烘箱、玻璃棒、染杯、烧杯、量筒、电炉、容量瓶、吸量管、吸耳球、胶头滴管、温度计、角匙。

2. 染化药剂

元明粉、纯碱、肥皂、碳酸钠（工业纯），活性染料（分析纯）。

3. 实验材料

棉针织物。

二、操作

1. 操作要求

根据选用的染料性质、工艺、染色浓度等制订小样试样工艺，包括工艺流程、工艺条件、染液组成、助剂用量等。

按初步拟定的小样工艺及处方打样，严格执行工艺，确保所打小样的准确性，并且织物色光要均匀一致，尽可能不出现色花。操作过程中要注意保持操作台的整洁，以体现打样人员的素质。

2. 操作步骤

（1）染色实验。

润湿织物→制订染色工艺及初始配方（织物 2g/块，浴比 1∶50）→配制染料母液（一般浓度为 2g/L）→染色打样

（2）目测评价染色效果。

3. 小样试验操作规范

小样试验要严格遵守操作规范，其评分细则见表 1–1–2。

表 1–1–2　操作规范及评分细则

项目	内容	标准分值	观测点及评分参考			得分
准备（15%）	1. 染料称取	3	调零 1 分	称量器具 1 分	取料 1 分	
	2. 化料	3	调浆 1 分	化料用水 1 分	准确性 1 分	
	3. 染料母液配制	3	移液 1 分	刻度线 1 分	摇匀 1 分	
	4. 母液存放	3	标签 1 分	标识 1 分	存放 1 分	
	5. 织物称取	3	准确 1 分	合理剪裁 1 分	速度 1 分	
过程控制（40%）	1. 移液管、洗耳球、量筒的使用	5	移液管 2 分	洗耳球 1 分	量筒 2 分	
	2. 织物润湿	2	预润湿 1 分	水温 1 分		
	3. 染色温度的控制	3	入染 1 分	上染 1 分	固色 1 分	
	4. 染色时间的控制	3	上染 1 分	固色 2 分		
	5. 搅拌	5	适时 2 分	及时 2 分	方法 1 分	
	6. 助剂称量	4	称量器具 1 分	适时 1 分	操作 2 分	
	7. 加料方法	5	顺序 1 分	盐 2 分	碱 2 分	
	8. 后处理方法	5	步骤 2 分	条件 2 分	配液 1 分	
	9. 织物干燥	3	均匀 2 分	平整 1 分		
	10. 色差评判	5	光源 2 分	方法 3 分		

续表

项目	内容	标准分值	观测点及评分参考			得分
规章制度（25%）	1. 穿戴工作服	2	有无 1 分	规范性 1 分		
	2. 仪器、药品、试剂使用后的复位	5	母液 2 分	盐碱 2 分	其他 1 分	
	3. 操作环境	3	整洁 3 分	较整洁 2 分	较凌乱 1 分	
	4. 操作纪律	3	独立完成 3 分			
	5. 节能与安全	4	水浴锅 2 分	电炉 2 分		
	6. 节约用水	4	水洗方式 2 分	及时关水 2 分		
	7. 节约耗材	4	染料 2 分	助剂 1 分	织物 1 分	
仿色报告（20%）	1. 工艺流程	3	完整性 2 分	规范性 1 分		
	2. 工艺条件	3	正确性 2 分	规范性 1 分		
	3. 工艺处方	3	正确性 2 分	规范性 1 分		
	4. 浓度换算	6	浓度单位 2 分	数据正确 4 分		
	5. 贴样	3	规范 2 分	完整 1 分		
	6. 过程样	2	完整 1 分	处方 1 分		
合计		100				

染色操作必须做到：称料吸料应精确；工艺方法与条件应恒定；操作规范应前后一致；重视操作细节，如量具正确使用，加料顺序、皂煮时间和水洗方法保持一致等。

4. 设计染色工艺

（1）工艺处方及条件（表 1-1-3）。

表 1-1-3 工艺处方及工艺条件

条件	类型			
	M 型（升温法）	B 型（恒温法）		
染料（%，owf）	1~3	≤0.5	1~2	≥3
元明粉（g/L）	15~50	2~4	25~45	40~50
纯碱（g/L）	10~20	1~2	10~20	15~20
上染温度（℃）	30~40	60~65		
上染时间（min）	30	30		
固色温度（℃）	65~70	60~65		
固色时间（min）	30	30		
浴比	1∶50	1∶50		

（2）染色曲线。

①恒温法。

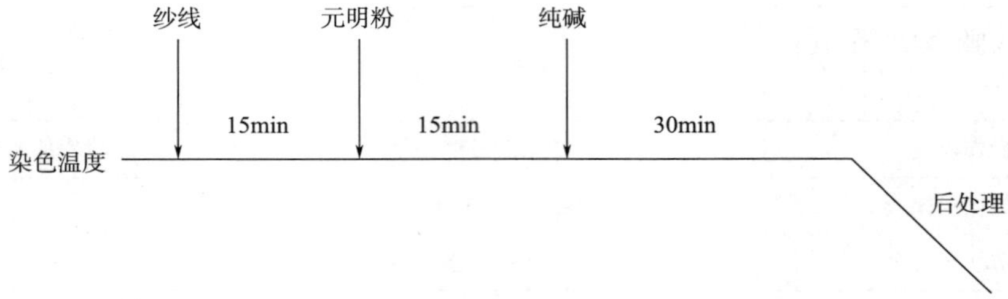

②升温法。

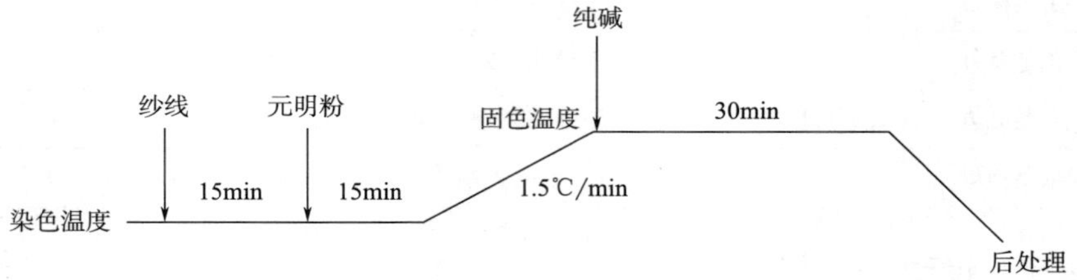

（3）后处理。

冷水洗→皂洗（3g/L 中性洗涤剂，浴比 1∶30，95℃以上 2~3min）→热水洗→冷水洗

（4）工艺说明。

①元明粉和纯碱用量应根据染料用量作适当增减，以保证染色效果最佳。

②若采用升温法，碱剂可在升温前加入，这样有利于匀染。

三、结果与讨论

贴样，讨论染色效果并分析原因。

任务拓展

自行设计活性染料对纯棉针织物的染色工艺，尽可能多设计不同的工艺条件，可以变染料、变助剂、变固色条件等。分析几种工艺的各自优缺点，判断各适合怎样的产品。

思考与练习

1. 常用的国产活性染料有哪些类型？分子结构有什么特征？
2. 活性染料的一浴一步法、一浴二步法和二浴法染色有什么异同点？
3. 设计一个活性染料的一浴二步法工艺，并说明工艺处方中助剂的作用。
4. 如何提高活性染料的上染率？
5. 如何提高活性染料的固色率？

任务 2　纯棉机织物染色

学习目标

1. 知识目标

（1）能理解还原染料的特性和染纯棉机织物的染色原理。

（2）会选择还原染料染纯棉机织物的染色方法。

（3）会分析还原染料染色工艺因素对纯棉机织物染色效果的影响。

2. 能力目标

（1）能进行纯棉机织物还原染料染色工艺分析与设计。

（2）会计算工艺处方中还原染料和各助剂的用量，能实物仿色打样。

（3）能针对还原染料染色后的纯棉机织物的质量问题提出改进措施。

3. 素质目标

（1）养成严谨的科学态度。

（2）培养学生的环保意识。

4. 课程思政目标

（1）通过还原染料染色特点的学习培养学生的产品质量意识。

（2）在还原染料染色任务实施中强化学生精益求精的工匠精神。

（3）培养学生与人沟通的能力。

任务分析

纯棉机织物可以采用多种染料和染色方法染色。当工艺员接到纯棉机织物还原染料染色生产任务订单时，如何保质保量完成？首先要对客户的要求及产品的用途和特点进行分析，选择合适的还原染料染色方法，设计染色工艺，进行小样染色打样，然后按照纯棉机织物的染色工艺组织大生产，并且要发现和解决棉机织物染色中的质量问题。

知识准备

一、纯棉机织物概述

机织物最基本的定义是由互相垂直的一组经纱和一组纬纱在织机上按一定规律纵横交错织成的制品。有时也可简称为织物。现代的多轴向加工，如三相织造、立体织造等，已打破这一定义的限制。

机织物的主要优点是结构稳定，布面平整，悬垂时一般不出现弛垂现象，适合各种剪裁方法。机织物适于各种印染整理方法，一般来说，机织物印花及提花图案比针织物、编结物和毡类织物更为精细。织物花色品种繁多。作为服装面料，耐洗涤性好，可进行翻新、干洗及各种整理。虽然机织物的弹性不如针织物，在后整理不当时会造成经纬歪斜，从而影响到服装剪裁、缝纫加工及穿着效果等不足之处，但因其总体较多的优点，被广泛用于服装。目前市场上 80%的服装用织物是机织物。纯棉机织物属于机织物中一种。

二、还原染料

纯棉机织物可以选择的染料品种主要有直接染料、活性染料、硫化染料、还原染料、可溶性还原染料、不溶性偶氮染料等。本任务主要以还原染料染色为例进行讲解。

还原染料性能与分类

1. 还原染料概述

还原染料不溶于水，对纤维素纤维没有亲和力，分子结构上含有两个或两个以上共轭的羰基（$>C=O$），在强还原剂（如保险粉）和碱性条件下，染料分子中的 $>C=O$ 被还原为 $>C-O^-$，成为可溶性的还原染料隐色体钠盐。还原染料隐色体钠盐对纤维素纤维具有良好的亲和力，上染纤维后经氧化，染料分子中的 $>C-O^-$ 又重新转变为 $>C=O$，成为不溶性的还原染料而固着。

还原染料色谱较齐全，色泽鲜艳，各项色牢度优良，尤其是耐洗和耐晒色牢度为其他染料所不及。

2. 还原染料结构特点及类型

还原染料按化学结构一般可分为靛类、蒽醌类及其他醌类。

（1）靛类还原染料。靛类还原染料包括靛蓝及其衍生物、硫靛及其衍生物、靛蓝和硫靛混合的对称或不对称染料以及半靛结构的染料等。靛类染料的结构相对比较简单，色牢度一般。亲和力较蒽醌类及其衍生物低；隐色体钠盐颜色较浅，大多为杏黄色；耐日晒、耐皂洗色牢度不如蒽醌类。

①靛蓝及其衍生物。靛蓝结构式：

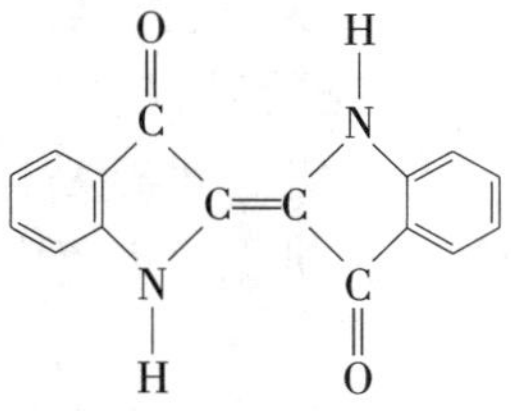

靛蓝价格便宜，容易还原，染色牢度好，但色泽不鲜艳，隐色体对纤维的直接性小，很难一次染得浓色。染料遇到高温有升华现象产生，因此，耐熨烫色牢度较差。

靛蓝的衍生物是指在芳环上连接卤素原子，本身性能优良，颜色比较鲜艳，隐色体对纤维的直接性高，染色牢度较好。例如还原蓝 2B，其结构式为：

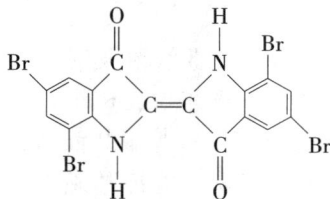

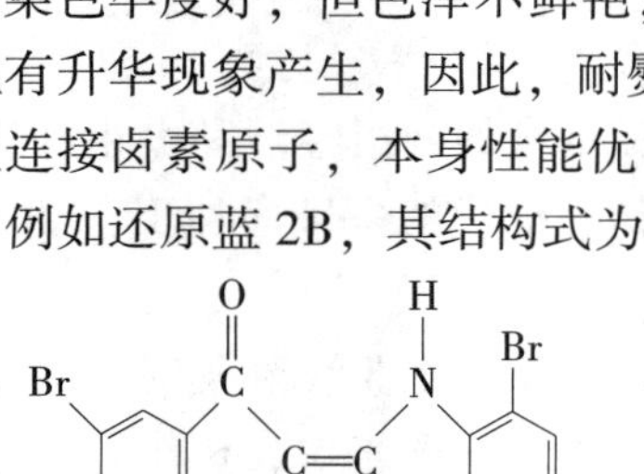

②硫靛及其衍生物。硫靛本身颜色不鲜艳，耐日晒色牢度也较差，对光敏脆损作用很弱；但衍生物颜色鲜艳，染色牢度也较好。两者都有一定的光脆性。以还原桃红 R 为例，结构式为：

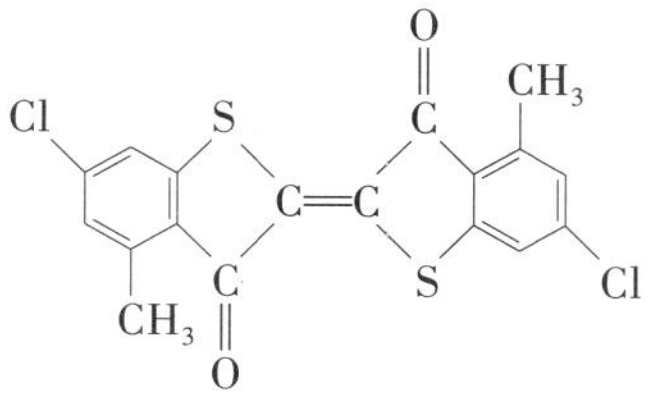

③靛蓝、硫靛混合结构。结构式为：

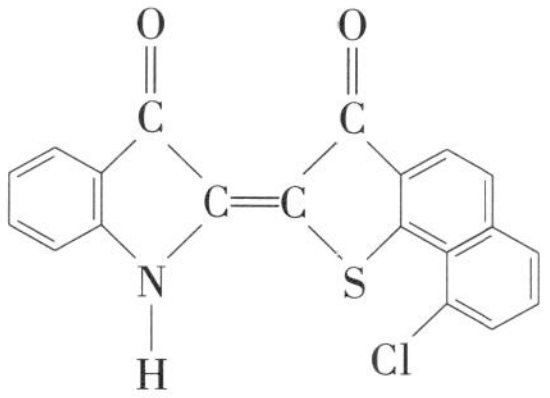

（2）蒽醌类及其他醌类还原染料。蒽醌类包括蒽醌及其他醌类还原染料，这类染料在还原染料中占有重要的地位，其结构比较复杂，色泽鲜艳，类型较多，耐日晒色牢度、耐皂洗色牢度均比靛类染料好，有染料耐日晒色牢度高达 8 级，但价格相对较贵。染料隐色体对纤维素纤维的亲和力高，隐色体颜色较深，但染后织物实色都较浅。主要可分为以下几类。

①酰胺类蒽醌还原染料。这类染料分子结构中含有酰胺基，在热碱溶液中容易发生水解，只能采用低温低碱条件进行还原和染色。如还原红 5GK，其结构式如下所示：

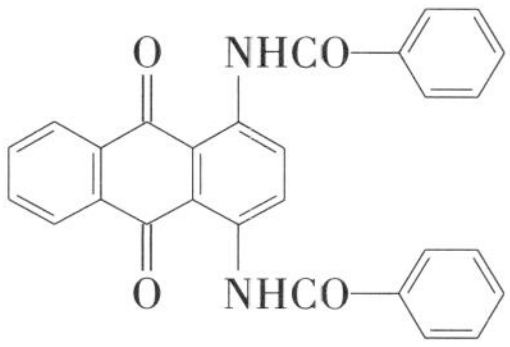

②亚胺类蒽醌还原染料。这类染料在热碱溶液中也容易发生水解，应采用低温低碱条件进行还原和染色。如还原橙 6RTK，其结构式如下所示：

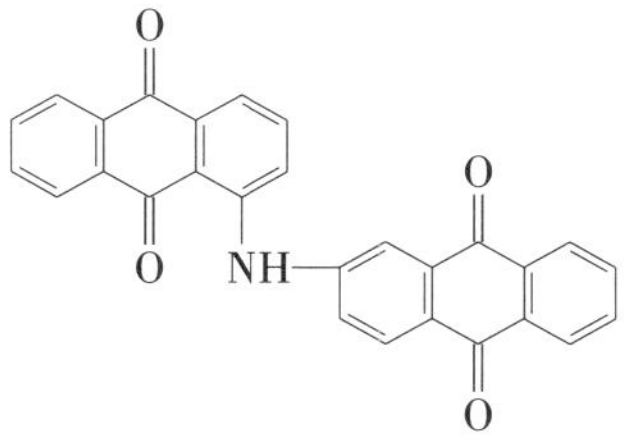

③咔唑类蒽醌还原染料。可染得卡其、草绿和黄棕色，其特点是对纤维具有较高的亲和力，染色牢度好。

④蓝蒽酮类蒽醌还原染料。蓝蒽酮的应用名称为还原蓝 RS 或 RSN。其特点是色泽鲜艳，染色牢度高，耐日晒色牢度可达 8 级。结构式为：

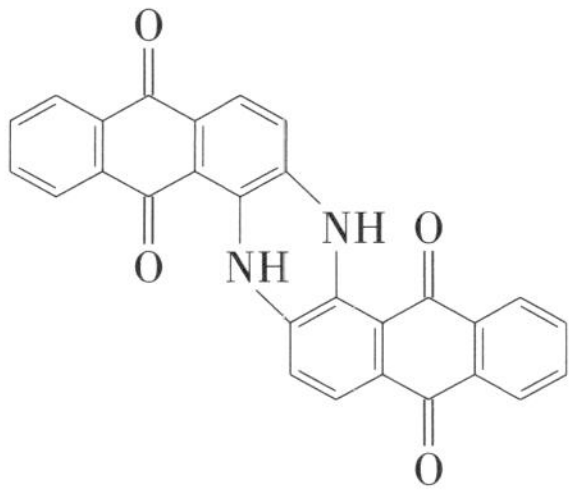

⑤黄蒽酮和芘蒽酮类。

a. 黄蒽酮。黄蒽酮在应用上称为还原黄 G。还原黄 G 是最易还原且还原速率快的一种染料，染色性能良好，耐漂色牢度较好，耐晒色牢度中等。一般用还原黄 G 做成试纸，在实际生产中，常用它来检验染浴中保险粉的量是否足够，若还原黄 G 试纸在染浴中 3s 内由黄色变为蓝色，且保持蓝色 3~5s，则表示染浴中尚有过量的保险粉存在。若色泽不变或变化缓慢，则说明保险粉用量不足，应予以补充。

b. 芘蒽酮类。这类染料的严重缺点是染色物有光敏脆损现象。

3. 染色原理和染色性能

还原染料不溶于水，染色时候必须先将染料还原溶解成隐色体，然后染色，染色后织物经过氧化处理，使织物上的隐色体氧化恢复成原来不溶性的染料，最后经过皂洗等后处理过程。

（1）染料的还原溶解。

①染料还原溶解反应。该反应发生在染料分子的羰基上，它先被还原剂还原成羟基，然后在碱性溶液中成为隐色体钠盐而溶解。反应中生成的羟基化合物称为隐色酸，它的钠盐称为隐色体或隐色体钠盐。还原溶解的反应方程式如下：

还原染料还原溶解

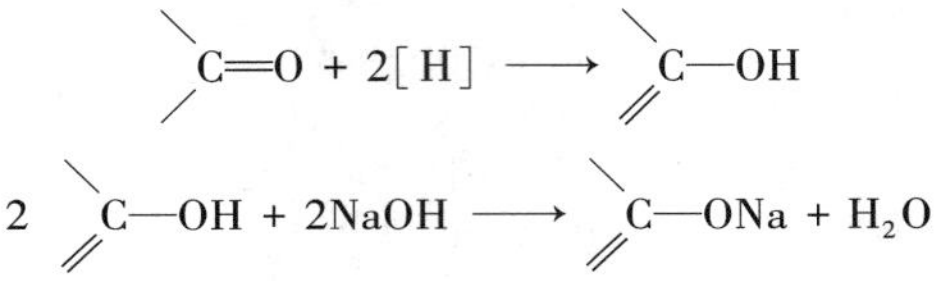

因为还原染料的还原都是在碱性条件下进行的，所以并不出现隐色酸，而直接产生隐色体。

②常用还原剂。

a. 保险粉（H/S）。学名为连二亚硫酸钠（$Na_2S_2O_4$）。保险粉的商品形式有两种。一种是不含结晶水的，呈淡黄色粉末；另一种含两分子结晶水，为白色细粒状。保险粉对酸不稳定，遇酸发生剧烈分解，放出二氧化硫；保险粉在 pH 等于 10 时较稳定，在碱性溶液中，即使在室温下也具有很强的还原能力，可使所有还原染料还原。其反应如下：

$$S_2O_4^{2-}+4OH^- \longrightarrow 2SO_3^{2-}+2H_2O+2e$$

保险粉的性质活泼，在空气中很不稳定，受潮后被迅速氧化，反应如下：

$$Na_2S_2O_4+2H_2O \longrightarrow 2NaHSO_3+2\ [H]$$

$$Na_2S_2O_4+2H_2O+O_2 \longrightarrow NaHSO_4+NaHSO_3$$

因此，保险粉必须密闭干燥储存在阴凉处。在染色过程中，从理论上来说，0.5mol/L 烧碱、0.11mol/L 保险粉足以使所有的还原染料还原溶解。但实际生产中，染浴中的保险粉会不断分解，为了保证染浴中有一定浓度的保险粉存在，保险粉和烧碱用量远比理论量多得多，一般为理论量的 2~5 倍。

b. 二氧化硫脲（TD）。它是一种白色结晶粉末，稳定性好，既无氧化性，又无还原性。二氧化硫脲在酸性液中稳定，但在碱性液中分解生成尿素和具有强还原能力的次硫酸而产生还原作用。其反应式如下：

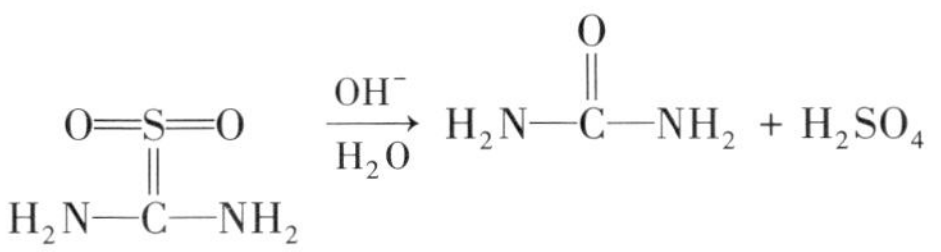

二氧化硫脲与保险粉相比，具有稳定性好、不会爆炸自燃、用量少、成本低等优点，但它的还原作用太强，会使一些容易产生过度还原的染料（如还原蓝 RSN、BC 等）产生过度还原。

③还原染料的还原性能。包括两个方面，即还原染料的难易和还原速率。

a. 还原染料的难易。可以用隐色体电位来衡量。隐色体电位是指在一定条件下，用氧化剂（赤血盐）滴定已还原溶解的还原染料隐色体开始氧化析出时所测得的铂电极和甘汞参比电极之间的电动势，其值为负值。测定条件不同，其数值也不相同。隐色体电位绝对值越大，表示该染料还原越困难；靛类比醌类染料容易还原。

b. 还原速率。即还原的快慢，常用半还原时间来表示，它是指染料还原达平衡浓度一半量时所需的时间。半还原时间越长，表示该染料还原速率越慢；靛类比蒽醌类还原速率慢。还原速率除取决于染料的分子结构外，染料的颗粒、还原条件如还原温度、还原液中烧碱、保险粉浓度等对还原速率都有重要影响。

对还原速率慢、隐色体溶解性较好的染料可以通过提高保险粉、烧碱浓度的方法来加速还原，这种还原方法称为干缸法。干缸还原即染料、助剂不直接加入染槽，而是在另一个较小的容器中，在保险粉、烧碱作用及较高的温度下预先还原，然后将隐色体钠盐加入染浴中进行染色。

操作时将染料用表面活性剂和少量水调成浆状，加水稀释，控制干缸浴比（即料：水）在 1∶50 左右，每千克染料溶解后，加入 2~3L 30%烧碱，升至规定还原温度，然后缓慢加入 0.5~0.75kg 保险粉，并保持该温度还原 10~15min。将规定量的水及剩余量的保险粉和烧碱加入染槽，升温至需要温度，再将已还原好的隐色体溶液滤入染槽，搅匀后即可染色。

另外一种还原方法是全浴还原法，又称养缸还原法，即直接在染浴中使染料还原溶解。此法适用于还原速率较快、隐色体溶解度较低或在高浓度保险粉和烧碱条件下容易发生副反应的染料，如还原蓝 RSN、GCDN、BC 等。操作时先将还原染料用表面活性剂和少量水调成浆状，再加适量温水稀释调匀。染浴中加入规定量烧碱，并加温至规定温度。将已调好的染液滤入其中，搅匀后立即加入规定量的保险粉，还原 10~15min 后即可染色。

④不正常还原现象。还原染料还原溶解处理不当，会产生一些不正常的还原现象，如过度还原、脱卤、水解、分子重排、结晶等。

a. 过度还原。对一些含氮杂苯结构的还原染料，如黄蒽酮和蓝蒽酮类染料，它们在正常情况下只有 2 个羰基被还原。如果发生过度还原，即 4 个羰基都被还原。还原温度过高、烧碱和保险粉过量或时间过长，都会发生过度还原。若轻度过还原，织物得色浅淡且萎暗；若严重过还原，染料几乎无亲和力，氧化后再也不能回复到原染料。

b. 脱卤现象。含有卤素染料在还原及染色过程中，若条件控制不当，易发生脱卤现象，从而丧失原染料的优点。如还原漂蓝 BC，当还原温度过高时，使染料分子中的 2 个氯原子脱落，结果氧化后色光变红（即变为还原蓝 RSN），耐氯漂色牢度下降。

c. 水解反应。对于分子中含有酰胺结构的还原染料，在浓碱、高温情况下易水解，生成氨基化合物，导致染料色光变化，色牢度下降，如还原橄榄绿R。

d. 分子重排。染料被还原后，若烧碱用量不足，有些染料会发生分子重排（即染料分子的异构化），导致染料色泽变化，溶解度下降等。

e. 结晶现象。在染料还原溶解时，若隐色体溶解度较小，加之染料浓度较高，温度较低，可能发生隐色体结晶析出现象。

（2）隐色体上染。还原染料隐色体上染纤维素纤维的过程与阴离子染料相似，首先以阴离子形式通过与纤维之间的范德瓦耳斯力和氢键等被吸附在纤维表面，然后向纤维内部扩散。

还原染料上染固色

①还原染料隐色体初染率高、匀染透染性差，对一些直接性特别高的还原染料还会产生环染（白芯）现象。产生这种现象的原因主要有以下几点。

a. 染料隐色体分子的相对分子质量大、分子中共轭体系长、同平面性好、亲和力较强。经测定，多数还原染料隐色体对纤维素纤维的亲和力与直接染料相近。从这一点看，亲和力不是造成初染率高、匀染性差的主要原因。当然，对于一些亲和力相当高的还原染料来说，亲和力高是造成匀染性差、初染率高的一个原因。

b. 染浴中有大量的电解质。在还原染料还原溶解时，染浴中要加入大量保险粉，它和它的分解产物都是电解质，而电解质对阴离子型的隐色体离子染棉能起到促染作用。由于染色一开始染浴中已存在大量电解质，所以开始染色时候隐色体的上染速率就很高。

c. 匀染和透染与染料的扩散速率有关。经过测定，还原染料隐色体与直接染料的扩散速率相差不大，染料本身的扩散性不是造成匀染和透染性差的主要原因，对扩散速率影响很大的是温度。还原染料染色时候，为了防止保险粉大量分解，染色温度不能超过60℃。根据温度对直接染料扩散速率影响的测定可知，当染色温度从95℃下降到60℃时，扩散速率降低至原来的1/10左右。由此可以推测，还原染料隐色体在60℃下进行染色，扩散速率肯定是很低的。因此，染色温度低而使扩散速率慢是造成还原染料隐色体匀染、透染性差的主要原因。

②改善匀染性和透染性的方法。可以在染浴中加入适量缓染剂。常用的缓染剂有平平加O、牛皮胶等。平平加O能和染料隐色体生成不稳定的聚集体，从而延缓染料的上染。其一般用量为0.02~0.1g/L。但有些染料如还原蓝RSN、蓝BC等，遇平平加O容易产生沉淀，不能使用。牛皮胶在染液中能形成胶体，从而延缓隐色体的上染，达到缓染目的。牛皮胶的用量为1~4g/L。牛皮胶的缓染作用比平平加O差，但对染料的适应性广，多用于不适宜用平平加O做缓染剂的染料。使用平平加O和牛皮胶能改善染料的匀染性，但不能解决环染问题。最彻底的解决方法是悬浮体轧染法或隐色酸染色法。另外，也可以通过加入适量助溶剂如乙醇、三乙醇胺等，提高隐色体的分散性能，降低染料的聚集度；对于隐色体比较稳定的还原染料，可以适当提高染色温度，增进染料的移染。

③还原染料隐色体的染色工艺。染色工艺随染料的结构和染色性能的不同而异。通常将还原染料隐色体的染色方法按照工艺不同分为甲、乙、丙和特别法四种方法。

a. 甲法。适用于分子结构比较复杂、对纤维素纤维的亲和力高、聚集倾向大、扩散性能差的还原染料。为提高染料的匀染性，通常在较高温度（60℃）下染色。此法烧碱用量高，一般不加促染剂，必要时可适当加入缓染剂。

b. 乙法。适用的染料性能介于甲法和丙法之间，染色温度也介于甲法和丙法之间，即 45~50℃，烧碱用量较低。染中、深色时，需要加入适量促染剂，以提高上染率。

c. 丙法。适用于分子结构简单、对纤维素纤维的亲和力低、聚集倾向小、扩散性能好的还原染料。它只需要在低温（25~30℃）、低烧碱用量条件下染色。为提高上染率，染色时要加入促染剂。

d. 特别法。适用于还原速率特别慢、不易发生副反应的还原染料，如硫靛结构的染料，染色通常在较高温度（70℃）、较高保险粉和烧碱浓度条件下进行，一般不加促染剂。

各染色方法和工艺条件见表 1-2-1。

表 1-2-1　染色方法和工艺条件

染色方法		甲法	乙法	丙法	特别法
还原温度（℃）		55~60	45~50	20~30	70~80
染色温度（℃）		55~60	45~50	25~30	50
染色时间（min）		45~60			
浴比		1∶(3~6)			
浅色	染料（%，owf）	0.3 以下			
	30%（36°Bé）烧碱（mL/L）	20	7~8	7~8	6~20
	保险粉（g/L）	3~5	3~5	3~5	3~5
	元明粉（g/L）	—	0~6	0~6	—
中色	染料（%，owf）	0.3~2			
	30%（36°Bé）烧碱（mL/L）	25	8~12	8~12	10~25
	保险粉（g/L）	5~8	5~8	5~8	5~8
	元明粉（g/L）	—	6~12	6~18	—
深色	染料（%，owf）	2~4			
	30%（36°Bé）烧碱（mL/L）	30	10~20	12~18	20~30
	保险粉（g/L）	8~12	8~12	8~12	8~12
	元明粉（g/L）	—	12~20	18~25	—

（3）隐色体氧化。还原染料隐色体上染纤维后，经氧化在纤维上转变为原来不溶性的还原染料并固着。反应过程如下所示：

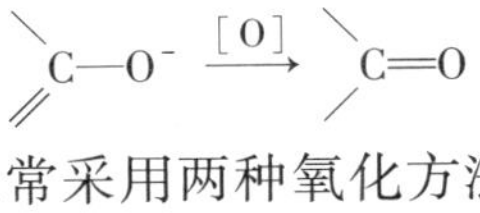

根据染料隐色体的氧化速率，通常采用两种氧化方法——水洗、透风氧化法和氧化剂氧化法。水洗、透风氧化法适用于氧化速率较快者，如还原蓝 RSN、艳绿 FFB 等大多数醌类还原染料；氧化剂氧化法适用于氧化速率较慢者，如还艳桃红 R、艳橙 GK、艳橙 RK 等。常用的氧化剂有过硼酸钠、双氧水等。氧化方法的选择原则如下：

①对于氧化速率特别慢者，宜选用氧化性能较强的过硼酸钠、重铬酸盐溶液，氧化工艺条件见表 1-2-2 和表 1-2-3。

表 1-2-2　过硼酸钠氧化工艺条件

染化料及工艺条件	用量
过硼酸（g/L）	2~4
温度（℃）	30~50
时间（min）	10~15

表 1-2-3　重铬酸钠氧化工艺条件

染化料及工艺条件	用量
重铬酸钠（g/L）	1~2
醋酸（g/L）	2~4
温度（℃）	50~70
时间（min）	10~15

还有些染料要用特殊的氧化方法，如还原黑 BB，应采用含有效氯 1.5g/L 左右的次氯酸钠溶液，在室温条件下处理 15~30min，才能使墨绿色转变为乌黑色。

②对于容易氧化的染料，若氧化条件太剧烈，易产生过度氧化现象而导致色光变化。如还原蓝 RSN，过氧化后色泽偏绿偏暗。所以这类染料染毕最好先用冷水淋洗，去除布面上过量的烧碱和浮色，然后氧化。

③对于亲和力较低的还原染料隐色体，如还原黄 G 等，氧化前不宜先用水洗，最好带碱氧化后再水洗，以免造成色泽浅淡。

④对于含有羟基的还原染料，如还原艳紫 BBK，氧化后最好采用稀酸处理，以免皂煮时染料剥落。

（4）氧化后的处理。还原染料隐色体氧化后还必须经过适当的后处理才能获得理想的色牢度和色光。氧化后处理的主要过程是皂煮。皂煮的目的主要是去除织物表面的浮色，提高染色织物的耐湿处理色牢度和耐摩擦色牢度。同时，皂煮还能改变染料微粒在纤维上的聚集、结晶等物理状态，使染色织物色光稳定，并有利于提高某些染料的耐日晒色牢度。但皂煮时间不宜太长，否则将使纤维表面的染料结晶增大，可能导致染色织物耐洗色牢度和耐摩擦色牢度下降。

但需要注意，染后织物不能立即采用高温皂煮，否则呈高度分散状态的染料颗粒会凝聚并黏附于织物表面，反而不容易去除而影响染色牢度。最好先用温水冲洗，去除部分表面浮色后再经高温皂煮。

4. 还原染料的光敏脆损现象

还原染料本身具有良好的耐日晒色牢度，但某些还原染料染色织物在穿着过程中经日光照射，织物上的染料会加速纤维的氧化脆损，而染料颜色并没有褪去，这种现象称光敏脆损现象，简称光脆现象。

（1）光敏脆损作用原理。一般认为是染料在可见光照射下吸收某一波段的光能后呈激发态，激发态染料分子便将接受的光能传递给周围的水气和氧气，使氧活化，活化氧再进一步氧化纤维，使之脆损，即：

$$\text{染料+光能}\longrightarrow\text{激发态染料}$$
$$\text{激发态染料}+O_2\longrightarrow\text{活化 }O_2\text{+染料}$$
$$\text{活化 }O_2\text{+纤维素}\longrightarrow\text{氧化纤维素}$$

或激发态染料将其所获得的光能直接传递给纤维，在氧存在下使纤维氧化脆损：

$$\text{激发态染料+纤维素}\longrightarrow\text{氧化纤维素+染料}$$

（2）易脆损的染料。在有光脆性的染料中，以黄色、橙色、红色最多，其次是紫色、棕色、蓝色、绿色，黑色没有光脆。脆损最严重的是黄色和橙色，这可能是因为这些染料的颜色浅，吸收光的波长较短，能量高，容易激发对纤维素的氧化反应。

（3）影响光敏脆损现象的因素。

①与染料结构有关。芘蒽酮及其卤化衍生物、噻唑结构、二苯并芘醌结构等的蒽醌还原染料中大多数黄、橙色品种有光脆性。靛类还原染料中的硫靛衍生物大部分有光脆性，尤其是在两侧环上存在甲基的染料。

②还与温度有关。温度越高，光敏脆损越严重。

③与湿度等有关。湿度越大，光敏脆损越严重。

④与纤维种类有关。同一只染料，在不同的纤维制品上光脆程度也不同。一般还原染料在黏胶纤维上的光脆作用比在棉布上严重。

在染液中加入 0.5~1g/L 的单宁酸等多羟基酸可以阻止这种脆损现象。

三、棉机织物还原染料染色工艺

还原染料染色方法有隐色体染色法、悬浮体轧染法以及隐色酸染色法。

1. 隐色体染色法

隐色体染色法是将染料预先还原成隐色体钠盐溶液，在染浴中被纤维吸附、上染，然后经过氧化、皂洗的染色方法。广泛应用于纱线，针织品的染色。此法操作比较麻烦，匀染性和透染性较差，常出现“白芯”现象，故宜选用匀染性较好的染料。它可用于卷染和浸染，也可用于轧染。染色过程如下：

染料预还原→浸染或卷染→水洗→氧化→水洗→皂洗→水洗

2. 悬浮体轧染法

由于还原染料隐色体初染率高和移染性差的特点，因此采用隐色体染色法较难获得匀染和透染的效果。将染料研磨成极细的微粒（2pm 以下），借助于分散剂的作用制成高度分散的悬浮液。织物浸轧悬浮液，凭借机械轧压作用将染料轧到织物上，然后通过汽蒸，染料在纤维上完成还原、上染过程，最后经过水洗、氧化、皂煮等后处理。这种方法具有以下特点：

（1）能克服隐色体染色法的“白芯”问题，匀染性和透染性好。

（2）染料适应性较强，拼色时不受染色性能的限制，广泛用于各种棉织物的染色。

（3）产量高、质量好、劳动强度低。

悬浮液一般由还原染料、分散剂（如扩散剂 NNO、平平加 O 等）、渗透剂（如渗透剂

棉机织物还原染料浸染

棉机织物还原染料轧染

棉机织物还原染料染色疵病

JFC、渗透剂 T 等)、防泳移剂等组成。

3. 隐色酸染色法

在还原液中加入少量的酸，隐色体钠盐就变成隐色酸。隐色酸对纤维没有直接性，也不溶于水，可高度分散。经过隐色酸轧染后的织物，用烧碱—保险粉溶液处理时，隐色酸变为隐色体钠盐，然后经过氧化成为不溶性染料固着在纤维上而完成染色过程。

四、染色设备

针对纯棉机织物染色，目前企业常用平幅染色设备，如连续轧染机和卷染机，如图 1-2-1 和图 1-2-2 所示。连续轧染机适用于大规模的染色加工，劳动生产率高，棉机织物染色大多采用连续轧染工艺，它主要由浸轧机（均匀轧车)、红外线预烘、固色、平洗、烘燥等单元装置组成。机台的组合方式决定于染料性质和工艺条件。浸轧常用二辊或三辊轧车，烘干用红外线、热风或烘筒加热。红外线加热温度均匀，但烘干效率较低。烘干后汽蒸或焙烘，使染料充分上染于纤维，最后进行皂煮和水洗。针对还原染料染色，主要采用还原染料悬浮体轧染机。连续轧染机的设备费用较高，占地面积较大。

图 1-2-1　连续轧染机

图 1-2-2　SWR1400 型卷染机

卷染机是一种历史较久的平幅染色设备。主要由染槽、卷布辊、导布辊组成，属间歇式染色设备。织物先平幅卷绕在第一只卷布辊上，通过染液后卷绕于另一只卷布辊，当织物即将绕完时，再重新卷绕到原来的卷布辊，每卷绕一次称为一道，如此往复直到上染完毕。浴比一般为 1∶(3~5)。随着染色设备数字化转型，新型卷染机都装有织物张力、调头和运行速度等自动控制装置，可以减小织物张力、减轻工人劳动强度。图 1-2-1 所示的 SWR1400 型常压常温卷染机是目前国内卷布直径和布幅最大的卷染机，适用于各种织物在常温条件下的前后处理及染色等工艺，广泛适用于印染行业小批量、多品种的发展需要，集退、煮、漂、染工艺于一体，设计先进、结构合理、适应性广、性能优良、维修简便、操作运行安全可靠。

五、质量控制

还原染料染色过程中常见的染色疵病主要是色光不一、斑渍、色点、色差等。主要是由于染液中烧碱、保险粉含量不一致，还原温度不同，氧化、皂洗条件控制不良，染色过程中隐色体氧化不均匀导致的。所以在染色过程中要加强工艺条件的控制，使染液中烧碱、保险粉含量均匀一致、还原温度相同，如果发生过度氧化，可以用烧碱—保险粉处理后再氧化。

任务实施

一、隐色体浸染法

1. 准备

（1）仪器设备。恒温水浴锅、电炉、分析天平、烘箱、玻璃棒、染杯、烧杯、量筒、电炉、容量瓶、吸量管、吸耳球、胶头滴管、温度计、角匙。

（2）染化药剂。氢氧化钠（工业）、保险粉、食盐、红油、肥皂、碳酸钠，以上为工业纯。还原蓝 RSN、还原黄 G、还原桃红 2R，三种染料为分析纯。

（3）实验材料。丝光棉织物 2 块（2g/块）。

2. 操作

（1）设计工艺处方及条件（表 1-2-4）。

表 1-2-4　工艺处方

染化料及工艺条件	用量
还原蓝 RSN（%，owf）	2
红油（滴）	4~5
30%烧碱（mL/L）	15
保险粉（g/L）	8
还原方法	全浴
还原温度及时间（℃/min）	50
染色温度及时间（℃/min）	60
浴比	1∶50

（2）设计工艺流程。

称料→配制染浴→染色→（水洗）氧化→水洗→皂煮→烘干

（3）操作步骤。

①按表 1-2-4 中处方在 1#烧杯中加入还原蓝 RSN 和红油，然后加入烧碱，再加入水至规定浴比并搅拌，至 50~60℃时加入保险粉全浴还原 10~15min。在 60℃将润湿的织物放入染浴中染色 40min。

②染毕取出冷水过一下，均匀摊开于空气中氧化 10~15min，然后水洗、皂煮（肥皂 2g/L、碳酸钠 2g/L，浴比 1∶30，95℃以上 10min）、水洗、烘干。

3. 结果与讨论

讨论怎样做好隐色体浸染。

二、悬浮体轧染法

1. 准备

（1）仪器设备。恒温水浴锅、烘箱、小轧车、焙烘箱、玻璃棒、染杯、烧杯、量筒、电炉、容量瓶、天平、吸量管、吸耳球、聚乙烯薄膜、胶头滴管。

（2）染化料。还原染料 RSN 蓝、烧碱（工业）、保险粉（工业）。

（3）试验材料。丝光棉织物 1 块（10cm×20cm）。

2. 操作

（1）设计工艺处方（表 1-2-5）。

表 1-2-5 悬浮体轧染法工艺处方

浸轧液	还原蓝 RSN（g/L）	30
	总水量（mL）	100
还原液	30%NaOH（mL/L）	40
	85%保险粉（g/L）	20
	总水量（mL）	100

（2）设计工艺流程。

织物→浸轧（室温，二浸二轧，轧液率 70%左右）→烘干→浸渍还原液（室温，5~10s）→薄膜还原（130~140℃，1.5~2min）→透风氧化（10~15min）→水洗→皂洗（肥皂 2g/L，碳酸钠 2g/L，浴比 1∶30，95℃以上 10min）→水洗→烘干

（3）操作步骤。

①按要求称取染料，加入水搅拌均匀。染料颗粒粗的要进行研磨，直到符合要求。染料颗粒细度的测量方法一般有 2 种，即显微镜测微法和滤纸渗圈法。

a. 显微镜测微法。将研磨过的染料配成 0.5g/L 的悬浮液，滴在一块载玻片上，然后盖上盖玻片，用显微镜观察读数。这种方法测定的精确度较高。

b. 滤纸渗圈法。将已研磨好的染料配成 5g/L 的悬浮液，取 0.2mL 滴在滤纸中央，染料向四周扩散成圆形，晾干后观察染料的扩散情况，根据“染料扩散性能测试样卡”（渗圈标样）评定等级，5 级最好，1 级最差。研磨后的染料一般要求达到 4~5 级，这时渗圈情况一般为：扩散形成的圆形直径为 3~5cm，圆内无水印，圆心无色点、色圈，染料扩散均匀，外圈有一圈深色。滤纸渗圈法操作简便，也能得到较好的效果，在实际生产中应用较多。

②织物投入悬浮液浸渍约 30s，用小轧车二浸二轧，将织物一分为二，一块于烘箱烘干，一块不烘干。

③保险粉置于烧杯中，加水溶解后加入 NaOH，搅拌均匀并一分为二待用。

④2 块织物浸渍还原液，立即取出，不经挤轧，但也不能带液太多。

注意：织物要冷却后放入还原液。

⑤取出织物放在一块薄膜上，覆上另一块薄膜，压平至无气泡，置于烘箱于 130~140℃保持 1.5~2min。薄膜中间鼓起为止。

注意：烘前有气泡时会产生染斑。

⑥取出织物，水洗氧化、水洗、皂洗、水洗、烘干。

3. 结果与讨论

（1）贴样，比较干还原法和湿还原法的染色效果。

（2）比较隐色体法与悬浮体轧染法的效果。

4. 注意事项

（1）浸染时经常翻动试样，切勿使试样露出液面，以防空气氧化。

（2）制悬浮液时，尽可能地均匀，以防染花试样。

（3）严格控制好还原温度和染色温度。

（4）充分皂煮。

知识拓展

一、蜡染概述

蜡染是民间一种传统的物理防染工艺，以蜡为主要防染原料。将不同比例的混合蜡熔化，在适当的温度下涂布于已着色的织物上，而后根据不同花形和地色的要求，予以龟裂蜡纹处理。处理过程完全凭技巧熟练程度与经验，技巧熟练，经验丰富者方可拆裂出理想的蜡纹，然后染色（染色温度 50℃以下）。有裂纹之处，染液即随裂纹渗入纤维，完成染色程序；没有蜡纹处被蜡封闭，保持了原来的着色或留白，达到防染的效果。

二、纯棉机织物蜡染工艺

1. 工艺流程

织物上蜡→染料还原溶解→隐色体上染→隐色体氧化→后处理

2. 工艺处方

对还原染料采用干缸还原的方法，染色工艺处方见表 1-2-6。

表 1-2-6　染色工艺处方表

项目	染化料及工艺条件	用量
染料还原（干缸液）	靛蓝染料（g）	3
	保险粉（g/L）	30
	烧碱（g/L）	10
	加水合成（mL）	100
染色液	干缸液（mL）	100
	保险粉（g）	1
	烧碱（g）	1
	水（mL）	900

3. 操作步骤

（1）干缸还原。靛蓝染料加少量水调成浆状，烧碱加少量水溶解后加入上述浆状物，再将其余水加入，调匀，加热至 70～75℃，放保险粉搅拌后静置 10～15min 充分还原。室温静置 30min，隐色体呈黄绿色。

（2）染色液配制。杯中预加水，倒入干缸液，加入溶解的烧碱，最后加保险粉。

（3）染色。将织物放入染液浸渍 30min，取出氧化 10~15min。色浅可多次浸渍。

任务拓展

学生自行设计纯棉机织物可溶性还原染料染色工艺。

思考与练习

1. 简述还原染料的染色机理。
2. 还原染料有哪些常用的染色方法？各有哪些特点？
3. 还原染料隐色体上染有什么特点？如何解决？
4. 可溶性还原染料与还原染料结构上有什么不同？其染色性能怎样？
5. 还原染料的还原方法有哪两种？如何选择？
6. 设计一个棉织物还原染料隐色体染色工艺。

任务 3　亚麻织物染色

学习目标

1. 知识目标

（1）熟悉亚麻织物的染色特性。

（2）理解亚麻织物活性染料冷轧堆染色原理。

（3）掌握活性染料冷轧堆工艺因素对亚麻织物染色效果的影响。

2. 能力目标

（1）能进行亚麻织物活性染料冷轧堆染色工艺分析与设计。

（2）能选择合适的活性染料对亚麻织物冷轧堆染色。

（3）能计算工艺处方中活性染料和助剂用量，能实物仿色打样。

（4）能针对亚麻织物活性染料冷轧堆染色的质量问题提出改进措施。

3. 素质目标

（1）养成严谨的科学态度。

（2）培养学生的节能减排意识。

4. 课程思政目标

（1）通过亚麻织物活性染料冷轧堆染色的学习培养学生的节能环保意识。

（2）在活性染料冷轧堆染色任务实施中强化学生的工匠精神。

（3）培养学生团队合作的能力。

任务分析

亚麻织物有穿着挺括凉爽、吸湿透气性强等优良服用性能。近年来人们返璞归真，亚麻织物作为一种绿色生态服装而深受消费者喜爱。当工艺员接到亚麻织物染色生产任务订单时，如何保质保量完成？首先要对客户的要求及产品的用途和特点进行分析，选择合适的染料和染色方法，设计染色工艺，进行小样染色打样，然后按照亚麻织物的染色工艺组织大生产，并且要发现和解决亚麻织物染色中的质量问题。本任务主要是需要在熟悉麻纤维的特点及染色性能和染色方法的基础上，完成亚麻织物的活性染料冷轧堆染色。

知识准备

一、麻纤维概述

麻纤维是指从各种麻类植物取得的纤维，品种较多，包括一年生或多年生草本双子叶植物皮层的韧皮纤维和单子叶植物的叶纤维。韧皮纤维作物主要有苎麻、黄麻、青麻、亚麻、罗布麻和槿麻等，叶纤维素麻作物主要有剑麻、蕉麻等。

麻纤维主要由纤维素及少量共生杂质半纤维素、木质素、果胶、脂蜡质、多糖类和灰分等组成。单根纤维是一个后壁、内有狭窄胞腔、两端封闭的长细胞。麻纤维均具有这样的特征，但在纤维的外形、长度、细度和化学组成等方面则视品种不同有较大的差异，因而影响着纺织、染整工艺及服用性能。四种主要麻纤维的纵切面和横截面如图 1-3-1 所示。

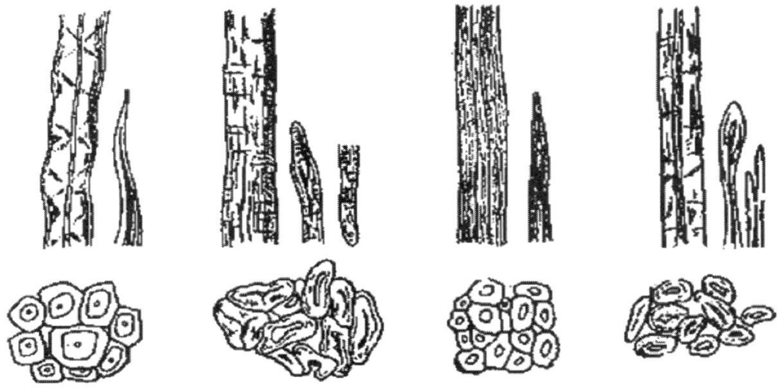

图 1-3-1　麻纤维纵切面和横截面

由图 1-3-1 可见，苎麻横截面呈腰圆形，有中腔、胞壁，有裂纹；亚麻和黄麻横截面呈多角形，也有中腔；亚麻的纵切面呈“X”形；大麻横截面呈腰耳型，也有中腔，纵切面有横节、竖纹。麻纤维具有高强度和低延伸度，光泽比其他纤维好。原麻通常呈青白或黄白色。

由于麻纤维共生杂质含量高，长度又参差不齐，粗细均匀性也较差，因而纺出的纱线条干均匀性较差；这种独特的粗节创造了麻织物粗犷独特的风格。麻纤维的吸湿性比棉高，吸湿和散湿速率均较快，一般气候条件下，回潮率可达 14%，与黏胶纤维持平。但其湿强度比干强度大，比黏胶纤维高得多。麻纤维的断裂强度是天然纤维中最高的，苎麻为 5.3~7.9cN/dtex，但其拉伸后的伸长率是天然纤维中最低的，苎麻仅 2%~3%。麻纤维的弹性较差，故纯麻织物易起褶皱。

亚麻的应用距今已有一万年以上的历史，是世界上除棉花以外最重要的纤维作物之一，更是人类最早使用的天然植物纤维。亚麻纤维是一种稀有天然纤维，仅占纤维总量的1.5%，由于它的天然、古老、高贵和优质，曾被人们称为“纤维皇后”。亚麻属于锥管束纤维，从麻茎外皮的韧皮纤维中获得纤维。亚麻没有麻骨，因此不需要剥麻或刮青，亚麻经浸渍脱胶，制成精洗麻，然后除去表皮和木质即成为打成麻，才能进行纺纱。

二、亚麻纤维的结构及染色性能

亚麻纤维是两端尖细的瘦长细胞，平均长度为17~20mm，宽11~20μm。亚麻单纤维较短，所以只能用工艺纤维纺纱，但是单纤维的性质对纺织品的质量仍具有重大的影响。亚麻单纤维的长度越长，细度越细，其品质越好。亚麻可作为服饰用、装饰用、产业用纺织品等。亚麻纤维具有很多优良的性能，它吸湿散热、保健抑菌、防污、抗静电、防紫外线，并且阻燃效果极佳。

亚麻纤维的结晶度较高，且结晶区较规整，取向度在91%左右，结晶度为66%左右。亚麻纤维的断裂强度比棉高，但断裂延伸度比棉小。亚麻纤维的力学性能与其微结构有关，结晶度越大，取向度越大，则断裂强度越大，而断裂伸长率越小。

亚麻纤维基本成分是纤维素，是一类亲水性纤维。亚麻纤维染色性能较差，表现在上染率和固色率较低、色牢度差。亚麻纤维染色困难与其结构有关。亚麻纤维结晶度高、取向度高，大分子排列整齐、密实，缝隙空洞较少，分子之间各个基团相互抱和，纤维溶胀困难，变形小，染色时染料渗透困难，上染率低。亚麻纤维中木质素、半纤维素含量越高，其上染率呈下降的趋势。

由于麻同样属于纤维素纤维，所以适用于纤维素纤维染色的染料都可以对其进行染色，有活性染料、直接染料、还原染料、硫化染料、可溶性还原染料等，而最常用的便是活性染料。

三、亚麻织物染色工艺

亚麻织物活性染料轧染

亚麻的染色工艺和其他纤维素纤维的染色工艺基本相同，染色方法通常有冷轧堆染色、浸染和轧染。

冷轧堆染色，是织物在低温下通过浸轧染液和碱液，利用均匀轧车使染液均匀地吸附在织物组织纤维，然后进行打卷堆置，在室温下堆置一定时间并缓慢转动，完成染料的吸附、扩散和固色过程，然后水洗完成上染的染色方式。该工艺包括浸轧工作液、堆置固色、水洗三个阶段。冷轧堆染色工艺流程短，对环境污染小，因不经烘干和汽蒸，从而节约能源，具有浴比小、上色率高（固色率比常规轧蒸法提高15%~25%）、不存在泳移弊病等特点，特别适合对张力敏感及染不透等品种。因加工成本低，可加工处理各种大、小批量的织物。

冷轧堆染色具有设备投资少、能源消耗低、工艺简单、产品质量好和生产灵活等特点，是染色工艺的发展方向之一。目前，冷轧堆染色所耗用的活性染料占全世界活性染料总用量的20%~30%。

1. 亚麻织物的冷轧堆染色

亚麻织物活性染料短流程染色工艺具有节省染料、节约能源等优点，工艺流程短，工艺重现性好，在很大程度上避免了活性染料传统工艺加工过程中易出现的泳移现象，且粒头、白点等外观质量问题能够得到很好的解决。亚麻织物活性染料短流程染色能提高染料的上染率，对环境的污染少，同时避免了水、电、汽以及人工的大量浪费。

亚麻织物活性染料的冷轧堆染

（1）染料的选择。活性染料冷轧堆染色与轧烘蒸法染色相比，对染料性能的要求相对较高，特别是以下四个方面。

①染料的耐盐耐碱溶解稳定性。这是因为电解质对染料的溶解具有强大的“盐析作用”，会使染料的溶解度大大下降。碱剂会使染料的 β-羟乙基砜硫酸酯基发生“消去反应”，显著降低染料自身的溶解能力。所以在盐、碱共存的染液中，染料容易产生聚集、絮集，甚至是沉淀。

轧烘蒸法染色的染液呈中性，电解质含量也很低（仅染料中含部分元明粉），而冷轧堆染色的染液呈现较强碱性（pH = 12 ~ 13），而且电解质浓度也较高。因此用于冷轧堆染色的活性染料必须具有更高的耐盐、耐碱溶解稳定性。

②染料的耐水解稳定性。活性染料在水中（尤其是碱性水中），其活性基团容易发生水解而丧失上染能力。冷轧堆染色染液的碱性强，染料的水解速率快，倘若染料的耐水解稳定性欠佳（尤其是与耐水解稳定性不同的染料作拼染时），很容易产生头—尾色差或卷—卷色差。所以，冷轧堆染色不仅要求染料的耐水解稳定性好，而且各拼色组分的耐水解稳定性还要相似。比如，雷马素红 RGB 与雷马素兰 RGB 的耐水解稳定性良好，但由于雷马素黄 RGB 的耐水解稳定性差，这组三元色就容易产生染色色差。

③染料的直接性不宜过高，各组分要相近。这是由于活性染料在冷轧堆染色的染液中（盐、碱共存）比在轧烘蒸法染色的染液中（中性少盐）对纤维的直接性要高得多。直接性过高，在浸轧过程中很容易产生前后色差（深浅差、色光差）的缘故。

④染料与纤维的反应性更强。这是由于冷轧堆染色时，染料—纤维间的键合（固着）反应是在低温（<25℃）下进行的，尽管染液 pH 较高，染料具有较强的反应能力依然是获得高固着率（得色深度）的关键因素。

经检测，常用低温（40℃）型活性染料与中温（60℃）型活性染料中，许多品种都可以用于冷轧堆染色，但相比之下以乙烯砜型活性染料的综合使用效果最好。近年来，许多染料生产厂家推出了专用于冷轧堆染色的系列活性染料，如浙江龙盛集团股份有限公司的科华素 CP 系列活性染料等。其中，大部分染料品种可以直接选用，唯黄色品种由于耐水解稳定性良莠不齐，需认真选择。

（2）冷轧堆染色工艺。

①工艺流程。

活性轧染（将染液和碱液按 4∶1 混合后轧液，轧液率 60% ~ 80%）→打卷→堆置（20 ~ 30℃，2 ~ 8h，转速 40m/min）→水洗（95 ~ 100℃）→皂煮（肥皂 2g/L，95℃）→水洗（80 ~ 90℃）

②染色处方（表 1-3-1）。

表 1-3-1　亚麻织物冷轧堆染色工艺处方

染化料及工艺条件	用量
活性染料（g/L）	5
尿素（g/L）	60
纯碱（g/L）	15～30
30%氢氧化钠（mL/L）	5～20
氯化钠（g/L）	15～30

（3）冷轧堆染色的影响因素。

①碱剂对固色率的影响。二氯喹噁啉的衍生物反应性强，具有较好的溶解性、渗透性和扩散性，适合冷轧堆染色。一般反应性强的活性染料要选用弱碱剂进行固色，否则不仅会增加水解染料量，还会因反应速率过快而造成染色不匀透，并导致固色率下降。反应性强的染料通常选用纯碱作为碱剂，染色时为了保持 pH 值的稳定，用量较大，并要及时更换，易浪费染料，因而尝试用纯碱和烧碱的混合碱剂。通过测定固色率，发现用纯碱和烧碱混合碱剂的染色样品，固色率明显高于单用纯碱的染样，且产品的得色较深。另外，混合碱剂有利于保持染液 pH 值的稳定性，延长染液更换时间，减少染料的浪费。

②堆置时间对固色率的影响。冷轧堆染色过程中，活性染料与亚麻纤维发生固色反应的同时，也发生一定程度的水解反应。亚麻织物冷轧堆染色的最佳堆置时间为 4h 左右。堆置时间未达 4h 时，染料与纤维发生固色反应占主导地位；4h 之后，固色反应基本完成，继续延长堆置时间，纤维上结合的染料发生水解断键的越来越多，固色率开始下降。

③堆置温度对固色率的影响。控制好浸轧和堆置温度，对保证染色重现性非常重要。升高温度，固色反应和水解反应的速率都提高，但水解反应速率的提高更为显著。当堆置温度超过最佳固色温度后，水解反应速率大于固色反应速率，就会造成固色率下降。试验表明，亚麻织物冷轧堆染色的最适堆置温度在 25℃左右。为了减少车间环境温度变化的影响，可施加简易温控，以达到较高的固色率。

④促染剂用量对固色率的影响。促染剂对活性染料冷轧堆染色也有较大影响。常用的促染剂氯化钠和硫酸钠可提高染料的直接性，调节染液中的电解质浓度，提高织物的固色率。采用氯化钠作为促染剂时，染料在织物上的固色率随促染剂浓度增加而提高，但促染剂用量达到 40g/L 后，固色率反而有所下降。原因是氯化钠浓度过高，会使染料发生聚集或沉淀，对上染和固色反应都不利。因此，促染剂用量一般为 30～40g/L。

⑤轧液率对固色率的影响。有试验表明，轧液率对固色率存在影响。冷轧堆的轧液率一般为 60%～80%。轧液率要根据织物品种、前处理条件、轧车车速、轧辊硬度、染料、碱剂混合液的黏度和比重等进行适当调整。若染液对织物纤维芯渗透不够，应加入渗透剂，不宜采用提高轧压力的方法。因为提高压力后，轧液率下降，会使织物出现霜花，进而产生波纹疵病和缝头印等。

2. 浸染

亚麻浸染工艺参考活性染料对棉机织物的染色工艺流程及工艺曲线，浸染工艺处方见表 1-3-2。

表 1-3-2 亚麻织物浸染工艺处方及条件

染化料及工艺条件	用量
活性染料（%，owf）	x
匀染剂（%）	0.5～1.0
元明粉（g/L）	0～100
纯碱（g/L）	0～25
螯合剂（g/L）	0.5
染色温度	根据染料类型而定
时间（min）	30～60

3. 轧染

（1）染色工艺。

织物→二浸二轧→烘干→烘焙（180℃，2～3min）→后处理

（2）工艺处方实例（表 1-3-3）。

表 1-3-3 亚麻织物轧染工艺处方及条件

染化料	用量
活性蓝 C-R（g/L）	9.15
活性翠蓝 GN（g/L）	0.49
尿素（g/L）	50
渗透剂 JFC（mL/L）	0.4
改性载体（g/L）	5

（3）活性染料后处理工艺。

染色布→水洗→皂洗→水洗→烘干

皂洗工艺处方见表 1-3-4。

表 1-3-4 亚麻织物轧染皂洗工艺处方及条件

染化料及工艺条件	用量
温度（℃）	60
时间（min）	20
纯碱（g/L）	1
洗衣粉（g/L）	1

四、染色设备

按织物染色的形态和特征分绳状染色机、卷染机、轧卷染色机以及连续轧染机等，后三种均属平幅染色设备。现在很多企业的亚麻织物冷轧堆染色选用轧卷染色机，如图 1-3-2 所

示。轧卷染色机是一种间歇和连续相结合的平幅染色机。主要由浸轧机和加热保温室等组成。浸轧机由轧车和轧液槽组成。轧车有二辊和三辊两种，轧辊成上下或左右配置，轧辊间的压力可以调节。织物在轧液槽中浸渍染液后受轧辊轧压，染液透入织物内部，多余染液仍流入轧液槽。织物进入保温室在卷布辊上绕成大卷，于湿热条件下缓缓转动堆置一定时间，使染料逐渐对纤维上染。这种设备适合小批量、多品种的平幅染色。

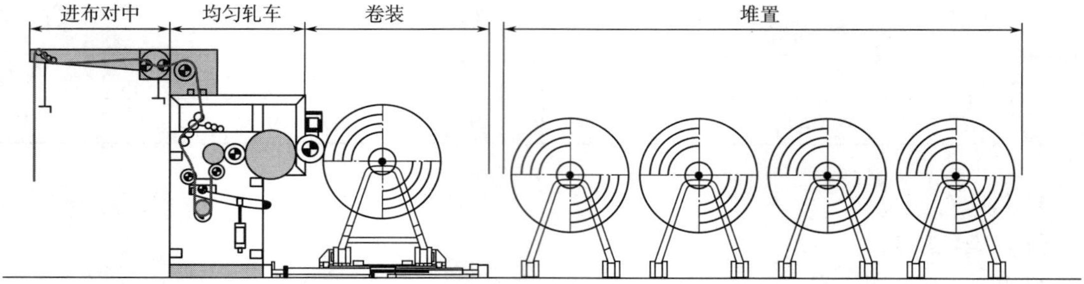

图 1-3-2　YFR-2014-220 平幅冷轧堆轧卷染色机

五、质量控制

亚麻织物染色质量控制

亚麻织物在染色加工过程中上染率低、色泽暗淡、染色牢度差，有时还会出现色花、色差和色光等问题，这主要是由于亚麻纤维结构紧密，染色时染料不容易扩散进入纤维内部。所以染色时，亚麻纱应选择产地相同、沤麻方法相同的品种；合理掌握前处理工艺，使其毛效均匀一致；染色用水应使用软水；严格筛选染料和助剂，制订合理的染色工艺，特别是染料的扩散性要良好，染色过程中要严格执行工艺要求，如升温速率、保温时间、染色温度等；染色后采用脱水机脱水，在烘燥机上烘干时应采用大风量，保持机上温度 85℃左右，防止高温发生色变。

亚麻冷轧堆染色常见的质量问题及预防措施如下。

1. “鱼骨印” 染疵

（1）产生原因。冷轧堆染色时织物浸轧染液后直接卷绕在 A 字架上，在堆置的过程中完成固着反应。因此织物边与边之间的缝接处会由于缝线的存在以及缝线分布的不均匀性，使上下多层织物因卷绕压力大小不匀，局部含液多少不同，而产生明显的“鱼骨印”（又称缝头印）染疵。这是冷轧堆染色方式的必然现象。

（2）“鱼骨印”染疵应对措施。

①织物上卷能力要适中，不宜卷绕过紧，使织物与织物之间的层压适当减小，这有利于减轻“鱼骨印”。

②使用针棉蜡线缝头。由于针棉蜡线有一定的吸水性，也有利于减轻“鱼骨印”。

③反面缝头（包缝），使缝线的正面（平面）在织物反面，使缝线的反面（凹凸面）在织物的正面。由于缝线的平滑面与织物的正面相接触，所以可使织物正面的“鱼骨印”染疵得到明显改善。

④织物要正面朝上进布，A 字架采用轴心传动。织物之间的缝接口要在打卷的过程中以 20cm 宽的塑料薄膜覆盖。

实践证明，以上举措四管其下，“鱼骨印”染疵可以得到良好的解决。

2. “色差”染疵

活性染料冷轧堆染色，布面色泽的匀染效果相对较好。其原因，一是冷轧堆染色没有中间烘燥，不存在因烘干快慢不同而产生泳移色差；二是现代均匀轧车的压力具有良好的可调性，只要控制好轧辊的工作状态，通常不会因轧液率不同而产生左、右色差或边、中色差。

冷染染色最容易发生的是前、后色差，即开车初期与开车后期的色泽（深浅、色光）会产生渐进式变化。也就是说，随着轧染时间的延长，得色深度产生逐渐走浅的趋势，得色色光会产生明显的波动。

任务实施

一、准备

1. 仪器设备

恒温水浴锅、电炉、分析天平、烘箱、玻璃棒、染杯、烧杯、量筒、电炉、容量瓶、吸量管、吸耳球、胶头滴管、温度计、角匙。

2. 染化药剂

元明粉、碳酸钠、冰醋酸、肥皂、碳酸钠，活性艳兰 KNR，以上为工业纯。

3. 实验材料

17 英支亚麻漂白织物。

二、操作

1. 设计工艺处方及条件（表 1-3-5）

表 1-3-5　亚麻织物染色工艺处方表

染化料及工艺条件	用量
活性艳蓝 KNR（%，owf）	1
元明粉（g/L）	60
纯碱（g/L）	10
浴比	1：20
温度（℃）	60

2. 设计工艺流程

润湿织物（5g）→吸料→称盐碱→加盐碱→加水（浴比 1：10）→放入染样机染色→保温→取出水洗→酸洗（HAc 1g/L）→水洗→皂洗（820 1g/L）→水洗→脱水→吹干→测色

3. 设计染色工艺曲线

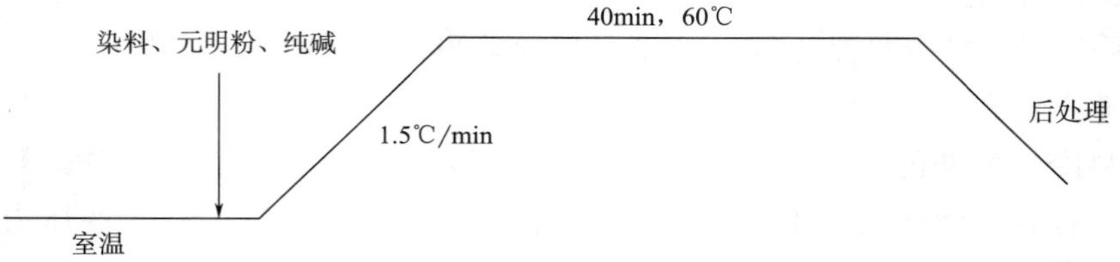

三、结果与讨论

贴样，讨论染色效果并分析原因。

任务拓展

学生利用活性染料还原染料对麻织物进行染色，设计合理的工艺，并对结果进行比较。

思考与练习

1. 用活性染料染亚麻纤维和棉纤维，染色性能有何差异？
2. 设计一个麻织物绿色环保染色工艺。
3. 亚麻有哪些特性？
4. 亚麻织物活性染料冷轧堆染色容易出现哪些质量问题？如何克服？

任务 4　黏胶纤维织物染色

学习目标

1. 知识目标

（1）了解黏胶纤维织物染色大生产的过程。

（2）理解直接染料染黏胶纤维织物的染色原理。

（3）掌握直接染料染色工艺因素对黏胶纤维织物染色效果的影响。

2. 能力目标

（1）能进行黏胶纤维织物直接染料染色工艺分析与设计。

（2）能选择合适的直接染料对黏胶纤维织物染色、对色、测色。

（3）能计算工艺处方中直接染料和元明粉用量，能实物仿色打样。

（4）能针对染色后的黏胶纤维织物的质量问题提出改进措施。

3. 素质目标

（1）养成实事求是的科学态度。

（2）培养学生的责任意识。

4. 课程思政目标

（1）通过直接染料的选择和染色特点的学习培养学生的环境意识。

（2）在直接染料染色任务实施中强化学生精益求精的工匠精神。

（3）培养学生学会做人和做事。

任务分析

当工艺员接到黏胶纤维织物染色生产任务订单时，如何保质保量完成？首先要对客户的要求及产品的用途和特点进行分析，选择合适的染料和染色方法，设计染色工艺，进行小样染色打样，然后按照黏胶纤维织物的染色工艺组织大生产，并且要发现和解决黏胶纤维织物染色中的质量问题。

知识准备

一、黏胶纤维概述

1. 常用黏胶纤维

黏胶纤维的基本组成是纤维素。普通黏胶纤维的截面呈锯齿形皮芯结构，纵向平直有沟槽，而富强纤维无皮芯结构，截面呈圆形。

黏胶纤维属再生纤维素纤维，它是以天然纤维素为原料，经碱化、老化、黄化等工序制成可溶性纤维素磺酸酯，再溶于稀碱液制成黏胶，经湿法纺丝而成。采用不同的原料和纺丝工艺，可以分别得到普通黏胶纤维、高湿模量黏胶纤维和高强力黏胶纤维。

普通黏胶纤维具有一般的力学性能和化学性能，又分为棉型、毛型和长丝型，俗称人造棉、人造毛和人造丝。高湿模量黏胶纤维具有较高的聚合度、强力和湿模量，主要有富强纤维。高强力黏胶纤维具有较高的强力和耐疲劳性能。

2. 黏胶纤维特性

黏胶纤维具有良好的吸湿性，吸湿后显著膨胀，所以织物下水后手感发硬，收缩率大。普通的黏胶纤维断裂强度比棉小，断裂伸长率大于棉，其模量比棉低，在小负荷下容易变形，而弹性回复性能差，因此织物容易伸长，尺寸稳定性差。富强纤维的强度，特别是湿强比普通黏胶纤维高，断裂伸长率较小，尺寸稳定性良好。普通黏胶纤维的耐磨性较差，而富强纤维则有所改善。

黏胶纤维的化学组成与棉相似，所以较耐碱不耐酸，但耐碱耐酸性均较棉差。富强纤维则具有良好的耐碱耐酸性。黏胶纤维的染色性能与棉相似，染色色谱全，染色性能良好。

3. 黏胶纤维应用

黏胶纤维是最早投入工业化生产的化学纤维之一。由于吸湿性好，穿着舒适，可纺性优良，常与棉、毛或各种合成纤维混纺、交织，用于各类服装及装饰用纺织品。高强力黏胶纤维还可用于轮胎帘子线、运输带等工业用品。

二、直接染料

1. 直接染料概述

直接染料分子一般具有较长的共轭双键系统，分子中含有磺酸基，能溶于水，在水中能电离成染料阴离子，其分子量较大，整个分子呈狭长扁平的线状结构，具有较好的同平面性和线性状态。分子中含有羟基、氨基等能生

直接染料的分类

成氢键的基团，因此对纤维素纤维有较高的亲和力，不需借助媒染剂的作用就能直接上染纤维。直接染料色谱齐全，价格低廉，染色方法简便。大部分品种的各项色牢度不够理想，尤其是耐湿处理色牢度更差，染色后需要进行固色处理来提高染色牢度。

直接染料的性能

黏胶纤维对直接染料的吸附能力强，所以直接染料在黏胶纤维织物上的耐湿处理色牢度基本能符合规定的要求。

2. 直接染料的分类和染色性能

（1）按染料的染色牢度和固色后处理分类。根据直接染料的染色牢度和固色后处理的不同，一般可以把直接染料分为三种，即直接染料、直接耐晒染料、直接铜盐染料。

直接耐晒染料的耐日晒色牢度较高，一般在五级以上。直接铜盐染料在染色后要用铜盐固色处理，以提高其染色牢度。此外，为适应涤棉混纺织物产品的同浴染色，20 世纪 70～80 年代又开发出不同于以往直接染料的新型染料，这类染料在 130℃以上的高温条件下稳定不降解，仍有较高的直接性和上染率，其耐湿处理色牢度明显高于以往的直接染料，如我国开发的 D 型直接混纺染料，它尤其适合于涤棉混纺织物的染色，所以称为混纺染料。这是由于该染料与分散染料的互混性好，能与各种分散染料同浴染色，而并不是这套染料中含有分散染料。

（2）按染色性能分类。

①匀染性染料。这类染料的分子结构比较简单，在染液中染料的聚集倾向小，染色速率高，匀染性好。但耐水洗色牢度差，适合于染浅色。

染色时染料的扩散速率快，上染速率快，在染色时间内可达到最高上染率。提高温度会使平衡上染率降低，这类染料多用于染浅色。因此，染色温度不宜太高，一般以 70～80℃为宜。染色时可加中性电解质促染，但作用效果不显著。

②盐效应染料。这类染料分子结构比较复杂，对纤维的亲和力较高，分子中含较多的水溶性基团，染料在纤维内的扩散速率较低，匀染性较差，耐湿处理色牢度较高。

中性电解质对这类染料的促染作用显著，可借助于食盐的用量和时间来控制其上染速率，以获得匀染并提高上染率。所以这类染料又称为盐效应直接染料。

③温度效应染料。这类染料分子结构复杂，对纤维的亲和力高，但扩散速率低，匀染性差，且含磺酸基团较少，耐湿处理色牢度较高。加入中性电解质对上染率的影响较小。

染色时需要较高的温度，以提高染料的扩散速率和匀染性。同时应严格控制始染温度和升温速率，始染温度不能太高，升温速率不能太快，从而获得匀染效果。所以这类染料又称为温度效应染料。

3. 染色原理

直接染料的分子量较大，整个分子呈狭长扁平的线状结构，具有较好的同平面性，与纤维素纤维之间存在着较大的范德瓦耳斯力，且染料分子中含有的氨基和羟基等可与纤维素上的羟基发生氢键结合，染料借助于氢键和范德瓦耳斯力而固着在纤维内部。

直接染料在中性或弱碱性介质中可以上染纤维素纤维，在弱酸性介质中上染羊毛。目前，棉织物染色较少应用，而多用于黏胶纤维、蚕丝及锦纶的染色。

由于直接染料的水溶特性，其所染的织物一般耐湿处理色牢度都很差。为了提高其染色牢度，可按照染料结构的特点，应用适当的方法进行不同的后处理，称为固色处理。

直接染料固色处理

固色处理需要有一定的作用时间，因此一般在染缸内进行，通常有以下几种方法。

（1）金属盐后处理。当直接染料中具有能与金属离子络合的结构，染色织物用金属盐处理后，纤维上的染料可与金属离子生成水溶性较低的稳定络合物，从而提高染色物的耐湿处理色牢度。常用的金属盐有铜盐和铬盐，其中常用的是铜盐，例如硫酸铜、醋酸铜以及专门用于固色处理的铜盐B。因此，这类染料也称直接铜盐染料。铜盐处理后，颜色一般较未处理时略深而暗，所以一般适用于深浓色品种。

（2）阳离子固色剂后处理。直接染料是阴离子染料，阳离子固色剂的共同特点是分子结构中都含有阳离子基，能与染料阴离子结合，封闭了直接染料的水溶性基团而生成沉淀，从而提高染色物的耐湿处理色牢度。

（3）常用固色剂。

①普通阳离子型固色剂。普通阳离子型固色剂包括阳离子表面活性剂型固色剂和非表面活性剂季铵盐型固色剂两类。阳离子表面活性剂型固色剂能与染料分子中的磺酸基或者羧酸基结合，生成分子量较大的难溶性化合物沉积在纤维内，从而提高被染物的耐湿处理色牢度。

非表面活性剂季铵盐型固色剂的分子结构中含有两个及两个以上的季铵基团，季铵基团不与烷基相连，而与芳环或杂环相连，不具有表面活性。其固色机理与阳离子表面活性剂型固色剂相同，由于含有多个阳离子基，固色效果好于阳离子表面活性剂型固色剂，且对耐晒色牢度影响较小。

总体来说，阳离子表面活性剂型固色剂和非表面活性剂季铵盐型固色剂对各种结构的直接染料都适用，处理方法简便，处理后没有显著的颜色变化，但固色效果却不及树脂型固色剂和反应型固色剂，因此应用较少。

②树脂型固色剂。树脂型固色剂是分子量较高的聚合物或树脂初缩体，分子结构中含有多个阳离子基，与直接染料的水溶性基团作用，降低了染料的溶解度，并能在烘燥时在织物表面生成树脂薄膜，从而提高了染色产品的耐湿处理色牢度。固色剂Y和固色剂M就属于此类。

固色剂Y和固色剂M是使用较早的固色剂。固色剂Y是双氰胺甲醛缩合物的醋酸盐溶液或氯化铵溶液，是无色透明的黏稠液体，有较高的游离甲醛释放量（超过200mg/kg），不符合生态纺织品标准。将固色剂Y与铜盐，例如醋酸铜作用即可制得固色剂M。固色剂M的分子中含有铜，特别适用于直接铜盐染料的固色后处理，除能提高耐湿处理色牢度外，还能提高耐日晒色牢度。经固色剂M处理的染色物，色光常会发生变化，一般变深变暗，故固色剂M适用于深浓色产品的固色。固色剂M也存在游离甲醛释放的问题，因此固色剂Y和固色剂M已逐渐被新近发展的无醛固色剂所取代。

③反应型固色剂。反应型固色剂也称为阳离子交联固色剂，多为无甲醛固色剂，是目前应用较多的新型固色剂，分子结构中既含有能与纤维键合的活性基团，又含有能与染料阴离

子结合的阳离子基团，固色时固色剂中的反应性基团既能与染料中的—OH、$—NH_2$、$—SO_2NH_2$ 发生交联反应，又能与纤维素纤维、蛋白质纤维或聚酰胺纤维的—OH、$—NH_2$ 反应，将染料通过固色剂与纤维紧密结合。

三、直接染料染色工艺

黏胶纤维织物直接染料染色工艺

1. 工艺流程

直接染料的染色比较简单，其一般工艺流程为：

配制染液→染色→水洗→固色→水洗→柔软处理→脱水→烘干

2. 工艺处方及条件

染液中一般含有染料、纯碱、食盐或者元明粉等，黏胶纤维织物一般采用浸染或者卷染的方法染色，浸染的参考工艺处方及条件见表 1-4-1。

表 1-4-1　直接染料浸染法参考工艺处方及条件

染化料及工艺条件	淡色	中色	浓色
染料（%）	0.5 以下	0.5~2	2~5
纯碱（%）	0.5~1	1~2	1.5~2
食盐（%）	—	0~3	3~12
浴比	1∶(20~30)	1∶(15~20)	1∶(10~15)

（1）染料用量。染色时染料用量视色泽的浓度要求而定，将处方规定量的染料用温软水调成浆状，然后用热水溶解，必要时可在染液中加入适量润湿剂（如太古油），然后溶于染浴中，加水至规定浴比量。由于直接染料不耐硬水，易造成色斑、色点等疵病，所以染料的溶解及染色宜用软水。纯碱可以帮助染料的溶解并兼有软化水的作用，用量一般为 1~3g/L，或用磷酸三钠、六偏磷酸钠。染色液中先加入纯碱、匀染剂 O 等，将染液稀释至规定体积，升温至 50~60℃开始投入染物进行染色，逐步升温至所需染色温度，染色 10min 后加入食盐，继续染 30~60min，染色后再进行固色处理。

（2）中性电解质食盐或元明粉用量。直接染料染色时，中性电解质食盐或元明粉起促染作用，用量一般为 10~20g/L。对于促染作用不显著的染料或染淡色时，食盐可以少加或不加。中性电解质应该在染色一定时间，即待染液中的染料大部分上染纤维后再分次加入，否则易造成染色不匀。

（3）染色温度。包括始染温度、升温速率和最后染色温度。始染温度低和升温速率慢有利于匀染。最后染色温度影响上染率和匀染性，染色温度高，平衡上染率低，匀染性好。在常规染色时间内（如 60min），扩散性能好的染料基本上已达到染色平衡，上染百分率随温度升高而降低，所以染色温度不宜太高。扩散性能差的染料在常规的染色时间内如果未达到染色平衡，则上染率一般随染色温度的升高而升高。在常规染色时间内，得到最高上染率的温度称为最高上染温度。根据最高上染温度的不同，生产上常将直接染料分成三种：最高上染温度在 70℃以下的低温染料、最高上染温度为 70~80℃的中温染料、最高上染温度为 90~

100℃的高温染料。实际生产，黏胶纤维织物通常在 95℃左右染色，时间 40min。

（4）浴比。直接染料染中、浓色时，由于浴比大，上染率低，残液中还有大量的染料，为了提高染料的利用率，可以采取续染或者续缸染色。续缸染色时，染料用量一般为初缸的 75%，助剂用量为初缸的 30%左右。随着续染次数的增加，染液中的杂质含量也逐渐增加，染液的稳定性下降，会影响染色织物的色光及质量，所以续染的次数不宜过多。

卷染的工艺和浸染工艺基本相同，浴比为 1∶（2～3），染色温度根据染料性能而定，染色时间约为 60min。染料溶解后在开始和第一道末分两次加入，食盐在染色的第三道末、第四道末分次加入。

四、染色设备

由于黏胶纤维的湿强力较低，在水中的膨化较大，宜在松式绳状染色机或者卷染机上进行染色，一般不宜采用轧染方式。如 ECO-8 多环松式染色机（图 1-4-1）。该机采用长 L 型设计，由于配置了开展导布管及铁佛龙溜滑底部使织物的处理更顺畅，适用于多种针织及机织布。

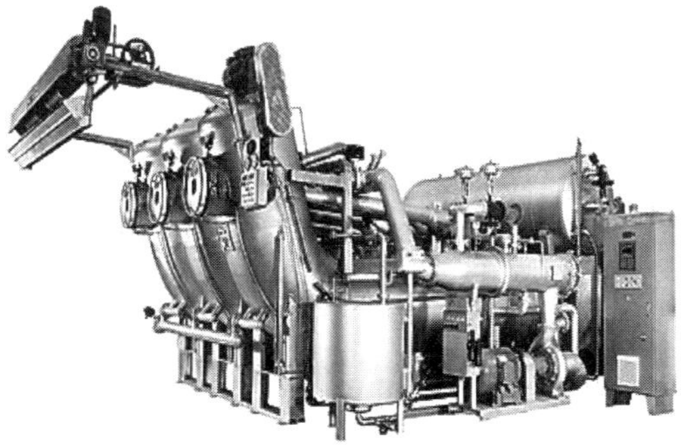

图 1-4-1 ECO-8 多环松式染色机

五、质量控制

直接染料染色时容易引起色花、条差等疵病。

1. 色花

（1）产生原因。

①煮练不透。织物上杂质去除不匀，而使织物和部分吸色不匀，从而产生色花。

②染料溶解不全或加入速度过快。

③始染温度过高使初染率过快。

④升温速率过快，保温时间过短。

⑤盐加入时间过早，加入量过快过多。

⑥染色后水洗不清，使织物表面所带色残浓度不同，在烘干时固着在织物上形成色花。

（2）预防措施。

①煮练时间要够。

②化料时应冷水打浆，热水溶解，沸水化开，适当稀释并经过过滤后才可上染。

③室温始染。

④调节好蒸汽量，控制好升温速率，严格按照要求保温。

⑤加料后应让织物上染均匀后才可加入盐；分批加入盐，前少后多，每次加入要缓慢均匀。

⑥充分水洗至清后，再用60℃热水洗，染后织物及时脱水烘干。

2. 条差

（1）产生原因。

①落料不平衡，一边多，一边少。

②升温时控制不当，造成前后或左右温差。

（2）预防措施。

①落料时应做到两边、中间平衡且缓慢、均匀。

②严格按照工艺条件进行升温。

知识拓展

一、黏胶纤维织物扎染概述

扎染是中国一种古老的防染工艺。它先将织物进行捆扎然后进行染色，在染色过程中被捆扎的织物受到不同的压力，被染液浸渗的程度也不同，因此产生深浅虚实、变化多端的色晕，染成的图案纹样神奇多变，色泽鲜艳明快，图案简洁质朴，且有令人惊叹的艺术魅力。它主要是依靠物理机械作用阻止染料上染。一般在织物上用线扎、线缝或做一定折叠，然后染色，使线扎、线缝或折叠部分染料不能上染，在局部产生花纹图案。

扎染的方法有捆扎法、缝绞法、夹扎法。捆扎法是将织物按照预先的设想，或揪起一点，或顺成长条，或做各种折叠处理后，用棉线或麻绳捆扎。缝绞法是用针线穿缝绞扎织物以形成防染，针法不同形成的图案效果不同。这是一种方便自由的方法，可充分表现设计者的创作意图。夹扎法是利用圆形、三角形、六边形木板或竹片、竹夹、竹棍将折叠后的织物夹住，然后用绳捆紧形成防染，夹板之间的织物产生硬直的“冰纹”效果，与折叠扎法相比，黑白效果更分明，且有丰富的色晕。

扎染染色工艺

二、黏胶纤维织物的扎染工艺

1. 工艺流程

织物扎紧→室温染色→水洗后处理→熨平

2. 工艺处方及条件（表1-4-2）

表1-4-2 染色工艺处方及条件

染化料及工艺条件		用量
染色液	活性染料（%，owf）	x
	食盐（g/L）	y
	纯碱（g/L）	z
	浴比	1∶30

续表

染化料及工艺条件		用量
固色液	皂片（g/L）	2
	纯碱（g/L）	2
	浴比	1∶30

处方中盐、碱用量关系见表 1-4-3。

表 1-4-3　盐、碱用量关系

染料浓度（%）	食盐（g/L）	纯碱（g/L）	保温时间（min）
<0. 03	10	8	30
0. 031～0. 1	10	10	45
0. 11～0. 25	20	10	45
0. 251～0. 5	20	12	45
0. 51～0. 75	20	12	45
0. 751～1. 0	20	15	60
1. 01～1. 5	30	15	60
1. 51～2. 0	30	20	60
2. 01～3. 0	40	20	60
3. 01～3. 5	50	20	60
3. 51～4. 0	50	25	75
4. 01～5. 0	60	25	75

3. 染色工艺曲线

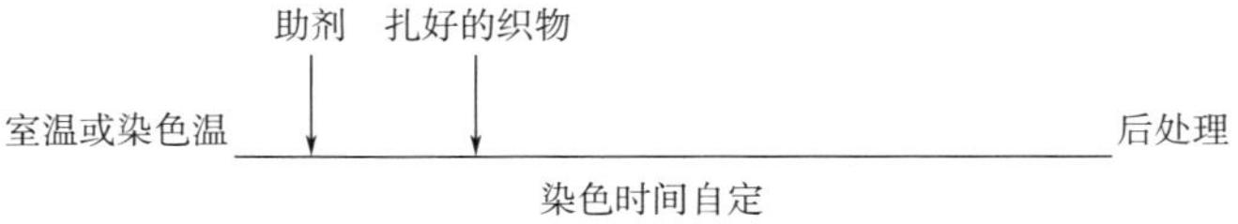

按染料品种配制染液，加入盐和碱，放入织物，染色一定时间，取出，热水洗、冷水洗、拆线、皂煮、熨平。

任务实施

一、准备

1. 实验材料

漂白黏胶纤维织物 6 块（2g/块）。

2. 实验药品

直接铜盐 2R、食盐。

3. 实验主要仪器

测色仪或 721 型分光光度仪、移液管、容量瓶、吸球、天平、烧杯。

二、操作

1. 工艺处方及条件（表 1-4-4）

表 1-4-4　黏胶织物染色工艺处方及条件

试样编号	$1^{\#}$	$2^{\#}$	$3^{\#}$	$4^{\#}$	$5^{\#}$	$6^{\#}$
直接铜盐蓝 2R 染料（%，owf）	1					
NaCl（g/L）	—	5	10	20	10	
温度（℃）	90				室温	60
时间（min）	45					
浴比	1∶50					
试样质量（g）	2					

2. 操作步骤

（1）配制一定浓度的染料母液，准确称量 2.00g 白黏胶纤维织物 6 块，用吸量管吸取染液分别置于 $1^{\#}$ ~ $6^{\#}$烧杯中，加水至规定浴比。

（2）将试样在沸水中煮 10min ，取出挤一下分别投入 6 个染液中按处方染色，染色 15min 加入 1/2 食盐，染 15min 后加入余下的 1/2 食盐，再染 15min，取出染样，用少量温水洗涤 1 次，准备固色处理。

（3）用固色剂 Y 固色（固色剂 2%owf，浴比 1∶30，温度 25℃，时间 20min）、水洗、烘干。

（4）采用 Color-Eye 7000A 电脑测色仪，在 D65 光源、入射角 10°条件测定，测试 3 次，取平均值。

三、结果与讨论

（1）比较温度对染色物 *K/S* 值影响。

（2）比较盐的用量对染色物 *K/S* 值影响。

任务拓展

针对直接染料染色牢度不高的特点，要求学生通过查阅资料了解提高染色牢度的方法，并在实验室进行试验，对试验结果进行分析比较讨论。

思考与练习

1. 如何提高直接染料的染色牢度？
2. 直接染料按性能可以分为哪几类？各有什么差异？
3. 直接染料除可用于纤维素纤维染色外，还可以染什么？
4. 直接染料染色为什么要加入食盐和纯碱？
5. 什么是染料的盐效应？并解释原因。

任务 5 棉纱线染色

在织造前道工序进行纱线染色，部分色花可在后续工序中得到改善，可以获得匀染的效果，可与本色纱线按不同的设计要求织造，从而获得较高的经济价值，并可缩短交货周期。因此，纱线的染色较为多见。

学习目标

1. 知识目标

（1）了解全棉纱线染色大生产的过程。

（2）理解硫化染料染全棉纱线的原理。

（3）掌握硫化染料染色工艺因素对全棉纱线染色效果的影响。

2. 能力目标

（1）能进行全棉纱线染色工艺分析与设计。

（2）能选择合适的硫化染料染色、对色、测色。

（3）能计算工艺处方中硫化染料和元明粉用量，能实物仿色打样。

（4）能针对染色后的全棉纱线的质量问题提出改进措施。

3. 素质目标

（1）养成严谨的科学习惯。

（2）培养学生树立环保意识。

4. 课程思政目标

（1）通过硫化染料的选择培养学生的环境意识。

（2）在硫化染料染色任务实施中强化学生严谨的科研态度。

（3）培养学生爱岗敬业的精神。

任务分析

当工艺员接到全棉纱线染色生产任务单时，如何保质保量完成？首先要对客户的要求及产品的用途和特点进行分析，选择合适的染料和染色方法，设计染色工艺，进行小样染色打样，然后按照全棉纱线的染色工艺组织大生产，并且要发现和解决全棉纱线染色中的质量问题。

知识准备

一、棉纱线的线密度

不同粗细的纱线在同样浓度的染液中浸染得到颜色会有差异。棉纱线粗细程度用线密度表示，我国规定采用国际统一的线密度单位为 tex（特克斯，是指 1000m 长纱线在公定回潮率下重量的克数）或 dtex（分特克斯，是指 10000m 长纱线在公定回潮率下重量的克数），也称为号数。企业习惯上还采用英制支数、公制支数。

棉按品种分有细绒棉、长绒棉和短绒棉，目前主要用细绒棉和长绒棉，其中长绒棉可纺制 10tex 以下的高档棉纱，细绒棉品质不如长绒棉，一般能纺 10tex 以上的纯棉纱。棉纱可以与其他纤维混纺，可制成单纱、股线、包芯纱、花式纱等不同结构的纱线。常见纱线种类的特数与英制支数之间换算关系如下：

$$Tt = C/N_e$$

式中：Tt——纱线的特数；

N_e——纱线的英制支数。

常见纱线种类的特数与英制支数之间换算常数 C 见表 1-5-1。

表 1-5-1 常见纱线特数与英支换算换算常数 C

纱线种类	纤维成分	换算常数 C
棉	100	583
纯化纤	100	590. 5
涤/棉	65/35	588
维/棉	50/50	587
腈/棉	50/50	587
丙/棉	50/50	587

1. 棉纱股线线密度表示

股线是由两根或两根以上的单纱捻合而成的线，其强力、耐磨性好于棉单纱。股线中单纱线密度相同时以单纱线密度乘以股数来表示，如 14tex×2；当股线中单纱线密度不同时，以单纱线密度相加来表示，如 16tex+18tex。

2. 棉纱股线的英制支数表示

股线的英制支数以组成股线的单纱的英制支数除以股数表示，如 60 英支/2，如果组成股线的单纱支数不同，则用单纱的支数并列表示，并用斜线分开，如 40 英支/45 英支。

3. 股线的公制支数表示

公制支数的表示与计算方法同英制支数。

二、硫化染料

常用于棉织物染色的有活性染料、直接染料、硫化染料等，这里以硫化染料为例进行介绍。

1. 硫化染料概述

硫化染料是以某些有机化合物如芳胺、酚类等为原料，用硫黄或多硫化钠进行硫化而制成的，因而分子结构中含有硫键，故称硫化染料。

硫化染料不溶于水，染色时，需经硫化碱还原生成隐色体而溶解。硫化染料隐色体对纤维素纤维有亲和力，上染纤维后，经氧化在织物上重新生成不溶性的染料而固着。制造简便，价格低廉，耐水洗色牢度较高，耐日晒色牢度随品种而异，常用的硫化黑耐日晒色牢度可达 6-7 级，硫化蓝达 5-6 级，棕色、橙色、黄色一般为 3-4 级。色谱不全，色泽不够鲜艳，大多数染料不耐氯漂，部分品种有储存脆损现象。其中以硫化黑染物的储存脆损现象较严重。

硫化染料在纤维素纤维的染色中应用比较多，主要用于纱线、沙皮布等工业用布以及厚重织物。最常用的品种是硫化黑、硫化蓝，其次是硫化绿、硫化棕。但是，经过硫化染料染色后的纺织物在储存过程中，由于染料结构中含有硫，染料又用硫化钠还原，导致染色后纺织品上有残留硫，在长期存放中，遇湿热会生成硫酸使棉纤维引起酸水解导致强力降低，甚至完全失去使用价值。为避免脆损现象，硫化染料染色后应加强水洗或增加防脆处理。

硫化染料按应用方法可分为三类：用硫化钠作还原剂的硫化染料；用保险粉作还原剂的硫化还原染料（又称海昌染料）；液体硫化染料，它是为了方便加工而研制生产的一种新型硫化染料。

新型硫化染料的使用类似于可溶性还原染料，配置时可以直接按比例加水稀释，不需再加还原剂，仅部分色泽染浅色时应补加一些硫化钠。此类染料色谱比较宽广，有大红、紫棕、胡绿、银灰等比较鲜艳的色泽。

2. 硫化染料结构特点及类型

硫化染料结构与分类

虽然硫化染料的制造过程比较简单，但硫化反应比较复杂，生成的硫化染料为性质相近的多种物质的混合物，因此硫化染料的结构难以确定，硫化染料分子中的硫主要以—S—S—、—SH、S=O（亚砜基）、—S_x—等形式存在。常用的硫化染料主要用以下四种类型。

（1）硫化黑。硫化黑是硫化染料中最常用的染料，它的耐日晒色牢度和耐湿处理色牢度都很好。最大的缺点是染棉纤维有储存脆损现象，有青光硫化黑、红光硫化黑、青红光硫化黑等品种。

（2）硫化蓝。硫化蓝的耗用量在硫化染料中仅次于硫化黑。耐日晒色牢度可达 5~6 级，硫化蓝也有青光、红光、青红光等品种。

（3）硫化还原染料（海昌染料）。硫化还原染料的分子结构和制造方法与一般的硫化染料相似，而染色性能和染色牢度介于一般硫化染料和还原染料之间。在应用分类中，硫化染料是由硫化染料隐色体、还原剂和助溶剂等组成，这类染料的色光较一般硫化染料好。品种有硫化还原蓝 RNX、硫化还原黑 CLG、硫化还原蓝 B 等。

（4）液体硫化染料。液体硫化染料在加工过程中由于添加了增溶物质和经过多道过滤，除去了不溶性的杂质，因此染料相当纯净，具有高的给色量和好的稳定性。

三、硫化染料染色工艺

1. 染色原理

硫化染料染色过程

硫化染料的染色过程分为四个阶段。

（1）染料还原成隐色体。硫化染料本身对纤维没有亲和力，必须还原成隐色体后才能上染纤维。硫化染料比较容易还原，可采用还原能力较弱、价格较低的硫化钠进行还原。还原时一般认为是染料分子中的二硫键或多硫键被硫化钠还原成巯基，在碱性溶液中生成隐色体钠盐而溶解。反应式如下：

$$Na_2S+H_2O \longrightarrow NaHS+NaOH$$

硫氢化钠对染料发生还原作用：

$$R—S—S—R'+2NaHS+3H_2O \longrightarrow 4R—SH+4HS—R'+Na_2S_2O_3$$

$$R—SH+HS—R'+2NaOH \longrightarrow R—SNa+NaS—R'+3H_2O$$

硫化钠比较稳定，高温时候分解损耗少，所以比保险粉更适应硫化染料高温还原和染色的要求。硫化钠是强碱又是还原剂。硫化钠又称硫化碱，俗名臭碱，工业用硫化碱的有效成分一般为50%左右，外观为黄褐色固体。染色时候用量一般为染料用量的50%~250%，随染料的品种和染色浓度而定。用量少染料不能充分还原溶解，而且会使染物的耐摩擦色牢度降低，用量过多，染料隐色体不易氧化固着，影响得色量。

（2）染料隐色体上染纤维。染料隐色体一般呈黄色、黄绿色或暗绿色，对纤维素纤维的亲和力比还原染料隐色体低得多，上染率较低。所以，染色时应采用较小浴比并进行续染；同时还可以加入中性电解质促染。染色时一般采用较高的染色温度，以降低硫化染料隐色体的聚集，提高吸附速率和扩散速率，使其在常规的染色时间内，提高上染率和匀染性。此外，较高的温度可以加速硫化钠的水解，增强还原能力，提高还原速率。

为了增强硫化钠的还原能力，防止隐色体过早氧化，在染液中可加入适量小苏打，以促进硫化钠的水解。也可与硫化钠直接反应生成硫氢化钠，从而提高硫化钠的还原能力，提高还原液的稳定性，反应式如下：

$$Na_2S+H_2O \longrightarrow NaHS+NaOH$$

$$NaOH+NaHCO_3 \longrightarrow Na_2CO_3+H_2O$$

$$Na_2S+NaHCO_3 \longrightarrow NaHS+Na_2CO_3$$

但用量不宜过多，否则会引起隐色体的聚集，影响染料的扩散，出现白芯现象，且浮色多，降低耐摩擦色牢度。

染料隐色体易与水中的钙、镁离子生成沉淀，使染料损耗并造成深色染斑。所以，为提高染液稳定性和溶解度，染液中常需加入小苏打、纯碱等助剂。

（3）隐色体氧化。上染的硫化染料隐色体须经氧化转变成不溶性的染料固着在纤维上。硫化染料隐色体的氧化过程比较复杂，一般认为是巯基被氧化变成二硫键。反应如下：

$$R—SH+HS—R' \longrightarrow R—S—S—R'+H_2O$$

硫化染料隐色体氧化方法有两种，即空气氧化法和氧化剂氧化法。氧化速度快的可以采用空气氧化，氧化速度慢者可以采用氧化剂氧化。

空气氧化是将硫化染料隐色体染色后的织物充分水洗，然后透风20~30min，利用空气中的氧气进行氧化。

氧化剂氧化是采用重铬酸钠、双氧水、过硼酸钠、溴酸钠、碘酸钠等氧化剂进行氧化，其中重铬酸钠的氧化效果较好，但是染色产品的手感较粗糙，而且存在重金属污染的问题，现在一般采用双氧水氧化。

（4）染色后处理。硫化染料隐色体上染纤维并氧化后，应进行水洗、皂洗等后处理，以去除染物上的浮色、提高染色牢度和增进染物的色泽鲜艳度。

为提高硫化染料的耐日晒色牢度和耐皂洗色牢度，可在染色后进行固色处理。固色处理的方法有两种：金属盐后处理和阳离子固色剂处理。常用的金属盐有硫酸铜、醋酸铜等，用硫酸铜法固色后，应充分水洗。固色后的色光有一定变化，应加以注意。硫酸铜对硫化黑脆损纤维有催化作用，因此用硫化黑或硫化还原黑染色的染物不能用硫酸铜法固色。常用的阳离子固色剂主要有固色剂 Y 和固色剂 M。

2. 染色工艺

硫化染料成本低廉，一般用于中低档产品的染色，染色方法有浸染、卷染、轧染。纯棉纱线染色常采用筒子纱染色的方法。

硫化染料隐色体对纤维素纤维的亲和力小，上染率低，染色残夜含有大量的染料，为提高染料的利用率，常采用续缸染色。制备染液时将染料用热的硫化钠溶液调匀后，加到用纯碱软化的水中，搅拌并加热约 15min，使染料充分还原溶解，必要时可高温煮沸。

硫化染料
染色工艺

硫化钠的用量随染料而定，一般为染料重量的 100%～200%，在染浴中加入纯碱，使染料隐色体更好地溶解，并防止硬水中的钙离子、镁离子与隐色体生成沉淀。染中淡色时，可加入食盐或者元明粉促染，提高给色量。

为了获得较高的上染率及较好的匀染效果，大多采用沸染或近沸染色。某些硫化染料隐色体易过早氧化，造成红筋、色斑、色暗等疵病，染液温度控制在 50～60℃较好。但染色温度过低，染料隐色体的扩散性和透染性差，影响染物的染色牢度。染色时间长，有利于染料隐色体的上染和扩散，染深色时时间应长些，如 40～45min，染黑色则时间应更长些。染中淡色时时间可以在 20～30min。

筒子纱硫化
染料染色

四、染色设备

企业生产常用的纱线染色设备主要有筒子纱染色机、经轴染色机和绞纱染色机等，如图 1-5-1～图 1-5-3 所示。三种染色机先进设备及其染色过程可扫描旁边二维码观看学习。

筒子纱染色机
及染色过程

198 HRZ 卧式筒
子纱染色机

198 HT 筒子
纱染色机

图 1-5-1　筒子纱染色机

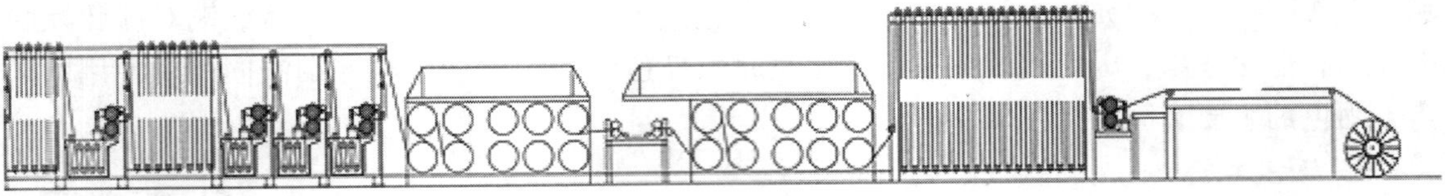

图 1-5-2　浆染联合机

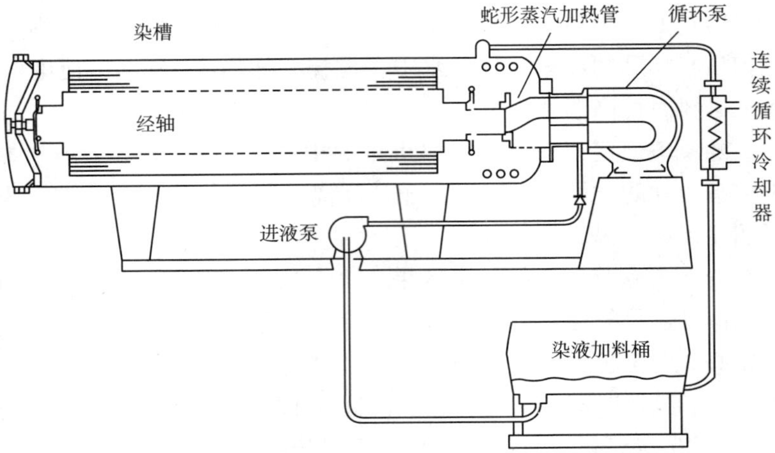

图 1-5-3　经轴染色机结构示意图

筒子纱染色机主要有筒子架、循环泵、自由换向装置、加液泵、化料桶和染缸组成。染液自筒子架内部喷出，穿过筒子纱层，染色一段时间后，自动循环换向装置使染液做反向循环，染色结束后进行水洗。

经轴染色机

筒子纱染色机染色时，将纱线卷绕在特制的空心多空筒管上，然后将筒子纱装到筒子架上染色。筒管由多孔不锈钢、塑料或不锈钢网制成，外形有圆柱形、锥形，成形的筒子呈圆柱形或宝塔形。染色时将筒子纱放入载纱支架上，染液在循环泵的作用下通过假底、支架内的小孔透过纱线，通过正反向循环达到匀染目的。与其他纱线染色方式相比，筒子纱染色可减少乱纱，缩短染色周期，减轻劳动强度，提高染色织物制成率。因此筒子纱染色机是目前纱线染色最常用的染色设备，该机自动化程度高、生产效率高。

箱式绞纱染色机

浆染联合机主要是由浆纱部分、染色部分和烘燥部分组成，主要用在牛仔经纱染色、上浆。

经轴染纱机是将经纱卷绕在中空且表面布满小孔的卷轴上，放在圆筒形机体的中央，染液由泵自内向外或自外向内循环，染色后的经轴纱可直接或再经过一定处理后用于织造，比绞纱染色的工序要简化得多。经轴染色就是首先把筒子纱通过整经机整为坯轴后再染色的过程。染色原理同筒子纱染色一样，不同之处在于如何达到染色完成后经轴不变形，使浆纱顺利进行。经轴染色的优势在于能够有效避免筒子染色后再整经浆纱所形成的经向不匀（或条花）。

五、筒子纱染色的主要生产流程

1. 松纱

把规格不一的坯纱翻倒在塑料筒管上，形成密度一致、成型良好的松筒纱以供染色使用。

2. 化验室复板

根据订单提供的色号，采用大货生产的实际纱支、纱批在化验室进行小规模试染（一般染色 5g/次，俗称复板）。调色师用复板小样与客户提供的颜色标准反复比较，调准染料用量直至小样颜色与客户提供样相符，才能开出大货染色配方。

3. 装笼

把松筒纱按计划安排装入纱笼的纱杆上，使松筒纱在纱杆上凹凸相连，顶部用刚碟、锁头锁住做到完全密封。装笼不好会造成染液“断路”形成筒子纱染不透或染花。

4. 染色

染色是染液向纤维转移并透入纤维内部的过程。

（1）前处理。先去除纱线中的天然杂质（棉籽壳、蜡质等）及色素，提高纱线的白度及毛效，为染色加工创造条件。

（2）染色。染液在染缸内由泵给染液施加压力，使染液从筒子内层向外层渗透，从而达到把筒子染匀的目的。

（3）皂洗。通过加入皂洗剂在高温（100℃）条件下水洗来去除残余的染料。

（4）固色。通过加入固色剂进行固色，在后整理的加工中颜色在退浆、丝光时不褪色。

（5）过软。染色中纱线表面的天然蜡状物被破坏，纱线之间的摩擦增大，手感变硬。染色完成后，纱线中需加入液状打蜡的化合物，减少纱线与纱线之间的摩擦力，便于络筒及织布退绕。

5. 脱水

纱线染色加工完毕后采用离心式脱水机高速运转脱水。

6. 烘干

纱线烘干采用高频烘干机烘干，高频烘干机具有节省能源、高效、环境污染小的优点。

7. 络筒

把染色筒子纱翻倒成为符合退绕要求的成形良好的筒子纱，络筒过程中同时给纱线上蜡起到减速、少毛羽的作用。

六、质量控制

硫化染料常见的染色疵病主要有红色条状或带状的红筋、红斑现象和储存脆损现象。

硫化染料
染色疵病

1. 产生原因

（1）硫化蓝、硫化黑染色时，如染料量多易造成溶解不良，染料颗粒黏附于纱线上氧化形成。

（2）防染剂用量不足，使还原力降低，而造成早期氧化。

（3）操作不当，机械故障或布卷不齐，使染物暴露在外而引起早期氧化。

（4）染物前处理时发生斑渍疵点，或前处理后带碱较重。

（5）硫化染料的储存脆损，主要是由于染料的不稳定性引起的。硫化染料的分子中含硫量较高，分子中一些不太稳定的硫，在一定的温度、湿度条件下，容易被空气中的氧所氧化，生成磺酸、硫酸等酸性物质，纤维在酸的作用下发生水解，使强力降低而脆损。由于硫化染料染物的储存脆损在湿、热条件下容易发生，因此硫化染料染物在储存过程中应避免受热受潮。

2. 质量控制

（1）严格按照化料规定溶解好染料。

（2）要加强染浴中硫化含量的测定，及时调整染浴内硫化碱至规定量。

（3）要认真执行操作工艺，加强设备维修保养，布卷不齐可以用防染剂（或硫化碱溶液）除去。

（4）有斑渍的染物，染色前要予以处理。

（5）预防硫化染料的储存脆损现象的措施：减少染料中含活泼硫的数量；染色后纱线应充分水洗；使用防脆剂中的碱性物质中和贮存中所生成酸（织物上残留的硫氧化生成），常用的防脆剂有醋酸钠、磷酸三钠、碳酸钠、亚硫酸钠、尿素等。

任务实施

一、准备

1. 仪器设备

恒温水浴锅、电炉、分析天平、烘箱、玻璃棒、染杯、烧杯、量筒、电炉、容量瓶、吸量管、吸耳球、胶头滴管。

2. 染化药剂

硫化碱、硫化黑、氯化钠、尿素、醋酸钠，均为工业纯。

3. 实验材料

纯棉纱线。

二、操作

1. 设计工艺流程

制备染液→染色→水洗→氧化→水洗→皂洗→水洗（固色或防脆处理）

2. 设计工艺处方及条件（表 1–5–2）

表 1–5–2　硫化染色浸染染色工艺处方及条件

染化料及工艺条件		用量
染色	硫化黑（%，owf）	10
	硫化碱（%，owf）	10
	氯化钠（g/L）	5
	温度（℃）	90~95
	时间（min）	40
	浴比	1∶50

续表

染化料及工艺条件		用量
防脆	尿素（%，owf）	2%
	醋酸钠（%）	1
	浴比	1∶50
	温度	室温
	时间（min）	10

3. 步骤

（1）称取染料与硫化碱，加入少量水溶解，沸煮 10min，使染料充分水解还原。

（2）在相应的染色温度加入润湿的纱线染 20min 后取出织物，染液中再加氯化钠，放入织物续染 20min。

（3）染毕，取出纱线，冷水轻轻洗涤并在空气中氧化 10min，水洗，经防脆处理，烘干。

三、结果与讨论

（1）贴样，观察染色过程中纱线颜色的变化。

（2）实验中如何解决红筋现象。

思考与练习

1. 简述硫化染料的染色机理。
2. 如何防止硫化染料的储存脆损现象？
3. 如何提高硫化染料的耐日晒色牢度和耐皂洗色牢度？
4. 哪些染料还可以染纯棉纱线？

模块 2　蛋白质纤维及其混纺织物染色

蛋白质纤维是指其基本组成为蛋白质的一类纤维。羊毛和蚕丝都属于蛋白质纤维，它们在纺织原料中占有重要地位。

毛织物通常根据生产工艺与产品外观的特征，主要分为精纺毛织物和粗纺毛织物。精纺毛织物是用精梳毛纱为原料制成的织物，粗纺毛织物是用粗梳毛纱为原料制成的织物。在材料方面一般都采用多种材料混纺，有羊毛/涤纶、羊毛/腈纶、羊毛/蚕丝、羊毛/天丝等，甚至是三种以上材料混纺。

蚕丝织物可分为桑蚕丝织物和柞蚕丝织物。其主要性能是有光泽、柔软平滑、拉力强、弹性好、不易折皱起毛、不导电，另外还有吸湿、遇水收缩卷曲的特点。蚕丝织物种类繁多，如双绉、碧绸、电力纺等。蚕丝织物的上述特点使它适于做夏季服装及高雅华贵的礼服。

任务 1　纯毛织物染色

学习目标

1. 知识目标

（1）了解纯毛织物染色大生产的过程。

（2）理解酸性染料染羊毛的原理。

（3）掌握染料选择的方法和染色工艺因素对染色效果的影响。

2. 能力目标

（1）能进行工艺分析与设计。

（2）能选择染料、对色、测色。

（3）计算工艺处方中酸性染料与酸、元明粉的用量，能实物仿色打样。

（4）能针对染色后的纯毛织物布面的质量问题提出改进措施。

3. 素质目标

（1）养成安全规范操作意识，科学严谨。

（2）培养学生树立环保意识。

4. 课程思政目标

（1）通过染料的选择培养学生的环保意识。

（2）在染液配制教学中强化学生严谨的科研态度。

（3）培养学生科学严谨的态度和爱岗敬业的精神。

任务分析

当工艺员接到纯毛织物匹染的任务，如何完成染色任务？首先要根据羊毛的特点选用合适的染料、助剂和染色方法，设计羊毛染色小样工艺，选择染色设备，在规定的时间内完成纯毛织物染色打样，并且要发现和解决纯毛织物小样染色中的质量问题。

知识准备

一、纯毛织物概述

毛织物概述

羊毛是一种蛋白质纤维，在染色过程中很容易遭受热和化学药剂的作用而受到损伤，致使天然风格受到破坏。因此，在染色前了解羊毛的性质特点很有必要。

羊毛纤维形态结构可以分为三层：覆盖在毛干外面的鳞片层，组成羊毛纤维主体的皮质层，有些羊毛纤维中心存在着髓质层。皮质层含有大量的二硫键，其微结构十分致密，是羊毛的保护层，同时也是染色过程中的“障壁”。因此在染色过程中，应尽量使羊毛得以润湿匀透，才能染色均匀。

羊毛在水中可以电离出氨基和羧基，具有两性特点，其等电点一般在 pH 4.2~4.8。在等电点附近，羊毛受到的损伤最小，因此染色过程中优选能在弱酸性条件下染色的染料。

纯毛织物染料选择

纯毛织物一般指的是经纬纱都是由羊毛纤维构成的织物，如纯毛华达呢、纯毛大衣呢等。纯毛织物分为纯毛精纺毛织物和粗纺毛织物。呢面平整光洁，纹路清晰，精细匀密，光泽自然柔和，富有油润感，膘光足，色亮，为纯毛精纺毛织物；而粗纺毛织物则比较厚重，且表面密布绒毛，呢面丰满，质地紧密。纯毛织物的主要特点有挺括、抗皱性好、保形性（弹性、回弹性及可塑性）好；光泽自然、手感柔软；吸湿性、保暖性好，穿着舒适；结实，耐脏，耐酸，有利于健康，染色性能好，染色牢度优良。纯毛织物可以采用酸性染料、酸性媒染染料、酸性含媒染料、活性染料和直接染料等染色。由于环保问题，目前采用较多的是酸性染料染色和活性染料染色。

二、纯毛织物的酸性染料染色

1. 酸性染料概述

酸性染料是一类分子结构中含有磺酸基、羧酸基等酸性基团，通常需要在酸性条件下才能直接上染蛋白质纤维的水溶性染料。这类染料在发展的初期需要在酸性条件下染色，所以习惯上将这类染料称为酸性染料。酸性染料结构比较简单，多数为单偶氮结构，少数为双偶氮结构，染料分子中缺乏较长的共轭双键体系，分子芳环共平面性或线性特征不强，对纤维素纤维的直接性很低，只有少数结构复杂的染料可以上染纤维素纤维。酸性染料主要应用于羊毛、蚕丝等蛋白质纤维以及聚酰胺纤维的染色和印花。

酸性染料是一类很重要的染料，其主要优点是品种多、色谱齐全、色泽鲜艳、染色工艺简便、易于拼色等，主要缺点是耐湿处理色牢度和耐日晒色牢度随品种的不同而存在较大的差异，其中结构较简单，含磺酸基较多的酸性染料耐湿处理色牢度较差，一般中深色都必须经过固色处理，方能达到耐湿处理色牢度的要求。

酸性染料结构不同，染色性能也不同，染色时的 pH 值也不同，酸性染料按应用性能可分为三类。

（1）强酸性浴染色的酸性染料（也称匀染性酸性染料）。这类染料结构简单，分子中磺酸基占的比例高，水溶性好，在常温的染液中，染料基本上以单分子（离子）状态存在。对蛋白质纤维的亲和力较低，耐湿处理色牢度较差；染色时必须在强酸性浴中进行，匀染性很好，故又称为匀染性酸性染料。染色过程中，在染浴中加入酸起促染作用，加中性电解质起缓染作用。

（2）弱酸性浴染色的酸性染料（半匀染性或半耐缩绒性酸性染料）。这类染料结构比较复杂，分子中磺酸基所占比例较小，水溶性低，在常温的染液中基本上以胶体分散状态存在，对蛋白质纤维的亲和力较高，耐湿处理色牢度一般，染色必须在弱酸性浴中进行，匀染性较差。

（3）中性浴染色的酸性染料（也称耐缩绒性酸性染料）。这类染料分子结构复杂，磺酸基在染料分子结构中所占比例小，溶解性差，耐湿处理色牢度较好；一般在中性条件下染色和直接染料类似，在染浴中加入食盐或元明粉起促染作用。

2. 酸性染料溶液的性质

酸性染料比直接性染料分子量低，大多数在 400~800，而且大多数磺酸基为水溶性基团。磺酸即强酸，其钠盐在水中可以完全离解，不会发生水解。强酸性浴染色的酸性染料溶液，即使在室温条件也很少聚集。随着染料分子中疏水基团含量增高，一些弱酸性染料和中性酸性浴染料扎起常温下会发生聚集，染料溶液具有明显的胶体溶液特性。

染料聚集的程度随温度增高而降低大多数染料在近沸的染浴中基本上成单分子状态存在。此外，染料聚集的程度还随染液中所含有助剂的种类和用量而变化，阳离子表面活性剂可与阴离子发生结合，使染料聚集程度显著增加，甚至发生沉降，非离子表面活性也可以通过疏水的链和染料分子疏水基团结合，增加染料的聚集程度，阴离子表面活性剂和染料阴离子之间存在电荷斥力，较难和染料结合，对染料的聚集影响较小。

染料的聚集性质对上染速率影响较大，聚集程度低的染料在染浴中主要以分子分散状态存在，上染速率较快，可在较低的温度下染色；聚集程度高的染料，在低温染浴中染料以单分子存在的数量较少，上染速率低，当温度超过某一临界值后，染料大量解聚，上染速率显著增加。

3. 纯毛织物酸性染料染色的原理

羊毛是一种蛋白质纤维，是由氨基酸通过肽键相结合的天然聚酰胺纤维。羊毛纤维大分子侧链上含有大量的氨基和羧基，锦纶的纤维分子链两端分别为氨基和羧基。氨基和羧基使得羊毛纤维具有两性性质，如以 $H_2N—W—COOH$ 代表纤维，则在水溶液中氨基和羧基发生离解，形成两性离子 $^{+}HN—W—COO^{-}$。随着溶液 pH 值的变化，氨基和羧基的离解程度不同，纤维净电荷也不同。当 pH 值较低（低于纤维等电点）时，质子化氨基的数量大于离子化羧基的数量；随着 pH 值的升高，质子化氨基的数量减小，离子化羧基的数量增加；当 pH 值较高（高于纤维等电点）时，离子化羧基的数量大于质子化氨基的数量。当溶液的 pH 值在某一值时，纤维中质子化的氨基和离子化的羧基数量相等，此时纤维大分子上的正、负离子数目相等，纤维的净电荷为零，即呈电中性，处于等电状态，此时溶液的 pH 值称为纤维的等电点（p*I*）。羊毛纤维等电点时的 pH 值为 4.2~4.8。当溶液 pH 值低于等电点时，蛋白质纤维带正电荷；当溶液 pH 值高于等电点时，蛋白质纤维带负电荷。蛋白质纤维随溶液 pH 值的不同，其带电情况如下：

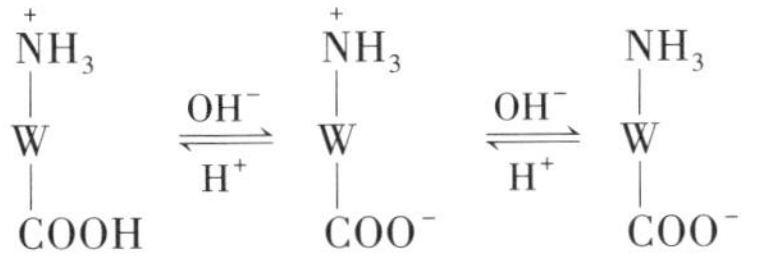

pH<等电点　　pH=等电点　　pH>等电点

酸性染料在染液中电离成染料阴离子 D—SO_3^- 和钠离子，随着染液 pH 值的不同，酸性染料可以与羊毛纤维以离子键或范德瓦耳斯力和氢键的结合方式而上染纤维。当加入酸性介质后，酸性染料阴离子被羊毛纤维上带正电荷的氨基所吸引，纤维中 NH_3^+ 可与 D—SO_3^- 以离子键结合，同时纤维与染料之间也存在范德瓦耳斯力和氢键；染液 pH 值小于纤维等电点时，染浴酸性较强，纤维中的 NH_3^+ 数量增多，离子键起主要作用；染液 pH 值大于羊毛纤维等电点时，染浴酸性较弱，范德瓦耳斯力和氢键起主要作用。

4. 影响纯毛织物酸性染料染色的主要因素

影响酸性染料染羊毛的因素是多方面的，合理的染色工艺条件必须能使染料以适当的上染速率对羊毛均匀上染而又不损伤羊毛，同时还要能够保证足够的染色牢度。

毛织物染色工艺因素

（1）染液 pH 值的影响。染液的 pH 值对羊毛的染色有着极其重要的影响。染料的结构不同，染料对羊毛的亲和力和平衡上染率也不同，上染所需要的 pH 值也不同。通过控制染浴的 pH 值可控制酸性染料的上染速率和得色量。为了在提高上染率的同时达到匀染，可将酸分几次加入，并根据染料与纤维的结合力不同选用不同的酸，如强酸浴染色用硫酸、弱酸浴染色用醋酸、中性浴染色采用醋酸铵或硫酸铵。

疏水性强的染料对 pH 值的敏感性也低，即使在相对较高的 pH 值下也能获得较高的上染率，或者说，染色不需要很低的 pH 值。根据染料应用分类，匀染性酸性染料对羊毛的亲和力低，移染性好，在较低的 pH 值才能获得很高的上染率，pH 值可控制在 2.5~4。但是，由于匀染性酸性染料的耐湿处理色牢度较差，这类染料在羊毛染色中已较少使用。弱酸性浴染色的酸性染料的移染性比较差，亲和力较高。如果在比较强的酸性染浴中上染，它们在羊毛表面很快被吸附，甚至在纤维表面发生超当量吸附，染料分子发生聚集，难以扩散进入纤维内部。因此，用它们染羊毛，必须很好地控制弱酸性（一般用醋酸调节），上染接近完毕时，为了增加上染量，可以再加一些酸。中性浴染色的耐缩绒酸性染料对羊毛的亲和力更高，移染性更差，一般在加有硫酸铵或醋酸铵的染液中染色，随着染液温度的升高，铵盐逐渐水解，放出氨气，缓慢地降低染液 pH 值，使上染率缓慢地增加。为了获得匀透的上染效果，染液中除了加硫酸铵外，始染时可酌情加入少量氨水使染液呈微弱碱性。

（2）中性电解质的影响。酸性染料染色时，在 pH 值不同的染浴中加入电解质有着不同的作用。当染浴 pH 值在等电点以下时，染料与纤维主要以离子键结合，加入电解质，起缓染作用。例如，当酸性染料在硫酸存在下染羊毛时，染浴中加入食盐或元明粉后，无机阴离子 Cl^-或 SO_4^{2-} 以及染料阴离子都能与纤维阳离子“染座”产生静电引力，由于无机阴离子相对染料阴离子来说，体积小，扩散速率快，所以先被纤维阳离子“染座”所吸附。随着染色过程的继续进行，当染料阴离子靠近纤维时，由于它与纤维之间除静电引力外，还存在较大的范德瓦耳斯力和氢键等其他作用力，所以就可以取代无机阴离子与纤维结合。若加入较多电解质，使“染座”上吸附大量无机阴离子，必然延缓染料阴离子的交换作用，因此起缓染作用。由于 $SO_4{}^{2-}$对纤维的亲和力较 Cl^-大一些，所以加元明粉的缓染作用比加食盐更大一些。通过这种缓染作用，可提高染料的移染性，获得匀染效果，但加入量过多，会降低上染率。当染浴 pH 值高于等电点时，纤维上的阳离子“染座”较少，与染料之间主要以范德瓦耳斯力和氢键结合，此时加入电解质可减少染料与纤维间的静电阻力，起促染作用。

（3）染色温度和时间的影响。温度是控制染料上染的另一重要因素。羊毛的外层是结构紧密的鳞片层，鳞片厚对染料的扩散有很大的阻力。羊毛在 50℃以下的染浴中的溶胀度较小，染料的扩散速率较低，所以羊毛的始染温度可在 50℃。当温度超过 50℃后，羊毛的溶胀度随着温度的升高而不断增加，且在酸性条件下纤维间的氢键被打开，纤维中孔隙变大，染料可顺利地进入纤维内。

匀染性酸性染料或强酸性染料的移染性和匀染性较好，在低温的染浴中主要以分子或离子状态存在，在低温时染色可获得一定的上染率。在升温过程中造成的染色不匀，可通过高温保温一定时间得以匀染。

耐缩绒性酸性染料在 50℃以下的染浴中，聚集程度较高，当温度升到一定值，染料聚集体解集，转变成分子分散状态，染料在纤维中的扩散速率才能明显增加。对于耐缩绒性酸性染料的上染，在 60~80℃的临界温区内控制升温速率是十分重要的。由于该类染料亲和力高，移染性差，故通过延长保温时间，即通过移染的方法来提高匀染性的效果就较差。

为了获得匀透的染色效果，往往需要采用延长高温保温时间来进一步提高染料的移染性和染料在羊毛纤维中的扩散速率，所以羊毛需要长时间沸染。但是，长时间沸染对羊毛的损伤比较严重，尤其是深浓色染色需要更多的酸剂和更长的染色时间，这更加加重了羊毛的损伤。因此，采用低温染色法或等电点染色法对减少羊毛的损伤是极为有利的。

5. 纯毛织物酸性染料染色工艺

酸性染料的染色工艺主要分为强酸性浴、弱酸性浴和中性浴三种染色方式。

（1）强酸性浴染色。强酸性浴染色一般用硫酸为酸剂，pH 值控制在 2~4，元明粉作为缓染剂。一般染浅色时，元明粉用量大些；染深色时，元明粉用量少些。

羊毛强酸性染料染色

①染色处方（owf）。

强酸性染料	x
98%硫酸	2%~4%（pH=2~4）
元明粉	10%~20%
浴比	1∶（15~25）

羊毛弱酸性染料染色

硫酸起促染作用，染深色时用量应大些，可分批加入，以避免染色不匀。元明粉起缓染作用，有利于匀染，染浅色时应多加，也可加入阴离子或非离子表面活性剂起匀染作用。

②染色升温曲线。

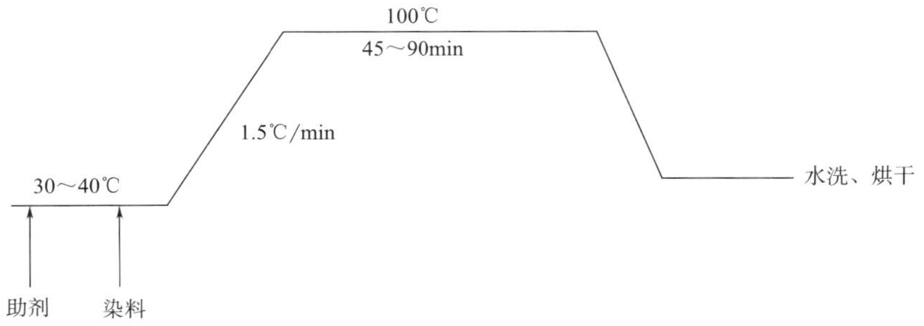

③染色过程。染料用冷水、温水或醋酸打浆，再用温水稀释、过滤。染液升温至 30～40℃ 入染，以 1.0～1.5℃/min 的升温速率升温至沸，采用缓慢升温以控制上染速率。沸染时间应根据染料的扩散性、透染性、上染率、移染及匀染性来确定。沸染时间太短，透染性差，影响染色牢度，而且不利于通过移染来消除染色不匀。沸染时间过长，会使某些染料色光变浅、萎和暗，织物易发毛。染深色时，可适当延长沸染时间。

（2）弱酸性浴染色。弱酸性浴染色一般用醋酸为酸剂，pH 值控制在 4～6，应适当使用少量表面活性剂作为匀染剂。

①染色处方（owf）。

弱酸性染料	x
98%醋酸	0.5%～2%（pH＝4～6）
元明粉	10%～15%
匀染剂	0～0.5%
浴比	1：（15～25）

醋酸用来调节 pH 值，染浅色时，pH 值应适当高些，并分两次加入醋酸。元明粉起促染作用，应在染色一段时间后加入，染浅色时可不加。可加入阴离子或非离子表面活性剂起匀染作用。染色浴比，精纺织物一般为 1：（15～20），粗纺薄型织物一般为 1：（20～25），粗纺厚型织物一般为 1：（15～20）。

②染色工艺曲线。

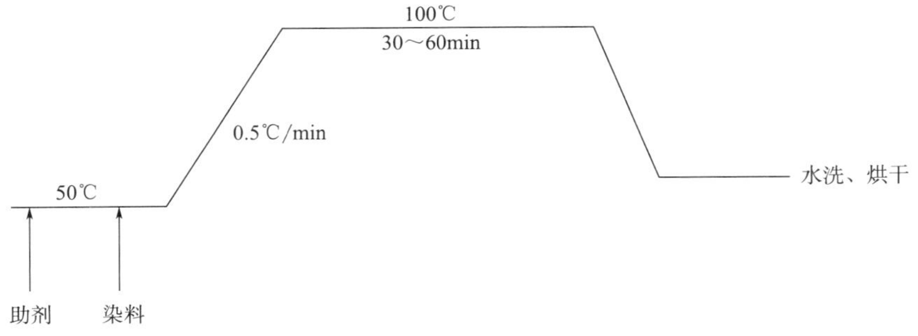

③染色过程。染色操作过程基本与强酸性浴染色相同，因染料聚集倾向较大，入染温度比强酸性浴染色高，为 50℃，对匀染性差的染料应适当减慢升温速率，一般以 0.5～1.0℃/min 的升温速率升温至沸，并保证足够的沸染时间使纤维染匀、染透。

（3）中性浴染色。中性浴一般用醋酸铵或硫酸铵为酸剂，pH 值控制在 6～7 即可。

①染色处方（owf）。

中性染料	x
硫酸铵	1%～2%
或醋酸铵	2%～4%（pH=6～7）
匀染剂	0～0.5%
浴比	1∶（15～25）

硫酸铵在染液中发生水解，使染液带微酸性，当温度较高时，氨挥发逸出，使染液 pH 值逐渐降低，在匀染的同时达到较高的上染率。染深色时可加 10%～15%结晶元明粉起促染作用，应在染色一段时间后分次加入。因羊毛有一定的还原能力，一些对还原作用较敏感的染料沸染后会泛红，色光萎暗，此时可加入少量氧化剂加以克服，如加 0.25%～0.5%重铬酸钠，用量不宜过高，染色温度不宜超过 95℃。染色浴比要求同上。

②染色工艺曲线。

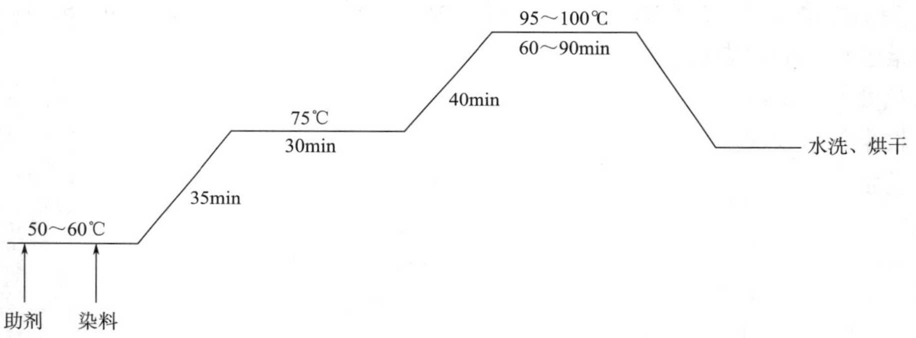

③染色过程。

染色操作过程基本与弱酸性浴染色相同，因染料聚集倾向较大，匀染性较差，移染性差，要求较高始染温度，并适当减慢升温速率或采用分段升温。始染温度为 50～60℃，以 0.5～1℃/min 的升温速率升温至 75℃，保持 30min，再以 0.5℃/min 的升温速率升温至沸，沸染 60～90min。

三、纯毛织物的酸性媒染染料染色

1. 酸性媒染染料概述

纯毛织物染色

酸性媒染染料是一类能与金属媒染剂形成螯合结构的酸性染料。由于其染色过程除包括在正常的酸性条件下染色外，还包括金属盐一步媒染，故在染料分类和染料索引中单独列出，称为酸性媒介或酸性媒染染料。酸性媒染染料可溶于水，能在酸性溶液中上染蛋白质纤维，上染纤维的染料与金属媒染剂作用形成螯合物后，便具有很高的湿处理牢度和耐日晒色牢度。常用的媒染剂是重铬酸盐。该类染料的缺点是染色废水中含有六价铬离子，易造成环境污染；染色物色泽不鲜艳；后媒染法不易拼色；后媒染法需经两个工序，过程长，化学损伤较严重，影响纤维的手感。这类染料价格便宜，耐洗和耐日晒色牢度高，所以以前是羊毛（包括散毛、毛条、匹料）染色用的重要染料。由于色泽不鲜艳，常用来染一些灰暗的颜色。在蚕丝染色方面，因其色泽较暗，染色工艺复杂，容易引起蚕丝纤维损伤，故极少使用。

铬、铜、铁、钴、镍等各种过渡金属元素的金属盐，都具有与染料形成色淀的特性。酸性媒染染料即是利用这个特性而固着纤维的一种染料。铬媒染料就是利用重铬酸盐做媒染剂的一类染料，适合于染深色，具有较好的湿处理牢度。

由于酸性媒染染料染色存在严重的含铬废水排放问题，目前纯毛织物的染色较少使用该种染料。

2. 染色原理

酸性媒染染料具有酸性染料的基本结构，除含有磺酸基等水溶性基团外，在染料分子的适当位置上含有两个或两个以上的供电子基团（如—OH、—COOH、—NH_2、—CO—等），可与金属媒染剂生成络合物色淀。金属媒染剂以重铬酸盐最为常用，在媒染过程中，重铬酸盐先被羊毛纤维中的二硫键还原成 Cr^{3+}离子，然后，具有上述结构的染料分子和离子形成具有一个或一个以上的螯状结构的色淀络合物，进而牢固地染着在羊毛纤维上，所以媒染剂用量的多少直接影响到染物的色泽和染色牢度。

3. 染色方法

酸性媒染染料的染色工艺主要有预媒染色法、后媒染色法和同媒染色法等。

（1）预媒染色法。预媒染色法是在染料上染之前，先用媒染剂对羊毛纤维进行预处理，之后再加入酸剂和染料进行染色。由于重铬酸盐对羊毛损伤严重，同时还有六价铬对环境的污染，因此酸剂通常选用蚁酸，用以还原六价铬，并能防止羊毛过度氧化。预媒染色法的优点是颜色深度与色光便于掌握，易于拼色，尤其适用于中浅色。

（2）后媒染色法。后媒染色法是按照酸性染料的染色方法，先在酸性染浴中上染，然后再用媒染剂进行媒染处理，因此叫作后媒染色法。后媒染色法的优点是染色均匀通透，湿处理牢度较好，尤其是深色。缺点是不易仿色，因为色泽只有在媒染后才能显现。

（3）同媒染色法。同媒染色法是将染料和媒染剂放在同一染浴内染色。但不是所有的酸性媒染染料都适合这种染色工艺，要求染料与媒染剂在染浴中不能发生过早的络合。同媒染色法具有较多优点，如色牢度好，色光容易控制，羊毛损伤小等。

4. 染色工艺

目前预媒染色法也很少采用，应用较多的是后媒染色法。

（1）染色处方。

酸性媒介红 S-B（owf）	2.1%
冰醋酸调节 pH 值	4~5
98%硫酸	2 滴
重铬酸钾（owf）	0.5%

（2）染色工艺曲线。

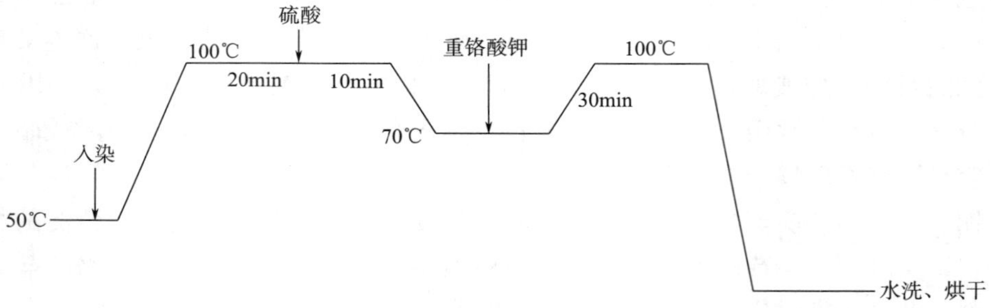

四、纯毛织物的酸性含媒染料染色

酸性媒染染料的染色虽然色牢度较高，但色泽不够鲜艳。此外，媒染剂通常为六价铬盐，对纤维的损伤严重，对环境的污染也不容忽视。为了解决以上问题，发展出了金属络合染料。这种染料本身已经具有了金属络合结构，能直接用来染羊毛，而不必进行媒染处理。尽管该种染料色牢度稍差，但解决了很多媒染染料的问题，因此逐渐受到欢迎。

1. 酸性含媒染料概述

酸性含媒染料或金属络合染料是分子中已含有金属螯合结构的酸性染料，即合成时已将金属离子引入染料。所含金属离子一般是铬离子，少数是钴离子。在染料索引中，酸性含媒染料属于酸性染料之列。这类染料在染色时不再需要媒染处理。它们的色泽鲜艳度介于酸性媒染染料和酸性染料之间。优点是染色简便，具有较高的耐洗、耐日晒和耐缩绒色牢度，以前是羊毛和蚕丝染色常用的染料，后来在锦纶染色中也有较多的应用。

按络合时金属离子与染料的比例不同，分为 1∶1 型和 1∶2 型两类。1∶1 型酸性含媒染料（也称酸性络合染料）为金属离子与邻羟基偶氮染料以 1∶1 比例络合的染料。染色方法与强酸性染料相似。由于染色 pH 值低，仅用于羊毛染色。

1∶2 型酸性含媒染料（也称中性染料）即金属离子与染料分子以 1∶2 的比例络合，染料仍带负电荷。与 1∶1 型酸性含媒染料相比，1∶2 型酸性含媒染料各项色牢度较好，特别是耐日晒色牢度更佳。但由于染料分子量大，其匀染性较差。此外，色泽没有 1∶1 型酸性含媒染料鲜艳，色光偏暗。

2. 酸性含媒染料的染色原理

1∶1 型酸性含媒染料染色时需加较多硫酸，在强酸性染浴中进行，使纤维上的氨基离子化，并抑制羧基的电离，从而暂时不能与染料中的金属离子形成配位结构，起匀染作用。当上染完毕经水洗去除硫酸后，纤维上的氨基和离子化的羧基可与染料中的金属离子形成配位键而使染料与纤维牢固地结合在一起，最终的结合状态与酸性媒染染料相似，但络合作用不如酸性媒染染料强。

1∶2 型酸性含媒染料染羊毛纤维时，由于染料分子中的金属离子已与染料完全络合，故不能再与羊毛纤维上的供电子基形成配位键结合，其染色原理与中性浴染色的弱酸性染料十分相似。当染浴近中性时，染料与纤维间的氢键和范德瓦耳斯力起主要作用，染浴 pH 值较低时，由于离子键的作用，染料上染速率较快，易造成染色不匀。所以，1∶2 型酸性含媒染料染色 pH 值宜控制在中性或弱酸性，故又称其为中性络合染料，简称中性染料。

3. 酸性含媒染料的染色工艺

纯毛织物染色较少使用 1∶1 型酸性含媒染料，下面主要阐述 1∶2 型酸性含媒染料染色工艺。

①染色处方（owf）。

中性染料	x
醋酸铵	2%～4%（调 pH=6～7）
平平加 O	0.1%～0.5%
元明粉	0～10%
浴比	1∶(15～20)

②染色工艺曲线。

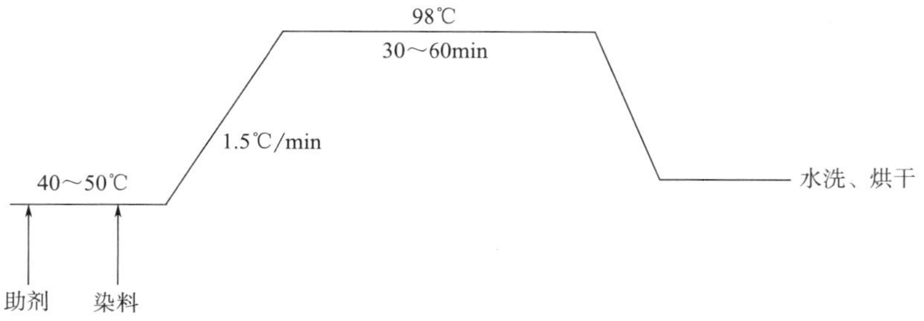

③染色过程。在 40～50℃的水中加入醋酸铵、平平加 O 和元明粉（促染），再将 50℃下化好的染料加入，最后投入润湿好的纯毛织物，开始染色，以 1.0℃/min 的升温速率升温至沸，沸染 30～60min，逐步降温清洗。

酸性媒染染料染色存在严重的含铬废水排放问题，酸性含媒染料在某些使用条件下的稳定性问题、染料中游离的金属问题等均严重影响着染色纺织品是否符合环保法规，采用高坚色牢度的酸性染料、活性染料取代酸性媒染染料和酸性含媒染料，将是解决现有酸性媒染染料和酸性含媒染料存在的生态问题的主要途径。

五、纯毛织物的活性染料染色

1. 纯毛织物染色用活性染料及染色原理

活性染料具有活性基团，与蛋白质纤维上的活性基团可以发生共价键结合。羊毛纤维中除了含有氨基（$—NH_2$）外，还含有羟基（—OH）和巯基（—SH），这些基团都能和活性染料发生反应，其中以羊毛中所含胱氨酸中的二硫键水解所生成的—SH 和染料的反应性最强，氨基次之。羟基反应性最弱，仅能在碱性介质中形成$—O^-$离子后才具有较强的反应性。而羊毛纤维不耐碱，一般需在弱酸性或中性介质中进行染色，而且于羊毛纤维中的氨基量较多，故活性染料主要是与羊毛中的氨基发生反应。

羊毛纤维上存在鳞片层，阻碍了染料向纤维内的扩散，因而染色需要用较高的染色温度，通常采用沸染染色。在这种情况下，一般活性染料很容易发生水解，同时羊毛纤维之间存在染色性的差异，以及同一根纤维毛尖与毛根对染料的吸附速率不同，容易造成染色不匀。因此选用的活性染料的反应性不宜过高，否则在移染之前已在相当程度上与纤维发生了键合反应，容易产生染色不匀的现象。但是如果染料的反应性太低，为了使键合的染料增加，势必要延长沸染时间，羊毛纤维也容易受到损伤，所以染料的扩散性应好，反应性要适当。

可用于纯毛织物染色的活性染料可以分成两种，一种是用于纤维素纤维染色的活性染料，另一种是专用于羊毛染色的活性染料。纤维素纤维用活性染料可以在弱酸性条件下上染羊毛，在此条件下活性染料被羊毛吸附主要是依赖于染料与纤维之间的范德瓦耳斯力和氢键；专用于羊毛染色的活性染料大多数在专用助剂的作用下固色率可以达到90%左右，如二氟一氯嘧啶类、α-溴代丙烯酰胺类和N-甲基氨基己磺酸衍生物等。

β-羟基乙砜硫酸酯活性染料在酸性介质中主要以硫酸酯的形式存在，在近中性的条件下主要以反应性活泼的乙烯砜基形式存在，此时，反应性高，固色率高，匀染性好，较适合染羊毛；由于二氯均三嗪类染料反应性高、扩散性差，在酸性介质中容易水解，匀染性差，除了冷轧堆染色工艺外，一般很少选用大浴比染色；一氯均三嗪类染料反应性低，在酸性介质中稳定性好，部分染料可用于羊毛染色。

二氟一氯嘧啶型的毛专用活性染料，如 Drimalan F 和 Verofix 均属此类。它们与酸性染料母体相连接，固色率可达 90%，并有较好的耐日晒色牢度和湿处理牢度。这类染料在染色过程中水解倾向较低，故活性基团上的两个氟原子都能与羊毛纤维上的—NH_2 生成稳定的共价键结合；α-溴代丙烯酰胺类活性染料在酸性溶液中比较稳定，反应性较低，匀染性好，可获得较高的固色率，在 pH = 4. 0～5. 5 时固色，酸性不宜太强，否则会造成羊毛和染料中的酰氨基的水解，染色温度应高，否则染料很难通过羊毛的鳞片层扩散进入纤维；N-甲基氨基己磺酸衍生物具有 N-甲基氨基己磺酸活性基团，在 pH = 5. 5 左右沸染时主要的生成物是乙烯砜形式，但此时生成乙烯砜的速度仍相当缓慢，要 100℃、1h 左右完成，所以这类染料只能在高温染浴中逐渐与羊毛生成共价键结合，具有较好的匀染性，因此适用于浸染染色。

2. 羊毛专用活性染料染色工艺

①工艺流程。

配制染液→升温染色→保温染色→氨水中和→水洗

②染液处方（owf）。

兰纳素活性染料	x
硫酸铵	3%～5%
醋酸	0. 5%～2. 5%
匀染剂	1%
元明粉	0～10%
pH 值	4. 5～6. 5
浴比	1 ：（15～20）

③染色工艺曲线。

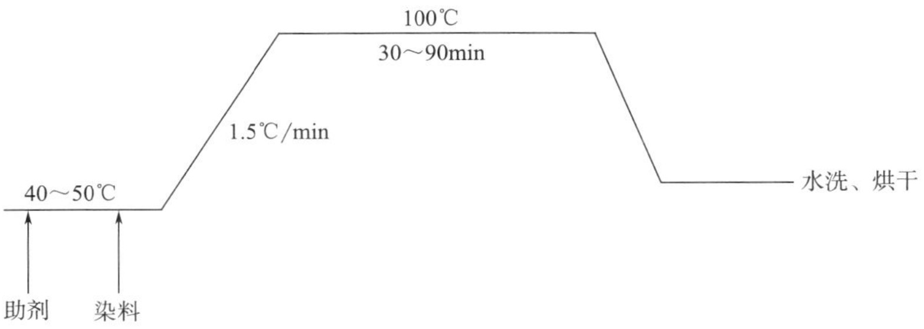

④染色过程。40～50℃开始染色，以 1.5℃/min 升温至沸点，保温染 30～90min。染色浓度在 1%以上时，染毕降温至 80℃，换清水加 25%氨水 2%～6%，调节 pH 值至 8.5，保温 80℃，处理 15min，以洗净未固着的染料。

六、纯毛织物染色设备

纯毛织物的染色一般采用常温溢流染色设备。常温溢流染色机为松式绳状浸染设备的一种，为间歇式设备，织物头尾相接，在机内循环运动染色，依靠泵以染液循环的冲力带动织物，这样织物所受的摩擦力相对减少，对染物不易擦伤，染液与织物有较好的交换；一般由不锈钢制的常压染槽、循环泵、过滤器和热交换器、加料槽、加料泵、管路系统以及进出布导辊等组成，运转稳定，操作简便。在染色设备数字化转型的大趋势下，数字化 KRAMZ 溢流常温染色机如图 2-1-1 所示，计算机自动控制，染槽底部呈弧形倾斜，匹染有 3 种底槽尺寸宽度不同的缸型，绳状织物由导布滚筒和溢流喷管提升，松式浸染，织物张力小，温度最高能达到 100℃，织物运行速度可以在 30～100m/min 任意调节，泵的流量可根据需要调节，温度误差可以控制到±1℃；自动注入系统先进，可根据实际要求设定曲线进行加料。数字化 MUIT 气溢和气液流染色机，其基本组成及染色过程可扫描旁边二维码进一步学习。

图 2-1-1　KRAMZ 溢流常温染色机

七、纯毛织物染色质量控制

1. 色差

（1）疵病形态。布面出现色泽深浅不一，色光不同。常见的纯毛织物色差情况有匹间色差和匹内色差。

气溢和气液流染色机及染色过程

（2）形成的原因。

①部分对还原敏感的弱酸性染料染羊毛时保温温度过高引起色光变化。

②每缸或者每匹染色时有可能浴比、温度、时间、助剂用量存在差异。

③拼色时可能染料选择不合理，各种染料对染色助剂、温度和时间等因素敏感性不同。

④加料不稳定造成色差。

⑤染色操作不当使得染色工艺条件不稳定引起。

⑥染色后水洗、皂洗、固色等操作效果不均匀引起。

（3）克服方法。

①染色坯布准备。染色坯布的质量虽然对避免色差非常重要，然而在染色前因不易发现其质量差异却常常被忽视，这常常是造成大批色差疵布的重要原因，因此要重视加强染色织物的坯布检验和前处理管理工作，保证染色坯布前处理在杂质去除、吸水性、色光、pH 值、干燥程度等方面均匀一致。

②染化料选择。拼色时要选择染料的亲和力、移染性、上染速率、上染温度和上染曲线相近的染料。另外，尽量选择对温度敏感性差的染化助剂；选用上染速率快，匀染性差的染料时要选用匀染助剂，以降低始染速率，避免产生前后色差。

③染化料化料要用合适温度的软水化匀，加料稳定。

④染色机各染缸之间要严格控制染化料、蒸汽、设备、工艺条件等完全一致，对色要认真，对色光源要稳定，对色条件要一致，以免造成缸差。

⑤染后处理。要重视染色后的处理，染后水洗、皂洗等处理要彻底、均匀。

2. 色花

（1）疵病形态。染色后纯毛织物出现的形态不规则的色泽不匀。

（2）形成的原因。

①对于弱酸性染料和 1∶2 酸性含媒染料染色，可能由于染浴 pH 值偏低，上染速率过快导致；部分毛用活性染料匀染性稍差，可能由于染色时升温速率太快导致。

②对于 1∶1 酸性含媒染料染色，可能由于染液 pH 值过高，染料渗透和扩散不充分，过早络合。

③始染温度过高，初染速率过快，或沸染保温时间不足，移染作用不够。

④染料可能未被充分溶解，在染浴中分布不匀。

⑤始染温度过低，弱酸性染料、中性染料等染料凝聚造成色点、色斑。

⑥对于弱酸性染料染色时，可能由于促染剂加得过快，或加促染剂时未关闭蒸汽导致上染温度过高。

（3）克服方法。

①加强织物前处理，提高染色半制品的润湿、渗透性能，并做到染色坯布各方面性能状态均匀一致。

②尽量选匀染性、移染性，扩散性能好的染料，必要时加入匀染性助剂，根据染料匀染性的好坏合理地使用匀染剂。

③染化料要匀，加料要适当地慢并及时搅匀。

④严格控制染浴的 pH 值、保温时间和染色温度等工艺条件。

⑤严格控制始染温度和染色时的升温速率等。

3. 色点、色渍

（1）疵病形态。染色后的纯毛织物上呈现的色泽与所染颜色有明显差别的点块被称作色点或色渍。小的称色点，大的称色渍。该类疵病在染中、浅色时容易发生，并且该类疵病修复困难，所以对染色产品的质量影响甚大，必须特别重视。

（2）产生原因。

①染液中染料因种种原因溶解不彻底或发生聚集是产生色点或色渍的主要原因。

②水质不好，溶解染化料时所用水的硬度过大或含有其他杂质影响染化料溶解。

③化料时所用助剂不当影响染料的溶解。

④化料方法不当、用水过少和温度不合适会造成染料溶解不好产生色点。

⑤染料溶解后重新聚集，染料聚集体黏附在织物上形成色点或色渍。引起染料形成聚集体的原因有：所用助剂引起染料的聚集；染液中进入杂质（如纤维绒毛、灰尘等）也可能引起染料的聚集。

⑥染色整理设备因素。先染深色产品，接着染浅色产品时，如果清洁工作没有做好，残留在染色设备（如染槽或管道）中的染料、色淀颗粒黏附到染色织物上，就会造成色点或色渍。

⑦生产环境因素。染料称料间与生产车间或助剂车间隔离不好，染料粉尘飞落在织物上或助剂中产生色点；车间中的灰尘等杂质落在染液中或织物上造成色点或色渍；相邻染色机间染液飞溅到织物上也会产生色点或色渍。

（3）克服办法。

①重视化料工作，保证染料充分溶解后再倒入染缸染色，尽量选用溶解性好的染料，保证染料颗粒度匀细。

②溶解染料要用软水。

③对难溶解的染料要合理选用助剂，防止染料凝聚。

④正确选用化料方法，严格控制化料条件和操作程序保证染料充分溶解或者分散，难溶染料先加少量润湿剂调成浆状再加水溶解，要根据染料的特点和种类选择好染料的溶解温度，以防止染料发生聚集。

⑤多只染料拼色时，染料溶解性差别大时最好分别溶解料液，特别是不易溶解的染料溶液应该用较细的筛网过滤后再倒入染缸。

⑥合理选用染色助剂的种类和用量，避免助剂引起染料聚集。

⑦染料存放和称量间要与助剂和生产车间绝对隔离，防止染料粉尘飞到助剂或织物上，要加强工器具（即盛具）管理。凡是染料桶、化料桶等盛具用前要认真清洗干净，洗涤不净不得盛放其他染料助剂。

⑧各类设备间注意间隔距离，避免相互影响。

任务实施

1. 准备工作

（1）仪器设备。振荡式恒温水浴锅、玻璃棒、染杯、烧杯、量筒、电炉、容量瓶、天平、吸量管、吸耳球、胶头滴管、恒温水浴锅、电子天平、烧杯、烘箱、电炉。

（2）染化药品。弱酸性红 B、弱酸性黄、弱酸性蓝、冰醋酸、硫酸、元明粉、平平加 O、皂片等，均为工业纯。

（3）实验材料。纯羊毛织物。

2. 实施步骤

（1）设计染色工艺处方（表2-1-1）。

表2-1-1　弱酸性浴酸性染料染色处方

染化料及工艺条件	用量	
	1#	2#
弱酸性红B(%,owf)	1.020	1.020
弱酸性黄(%,owf)	0.121	0.121
弱酸性蓝(%,owf)	0.012	0.015
乙酸(%,owf)	4.0	4.0
元明粉(%,owf)	10.0	10.0
平平加O(%,owf)	0.1	0.1
浴比	1∶50	1∶50

（2）酸性染料染色工艺曲线设计。

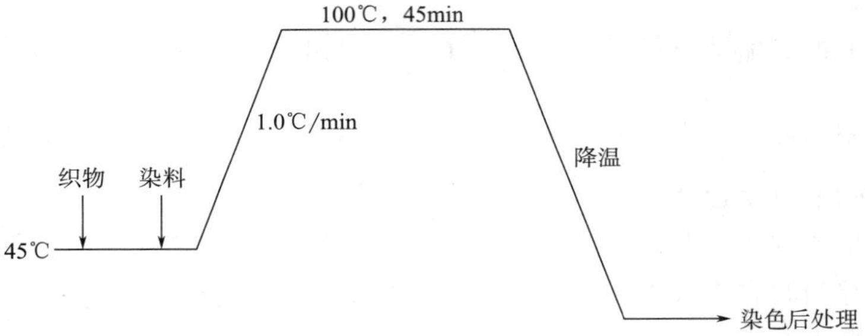

（3）染色操作。

①称取织物，用温水润湿。配制染料母液，准确称取染料0.5g，用温水调浆溶解，倾入250mL容量瓶并稀释到刻度，摇匀，备用。

②根据处方配制染液。按浴比加入一定量的50℃的温水，加入平平加O，搅匀，用刻度吸管取相应染料母液加入染杯，搅匀，再加入元明粉，搅匀，根据处方加硫酸或乙酸或不加酸，然后用水浴加热到50℃。投入预先用温水润湿好的羊毛织物，盖好杯盖放入染杯座，按升温曲线要求控制升温染色。

③程序结束鸣警取出布样，温水洗（60~70℃），冷水洗，净洗，水洗，烘干。

④观察布面色泽、匀染性和手感。

（4）注意事项。

①平平加O要在染料加入前加。

②羊毛酸性染料染色，很容易染花，要特别注意染色温度控制。

③放入机器中的锥形瓶要夹紧，小心染液倾出，造成染液浓度不准确；染毕取出布样时小心染液溅出。

（5）染料品种可根据实验条件决定。

3. 结果测试

将仿色小样与标样对照比较，可借助灰色样卡目测色差，也可采用计算机测色仪评定色差。若色差不符合要求，找出浓淡差异及色光偏向，根据配色原理进行调整，再按调整处方重复仿色操作，得到下一个仿色样。不断重复上述操作，直至小样与标样的色差在允许范围内。

染色打样仿色测试

结合实验室的实际情况，色差值用计算机测色仪评定，匀染性用目测判定。目测纱线均匀性，若发现纱线严重不匀降一等评分。具体评分标准见表2-1-2。

表2-1-2　小样色泽评分标准

原样色差(至少测三个点取平均值)得分			纱线色花扣分		
$DE_{cmc(2:1)}$	相当于灰卡	得分	严重色差	明显色花	稍有色花
0.10≤$DE_{cmc(2:1)}$<0.30	≥4.5级	100分	−7～−10分	−4～−6分	−1～−3分
0.30≤$DE_{cmc(2:1)}$<0.40		99分	−7～−10分	−4～−6分	−1～−3分
0.40≤$DE_{cmc(2:1)}$<0.50		98分	−7～−10分	−4～−6分	−1～−3分
0.50≤$DE_{cmc(2:1)}$<0.60		96分	−7～−10分	−4～−6分	−1～−3分
0.60≤$DE_{cmc(2:1)}$<0.70		94分	−7～−10分	−4～−6分	−1～−3分
0.70≤$DE_{cmc(2:1)}$<0.80		92分	−7～−10分	−4～−6分	−1～−3分
0.80≤$DE_{cmc(2:1)}$<0.90	≥4.0级	90分	−7～−10分	−4～−6分	−1～−3分
0.90≤$DE_{cmc(2:1)}$<1.20		88分	−7～−10分	−4～−6分	−1～−3分
1.20≤$DE_{cmc(2:1)}$<1.40		86分	−7～−10分	−4～−6分	−1～−3分
1.40≤$DE_{cmc(2:1)}$<1.60		84分	−7～−10分	−4～−6分	−1～−3分
1.60≤$DE_{cmc(2:1)}$<1.80		82分	−7～−10分	−4～−6分	−1～−3分
1.80≤$DE_{cmc(2:1)}$<2.00	≥3.5级	80分	−7～−10分	−4～−6分	−1～−3分
2.00≤$DE_{cmc(2:1)}$<2.20		78分	−7～−10分	−4～−6分	−1～−3分
2.20≤$DE_{cmc(2:1)}$<2.40		76分	−7～−10分	−4～−6分	−1～−3分
2.40≤$DE_{cmc(2:1)}$<2.60		74分	−7～−10分	−4～−6分	−1～−3分
2.60≤$DE_{cmc(2:1)}$<2.80		72分	−7～−10分	−4～−6分	−1～−3分
2.80≤$DE_{cmc(2:1)}$<3.00	≥3.0级	70分	−7～−10分	−4～−6分	−1～−3分
3.20≤$DE_{cmc(2:1)}$<3.40		68分	−7～−10分	−4～−6分	−1～−3分
3.40≤$DE_{cmc(2:1)}$<3.60		66分	−7～−10分	−4～−6分	−1～−3分
3.60≤$DE_{cmc(2:1)}$<3.80		64分	−7～−10分	−4～−6分	−1～−3分
3.80≤$DE_{cmc(2:1)}$<4.00		62分	−7～−10分	−4～−6分	−1～−3分
4.00≤$DE_{cmc(2:1)}$<4.30	≥2.5级	60分	−7～−10分	−4～−6分	−1～−3分
4.30≤$DE_{cmc(2:1)}$<4.60		58分	−7～−10分	−4～−6分	−1～−3分
4.60≤$DE_{cmc(2:1)}$<4.90		56分	−7～−10分	−4～−6分	−1～−3分
4.90≤$DE_{cmc(2:1)}$<5.20		54分	−7～−10分	−4～−6分	−1～−3分
5.20≤$DE_{cmc(2:1)}$<5.40		52分	−7～−10分	−4～−6分	−1～−3分

续表

原样色差(至少测三个点取平均值)得分			纱线色花扣分		
$DE_{cmc(2:1)}$	相当于灰卡	得分	严重色差	明显色花	稍有色花
$5.40 \leqslant DE_{cmc(2:1)} < 5.90$	≥2.0级	50分	−7～−10分	−4～−6分	−1～−3分
$5.90 \leqslant DE_{cmc(2:1)} < 6.40$		48分	−7～−10分	−4～−6分	−1～−3分
$6.40 \leqslant DE_{cmc(2:1)} < 6.90$		46分	−7～−10分	−4～−6分	−1～−3分
$6.90 \leqslant DE_{cmc(2:1)} < 7.40$		44分	−7～−10分	−4～−6分	−1～−3分
$7.40 \leqslant DE_{cmc(2:1)} < 8.00$		42分	−7～−10分	−4～−6分	−1～−3分
$8.00 \leqslant DE_{cmc(2:1)} < 8.80$	≥1.5级	40分	−7～−10分	−4～−6分	−1～−3分
$8.80 \leqslant DE_{cmc(2:1)} < 9.60$		38分	−7～−10分	−4～−6分	−1～−3分
$9.60 \leqslant DE_{cmc(2:1)} < 10.40$		36分	−7～−10分	−4～−6分	−1～−3分
$10.40 \leqslant DE_{cmc(2:1)} < 11.20$		34分	−7～−10分	−4～−6分	−1～−3分
$11.20 \leqslant DE_{cmc(2:1)} < 12.00$		32分	−7～−10分	−4～−6分	−1～−3分
$DE_{cmc(2:1)} > 12.00$	≥1.0级	30分	−7～−10分	−4～−6分	−1～−3分

根据仿色效果开出工艺单（包括工艺流程、处方及主要工艺条件等），一般色差应控制在0.6。

4. 任务实施要求

（1）操作要求。根据选用的染料性质、工艺、染色浓度等制订小样试样工艺，包括工艺流程、工艺条件、染液组成、助剂用量等。

借助单色样卡、三原色拼色宝塔图及其他参考资料，初步确定打样总浓度及各拼色染料的拼色比例。通常可在初步确定的染料用量范围内对同一色样同时开出两个以上的处方，同时打若干个色样，以判断色光走势。提高打样效率。

按初步拟定的小样工艺及处方打样，严格执行工艺，确保所打小样的准确性，并且织物色光要均匀一致，出现色花的色样是无法对样的。操作过程中要注意保持操作台的整洁，以体现打样人员的训练素质。

打浸染色样时，小样的染色浴比尽可能与大样相符，防止产生差错。

（2）小样染色操作步骤。

①染色操作。

审样→制订仿色工艺及初始处方（织物2g/块，浴比1∶50）→配制染料母液（一般浓度为2g/L）→仿色打样

②仿色小样与标样比较，通过目测找出浓淡差异及色光偏向，按配色原理进行调整，按调整处方重复前面仿色操作，得到再下一只仿色样。

③不断重复上述操作，直到原样色差符合要求为止。

④根据仿色结果，开出工艺单（包括工艺流程、工艺处方及主要工艺条件）。

（3）小样染色操作规范。小样染色要严格遵守操作规范，其评分细则见表2-1-3。

表 2-1-3　操作规范评分细则

项目	内容	标准分值	观测点及评分参考			得分
准备（15%）	染料称取	3	调零 1 分	称量器具 1 分	取料 1 分	
	化料	3	调浆 1 分	化料用水 1 分	准确性 1 分	
	染料母液配制	3	移液 1 分	刻度线 1 分	摇匀 1 分	
	母液存放	3	标签 1 分	标识 1 分	存放 1 分	
	织物称取	3	准确 1 分	合理剪裁 1 分	速度 1 分	
过程控制（40%）	移液管、洗耳球、量筒的使用	5	移液管 2 分	洗耳球 1 分	量筒 2 分	
	织物润湿	2	预润湿 1 分	水温 1 分		
	染色温度的控制	3	入染 1 分	上染 1 分	固色 1 分	
	染色时间的控制	3	上染 1 分	固色 2 分		
	搅拌	5	适时 2 分	及时 2 分	方法 1 分	
	助剂称量	4	称量器具 1 分	适时 1 分	操作 2 分	
	加料方法	5	顺序 1 分	盐操作 2 分	碱 2 分	
	后处理方法	5	步骤 2 分	条件 2 分	配液 1 分	
	织物干燥	3	均匀 2 分	平整 1 分		
	色差评判	5	光源 2 分	方法 3 分		
规章制度（25%）	穿戴工作服	2	有无 1 分	规范性 1 分		
	仪器、药品、试剂使用后的复位	5	母液 2 分	盐碱 2 分	其他 1 分	
	操作环境	3	整洁 3 分	较整洁 2 分	较凌乱 1 分	
	操作纪律	3	独立完成 3 分			
	节能与安全	4	水浴锅 2 分	电炉 2 分		
	节约用水	4	水洗方式 2 分	及时关水 2 分		
	节约耗材	4	染料 2 分	助剂 1 分	织物 1 分	
仿色报告（20%）	工艺流程	3	完整性 2 分	规范性 1 分		
	工艺条件	3	正确性 2 分	规范性 1 分		
	工艺处方	3	正确性 2 分	规范性 1 分		
	浓度换算	6	浓度单位 2 分	数据正确 4 分		
	贴样	3	规范 2 分	完整 1 分		
	过程样	2	完整 1 分	处方 1 分		
合计		100				

总之，为了提高打小样的重现性，必须做到：打样用的纱线规格、批号应相同；称料吸料应精确；工艺方法与条件应恒定；操作规范应前后一致；重视操作细节，如量具正确使用，加料顺序、皂煮时间和水洗方法保持一致等。打小样是一项细致复杂的工作，要仿出与标样颜色一样的小样不是一件容易的事，整个操作程序中，无论哪个环节出问题，小样的颜色都会发生变化。

知识拓展

企业实际生产中，在羊毛织物的染色方式上，有先染后混式和先混后染式。先染后混可以赋予羊毛织物丰富的色泽与花样变化，主要有散毛染色和毛条染色。先混后染可以提高制成率，但给染色和品种会带来一定的限制，先混后染主要有纱线染色和坯布染色。为了赋予羊毛织物丰富的色泽与花样变化，通常在染色过程中采用先染后混的方式，即毛条染色或散毛染色。需要花色品种时，一般选择毛条染色，对于纯色品种，则可采用散毛染色。散纤维染色与毛条染色在工艺设计上非常相似，一般都需要对来样进行拆样分析、拼毛打样、混毛复样等工作。

精纺毛面料的准备

毛条染色是精毛纺织品生产的重要工序之一，主要由拼毛打样工对来样进行拆样分析、拼毛、打样，并制订染色处方和投染量，交车间生产部门组织染色生产。之后，还需要对染色毛条进行复样，直至达到来样效果后，开具混毛配比单，再交车间生产部门组织配毛、梳毛，最终获得条干均匀、顺滑、色泽达标的毛条产品，以供纺纱之用。

一、毛条染色主要工序

1. 拆样分析

来样通常是一片织物或几根纱线，一般已有纤维的成分与规格要求，如羊毛的比例、羊毛细度等。拆样的目的是要得到纱线中所含纤维的颜色数及其所占比例。操作方法是将织物拆出纱线，并对纱线进行破捻，最终得到一根根散纤维，将散纤维按照颜色进行分类编号并称重，以获得各种颜色所占的比例。

精纺毛面料的条染

该项工作的精细度要求很高，操作中要屏住呼吸，防止纤维飞散遗漏。要选择与纱线颜色差异较大、容易区分的台板。称重也需要采用精度高的分析天平仔细称量。至此，将所得色样、色号、比例等数据制成表格，即完成拆样分析工作，采样分析表见表 2-1-4。

表 2-1-4　采样分析表

<table>
<tr><td>客户</td><td colspan="2">江苏××纺织有限公司</td></tr>
<tr><td>纱线编号</td><td colspan="2">60××××003</td></tr>
<tr><td>原料成分</td><td colspan="2">100%羊毛</td></tr>
<tr><td colspan="3">拆样分析结果</td></tr>
<tr><td>色号</td><td>色样</td><td>比例</td></tr>
<tr><td>1</td><td></td><td>30%</td></tr>
<tr><td>2</td><td></td><td>40%</td></tr>
<tr><td>……</td><td>……</td><td>……</td></tr>
<tr><td colspan="3">标样贴样</td></tr>
</table>

2. 拼毛打样

在毛条的染色生产中，拼毛是一个中心环节。利用拼毛的方法获取来样信息，同时利用拼毛进一步细化染色任务，最终还要靠拼毛来确认产品质量。因此对于一个条染厂而言，拼毛科是一个非常重要的部门。拼毛工的技术水平对产品的质量和交货期都有着决定性的作用。

由于拆样分析所用样品很少，所得数据非常粗糙，所以需要对颜色和比例进一步精确化，而初拼就是对拆样分析的结果进一步精确化的拼毛过程。

初拼的具体操作是从基本色样库中选取与拆样中色号相近的基本色样，称取相应的比例，用钢刷拉顺混匀，与标样对色，如果色光有偏差，再酌情微调比例，直到与标样颜色一致，记录初拼比例于初拼表（表 2-1-5）。

表 2-1-5 初拼表

初拼结果		
基本色号	基本色样	初拼比例
色号 1		31%
色号 2		28%
……	……	……
拼毛样贴样		

所谓基本色样，是指企业在生产过程中，把一些常用的染色处方及其色样进行存档留样，以便于日后使用的备用染色纤维。基本色样颜色涵盖范围越广，越容易满足客户需求，可以更快地出样和组织生产。另外，此类色样的染色处方一般都经过实践检验，染色质量较为稳定，车间生产也比较放心。

如果在初拼时找不到相近的基本色样，则需要进行小样染色，以满足初拼要求，同时应补充基本色样库。

根据初拼结果，核算染色用毛量，并开具染色任务单，交染色车间，并由生产部门根据进度要求安排染缸进行染色。染色任务单中包括批号、色号、用毛规格、投染量、染料助剂名称、染料助剂用量、染色工艺要求等项目（表 2-1-6）。

表 2-1-6 染色任务单

批号		色号		投染量(kg)	100
原料及规格		染色工艺号		染缸号	
染料、助剂名称		占投染量比例(%)		用量(kg)	
兰纳赛特黄 4GN		0.2		0.2	
兰纳赛特红 G		0.8		0.8	
……		……		……	
染色贴样					

每个色号的首缸染色处方通常为基本色处方，为防止由于染化料或羊毛批次的差异影响色差，通常在开染色处方时要注意投染量的控制，要逐渐放量，以免最后难以调节。如果所染色样为常用基本色，则可以一次性将该色号的投染量全部开出，否则一般都要分多次投染，每染完一缸后，马上取样对色，并及时调整处方以弥补大小样之间的色差。

3. 混毛复样

待染色任务结束，所需色号的毛量都达到要求，开具混毛配比单，交梳条车间组织混毛梳条。混毛配比单的具体内容见表 2-1-7。

表 2-1-7　混毛配比单

批号		纱线编号		交货量		交货期	
色样		色号		缸号	比例(%)	重量(kg)	

混毛配比单的制订需要在复拼的基础上进行。复拼是指把所有染出的毛条进行逐缸采样，同一色号归于一个色样，如果同一色号中有缸差太大的，须作为新色样单独列出，然后根据初拼结果对所有色样进行复拼。所得复拼样应与标样一致，如果仍有差异，须在比例上进行微调，也可利用库存余毛来调节色光，同时达到减少余毛的库存量、降低成本的目的。

4. 毛条染色大生产操作

（1）毛条染色的具体操作。

①装缸。根据染色单向染缸中装入正确批号的毛球，要求均匀、压实。

②润水。装缸完毕后，注水、启泵，注意检查设备是否正常，水泵压力是否均匀分布。

③化料。染料在入缸前需要用水化开，避免染料呈团状进入染缸。

④控温。染色过程主要是控温过程，让温度随时间的变化严格遵循工艺曲线，确保缸差在一定的范围内。

⑤产品确认。对成品毛条进行质量确认，如果质量仍不达标，须查找原因，制订出弥补措施。

（2）染色实例 1：羊毛毛条媒染染料染色大生产工艺。

①前处理。在 70℃的洗涤剂溶液中热处理 15min，充分浸透后，降至 40℃运转均匀，校正浴比。

②加料。元明粉→染料→酸→转运 10min 后升温。

③升温。从 40℃以 1℃/min 升温速度升温至沸，沸染 40min 后关汽放去 1/2 脚水，并注入冷水使染浴温度控制在 70℃，并调整浴比。

④氧化。70℃下加入酸和红矾钠运转 5min，均匀后升温至 70℃，然后以 2℃/min 升温至沸。

⑤沸染。保温 40min 后，降温冷却出机。

（3）染色实例 2：羊毛条金属络合染料染色大生产工艺。

①前处理。在 70℃洗涤剂溶液中预热处理 15min，充分浸透后，降至 40℃运转均匀，校正浴比。

②加料。醋酸→肥田粉→染料→运转均匀。肥田粉用冷水化开加入，不可用热水化。染料一定要打均匀后，用沸水冲稀，且稀释倍数大些。处方中如果用到橙、红色染料，必须沸水化料。

③升温。从 40℃以 1℃/1.5min 的升温速度升温至沸，沸染 60min。

④冲洗。冲洗降温后出机。

注意：以黄棕为主体色的起染温度可提高到 55~60℃。

5. 毛条染色大生产工艺操作要求

（1）容器要求。

①根据颜色深浅不同存放染料。

②使用完毕后应用清水冲洗，按深浅不同分开堆放，送发料间。

③容器轻拿轻放。

（2）化料要求。

①核对染料色号与染缸计划单，工艺单，防止加错染料。

②染料按要求，打浆成糊状，不能有粉粒存在，然后冲稀使用。

③得类酸都应缓慢加入冷水中，切忌反之加入。

④凡固体助剂，化工料加入前一定要水冲稀后方可加入。

（3）加料要求。

①视色泽深浅染料多少，把染料化为一桶或数桶逐渐加入。

②沉淀染料不能加入染缸，还应化开后缓慢加入。

③难染色号加染料和酸要用皮管缓慢加入。

（4）升温要求。

①升温要平均，切忌忽快忽慢。

②升温因故脱节，切忌加快升温速率来拉平升温时间，以防染花。

（5）降温要求。

降温除了降温下车这一目的以外，还有冲清浮色的作用，因此要求脚水不冲清不下车。

6. 装车要求

（1）装车前要核对毛球批号、只数、单只毛球重量。

（2）每只毛球要摆放均匀，球形光洁，大小一致，毛球头塞好。

二、毛条染色设备

毛条染色常见的染色设备为毛条染色机。N462 型毛球染色机（图 2-1-2）有 2 个毛球桶，可装毛（维）条 50~60kg。染色时，将毛球装入毛球桶中，旋紧顶盖，开动循环泵，染液自毛球桶外穿过毛球，从毛球桶芯的上部喷出再回到循环泵。染毕，放去残液，注入清水，洗净浮色，取出毛球。

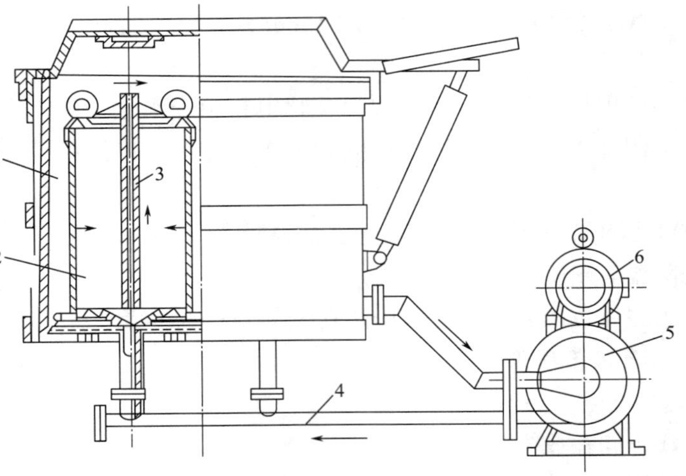

图 2-1-2　N462 型毛球染色机

1—染槽　2—毛球桶　3—蜂巢管　4—染液循环管　5—循环泵　6—电动机

思考与练习

1. 纯羊毛织物的酸性染料染色和酸性含媒染料染色各有何特点？

2. 酸性染料的结构特点是什么？

3. 设计活性染料对粗纺纯羊毛织物染色的工艺。

4. 酸性媒染染料和酸性含媒染料是否都可以用于羊毛染色？为什么？

5. 查找纯羊毛织物染色相关资料，自行设计纯毛织物的最新染色工艺，尽可能多地设计不同工艺条件，可以变染料、变助剂和变染色条件等，分析几种工艺的各自优缺点，以及适合怎样的产品。

任务 2　羊绒散纤维染色

学习目标

1. 知识目标

（1）熟悉羊绒散纤维染色的各道工序。

（2）理解活性染料染羊绒的原理。

（3）掌握染料选择的方法和染色工艺因素对羊绒染色效果的影响。

2. 能力目标

（1）能正确判断羊绒散纤维的色泽、色光等。

（2）会正确选择合适的羊绒散纤维染料和染色方法。

（3）能设计羊绒染色工艺并实施小样染色打样。

（4）能针对染色后的羊绒纤维的质量问题提出改进措施。

3. 素质目标

（1）养成沟通交流的能力和团队合作的意识。

（2）培养学生树立环保意识和节约资源的习惯。

4. 课程思政目标

（1）培养学生的环保意识和责任意识。

（2）培养学生严谨的科研态度。

（3）培养学生爱岗敬业的精神。

任务分析

当工艺员接到羊绒订单时，首先要根据羊绒的特点选用合适的染料、助剂和染色方法，然后设计羊绒散纤维染色小样工艺，选择染色设备，在规定的时间内完成羊绒散纤维染色打样，并且要发现和解决羊绒散纤维小样染色中的质量问题。

羊绒漂白

知识准备

羊绒大生产染色

羊绒整理

一、羊绒纤维概述

羊绒是天然蛋白质纤维的一种，是生长在山羊外表皮层，掩在山羊粗毛根部的一层薄薄的细绒，日照时间减少（秋分）时长出，抵御风寒，日照时间增加（春分）后脱落，属于稀有的动物纤维。羊绒之所以十分珍贵，不仅由于产量稀少（仅占世界动物纤维总产量的 0.2%），更重要的是因为其优良的品质和特性。羊绒在交易中以克论价，被人们认为是“纤维宝石”“纤维皇后”，是人类能够利用的所有其他纺织原料都无法比拟的，因而羊绒又被称为“软黄金”。世界上约 70% 的羊绒产自中国，其质量上也优于其他国家。羊绒分为白绒、青绒和紫绒三种颜色，其中以白绒为最珍贵。

羊绒的强伸性能、吸湿性优于绵羊毛，集纤细、轻薄、柔软、滑糯、保暖于一身。山羊绒对酸、碱、热的反应比细羊毛敏感，即使在较低的温度和较低浓度酸、碱液的条件下，纤维损伤也很显著，对含氯的氧化剂尤为敏感。

羊绒纤维因为卷曲数、卷曲率、卷曲回复率都较大，宜于加工为手感丰满、柔软、弹性好的针织品，穿起来舒适自然，而且有良好的还原特性，尤其表现在洗涤后不缩水、保型性好等方面。羊绒的吸湿性好，可充分吸收染料，不易褪色。

二、羊绒纤维染色用染料

羊绒是一种蛋白质纤维，羊毛纤维染色用染料大多数可以用于羊绒纤维染色，目前较多用于羊绒纤维染色的染料主要是羊毛专用活性染料（如兰纳素染料）、酸性染料和酸性含媒染料（如兰纳洒脱染料）。其中，酸性染料和酸性含媒染料染羊绒的染色原理与染羊毛相似，只是由于羊绒对酸和碱较羊毛敏感，羊绒染色大多数在弱酸性或者中性条件下进行。

兰纳素染料具有鲜亮的光泽；不含金属离子，符合环保要求；工艺简单；高湿牢度；高吸尽率和固色率；出色的重现性。该染料在羊绒染色中使用较多。

三、羊绒散纤维的活性染料染色

1. 染色原理

活性染料具有活性基团，与蛋白质纤维上的活性基团可以发生共价键结合。羊绒纤维中除了含有氨基（—NH_2）外，还含有羟基（—OH）和巯基（—SH），这些基团都能和活性染料发生反应，其中以羊绒中所含胱氨酸中的二硫键水解所生成的—SH 和染料的反应性最强，氨基次之，羟基最弱，仅能在碱性介质中形成—O^-离子后才具有较强的反应性，而羊绒纤维不耐碱，一般需在弱酸性或中性介质中进行染色，而且于羊绒纤维中的氨基量较多，故活性染料主要是与羊绒中的氨基发生反应。

羊绒染色

羊绒小样染色

兰纳素染料含有活性 α-溴代丙烯酰胺基团，羊绒是蛋白质纤维，纤维大分子中含有许多氨基和羧基，在微酸性浴中用阿白格（ALBEGAL）B 匀染剂，α-溴代丙烯酰胺基团不仅能与羊绒纤维中的氨基发生亲核取代反应，还可发生亲核加成反应，最后与羊绒形成不可逆转的共价键结合，反应如下：

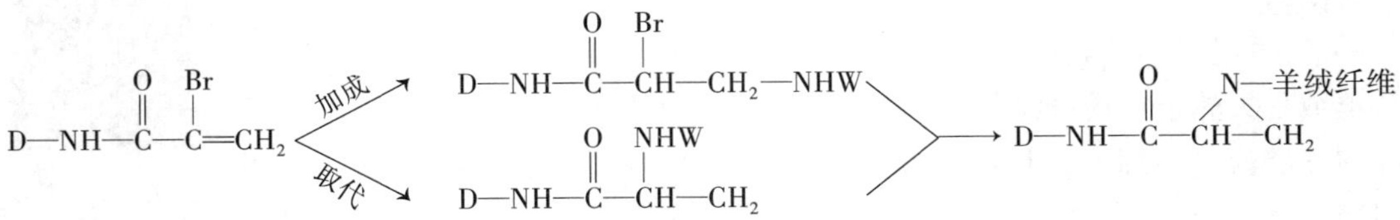

2. 染色工艺

（1）工艺流程。

配制染液→升温染色→保温染色→氨水中和→水洗

（2）染液处方（owf）。

兰纳素染料	x
硫酸铵	3%~5%
醋酸	0.5%~2.5%
阿白格 B	1%~2%
pH 值	4.5~6.5
浴比	1∶（15~20）

（3）染色工艺曲线。

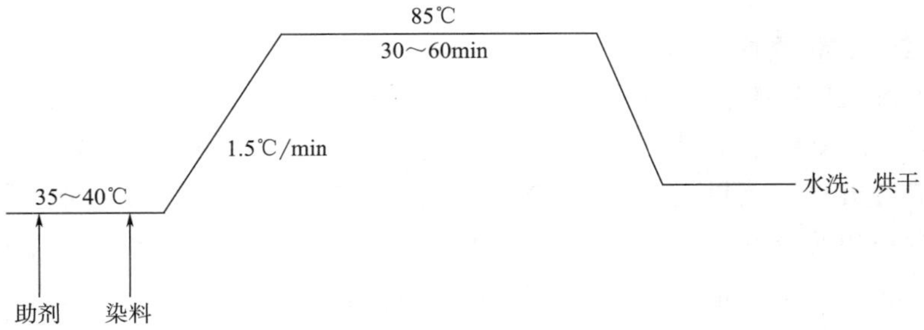

（4）染色过程。从 35～40℃开始染色，以 1.5℃/min 升温至 85℃，保温染 30～60min。染色浓度 1%以上时，染毕降温至 80℃，换清水加 25%氨水 2%～6%，调节 pH 值至 8.0～8.5，保温 80℃处理 15min，以洗净未固着的染料。

兰纳素的活性基与羊绒的氨基可发生亲核取代和亲核加成反应，形成共价键结合，pH 值 4.0~5.5 固色。染后水洗去除未反应的染料，洗不净会影响色牢度。浓色品种可用稀氨水去除。

四、羊绒散纤维染色设备

1. 吊筐式散纤维染色机

染色机染色时，先将洗净的散羊绒均匀地装入散纤维桶内，装满后将散纤维桶吊入染槽中，压紧顶盖，开动循环泵，染液由散纤维桶的多孔芯轴喷出，通过纤维层，再回到循环泵，如图 2-2-1 所示。

染色的温度和时间按升温工艺曲线控制，染毕放去残液，注入清水，循环洗净纤维上的浮色，然后吊起散纤维桶，取出羊绒纤维。

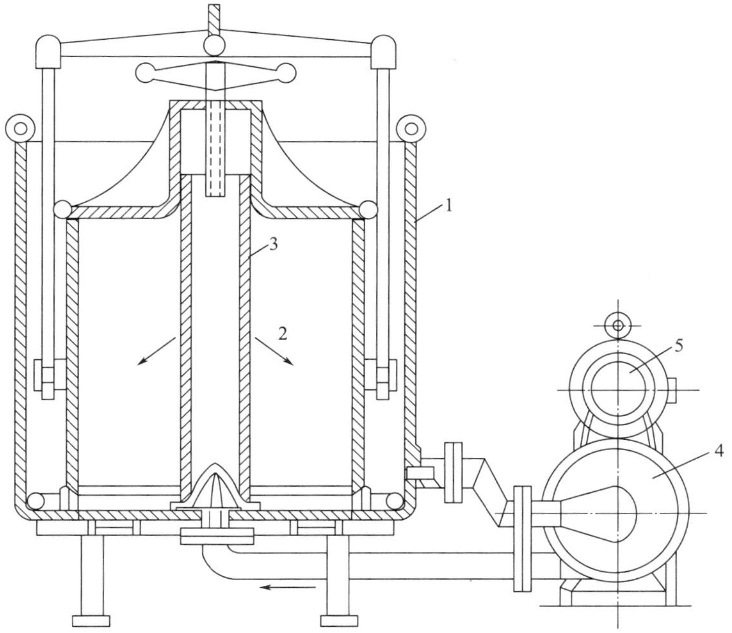

图 2-2-1 NC464B 型散毛染色机

1—染槽 2—散毛桶 3—多孔芯轴 4—染液循环泵 5—电动机

2. 旋转桨式散纤维染色机

旋转桨式散纤维染色机主要由圆形染槽、旋桨等组成，如图 2-2-2 所示。

散纤维装在假底上，盖上多孔盖板，并旋紧槽盖，放入染液后即可进行染色。染色时，由于旋转桨的转动，染液自多孔管喷出，进行循环。改变旋桨的转动方向，染液的循环方向也发生改变。

五、羊绒散纤维染色质量控制

1. 肤皮现象

(1) 形成原因。羊绒纤维中夹杂的肤皮很难完全去除，染色加工过程中，尤其是染制浅色时，肤皮点染料吸附率高、着色深。

(2) 克服方法。

①采用现代生物工程技术研制的称为“绒爽”的羊绒去肤皮专用制剂，能彻底解决这一难题，且该产品中生物活性物质无毒、无害、无残留，是绿色环保型产品。该助剂可能是一种类似生物酶的助剂，通过有选择性地催化分解山羊皮中部分蛋白质，从而消除肤皮。

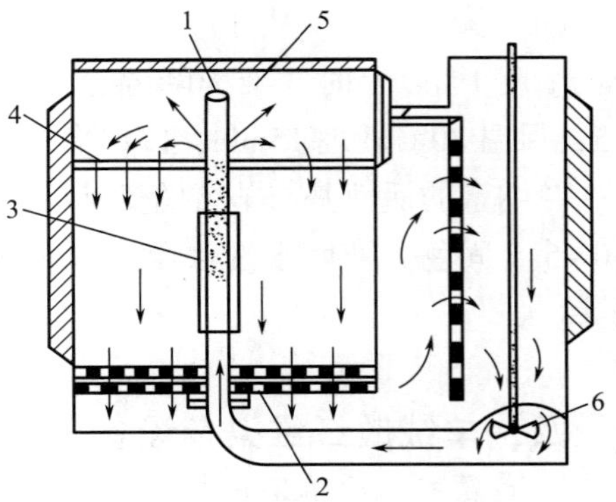

图 2-2-2　旋转桨式散纤维染色机

1—多孔管　2—假底　3—套管

4—多孔盖板　5—容器　6—旋转桨

②开发一种适合毛用活性染料染羊绒的新型染色工艺，对山羊绒纤维和肤皮点均一化染色效果具有明显的改善作用。

2. 羊绒纤维毡并

(1) 形成原因。可能因为羊绒纤维染色时间过长、染色温度过高和装缸密度过大，或者羊绒纤维受到长时间的高速液流的频繁冲击导致纤维纠缠。

(2) 克服方法。

①降低羊绒纤维染色过程中的装缸密度，或者减少染色时间。

②添加低温染色助剂，降低染色温度。

3. 色花

(1) 形成原因。可能因为染色温度过高、染色时间过短、pH 值低和元明粉用量过大引起。

(2) 克服方法。

①严格控制染色工艺条件。

②减少元明粉用量。

③添加进口助剂阿白格 B，羊毛保护剂，阿白格 FFA 来改善纤维匀染性。

4. 浮色多，手感差

(1) 形成原因。可能因为羊绒纤维染色时间过长、染色温度过高、装缸密度过大。

(2) 克服方法。

①加强水洗，添加氨水调整 pH 值在 8.5，清洗浮色。

②最后添加冰醋酸和柔软剂来中和水质和增加产品的柔软性。

③增加染料的渗透和扩散，减少浮色，提高色牢度。

任务实施

羊绒的毛用活性染料染色。

1. 准备

恒温水浴锅、电炉、天平、兰纳素、阿白格 B、硫酸铵、元明粉、冰醋酸、散羊绒 2g。

2. 设计染色工艺（表 2-2-1）

表 2-2-1　工艺处方

编号	1#	2#	3#	4#
染料(%,owf)	1	1	1	1
阿白格 B(%,owf)	1	1	1	1
醋酸(滴)	—	—	3	3
硫酸铵(%,owf)	4	4	4	4
元明粉(%,owf)	—	10	—	—
氨水(滴)	—	—	—	2

羊绒 0.5g/份，浴比 1∶100。

3. 操作步骤

（1）染料、阿白格 B、硫酸铵配制染浴。

（2）40℃加入润湿的羊绒，升温至 85℃（至少 20min）并保温 20min，2#、3#、4#分别加入元明粉、醋酸、醋酸沸染 30min 后，4#冷至 70~80℃加氨水，其余续染 10min。

（3）染毕取出水洗、晾干。

4. 结果与讨论

（1）贴样。

（2）比较色泽效果并分析原因。

（3）怎样的 pH 值适合固色。

5. 注意事项

（1）染色前用 40℃的温水处理羊绒 10min。

（2）染色时适当补充水量。

（3）加料时取出羊绒。

（4）搅拌时防止玻璃棒带来沾色。

思考与练习

1. 散羊绒纤维可采用哪些染料染色?
2. 强酸性浴酸性染料和弱酸性浴酸性染料是否都可以用于羊绒染色？为什么?
3. 设计弱酸性浴酸性染料羊绒染色的工艺。
4. 羊绒纤维有何优点?

任务3 羊毛/黏胶纤维织物染色

学习目标

1. 知识目标

（1）熟悉羊毛/黏胶纤维织物染色的各道工序。

（2）掌握留白染色、双色染色、一浴一步法、一浴二步法、二浴法染色的方法。

（3）掌握羊毛/黏胶纤维织物染色工艺因素对染色效果的影响。

2. 能力目标

（1）会根据订单要求正确选择羊毛/黏胶纤维混纺织物的染色方法、染料和助剂、进行染色工艺设计与调整。

（2）会正确选择合适的羊毛/黏胶纤维织物染料和染色方法。

（3）能根据订单要求进行羊毛/黏胶纤维织物实物仿色打样。

（4）能针对染色后的羊毛/黏胶纤维织物的质量问题提出改进措施。

3. 素质目标

（1）养成沟通交流的能力和团队合作意识。

（2）培养学生树立环保意识和节约资源的习惯。

4. 课程思政目标

（1）培养学生的劳模精神。

（2）培养学生的创新意识。

（3）培养学生的进取精神。

任务分析

羊毛/黏胶纤维（简称毛/黏）织物的染色是按照其染色工艺组织生产。当工艺员接到毛/黏织物染色任务时，要根据产品的特点选用合适的染料、助剂和染色方法，设计染色小样工艺，选择染色设备，在规定的时间内完成毛/黏织物染色打样，并且要发现和解决毛/黏织物小样染色中的质量问题。

知识准备

一、羊毛混纺织物染色概述

毛/黏织物染色

羊毛常与黏胶纤维、腈纶、涤纶、锦纶等组成混纺织物，其中有些织物中的不同纤维具有相似的染色性能（如毛/锦织物），也有些织物中的几种纤维的染色性能相差很大（如毛/黏、毛/腈、毛/涤等织物）。具有相似染色性能的纤维组成的织物可选用一种类型的染料染两种纤维，获得同色。染色性能相差很大的两种纤维组成的织物，可选用两种类型的染料分别上染两种纤维，产生同色或双色效果，染色方法有一浴法和二浴法两种。也可只用一种类型的染料染其中一种纤维，获得淡色或闪白效果。

二、毛/黏织物染色方法

对毛/黏织物可选择某些品种的直接染料染两种纤维，也可以选用适当的直接染料和酸性染料或中性染料同浴染色，分别染黏胶纤维和羊毛。毛/黏织物一般有以下三种染色方法。

（1）直接/酸性或中性染料一浴法或二浴法染色（深浓色用二浴法染色）。

（2）活性/酸性或中性染料二浴法。

（3）活性/活性染料一浴法或二浴法染色。

前两种染色方法的技术关键是选择对羊毛沾色小的直接或活性染料染色，再辅以合适的防染剂，防止羊毛纤维的沾色。第三种染色方法的耐洗色牢度最好，其按所用活性染料对两种纤维的染色性能主要分为两种。

第一种是利用棉用活性染料同时染两种纤维，其中，最好的方法是利用同一类染料同时染两种纤维，但该法在染料品种和染色深度方面受到了限制；也可以采用两类棉用活性染料染两种纤维，其中一类染料对黏胶纤维的染色性能更好些，另一类染料对羊毛的染色性能更好些，通过拼色将两种纤维染得相同的颜色。

第二种是分别利用棉用活性染料和毛用活性染料拼混染色，要求所用的棉用活性染料主要上染和固着于黏胶纤维上，对羊毛的固着量很低，所用的毛用活性染料对黏胶纤维的固着量很低。但现有的染色方法，在染色时均需要添加碱剂才能使棉用活性染料固着于黏胶纤维，由于羊毛的耐碱性差，因此，必须对碱剂用量进行很好的控制。

采用 Kayacel React CN 中性固色棉用活性染料和 Lanasol 毛用活性染料对黏胶纤维和/羊毛混纺交织物拼混染色，获得较好的染色效果。染色工艺如下：

染色→温水洗→冷水洗→皂煮→温水洗→冷水洗

40℃始染，升温至 95℃，保温染色 70min。皂煮方法：皂粉 2g/L，温度 90℃，时间 15min，浴比为 1∶20。

三、直接/酸性染料一浴法染色工艺

直接染料与中性染色的酸性染料相似，对羊毛和黏胶纤维两种纤维都具有上染能力，且色调、上染率、饱和值、色牢度等均相近，可像纯纺织物一样进行染色。有些直接染料对两种纤维的上染稍有差异，可调节染液 pH 值。pH 值接近中性时，对黏胶纤维的上染量增加，当 pH 值小于 4 时，上染羊毛的染料增多。用弱酸性染料和直接染料同浴染毛/黏混纺织物时，在弱酸性染浴中，若将温度降低至 70～80℃，则染料在羊毛组分上的上染量降低，在黏胶纤维上的上染量增加。

以酸性染料/直接染料一浴法绳状染色为例，其染色工艺如下：

1. 染色处方（表 2-3-1）

表 2-3-1 染色处方

染化料	用量(%,owf)
酸性染料	x
直接染料	y

续表

染化料	用量(%,owf)
拉开粉	0.3~0.5
硫酸铵	1~3
元明粉	10~35

2. 染色过程

温水处理→40~50℃时加入染料溶液和半量的元明粉溶液以及其他助剂溶液→40~60min内升温至85~95℃，续染40~70min→加入余下的元明粉溶液→在约30min内自然降温至75℃左右，续染20min→水洗→用环保固色剂2%~4%、冰醋酸0.5%~1%的固色液固色

四、染色质量控制

1. 夹花或“露底”现象

（1）形成原因。直接染料分子结构中磺酸基团较多，亲水性较强，染色后羊毛组分得色过深而引起；或者黏胶纤维组合得色过深而引起。

（2）克服方法。

①并不是所有的直接染料都能用于毛/黏织物的染色，应选择分子结构中含磺酸基团较少的混纺或耐晒等直接染料才能使毛/黏两种组分上的得色相似。它能有效克服羊毛组分得色过深而产生夹花或“露底”现象；

②染中深色时，为了防止直接染料在羊毛上得色过高，可添加羊毛防染剂或锦纶阻染剂。

③染毕如发现残液中酸性染料剩余较多或羊毛得色较浅时，可加入适量醋酸促染。

2. 毡化

（1）形成原因。毛/黏织物长时间沸染引起，或者染浴中加入平平加O作匀染剂。

（2）克服方法。因毛/黏织物的染色时间较长，所以要添加羊毛保护剂，确保产品质量及其手感。

3. 色花

（1）形成原因。毛/黏织物染色时羊毛上染过快或者黏胶纤维上染过快。

（2）克服方法。

①元明粉可促使直接染料上染黏胶纤维外，同时也可防止酸性染料上染羊毛产生色花。

②在染浅中色时不能直接使用醋酸，可改用醋酸钠或硫酸铵1%~3%（owf）缓慢促使酸性染料上染。

③在染浴中事先溶解稀释的分散剂WA（起匀染作用），元明粉最好分两次加入。

④合理控制染色工艺，初始温度控制在40℃以下，升温速率为1℃/min。

知识拓展

1. 多组分纤维纺织品概述

多组分纤维纺织品是将种类、物理性能、功能、形态等不尽相同的纤维混合使用，显现出单一纤维材料所不具有的功能、风格和织物组织的服装面料或装饰用料。多组分纤维纺织

品从广义上讲也称为复合纤维材料。在形态上，有纤维形态之间的复合（长丝与长丝、长丝与短纤维、短纤维与短纤维），也有纤维形态与非纤维形态（如薄膜、涂层膜）的复合。常规多组分纤维纺织品的制造大致分为纤维内复合，纤维间复合和纱线间复合三大类。纤维内复合是在纺丝成纤阶段完成；纤维间复合是在丝条形成后，在纱线混纺、混合加工时完成；纱线间复合是在并捻、包芯和织造过程中完成。

多组分纤维纺织品的品种是十分繁多的，但如果根据纺织材料来区分的话，一般有下列组合方式：异种天然纤维的组合、异种再生纤维素纤维的组合、天然纤维与再生纤维素纤维的组合、合成纤维与天然纤维的组合、合成纤维与再生纤维素纤维的组合、异种合成纤维的组合。

多种纤维通过混纺、交织、合股、包芯、包覆、交捻、交编等方式组合成纺织品，具有很多优点，例如，各纤维在物理性能上的取长补短，改善了纺织品的性能；提高了纺织品服用耐久性；改善了纺织品的质感和外观；有助于纺织品获得多色的色彩效果；提高了纺纱质量，减少了部分单一纤维纺纱、织造、印染中产生的疵病；降低了部分纺织品的成本；有助于对市场做出快速反应，以混纺物染色等加工方式取代色纺和色织加工，有利于缩短产品的交货期。正因如此，多组分纤维纺织品有着良好的市场前景，在纺织品中所占比例逐年增加，而且较以往相比呈现出小批量、多品种的趋势。

与单一纤维纺织品相比，多组分纤维纺织品的染色加工难度较大，加之纤维、纱线和织物品种的多样性以及新纤维的应用，印染企业正面临着越来越多的多组分纤维纺织品染色加工问题的挑战，在实际生产中诸如纤维性能和织物风格恶化、沾色、色泽鲜艳度不高、配色困难、染色牢度低下、染色色相和深度受到限制、各纤维同色性差或闪色效果不易获得、留白不白、染化料之间的相互作用而导致的各种染色疵病增加、染色加工流程长、染色费时、生产成本高、重现性降低、剥色和重染或修色难度增加、在线检测与控制难度很大、染色设备选用等问题频繁出现。多组分纤维纺织品的染色已成为制约印染加工企业成功的关键因素之一。因此，了解多组分纤维纺织品的染色基本知识、染色的基本方法、染色中存在的主要问题及其解决办法，学会合理选用染化料和设备及制定合适的染色处方和工艺条件，对提高解决染色各种问题的综合能力和对实际生产是十分重要的。

2. 双组分纤维纺织品的色彩效果

（1）同色效果是指两种纤维染成相近的色相或色调，而且表观色深或颜色浓淡相近，颜色鲜艳度也接近。如果用颜色特征值来表示的话，则同色效果意味着两种纤维的明度或亮度（L）、偏红偏绿指数（a）、偏黄偏蓝指数（b）、色相角（H）、彩度（C）相近，反射光谱曲线、最大吸收波长（λmmu）和表观色深（K/S）值均相近。

（2）留白。留白效果是指一种纤维染色，而另一种纤维不着色，保持白色。在有些交织提花纺织品中，常将这种留白效果称为“闪银”。留白染色要求一种染料对一种纤维染色时，不能沾染另一纤维，必须对另一种纤维具有优秀的防染效果，否则的话，难以获得洁白的“闪银”外观。

（3）浓淡。浓淡效应是指两种纤维染成相近色相或色调，但浓淡或明度不同的颜色。浓淡效果实际上是介于同色和留白之间的一种中间效果，一般认为一种纤维的表观色深为另一纤维的 1/3~1/2 为最佳。

(4) 异色。异色是指两种纤维染成不同的色相，即双色。异色效应通常要求颜色具有强烈的对比效应，例如，红色与绿色、蓝色与橙色、黑色与红色等。当然，有时对颜色的对比效应要求并不很高，微妙的色彩对比也是一种效果。异色染色在色彩上关键是要讲究颜色的对比或配色的协调性、美观性和时尚性。

3. 双组分纤维纺织品染色的基本方法

(1) 一种染料一浴一步法。一种染料在同一染浴和同一染色条件下同时染两种纤维，如棉/黏胶织物用活性染料染色。

(2) 两种染料一浴一步法。两种染料在同一染浴中同时分别染两种纤维，如锦棉混纺织物用酸性/活性染料同浴染色。

(3) 两种染料一浴二步法。两种染料同浴分二步染两种纤维，如涤/棉织物用分散/活性染料同浴二步法染色，始染加入两种染料，先在高温高压下完成分散染料对涤纶的染着过程，降温至60~80℃加入碱剂，使活性染料与棉纤维发生反应，从而完成棉纤维的染色过程。

(4) 两种染料二浴法。两种染料按先后顺序分别在两个染浴中染两种纤维，如锦/黏胶织物先用活性染料对黏胶纤维染色，水洗后再用酸性染料套染锦纶。

双组分纤维纺织品的染色是以单一纤维的染色为基础的，因此在制定双组分纤维纺织品染色工艺条件时，必须充分了解单一纤维所用染料、染色工艺条件以及各染色工艺参数对染色效果的影响。

4. 多组分纤维纺织品染色的基本方法

三组分及以上纤维纺织品的染色是以双组分纤维纺织品的染色为基础的，但就其染色方法来说，很少需要分三次进行染色，三组分以上纤维纺织品的染色实际上是综合运用单组分和双组分纤维纺织品染色技术的结果，更何况三组分纤维纺织品其中的两个纤维有时是属于同类纤维，还有一些含量很低的纤维（如氨纶）有时不必染色或只要简单着色即可。

任务实施

一、准备

1. 仪器设备

恒温水浴锅、烘箱、玻璃棒、染杯、烧杯、量筒、电炉、容量瓶、天平、吸量管、吸耳球、胶头滴管。

2. 染化药品

弱酸性黄G、直接嫩黄D-GL、冰乙酸、硫酸铵、元明粉、拉开粉、固色剂等，均为工业纯。

3. 实验材料

50/50毛/黏织物。

二、实施步骤

1. 设计染液处方（表2-3-2）

2. 设计工艺流程

40℃温水处理→50℃时加入染料溶液和半量的元明粉溶液以及其他助剂溶液→50min内升

表 2-3-2　酸性/直接染料一浴法染色处方

染化料及工艺条件	用量(%,owf)
弱酸性黄 DR	1.5
直接嫩黄 D-GL	1.5
拉开粉	0.5
硫酸铵	2.0
元明粉	20.0
阿白格	1.5
固色剂	3
冰醋酸	0.5
浴比	1∶50

温至 90℃，续染 60min→加入余下的元明粉溶液→在约 30min 内自然降温至 75℃左右，续染 20min→水洗→用环保固色剂 2%~4%、冰醋酸 0.5%~1%的固色液固色 20min

3. 染色操作

（1）织物先于 40~50℃的温水中均匀润湿。

（2）然后加入直接染料、酸性染料和半量的元明粉溶液，以 1.5℃/min 升温至 95℃，染 60min，再加入余下的元明粉溶液，在约 30min 内自然降温至 75℃左右，续染 20min，水洗，降温水洗。

（3）用环保固色剂 2%~4%、冰醋酸 0.5%~1%的固色液固色，水洗，烘干。

三、注意事项

（1）毛/黏混纺织物染色时为了提高是处理色牢度、色泽鲜艳度、染色重现性和便于配色，要尽可能减少直接染料对羊毛的沾色和酸性染料对黏胶纤维的沾色，本次打样为抑制直接染料上染羊毛，需加入羊毛防染剂或匀染剂阿白格。

（2）若毛/黏混纺织物的混纺比不同，则选用的酸性染料和直接染料类型有可能不同。

（3）毛/黏混纺织物的染色需在中性条件下进行。

（4）弱酸性染料染羊毛鲜艳，中性染料染羊毛色牢度高，前者适合染浅色，后者适合染中深色。

（5）毛/黏混纺织物或交织物染色时，只有部分酸性染料和直接染料拼混达到同色效果：嫩黄 D-GL 与酸性黄 GR；黄 D-3RNL 与黄 D-RL 和黄 D-3RLL 与弱酸性黄 MR；橙 D-5R 与弱酸性橙 GNS；大红 D-F2G 和艳红 D-GB 可与弱酸性红 FGS；红玉 D-BLL 和耐酸枣红可与弱酸性红 2B；耐酸大红 4BS 可与弱酸性红 ARL；蓝 D-RGL，蓝 2RL，蓝 D-RGL 均可与少量的弱酸性蓝 BRLL 拼混，使羊毛、黏胶两种纤维的色泽相近。

任务拓展

对于散纤维染色后再将有色的纤维混纺的产品，由于要经过缩呢、洗练等全部湿整理过程，所以对散纤维染色必须选用染色牢度（尤其是耐水洗及缩绒色牢度）较好的染料。黏胶纤维组分的染色应选用铜盐直接染料、硫化染料、活性染料或还原染料等，羊毛组分的染色则宜用耐缩绒的弱酸性染料、酸性络合染料、中性染料以及酸性媒染染料。请查相关资料，自行设计散纤维染色工艺。

思考与练习

1. 毛黏混纺织物的优点有哪些？

2. 毛黏混纺织物染色的方法有哪些？比较其优缺点。

3. 毛黏混纺织物染色处方中醋酸、硫酸铵起什么作用？

4. 毛黏混纺织物酸性/直接染料一浴法染色中会出现羊毛被直接染料沾污的现象吗？为什么？

任务4　蚕丝织物染色

学习目标

1. 知识目标

（1）理解植物染料染蚕丝的染色原理。

（2）掌握媒染染色的方法、媒染剂对染色效果的影响。

（3）掌握蚕丝织物染色工艺因素对染色效果的影响。

2. 能力目标

（1）会设计和调整蚕丝织物的植物染料预媒法、同媒法、后媒法染色工艺。

（2）能根据订单要求进行蚕丝实物仿色打样。

（3）能针对染色后的蚕丝织物的质量问题提出改进措施。

3. 素质目标

（1）形成可持续发展理念，增强环保意识、创新意识。

（2）培养学生的进取精神、工匠精神。

4. 课程思政目标

（1）培养学生的工匠精神。

（2）培养学生的技艺传承。

（3）培养学生的文化自信。

任务描述

蚕丝织物一般比较轻薄，对光泽要求高，表面易擦伤，织物长时间沸染，部分丝素会溶解，织物之间相互摩擦，会造成局部“灰伤”，而且，蚕丝表面没有鳞片组织，无定形区比较松弛，在水中膨化剧烈，染料在纤维中比较容易扩散，易造成染色不匀。因此，蚕丝织物的染色要根据产品的特点选用合适的染料、助剂和染色方法，设计染色小样工艺，选择染色设备，在规定的时间内完成染色打样，并且要发现和解决蚕丝织物小样染色中的质量问题。

知识准备

一、蚕丝织物染色常用染料

蚕丝属于蛋白质纤维，分子中既含有氨基又含有羧基，因此它具有优良的染色性能，但到目前为止并无特定的蚕丝专用染料。通常直接染料、酸性染料、中性染料、阳离子染料、还原染料等各类水溶性染料都能上染蚕丝织物。但实际应用中，因为蚕丝在碱性介质中容易受损，所以一般采用酸性染料染色为主，辅以中性染料、活性染料、直接染料，有时也用植物染料。通常，蚕丝织物染色选用染料原则为：色泽鲜艳、色谱丰富、染料的溶解度要高、匀染性优良、染色方便、剥色和回修容易、价格适中。

二、蚕丝的酸性染料染色

蚕丝的酸性染料染色原理和羊毛染色基本相同，所不同的是两种蛋白质纤维在氨基酸的组成、氨基酸的含量、等电点和服用用途等方面存在差别，这些差别影响着染色染料的选择和染色方法的选择。

蚕丝织物染色原理

1. 酸性染料染蚕丝的染色原理

蚕丝属于蛋白质纤维，是由氨基酸通过肽键相结合的天然聚酰胺纤维。蚕丝蛋白质纤维大分子侧链上含有大量的氨基和羧基。氨基和羧基使得这些纤维具有两性性质，如以 H_2N—S—COOH 代表纤维，则在水溶液中氨基和羧基发生离解，形成两性离子^+H_2N—S—COO^-。随着溶液 pH 值的变化，氨基和羧基的离解程度不同，纤维净电荷也不同。当 pH 值较低（低于纤维等电点）时，质子化氨基的数量大于离子化羧基的数量；随着 pH 值的升高，质子化氨基的数量减小，离子化羧基的数量增加；当 pH 值较高（高于纤维等电点）时，离子化羧基的数量大于质子化氨基的数量。当溶液的 pH 值在某一值时，纤维中质子化氨基和离子化羧基的数量相等，此时纤维大分子上的正、负离子数目相等，纤维的净电荷为零，即呈电中性，处于等电状态，此时溶液的 pH 值称为纤维的等电点（pI）。蚕丝纤维（丝素）等电点时的 pH 值为 3.5~5.2。当溶液 pH 值低于等电点时，蚕丝纤维带正电荷；当溶液 pH 值高于等电点时，纤维带负电荷。

不同 pH 值下蚕丝纤维所带净电荷的性质对其他离子（包括染料离子）在纤维上的吸附影响很大。随着染液 pH 值的不同，酸性染料可以与蛋白质纤维以离子键或范德瓦耳斯力和氢键的结合方式而上染纤维。酸性染料对蛋白质纤维的染色绝大多数是在酸性条件下进行的。酸性染料在染液中电离成染料阴离子 D—SO_3^- 和钠离子。蚕丝中含有一定数量的氨基和羧基，呈现两性，随着染液 pH 值的不同，酸性染料可以与蚕丝纤维以离子键或范德瓦耳斯力和氢键的结合方式而上染纤维。当加入酸性介质后，酸性染料阴离子被蚕丝纤维上带正电荷的氨基所吸引，纤维中的 NH_3^+ 可与 D—SO_3^- 以离子键结合；同时，纤维与染料之间也存在范德瓦耳斯力和氢键；染液 pH 值小于纤维的等电点时，染浴酸性较强，纤维中的 NH_3^+ 数量增多，离子键起主要作用；染液 pH 值大于蚕丝纤维的等电点时，染浴酸性较弱，范德瓦耳斯力和氢键起主要作用。

对于弱酸性浴染色的酸性染料，染色时染液的 pH 值一般控制在 4~6 之间，处于蚕丝纤维的等电点附近，此时染料是通过离子键与蚕丝纤维结合，也可通过氢键和范德瓦耳斯力而上染的。当在中性浴染色的酸性染料染色时染液的 pH 值一般控制在 6~7，这时染液的 pH 值大于蚕丝纤维的等电点，染料与纤维的结合主要是通过氢键和范德瓦耳斯力。

2. 酸性染料染蚕丝织物的染色方法

适用于蚕丝织物染色的酸性染料以弱酸性浴染料为主，若需要强酸性染料或中性染料通常也在弱酸性浴中进行，此外，也可以在中性浴与直接染料拼混染色。

(1) 卷染。用 M125 型常温常压卷染机真丝电力纺（800m 左右），其染色工艺如下：

①工艺流程。

染色前处理 2 道→染色（60℃4 道，80℃4 道，90℃4 道）→水洗（60℃1 道，40℃1 道，室温 1 道）→固色（45℃4 道）→水洗（室温 1 道）→上卷

②工艺处方。

染前处理：	
冰醋酸	0.4~0.5mL/L
染色：	
弱酸性染料（%，owf)	x
平平加 O	0.5g/L
固色：	
固色剂 Y	1.5~2 倍（按染料用量计算）
平平加 O	0.2g/L
冰醋酸	0.1g/L

(2) 绳状染色。用 Q113 型绳染机染 12107 绸。

①工艺流程。

配绸→进槽染前处理→染色（染液 1600L）→水洗 3 次→脱水→烘干→半成品检验→固色

染色前，先将双绸在助剂溶液中运转 10min，浸润助剂，使绸身柔软，润滑，渗透均匀，然后加入染料。

②工艺处方。

染前处理：	
雷米邦 A	0.5g/L
柔软剂 33N	0.8g/L
染色（owf)：	
弱酸性藏青 5R	1.2%
弱酸性藏青 GR	1.6%
元明粉	1.4%

③染色升温工艺。30~90℃升温用 50min，90℃染色 40min。染色后水洗 3 次，最后一次加入冰醋酸 150mL 洗 5~10min，出槽、脱水、烘干后轧固色剂。

3. 影响染色的工艺因素

(1) 染液的 pH 值。改变染液的 pH 值实际上是改变了蚕丝纤维的带电状态，所以控制染液的 pH 值也就控制了蚕丝吸附染料的量及速率。在染色过程中加酸即增加了染浴中氢离子

的浓度，具有促染作用，为了达到匀染的目的，可分次加入。实际染色时是根据染料的类别不同选用不同的酸，如强酸性染浴染色用硫酸，弱酸性染浴染色用醋酸，中性染浴染色用醋酸或硫酸铵。

（2）电解质。蚕丝染色时，在染液中加入中性电解质如食盐、元明粉所起的作用与染液的 pH 值有关。即当染液的 pH 值在蚕丝的等电点以下时，蚕丝与染料主要以离子键结合，电解质的加入起缓染作用；当染液的 pH 值高于蚕丝的等电点时，蚕丝与染料主要以氢键和范德瓦尔斯力结合，电解质的加入起促染作用。

（3）染色温度。一般来讲，提高染色温度，可以增加染料的上染速率，同时促使纤维膨化，染料分子易于进入纤维内部，达到透染的目的。染液的升温过程直接影响了上染速率和产品的质量，为了避免染色不均匀，使染液温度不宜太高，可控制在 30℃左右，然后逐渐升温至沸。但是真丝织物比较轻薄，光泽要求高，长时间沸染容易引起织物灰伤，光泽萎暗，故最高染色温度最好控制在 95℃左右。

（4）染色浴比。由于染色设备的不同，染色浴比相差较大，例如，卷染机的染色浴比在 1∶(2.5~5)，绳状染色机的染色浴比在 1∶(30~50)，方形架的染色浴比在 1∶200 左右。浴比过小，染色不易均匀，甚至织物会露出液面；浴比过大，上染率低，并造成染料浪费，对于染着力低的染料更为明显。因此，大浴比染色，往往利用残液连缸生产。

三、蚕丝的植物染料染色

1. 植物染料

植物染料是从植物中提取出的用于织物染色的色素。20 世纪初，自化学合成染料问世，因合成染料优异的染色性能、众多的品种和廉价的成本，使植物染料逐渐地退出了染料市场。近年来，随着人们环保意识的增强，大家开始逐渐认识到，合成染料对人体的健康和环境产生严重损害，于是人们又重新提及植物染料。

古代常用的植物染料实在多不胜数，古人根据不同的染料特性而创造的染色工艺有直接染、媒染、还原染、防染、套色染等。染料品种和工艺方法的多样性使古代印染行业的色谱十分丰富，古籍中见于记载的就有几百种，特别是在一种色调中明确地分出几十种近似色，这需要熟练地掌握各种染料的组合、配方及改变工艺条件方能达到。

2. 染色原理

植物染料直接染的染色原理与直接染料染蚕丝的原理基本相同，还原染料的染色原理与靛蓝类染料染蛋白质纤维的原理相似。大多数植物染料色素对纤维没有直接性，需要用媒染剂才能固着在纤维上。植物染料媒染的染色原理与羊毛的酸性媒染染色的原理基本一致。植物染料的媒染染色工艺主要有预媒染色法、后媒染色法和同媒染色法等。

大多数植物染料是一类能与金属媒染剂形成螯合结构的染料。其染色过程除包括在正常条件下染色外，还包括金属盐媒染一步法。植物染料可溶于水，能在溶液中上染蛋白质纤维，上染纤维的染料与金属媒染剂作用形成螯合物后，便具有较高的耐湿处理色牢度和耐日晒色牢度。铬、铜、铁、钴、镍等各种过渡金属元素的金属盐都具有与植物染料形成色淀的特性。大多数植物染料即是利用这个特性而固着纤维。

3. 染色工艺

(1) 染色处方。

植物染料亮黄 (owf)	5%
36%醋酸	1g/L
浴比	1∶50

(2) 染色过程。将蚕丝织物常温浸泡 10min 备用，然后在染杯中加入植物染料、醋酸和半量的元明粉溶液，以 1.5℃/min 升温至 95℃，放入备用的丝织物染 30min，再加入余下的元明粉溶液，续染 20min，在约 30min 内自然降温至 75℃左右，水洗。

四、蚕丝织物的活性染料染色

1. 活性染料

活性染料溶于水，并含有活性基团，染色时分子中的活性基团能与纤维素纤维上的—OH、蛋白质纤维及聚酰胺纤维上的—NH_2 发生反应形成共价键结合，使染料成为纤维大分子上的一部分，故活性染料又称为反应性染料。

国产活性染料按其应用性能可分为四大类，即 X 型、K 型、KN 型和 M 型。活性染料母体的化学结构基本与酸性染料相似，对蚕丝的染色性能良好，色泽鲜艳，色牢度好，是很有前途的丝绸用染料。但其最佳染色条件却因染料类型及染料母体而不同，必须认真筛选。一般来说，二氯均三嗪（即 X 型）活性染料及卤代丙烯酰胺型活性染料较适宜于蚕丝织物的染色。

2. 染色原理

从理论上讲，活性染料分子中的活性基团可以和蚕丝中的氨基、巯基及羟基等在一定条件下发生的化学反应形成共价键结合。但是，活性染料与蚕丝作用的机理因染料种类及染色条件而异。以二氯均三嗪染料为例，染蚕丝的常用方法就有酸性浴法、中性浴法、碱性浴法和先酸后碱法，而染纤维素纤维时却只有碱浴法一种。这是由于丝素蛋白质的两性性质所决定的。

(1) 在酸性浴中的染色原理。蚕丝在等电点以下的酸性溶液中带有正电荷，而活性染料在酸性浴中带负电荷，因而活性染料与蚕丝可以通过离子键而结合，其作用像酸性染料。

由此可见，活性染料和蚕丝的结合主要是离子键结合，与蚕丝在酸性浴中用酸性染料、直接染料染色的机理相似。当然，并不能排除有部分活性染料在酸性条件下也会与纤维中的氨基、巯基等反应形成共价键结合。

(2) 在碱性浴中的染色原理。活性染料在碱性浴中染色时，染料分子中的活性基团与蚕丝分子中的氨基和羟基发生亲核取代反应，碱的作用在于使部分氨基酸的羟基离子化，这与纤维素纤维染色相同。

(3) 在中性浴中的染色原理。活性染料在中性浴中染色时，对丝素的等电点而言是碱性，因此，染料与纤维主要发生共价键结合，但也有可能部分发生离子键结合。

(4) 先酸后碱法染色原理。先酸后碱法染色是指蚕丝在酸性条件下用二氯均三嗪染料染色，继而用碱浴处理，是染料的固色率提高。其染色原理是酸性浴法和碱性浴法的综合作用。

3. 染色工艺

以二氯均三嗪型为例。

（1）酸性浴染色法（以真丝提花绸在无张力胶辊机上染色为例）。

①工艺流程和工艺条件。

在 2mL/L 醋酸溶液中前处理 2 道（60℃、40℃ 温水中各洗 1 道）→冷水上卷→染色（30℃ 始染，先洗 4 道，再升温至 100℃，在第 5、第 6 道分别加入一半量的醋酸，续染 6 道，末道剪样核对色光）→100℃ 酸洗（1mL/L 醋酸）1 道→85℃ 皂洗 4 道→70℃、50℃ 各水洗 2 道→冷水上卷

②工艺处方。

活性艳 X-3B（owf）	2.5%
冰醋酸	5mL/L
平平加 O	0.5g/L
液量	300L

酸性浴染色法和碱性浴染色法相比，前者染出的蚕丝织物色泽鲜艳，且因染料的水溶性好，有利于避免色点等瑕疵，缺点是染色织物湿牢度较差，有时需要用固色剂和碱基处理。

（2）中性浴染色法（以真丝绸在无张力胶辊卷染机上染色为例）。

①工艺流程和工艺条件。

织物润湿打卷→染色（40℃ 始染，以 4 道升温至 90℃，染 4 道后，沸染 6 道，末道剪样核对色光）→40℃ 温水洗 1 道→90～100℃ 皂洗 4 道→沸水洗 2 道→80℃、70℃ 和 60℃ 各水洗 1 道→冷水上卷

②工艺处方。

活性红 X-3B（owf）	3.1%
活性黄 X-R（owf）	2.6%
活性黄 X-6G（owf）	1.3%
平平加 O	0.5g/L
元明粉	80g/L
液量	150L

将中性浴染色法用于浸染时，宜在近沸（95℃）时恒温染色 30～50min，或采用中温中性固色法，可以提高染料的固色率，染后丝绸手感柔软。

（3）碱性浴染色法（以绢绸的玫瑰红卷染为例）。

①工艺流程和工艺条件。

织物润湿打卷→染色 8～12 道（染色温度 40℃，染色道数视染色深浅而定）→碱固色（4～6 道）→水洗→皂煮→冷水上卷

②工艺处方。

活性艳红 X-3B（owf）	2.1%
活性青莲 X-2R（owf）	1.2%
纯碱	2g/L
元明粉	60g/L

液量　　　　　　　　　　　　　　　100L

蚕丝织物碱性浴染色湿处理牢度优良，但上染率、固色率不理想，且色泽不如酸性浴法鲜艳。

（4）冷轧卷染色法。真丝绸织物采用冷轧卷染色工艺，不仅可以节能，节约染化料，而且可以减少污水排放量，有利于环保。采用冷轧卷法染色工艺时，宜选用分子较小且扩散性能好的染料。

①一般工艺流程。

浸轧→打卷堆置→水洗→皂洗→水洗→酸洗→冷水上卷

②工艺处方。

Drimalan 或 Drimarene K/R（owf）	x
尿素	50～100g/L
小苏打	10～30g/L
渗透剂	1～3g/L

为解决冷轧卷染色工艺中常见的浅边问题，宜用均匀轧车；轧液率不宜过大，要控制一致，以防发生搭头印；堆置时应缓慢转动，如在轧卷后皂洗前，将织物放在100℃饱和蒸馏水中汽蒸几分钟，可提高得色量；皂洗前加洗涤剂1g/L，纯碱或小苏打1g/L，温度60～70℃，以去除未固着的活性染料。

五、常用染色设备

1. 挂染槽

挂染槽染色形式与精练槽相同，织物经S形折叠或环形圈码，经钉襻穿上挂丝杆，挂入染槽染色。优点是设备投资少，染色批量大，织物平幅，不易擦伤；缺点是织物层与层之间重叠，易造成染色不均，一般用于轻薄型蚕丝织物染深色。

2. 星形架/方形架染色机

星形架/方形架染色机是目前国内采用较多的丝织物染色设备之一（图2-4-1）。它们的组成主要是一只大染槽和一个挂绸星形架，染色槽呈圆柱形或方形均可，用不锈钢材料制成，可直接或间接加热。优点是织物呈平幅，层与层之间有间隔，织物相互摩擦少，染色效果好；缺点是产量低，劳动强度大。常用于丝绒等真丝及真丝交织物的染色。

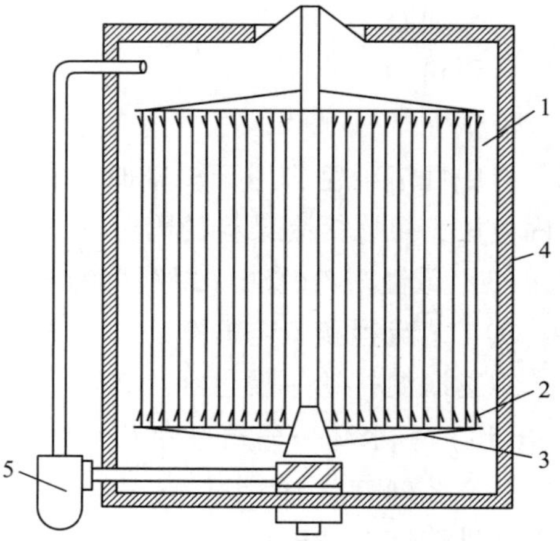

图2-4-1　星形架染色机

1—织物　2—铜钩　3—星形架

4—染色槽　5—泵

3. 绳状染色机

绳状染色机是蚕织物染色常用的浸染设备之一。主要构造是机内主动辊为椭圆形导辊，下方为一染槽，织物呈绳状收尾相接，浸入染槽中，由椭圆形导辊带动不断循环前进，改变褶皱状态，使染液能均匀地接触织物的每一部位，以达到匀染的效果。优点是织物在松弛状态下染色，浴比较小，酸性、直接、活性等各种染料均可以在该设备中染色。缺点是织物在绳状褶皱状态，容易产生绳状褶皱，适合于真丝类织物和轻薄织物的真丝绸类以及不易起褶皱的织物染色，不适合紧密或厚重丝织物的染色。

六、质量控制

1. 织物局部灰伤

（1）形成原因。蚕丝纤维比较娇嫩，真丝绸质地轻薄，长时间沸染后因表面擦伤而失去光泽，尤其是染墨绿、枣红、藏青、黑色等深浓色时，产生的灰伤疵病暴露得更加明显；或蚕丝织物洗涤过程的纤维磨损。

蚕丝染色工艺质量

（2）克服方法。

①可添加溶中柔软剂或润滑剂来减轻灰伤。

②可以将染色温度降低到 90℃或 85~90℃。

③采用醋酸—醋酸钠缓冲体系调节染液 pH 值至等电点附近，以减小蚕丝的损伤。

2. 浅色斑

（1）形成原因。蚕丝织物的纤维染色过程中受到磨损，影响染料上染纤维导致。

（2）克服方法。

①可添加溶中柔软剂或润滑剂来减轻磨损。

②调节染液 pH 值至等电点附近，以减小蚕丝的损伤。

3. 染色不匀、染色牢度差和手感差

（1）形成原因。由于蚕丝由丝胶和丝素组成，因此染色前必须先脱去丝胶。脱胶不匀或不充分，产生染色不匀，而且染色产品的手感和光泽也差。脱胶不充分还会导致纤维在染色时浮色多，色牢度差。

（2）克服方法。

①要求脱胶程度均匀一致。

②染色后需要用阳离子型固色剂固色，对于湿处理牢度差的三芳甲烷结构的酸性染料，浅色可用阳离子型固色剂固色。中深色往往需要经过二次固色，先用带磷酸基的甲醛酚类缩合物固色剂固色，水洗充分后，再用阳离子型固色剂固色。

③采用固色交联剂固色，也能达到双固色的效果，且对色光的影响小。

任务实施

一、纯桑蚕丝织物活性染料染色

1. 准备

（1）仪器设备。红外线染样机、玻璃棒、染杯、烧杯、量筒、电炉、容量瓶、天平、吸量管、吸耳球、胶头滴管、恒温水浴锅、电子天平、烧杯、烘箱、电炉。

（2）染化药品。活性红 X-3B，活性黄 X-R，纯碱、元明粉、平平加 O，皂片等，均为工业纯。

（3）实验材料。纯桑蚕丝织物。

2. 实施步骤

(1) 设计染色工艺处方(表 2-4-1)。

表 2-4-1 活性染料染色处方

染化料及工艺条件	用量	
	1#	2#
活性红 X-3B(%,owf)	3.0	3.0
活性黄 X-R(%,owf)	2.0	2.0
纯碱(%,owf)	—	10
元明粉(%,owf)	400.0	400.0
平平加 O(%,owf)	2.5	2.5
浴比	1 : 50	1 : 50

(2) 设计工艺曲线。

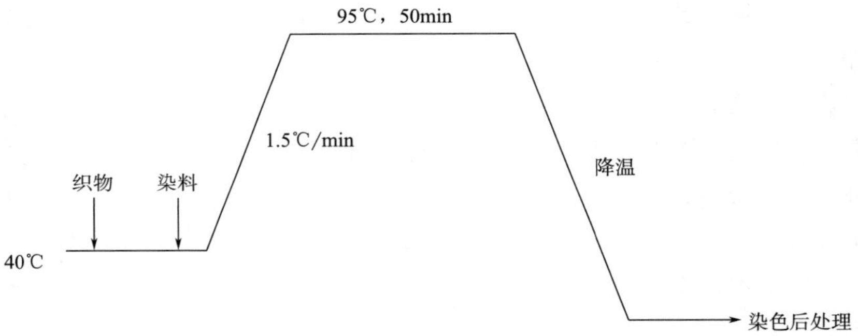

(3) 染色操作。

①称取织物，用温水润湿；配制染料母液，准确称取染料 0.5g 两份，分别用温水调浆溶解，倾入 250mL 容量瓶并稀释到刻度，摇匀，备用。

②根据处方配制染液：按浴比加入一定量的 40℃温水，加入平平加 O，搅匀，用刻度吸管取相应染料母液加入染杯，搅匀，再加入元明粉，搅匀，根据处方加纯碱或不加，然后用水浴加热到 40℃。投入预先用温水润湿好的桑蚕丝织物，盖好杯盖放入染杯座，按升温曲线要求控制升温染色。

③程序结束，鸣警取出布样，温水洗(60~70℃)，冷水洗，净洗，水洗，烘干。

④观察布面色泽、匀染性和手感。

3. 注意事项

(1) 平平加 O 要在染料加入前加。

(2) 要特别注意染色温度控制。

(3) 放入机器中染杯杯盖要盖紧，染毕取出布样时小心染液溅出。染杯可放在水中降温后再打开盖子。

(4) 染料品种可根据试验条件决定。

二、蚕丝织物植物染料染色

蚕丝织物植物染料染色

1. 准备

（1）仪器设备。红外线染样机、玻璃棒、染杯、烧杯、量筒、电炉、容量瓶、天平、吸量管、吸耳球、胶头滴管、恒温水浴锅、电子天平、烧杯、烘箱、电炉。

（2）染化药品。植物染料橄榄绿、冰醋酸、甲酸、硫酸亚铁、皂片等，均为工业纯。

（3）试验材料。桑蚕丝织物。

2. 实施步骤

（1）设计染色工艺处方（表 2-4-2）。

表 2-4-2　植物染料橄榄绿染色处方

染化料及工艺条件	用量	
	1#	2#
橄榄绿(%,owf)	5.0	5.0
甲酸(%,owf)	1.0	
冰醋酸(%,owf)		3.0
硫酸亚铁(g/L)	10.0	10.0
染色浴比	1∶50	1∶50

（2）植物染料橄榄绿染色工艺曲线设计。

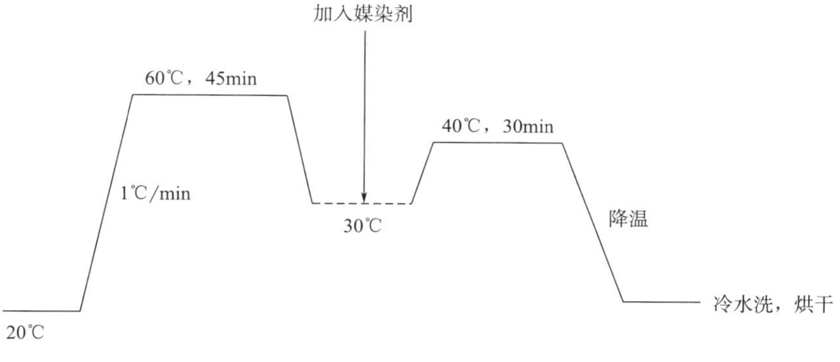

（3）染色操作。

①称取织物，用温水润湿。配制染料母液，准确称取染料 0.5g，用温水调浆溶解，倾入 250mL 容量瓶并稀释到刻度，摇匀，备用。

②根据处方配制染液。按浴比加入一定量的 50℃ 温水，加入元明粉，搅匀，用刻度吸管取相应染料母液加入染杯，搅匀，再根据处方加甲酸或冰醋酸，然后用水浴加热到 50℃。投入预先用温水润湿好的羊毛织物，盖好杯盖放入染杯座，按升温曲线要求控制升温染色。

③红外线染样机第一次鸣警，取出染杯，小心打开，加入媒染剂重铬酸钾或乳酸三价铬络合物，按升温曲线要求控制升温媒染。

④程序全部结束第二次鸣警，取出布样，温水洗（60～70℃），冷水洗，净洗，水洗，烘干。

⑤观察布面色泽、匀染性和手感。

3. 注意事项

（1）元明粉要在染料加入前加。

（2）甲酸或乙酸要缓慢加入，要特别注意染色温度控制。

（3）放入机器中染杯杯盖要盖紧，染毕取出布样时小心染液溅出。染杯可放在水中降温再打开盖子。

（4）染料品种可根据实验条件决定。

三、桑蚕丝织物中性染料（酸性含媒染料）染色

1. 准备

（1）仪器设备。红外线染样机、玻璃棒、染杯、烧杯、量筒、电炉、容量瓶、天平、吸量管、吸耳球、胶头滴管、恒温水浴锅、电子天平、烧杯、烘箱、电炉。

（2）染化药品。酸性媒染蓝 B、冰醋酸、甲酸、元明粉、重铬酸钾、乳酸三价铬络合物、皂片等，均为工业纯。

（3）试验材料。纯桑蚕丝/羊毛织物。

2. 实施步骤

（1）设计染色工艺处方（表 2-4-3）。

表 2-4-3 中性染料染色处方

染化料及工艺条件	用量
中性蓝 BNL(%,owf)	2.0
醋酸铵(%,owf)	2.0
平平加 O(%,owf)	0.5
染色浴比	1∶100

（2）酸性含媒染料染色工艺曲线设计。

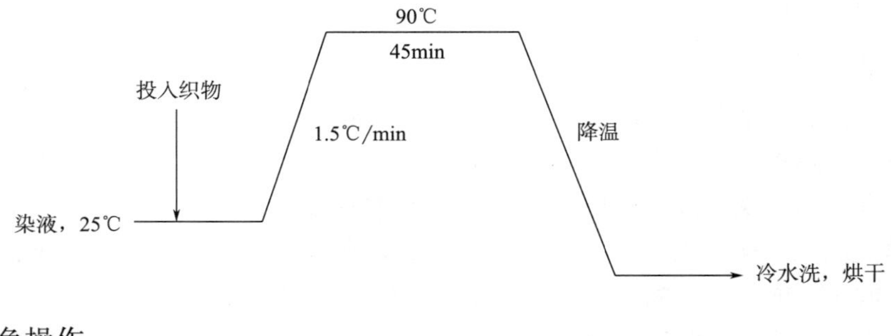

（3）染色操作。

①称取织物，用 40℃温水润湿；配制染料母液，准确称取染料 1.0g，用 50℃温水调浆溶

解，倾入 250mL 容量瓶并稀释到刻度，摇匀，备用。

②根据处方配制染液：按浴比加入一定量的 50℃温水，加入平平加 O，搅匀，用刻度吸管取相应染料母液加入染杯，搅匀，再加入醋酸铵，搅匀，然后用水浴加热到 50℃。投入预先用温水润湿好的桑蚕丝织物，盖好杯盖放入染杯座，按升温曲线要求控制升温染色。

③程序结束鸣警，取出布样，温水洗（60~70℃），冷水洗，净洗，水洗，烘干。

④观察布面色泽、匀染性和手感。

3. 注意事项

（1）用硫酸铵调节染液的 pH 值至 6~7。

（2）中性染料的溶解度较差，要充分溶解染料。

（3）中性染料与蚕丝纤维结合力强，所以一般先在低温下染色，逐步升温至一定温度，续染一段时间，水洗即可。

（4）放入机器中染杯杯盖要盖紧，染毕取出布样时小心染液溅出。染杯可放在水中降温再打开盖子。

任务拓展

查阅桑蚕丝染色的最新资料，自行设计桑蚕丝最新染色工艺，如低温、中性染色的工艺，尽可能多地设计不同的工艺条件，可以变染料、变助剂、变固色的条件等，分析几种工艺的各自优缺点，以及适合怎样的产品。

思考与练习

1. 桑蚕丝织物有何特点？
2. 桑蚕丝织物可以用哪些染料染色？
3. 桑蚕丝织物染色应该注意哪些问题？
4. 桑蚕丝可以用哪种类型的活性染料染色？为什么？

任务 5　蚕丝/棉织物染色

学习目标

1. 知识目标

（1）了解蚕丝/棉织物的改性及染色原理。

（2）理解双活性基活性染料染蚕丝/棉织物的染色原理。

（3）掌握蚕丝/棉织物的染色工艺因素对同色性的影响。

2. 能力目标

（1）会选择合适的染料并能设计和调整蚕丝/棉织物的染色工艺。

（2）能根据订单要求进行蚕丝/棉织物的仿色打样。

（3）能针对染色后的蚕丝/棉织物的质量问题提出改进措施。

3. 素质目标

（1）培养学生树立环保意识，形成可持续发展的理念。

（2）培养学生科学严谨、追求精益求精的工作责任意识。

4. 课程思政目标

（1）培养学生的时代精神。

（2）培养学生的探索精神。

（3）培养学生的责任意识。

任务描述

蚕丝/棉织物是一种新型纺织面料，它兼有真丝和棉的各项优良性能。在染色时，两种纤维的色差随染料品种有很大的差异。当工艺员接到蚕丝/棉织物染色打小样时，要根据客户的要求、织物的用途和特点进行分析，选择合适的染料、助剂和染色方法，设计染色工艺，选择染色设备，在规定的时间内完成染色，并且要发现和解决蚕丝/棉织物小样染色中的质量问题。

知识准备

一、蚕丝/棉织物概述

蚕丝/棉织物的染色

蚕丝/棉织物是一种新型纺织面料，它兼有真丝和棉纤维的各项优良性能。丝绵具有棉的吸湿性，具有丝的滑爽；可以综合两种面料的特性；丝棉中丝含有蛋白质纤维，长期穿着对人体有益，而单一的真丝价格昂贵；丝棉中棉既透气吸湿又保暖；从外观上，具有真丝垂性好的特点，手感柔软、细腻、舒适等，适合于作时装面料，如衬衫、风衣、外套、女装裙子等。而且，对消费者来说，价格实惠；对工厂来说，成本较低。

二、染色方法

在染色加工时，通常采用两种染料一浴二步法或两种染料二浴法染色，生产工艺烦琐，加工时间长，还存在真丝得色浅、染不匀等现象。这两种纤维的色差随染料品种有很大的差异，必须对染料进行筛选，并制订适宜的工艺。

三、染色机理

直接染料和活性染料对棉、蚕丝组分都能进行染色。但直接染料色牢度、鲜艳度差，而且不少品种属于禁用染料，因此，目前通常采用活性染料染色。活性染料与纤维的结合建立在染料与纤维分子之间所形成的共价键基础上。采用 Sumifix 系列活性染料，对蚕丝/棉织物进行染色，取得了良好的效果。Sumifix 系列染料大部分属乙烯砜型，在碱性条件下适于染棉，在酸性条件下适于染蚕丝。

在碱性条件下，染料与棉发生亲核加成反应，反应式为：

$$\text{D—SO}_2\text{—CH}_2\text{=CH}_2+\text{纤维素—OH}\longrightarrow\text{D—SO}_2\text{—CH}_2\text{—CH}_2\text{—O—纤维素}$$

在酸性条件下，染料与蚕丝发生亲核加成反应，反应式为：

$$D—SO_2—CH_2=CH_2+蛋白质—NH_2 \longrightarrow D—SO_2—CH_2—CH_2—NH—蛋白质$$

由于氨基是供电子基，可使乙烯砜基电子云密度增加，不易发生亲核取代消除反应，故键的稳定性较高，适于染蚕丝。

四、染色工艺

如果客户对同色性要求不高，企业也常采用同种活性染料对蚕丝/棉织物进行染色，染料同时染蚕丝和棉两种纤维，主要染色工艺如下：

1. 工艺处方

（1）浅色。

活性黄 3RF（owf）	0.003%
活性红 2GF（owf）	0.006%
活性蓝 BRF（owf）	0.0031%
活性蓝 R（owf）	0.0014%
纯碱	10~20g/L
元明粉	30~50g/L
螯合分散剂	1.5g/L

（2）中色。

活性黄 3RF（owf）	0.8%
活性红 2GF（owf）	0.69%
活性蓝 BRF（owf）	0.14%
活性蓝 E-XF（owf）	0.32%
纯碱	10~20g/L
元明粉	35~55g/L
螯合分散剂	1.5g/L

（3）深色。

活性黄 3RF（owf）	1.3%
活性红 2GF（owf）	0.9%
活性蓝军蓝 BR（owf）	0.76%
活性黑 B（owf）	0.72%
纯碱	10~20g/L
元明粉	40~60g/L
螯合分散剂	1.5g/L

2. 染色过程

将待染蚕丝/棉织物投入 40~50℃的染浴中，运转 5~10min 后，按处方加入螯合分散剂，升温至 60℃，运转 5~10min 后，加入染料，运转 20min 后，再根据处方在 30min 内分 1/10、2/10、7/10 三次加入元明粉，加纯碱保温固色 45~60min。固色结束取出布样，温水洗（60~70℃），冷水洗，净洗，水洗，烘干。观察布面色泽、匀染性和手感。

五、蚕丝/棉织物的改性及染色

有研究者利用阳离子改性剂 H 对蚕丝/棉交织物进行阳离子改性，然后用植物染料苏木染色。研究发现，苏木植物染料染色的蚕丝/棉交织物，经金属离子媒染处理后，耐皂洗色牢度和耐摩擦色牢度均达到 3 级以上。

蚕丝/棉交织物的最佳改性工艺为：改性剂 H 5%（owf），改性温度为 70℃，改性时间为 20min；苏木天然染料染蚕丝/棉交织物的最佳染色工艺为：染料 20%（owf），元明粉 20g/L，染浴 pH 值为 6，90℃染色 60min。

六、染色设备

卷染机常用作蚕丝/棉织物的平幅间歇匹染。卷染机早期也称为交辊卷染机，习惯上称为染缸。卷染机是间歇式的染色机，适合小批量、多品种的生产，而且可以用于织物的前处理。目前，卷染机不仅可以用作蚕丝/棉织物的平幅间歇匹染，并且可以用于进行染色前后的各种工艺处理，典型机型有国产 M112 型卷染机，意大利 Mezzera 公司专为真丝绸染色而设计的 VGS、VGSO 卷染机，优点是体积小、投资少、用途广，特别是对织物的中小批量染色加工操作简单，更换颜色和品种方便。此外，由于染色浴比很小，仅为 1∶(2~3)，符合现代染色设备所追求的减少能耗和降低染化料及工业用水的发展趋势，它适用于蚕丝/棉织物、绢纺、电力纺和斜纹真丝绸的染色。卷染机如图 2-5-1 所示，其具体结构如图 2-5-2 所示，卷染机的传动系统如图 2-5-3 所示，呈卷形平幅出布装置如图 2-5-4 所示。

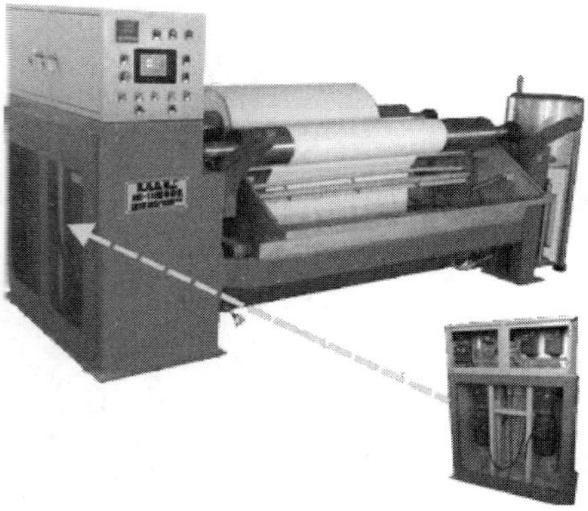

图 2-5-1　卷染机

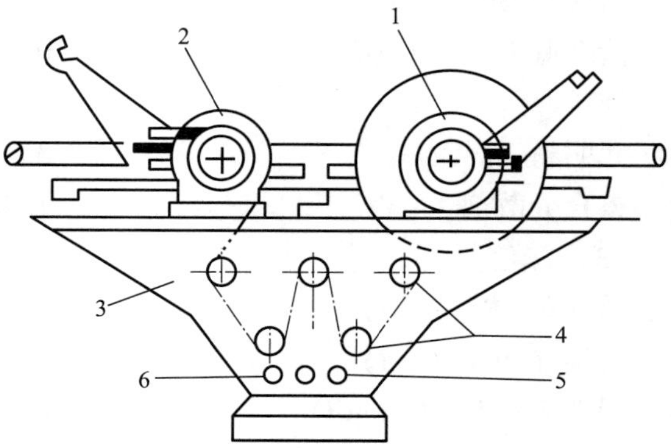

图 2-5-2　卷染机结构图

1—卷布辊　2—刹车　3—染槽　4—导布辊
5—加热直接蒸汽管　6—保温间接蒸汽管

七、染色质量控制

1. 同色性差

蚕丝上的得色要比棉纤维深，或者蚕丝上的得色要比棉纤维浅。

(1) 形成原因。由于染料的选择、助剂的类型及用量或者工艺条件导致染料对蚕丝的上染百分率和固色率与棉纤维有差别。

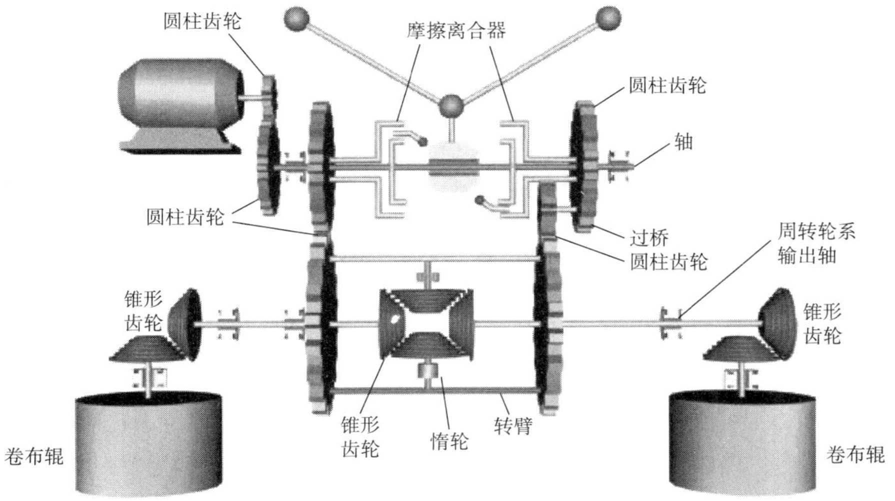

图 2-5-3　卷染机的传动系统

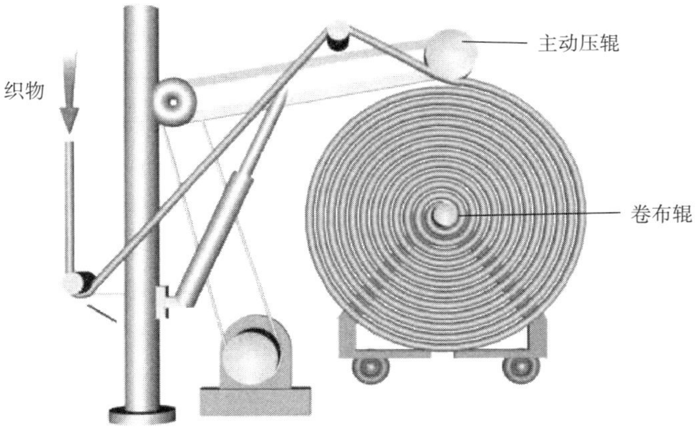

图 2-5-4　呈卷形平幅出布装置

（2）克服方法。

①染液中加入缓染剂调节染料对蚕丝的上染速率，提高蚕丝/棉织物的同色染色效果。

②严格控制硫酸钠和碳酸钠的用量。

③严格控制染色工艺条件，根据选择的染料调节染液的 pH 值。

④严格筛选染料，若采用两种染料二浴法染色，蚕丝用酸性染料需对棉沾色少，且对第二浴的活性套染棉稳定，色变小。

2. 织物易发黄、手感僵硬

（1）形成原因。由于前处理和染色过程中温度过高，布面 pH 值偏碱性。

（2）克服方法。

①染液中加入缓染剂调节染料对蚕丝的上染速率，提高蚕丝/棉织物的同色染色效果。

②前处理和染色中，最高温度控制在 95~98℃，烘干采用低温慢速烘干。

③前处理及染色需使用纯碱，pH 值不超过 10。

任务实施

一、准备

1. 仪器设备

红外线染样机、玻璃棒、染杯、烧杯、量筒、电炉、容量瓶、天平、吸量管、吸耳球、胶头滴管、恒温水浴锅、电子天平、烧杯、烘箱、电炉。

2. 染化药品

活性黄 3RF、活性红 2GF、活性蓝 BRF、元明粉、纯碱、螯合分散剂、皂片等，均为工业纯。

3. 材料

50/50 蚕丝/棉织物。

二、实施步骤

1. 设计染色工艺处方（表 2-5-1）

表 2-5-1　活性染料染色处方

染化料及工艺条件	用量	
	1#	2#
活性黄 3RF(%,owf)	0.004	0.70
活性红 2GF(%,owf)	0.007	0.65
活性蓝 BRF(%,owf)	0.004	0.18
元明粉(g/L)	35.0	45.0
纯碱(g/L)	10.0	15.0
螯合分散剂(g/L)	1.5	2.0
染色浴比	1∶40	1∶40

2. 活性染料染色设计工艺曲线

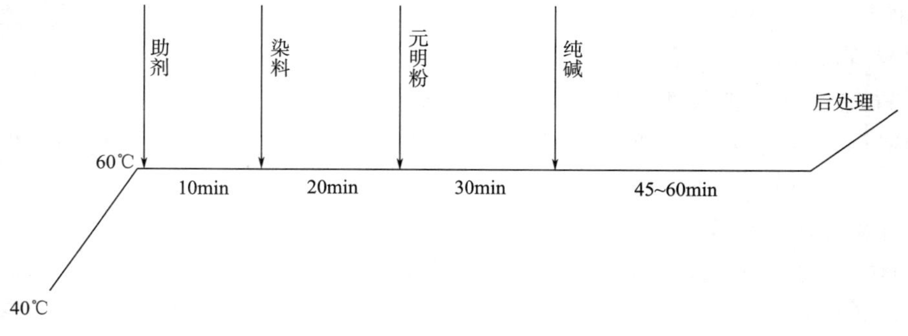

3. 染色操作

（1）称取织物，用温水润湿。配制染料母液，准确称取染料活性黄 3RF、活性红 2GF、活性蓝 BRF 各 0.5g，分别用温水调浆溶解，倾入 250mL 容量瓶并稀释到刻度，摇匀，备用。

（2）根据处方配制染液。按浴比加入一定量的 50℃温水，按处方加入螯合分散剂，搅匀，然后用水浴加热到 60℃，用刻度吸管取相应染料母液加入染杯，搅匀，投入预先用温水润湿好的 50/50 蚕丝/棉织物，再根据处方在 30min 内分 1/10、2/10、7/10 三次加入元明粉，加纯碱固色 50min。

（3）固色结束取出布样，温水洗（60~70℃），冷水洗，净洗，水洗，烘干。

（4）观察布面色泽、匀染性和手感。

三、注意事项

（1）螯合分散剂在染料加入前加。

（2）元明粉分三次加入，加入量先少后多，以防止染花。

（3）染色过程中要多搅拌，染杯要用表面皿盖好，以防止水分过多蒸发。

任务拓展

查找蚕丝/棉织物染色相关资料，自行设计蚕丝/棉织物改性及植物染料染色工艺，尽可能多地设计不同的工艺条件，可以变染料，变助剂，变媒染剂及媒染的条件等，分析几种工艺的各自优缺点，以及适合怎样的产品。

知识拓展

一、蚕丝/黏胶纤维交织物的前处理工艺

蚕丝交织物以蚕丝与黏胶纤维交织为主，也有蚕丝与涤纶交织的。染色时染料的选用与织物内纤维的组分有关。染色方法取决于纤维的结构、用途以及所需的颜色类别等。混纺交织绸可以染成同色或异色。在染色前去除杂质，一般都要进行前处理，其前处理工艺如下：

纯碱	1g/L
精练剂	3~5g/L
硅酸钠	0.3g/L
浴比	1∶30
温度	95℃
时间	60~90min

常用的精练剂为雷米邦 A、平平加 O。精练后，织物用 60℃热水或用 0.3g/L 纯碱溶液 90℃以上洗涤一次，最后用冷水洗。

二、蚕丝/黏胶纤维交织物的染色过程

蚕丝属蛋白质纤维，含有各种可以与染料发生反应的羟基和氨基，因此可以用酸性染料、中性染料、直接染料、活性染料进行染色。其中酸性染料染色的色泽鲜艳，上染率高，但染色牢度较差。而活性染料不仅色谱全、较鲜艳，而且染色牢度较好。

蚕丝/黏胶纤维交织物采用不同的染料和工艺染成纯色、留白或双色等不同效果。选择合

适的直接染料、弱酸性染料或中性染料，采用中性浴染色，以食盐或元明粉促染，可以获得同色效果。采用弱酸性染料染色，在弱酸性条件下只有蚕丝染色，而黏胶纤维沾色很少，通过酸洗可产生留白效果。也可采用酸性染料和直接染料用一浴法或二浴法分别染蚕丝和黏胶纤维，可得到双色效果。

思考与练习

1. 理论上蚕丝/棉织物可以用哪些染料进行一浴一步法染色？

2. 目前企业实际生产时常采用哪种染色工艺对蚕丝/棉织物进行染色？染色效果如何？为什么？

3. 设计新型环保活性染料对蚕丝/棉织物染色的工艺。

4. 蚕丝/棉织物活性染料一浴一步法染色时，为什么元明粉分多次加入？

任务6　蚕丝/羊毛织物染色

学习目标

1. 知识目标

（1）了解蚕丝/羊毛织物的前处理工艺。

（2）理解活性染料、酸性染料染蚕丝/羊毛织物的染色原理。

（3）掌握蚕丝/羊毛织物的染色工艺因素对同色性的影响。

2. 能力目标

（1）会选择合适的染料并能设计和调整蚕丝/羊毛织物的染色工艺。

（2）能根据订单要求进行蚕丝/羊毛织物的仿色打样。

（3）能针对染色后的蚕丝/羊毛织物的质量问题提出改进措施。

3. 素质目标

（1）培养学生树立环保意识和责任意识。

（2）培养学生团队合作能力和科学严谨的态度。

4. 课程思政目标

（1）培养学生精益求精的工匠精神。

（2）培养学生勇于探索的精神。

（3）培养学生爱纺织的情怀。

任务分析

当工艺员接到蚕丝/羊毛织物小样染色打样时，要根据客户的要求、蚕丝/羊毛织物的用途和特点进行分析，选择兼顾两种纤维的染料、助剂和染色方法，设计染色工艺，选择染色设备，在规定的时间内完成染色，并且要发现和解决蚕丝/羊毛织物小样染色中的质量问题。

知识准备

染蚕丝/羊毛织物染料选择

羊毛和蚕丝都是优良的纺织纤维，羊毛具有弹性好、吸湿性大、保暖性好、光泽柔和、不易沾污等特性，而蚕丝具有优良的悬垂性、优雅柔和的光泽、良好的吸湿性，但其回弹性低，易起皱。羊毛和蚕丝交织物兼具羊毛和蚕丝的优良特性，织物轻薄、滑爽、抗皱性好。近年来，毛丝混纺和交织物在国际市场上十分流行，特别是真丝羊毛交织的毛丝产品尤其令人瞩目，已成为当前国际市场的热门品种，受到各国消费者的青睐。但是，蚕丝/羊毛织物由于蚕丝、羊毛在物理性能和化学结构上存在差异，造成了毛丝交织物的前处理和染色生产上有一定的难度。

一、蚕丝/羊毛织物织前处理

蚕丝/羊毛织物的主要成分绢丝原料为茧丝的下脚，含杂较长丝多，纤维排列混乱，尽管在梳理前已经过原料精练，去除了油脂和部分丝胶。但常规绢纺绸的精练仍需 3~4h 的高温处理，而羊毛纤维在碱性条件下经长时间高温处理易受到损伤，发生毡化，强力明显下降。

在蚕丝/羊毛织物前处理工序中，精练对织物的强力影响较大，如采用常规纯绢纺绸的精练工艺精练蚕丝/羊毛织物，均会造成织物强力明显下降，甚至达不到服用要求，为此，对蚕丝/羊毛织物应采用缓和的脱胶工艺。

1. 精练剂的选择

雷米邦 A、平平加 O 和纯碱。

2. 精练液的 pH 值

蚕丝脱胶时的 pH 值一般为 9.5。如果 pH 值过低，丝胶难以溶解，脱胶不净。羊毛在这种条件下因水解作用而损伤羊毛，所以必须两者兼顾。采用下列工艺条件：

雷米邦 A	2g/L
平平加 O	0.25g/L
纯碱	1g/L
pH 值	8.5

3. 精练液的温度

温度在精练中起决定作用。温度过高会使混纺纱起毛；温度过低，则蚕丝部分的丝胶难以脱净，影响染色质量。试验证明，以 90~95℃温度进行精练的效果较好。

二、蚕丝/羊毛织物染色

蚕丝/羊毛织物染色工艺

1. 蚕丝/羊毛织物染色概述

交织物是利用不同纤维的纱分别作经纱和纬纱而织成的织物。蚕丝/羊毛交织物由于蚕丝、羊毛在物理性能和化学结构上存在差异，造成了染色性能的差异。蚕丝和羊毛同属蛋白质纤维，它们都由 18 种氨基酸组分的多肽链组成，在极性氨基酸含量、聚集态结构和形态结构方面有很大差别，导致两种纤维的染色性能有较大差异，给印染加工带来困难。羊毛/蚕丝混纺织物同浴染色时容易发生竞染，羊毛纤维由于鳞片的屏蔽作用，在60℃以下染料基本无法进入纤维内部，在80℃左右，由于受热膨胀作用，鳞片逐步打开，染料渐渐进入纤维内部，随着温度的继续升高，染料进入纤维内部的速度加快。蚕丝基本不存在上染的屏蔽问题，因蚕丝的非结晶区间隙比羊毛大，表面结构较松弛，在水中易于膨化，染料分子容易进出，在低温部分抢先将染料吸收，甚至发生超量上色。但在高温阶段发生了移染现象，染料从蚕丝向羊毛移染。竞染导致低温时蚕丝得色多，高温时羊毛得色多，造成蚕丝/羊毛织物同浴染色时产生色差。因而在毛丝交织物的染色生产中存在着“同色性”的问题。

为达到同浴同色的目的，必须对染料进行筛选。应选择色牢度好、易匹染、在羊毛和丝纤维上表观得色相同的染料。在强酸性条件下，蚕丝易受到损伤，强力下降，湿处理牢度差，应选择弱酸性、中性条件下染色的染料，以兼顾两种纤维。

2. 蚕丝/羊毛织物直接染料染色

直接染料可以将蚕丝/羊毛织物染为同色。置于沸染浴中的羊毛对染料具有较大亲和性，而蚕丝的亲和性较低。染色时先将混纺织物沸染1h，若染后羊毛得色较蚕丝深浓时，将染浴降温到60℃再继续染色一定时间。若染后蚕丝得色较羊毛深浓时，添加染料或1%～2%醋酸继续沸染，以促使羊毛得色更深。

3. 蚕丝/羊毛织物酸性染料染色

酸性染料染色时，蚕丝与羊毛的染着性均随染色温度而变化，低温时蚕丝的染着性比羊毛好，羊毛在温度高时染着性良好。因此，要选择对两种纤维的染着率平衡稳定，且无损于蚕丝风格的染料。开始染色时，染液pH值可控制在弱酸性，对深色染着率低的，再调至强酸性（pH值3～4）染浴染色。酸性染料染蚕丝/羊毛织物有两种方法：其一，先将待染羊毛/蚕丝混纺织物放入由5%～10%元明粉和1%～3%醋酸（或硫酸铵）调制的染浴中，在pH值5～6、温度70℃的条件下染色。1h内升温到90～95℃，保温染色30～40min。若蚕丝组分染色浅于羊毛，可将染浴降温冷却，并添加少量染料，继续在90～95℃下染色一定时间。为了达到匀染要求，染浴中添加0.5%～1.0%羊毛用匀染剂。其二，染浴的调制不同，在染色初期加入的染料量仅是应加染料量的3/5。染色由冷液开始，接着在30min内升温到90～95℃，恒温继续染色到羊毛所需色泽，再将染浴降温冷却到60℃，然后将剩余的2/5染料加入，蚕丝则可染成与羊毛同样色泽。

研究人员采用弱酸性染料对蚕丝/羊毛织物染色，获得了理想的染色效果。染色工艺：染料3%（owf）、硫酸铵5～6g/L、pH值5～6、温度95～98℃，染色时间（保温）90min左右，并加入适量匀染剂。

4. 蚕丝/羊毛织物酸性络合染料染色

选用1∶2金属络合染料和一些凝聚性酸性染料染羊毛/蚕丝织物。在加有元明粉（或食盐）和匀染剂的条件下90～95℃染色，可以获得最高坚牢度和色泽一致的最佳效果。染色方法：在40～50℃下用10%无水元明粉、0.5%～1.0%匀染剂、硫酸铵或醋酸调节pH值为5～6，将待染羊毛/蚕丝织物投入染浴中，运转5～10min后，加热升温。在45～60min内升温到90～95℃，保温染色40～45min。

选用兰纳洒脱系列染料对蚕丝、羊毛以及蚕丝/羊毛织物进行同浴染色，实现同色性的最佳染色工艺参数为：pH值5、染色温度85℃、硫酸铵10%、元明粉10g/L、保温时间50min。

5. 蚕丝/羊毛织物酸性媒染染料染色

采用酸性媒染染料可以将蚕丝/羊毛织物染成较高坚牢度，但在染极深色泽时，容易出现羊毛深染花和蚕丝铬化发色不完全的现象。解决羊毛深染花问题，可采取增加元明粉用量、降低染色温度和保持强酸性染浴等办法来提高蚕丝纤维的染着能力。可采取另浴处理解决蚕丝铬化不完全问题。染色方法如下：在有需要量的酸性媒染染料、40%~50%无水元明粉和1%~2%蚁酸组成的染浴中，导入待染织物，始染温度40~50℃，在30~40min内升温到70~80℃，恒温染色30~40min，然后再在含0.2%金属封锁剂、0.5%~1.0%重铬酸钠和1%~2%蚁酸组成的新浴中铬化。铬化处理浴从70~80℃开始，接着升温到95~100℃，处理30min。

6. 蚕丝/羊毛织物活性染料染色

采用活性染料染蚕丝/羊毛织物，可提高织物耐洗坚牢度，减少染色废水。活性染料上染羊毛是羊毛蛋白质的末端氨基与染料反应基团间发生了化学反应，而蚕丝纤维的上染机理是蚕丝纤维的蛋白质丝素中的酪氨酸、丝氨酸、氧基胺酸的羟基与染料的反应基团发生化学反应。活性染料上染蚕丝纤维，一般在含有无机盐的碱性染浴中可获得较好的染着效果，在酸性浴中染着性会有明显降低。由于活性染料染蚕丝和羊毛的染色条件不同，所以，混纺织物的染色必须采用二浴法。活性染料的染色过程首先是用酸性浴染羊毛，接着借助于染蚕丝的碱性浴，可将在酸性浴染色时未固着于羊毛上的染料在碱性浴中皂洗除去。为了防止出现条花，添加两性表面活性剂，它的使用量与染料用量相同，或者拼用1.5倍量。染蚕丝时要限制碱剂的用量（纯碱3%~4%），超量使用不仅会促使羊毛脆化，还会对蚕丝的浓染起反作用。

采用活性染料染蚕丝/羊毛织物，染后织物的耐皂洗色牢度、耐干湿摩擦色牢度均优良，染料在羊毛和蚕丝中渗透性良好。最佳染色工艺：

活性染料（owf）	1%
染色温度	60~80℃
pH 值	5~7
保温时间	40~60min
固色温度	60~80℃
食盐	45~75g/L

三、蚕丝/羊毛织物染色质量

1. 同色性差

（1）形成原因。羊毛/蚕丝织物同浴染色时容易发生竞染。羊毛纤维由于鳞片的屏蔽作用，在60℃以下染料基本无法进入纤维内部，在80℃左右，鳞片逐步打开，染料渐渐进入纤维内部，随着温度的继续升高，染料进入纤维内部的速度加快。蚕丝的非结晶区间隙比羊毛大，表面结构较松弛，在水中易于膨化，染料分子容易进出，在低温时抢先将染料吸收，甚至发生超量上色。竞染导致低温时蚕丝得色多，高温时羊毛得色多，造成羊毛/蚕丝织物同浴染色时产生色差。

（2）克服方法。

①必须对染料进行筛选。应选择色牢度好、易匹染、在羊毛和丝纤维上表观得色相同的

染料。在强酸性条件下，蚕丝易受到损伤，强力下降、湿处理牢度差，应选择弱酸性、中性条件下染色的染料，以兼顾两种纤维。

②如果选用活性染料染色，严格控制碳酸钠的用量。

③严格控制染色工艺条件。

2. 条花

（1）形成原因。在酸性浴染色时未固着于羊毛上的染料未被清洗干净。

（2）克服方法。

①加大未固着于羊毛上的染料的清洗。

②添加两性表面活性剂。

③严格控制染色工艺条件，根据选择的染料调节染液 pH 值。

3. 羊毛脆化

（1）形成原因。染蚕丝时碱剂的用量过大，促使羊毛脆化。

（2）克服方法。

①染蚕丝时要限制碱剂的用量（纯碱 3%～4%）。

②活性/酸性染料的染色过程首先是用酸性浴染羊毛，接着借助染蚕丝的碱性浴将酸性浴染色时未固着的染料除去。

③严格控制染色工艺条件。

任务实施

一、准备

1. 仪器设备

红外线染样机、玻璃棒、染杯、烧杯、量筒、电炉、容量瓶、天平、吸量管、吸耳球、胶头滴管、恒温水浴锅、电子天平、烧杯、电热恒温鼓风干燥箱、电炉。

2. 染化药品

兰纳洒脱系列染料、阿白格 FFA（渗透剂）、阿白格 SET（匀染剂）、自制 pH 调节剂、元明粉、皂片等，均为工业纯。

3. 材料

羊毛/蚕丝交织物：15. 63tex×2（毛） 4. 89tex×3（丝），280 根/10cm×290 根/10cm，克重 0. 139kg/m^2，毛丝凉爽呢。

二、实施步骤

1. 设计染色工艺处方（表 2-6-1）

表 2-6-1 Lanaset 染料染色处方

染化料及工艺条件	用量	
	1#	2#
兰纳洒脱红（%，owf）	0. 19	0. 19

续表

染化料及工艺条件	用量	
	1#	2#
兰纳洒脱黄(%,owf)	0.45	0.45
兰纳洒脱蓝(%,owf)	0.31	0.35
元明粉	15g/L	15g/L
渗透剂阿白格 FFA	0.5g/L	0.5g/L
匀染剂阿白格 SET	0.5g/L	0.5g/L
pH 调节剂	pH=5	pH=5
染色浴比	1∶40	1∶140

2. 设计工艺曲线

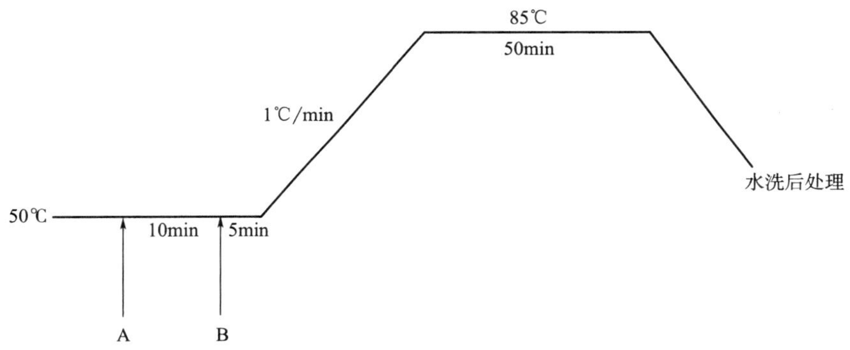

3. 染色操作

（1）称取织物，用温水润湿；配制染料母液，准确称取染料兰纳洒脱红、黄、蓝各 0.5g，分别用温水调浆溶解，并分别倾入 250mL 容量瓶并稀释到刻度，摇匀，备用。

（2）根据处方配制染液。按浴比加入一定量的 50℃温水，加入元明粉，搅匀，加入渗透剂阿白格 FFA，搅匀，再加入匀染剂阿白格 SET，用刻度吸管取相应染料母液加入染杯，搅匀，再根据处方加 pH 调节剂或冰醋酸，使染液 pH 值为 5，然后用水浴加热到 50℃。投入预先用温水润湿好的蚕丝/羊毛交织物，盖好杯盖放入染杯座，按升温曲线要求控制升温染色。

（3）程序全部结束鸣警，取出布样，温水洗（60~70℃），冷水洗，净洗，水洗，烘干。

（4）观察布面色泽、匀染性和手感。

三、注意事项

（1）元明粉要在染料加入前加。

（2）pH 调节剂或乙酸要缓慢加入，要特别注意染色温度控制。

（3）放入机器中染杯杯盖要盖紧，染毕取出布样时小心染液溅出。染杯可放在水中降温再打开盖子。

知识拓展

大豆蛋白纤维与羊毛或蚕丝混纺织物染色

大豆蛋白纤维与羊毛或蚕丝混纺织物染色时，若采用一浴法易产生色差，故一般采用两种纤维分别染色的工艺；也可以采用羊毛毛条染色工艺。若本色混纺织物进行匹染加工，则应对各类染料和助剂进行筛选，并进行工艺条件试验，所加工的色泽也有一定局限性。多数直接染料在对大豆蛋白纤维/羊毛织物染色时，大豆蛋白纤维较淡；而对大豆蛋白纤维/蚕丝织物染色时，大豆蛋白纤维又较深，这些染料可以供染异色或闪色时参考。只有少量直接染料可以染成同色。

多数酸性染料对这两种混纺产品染色时，均是大豆蛋白纤维较浅。多数棉用活性染料对这两种混纺产品染色时，大豆蛋白纤维/蚕丝织物更容易染成同色；对大豆蛋白纤维/羊毛织物而言，则大豆蛋白纤维染得深，羊毛染得淡。而采用某些羊毛专用活性染料时情况正好相反。同时可以考虑采用一般棉用活性染料和羊毛专用活性染料分两步分别染大豆蛋白纤维条和羊毛条，然后混条纺纱，或分两浴染大豆蛋白纤维/羊毛织物，通过配色使两种纤维达到同色或异色和闪色，使产品获得不同的效果，适应不同的需求。

任务拓展

查找蚕丝与羊毛混纺或交织物染色相关资料，自行设计蚕丝/羊毛织物最新染色工艺，尽可能多地设计不同工艺条件，可以变染料、变助剂、变媒染剂及媒染的条件等，分析几种工艺的各自优缺点，以及适合怎样的产品。

思考与练习

1. 蚕丝/羊毛混纺或交织物能否用强酸性浴酸性染料染色或酸性媒染染料染色？为什么？
2. 羊绒与蚕丝混纺织物染色时，适合用哪些染料染色？
3. 蚕丝/羊毛混纺或交织物有何优点？

模块3　合成纤维及其混纺织物染色

常用于纺织面料的合成纤维有涤纶、腈纶、锦纶和氨纶等，合成纤维及其混纺织物或交织物的品种多样，使用的染料和染色工艺也各不相同。本模块主要介绍企业实际生产中常见的纯合成纤维织物及其与纤维素纤维、蛋白质纤维和其他合成纤维的混纺织物或交织物的染色。

任务1　涤纶织物染色

学习目标

1. 知识目标

（1）掌握涤纶织物的染色性能。

（2）理解涤纶织物的分散染料载体染色和高温高压染色的染色原理。

（3）掌握涤纶织物的染色工艺因素对染色效果的影响。

2. 能力目标

（1）会选择合适的染料并能设计和调整涤纶纺织物的染色工艺。

（2）能根据订单要求进行涤纶织物的仿色打样。

（3）能针对染色后的涤纶织物的质量问题提出改进措施。

3. 素质目标

（1）培养学生环保意识和责任意识。

（2）培养学生团队合作能力和专业知识的表述能力。

4. 课程思政目标

（1）培养学生工匠精神和科学严谨的态度。

（2）培养学生勇于探索的精神。

任务分析

当工艺员接到涤纶织物染色小样打样时，要根据客户的要求、涤纶织物的用途和特点进行分析，选择合适的染料和染色方法，设计染色工艺，选择染色设备，在规定的时间内完成染色，并且要发现和解决涤纶织物小样染色中的质量问题。

知识准备

一、涤纶织物概述

涤纶为聚酯类纤维中用途最广、产量最高的一种，其化学名称为聚对苯二甲酸乙二酯纤维。它是由对苯二甲酸（PTA）或对苯二甲酸二甲酯（DMT）和乙二醇（EG）经缩聚反应得到聚对苯二甲酸乙二酯高聚物，经纺丝加工制得的纤维。

聚酯纤维具有一系列优良性能，如断裂强度和弹性模量高，回弹性适中，热定形性优异，耐热和耐光性好，织物具有洗可穿性等，故有广泛的服用和产业用途。

1. 分类

涤纶按形态结构分可分为短纤维和长丝。

（1）涤纶短纤维分类。涤纶短纤维按物理性能分为高强低伸型、中强中伸型、低强中伸型、高模量型、高强高模量型；按后加工要求分为棉型、毛型、麻型、丝型；按用途分为服装用、絮棉用、装饰用、工业用；按功能分为阳离子可染、吸湿、阻燃、有色、抗起球、抗静电；按纤维截面分为异形丝、中空丝。

（2）涤纶长丝。涤纶长丝又可分为初生丝、拉伸丝和变形丝。初生丝包括未拉伸丝（常规纺丝）（UDY）、半预取向丝（中速纺丝）（MOY）、预取向丝（高速纺丝）（POY）、高取向丝（超高速纺丝）（HOY）；拉伸丝包括拉伸丝（低速拉伸丝）（DY）、全拉伸丝（纺丝拉伸一步法）（FDY）、全取丝（纺丝一步法）（FOY）；变形丝包括常规变形丝（TY）、拉伸变形丝（DTY）、空气变形丝（ATY）。

2. 涤纶结构

（1）化学结构。聚对苯二甲酸乙二酯（PET）的化学结构如下：

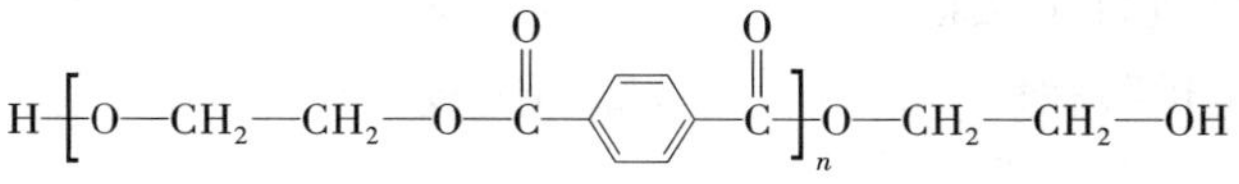

分子量一般在18000~25000。实际上，其中还有少量的（一般为1%~3%）单体和低聚物（齐聚物）存在。这种低聚物的聚合度较低，又以环状形式存在。

从涤纶分子组成来看，它是由短脂肪烃链、酯基、苯环、端醇羟基所构成。涤纶分子中除存在两个端醇羟基外，并无其他极性基团，因而涤纶的亲水性极差。涤纶分子中约含有46%酯基，酯基在高温时能发生水解、热裂解，遇碱则皂解，使聚合度降低；涤纶分子中还含有脂肪族烃链，它能使涤纶分子具有一定柔曲性。但由于涤纶分子中还有不能内旋转的苯环，故涤纶大分子基本为刚性分子，分子链易于保持线型。因此，涤纶大分子很容易形成结晶，故涤纶的结晶度和取向性较高。

（2）形态结构。采用熔纺法制得的涤纶在显微镜中观察到的形态结构具有圆形的截面和无特殊的纵向结构。同时还可以改变喷丝孔的形状纺制异形纤维。异形纤维可改变纤维的弹性，使纤维具有特殊的光泽与蓬松性，并改善纤维的抱合性能与覆盖能力以及抗起球、减少静电等性能。如三角形纤维有闪光效应；五叶形纤维有肥光般光泽，手感良好，并抗起球；中空纤维由于内部有空腔，密度小，保暖性好。

（3）聚集态结构。应用电子衍射测得的涤纶折叠链片晶的厚度约为10nm，而涤纶单基的长度为1.075nm，因此，可认为片晶厚度相当于9个涤纶分子的单基长度。但是，涤纶大分子链长约为1.075×130（平均聚合度）= 140nm，由此可见，涤纶片晶大分子链必须取折叠链结构。折叠可能发生在—CH_2—CH_2—链段处，其原因是该处链的柔曲性较好，易于折曲。此外，由于涤纶大分子也能形成伸直链结晶（原纤化结晶），涤纶内部折叠链结晶和原纤结晶共存。这两种结晶比例随拉伸倍数、热定形条件而异。

3. 涤纶主要性能

（1）强度高。干态强度为 2.2~5.3cN/dtex，高强力纤维为 5.6~8.0cN/dtex。由于吸湿性较低，它的湿态强度与干态强度基本相同。耐冲击强度比锦纶高 4 倍，比黏胶纤维高 20 倍。

（2）弹性好。弹性接近于羊毛，当伸长 5%时，去负荷后伸长几乎完全可以回复。耐皱性超过其他合成纤维，即织物不折皱，尺寸稳定性好。弹性模数为 22~141cN/dtex，比锦纶高 2~3 倍。

（3）耐磨性。耐磨性仅次于耐磨性最好的锦纶，比其他天然纤维和合成纤维都好。干、湿态下耐磨性几乎相同。

（4）吸湿性。涤纶无吸湿基团，故吸湿能力很差，在通常大气条件下仅为 0.4%左右。

（5）热学性质。涤纶有很好的耐热性和热稳定性。在 150℃左右处理 1000h，其色泽稍有变化，强力损失不超过 50%。但涤纶织物遇火种易产生熔孔。

（6）耐光性。涤纶有较好的耐光性，其耐光性仅次于腈纶。

（7）化学稳定性。涤纶的耐碱性较差，仅对于弱碱有一定的耐久性，但对于酸的稳定性较好，特别是对有机酸有一定的耐久性。在 100℃于 5%的盐酸溶液中浸泡 24h 或在 40℃时于 70%的硫酸溶液中浸泡 72h 后，其强度几乎不损失。涤纶对一般非极性有机溶剂有极强的抵抗力，即使对极性有机溶剂在室温下也有相当强的抵抗力。例如，在常温下与丙酮、氯仿、甲苯、三氯乙烯、四氯化碳中浸泡 24h，纤维强度不降低。在加热状态下，涤纶可溶于苯酚、二甲酚、邻二氯苯酚、苯甲醇、硝基苯和苯酚—四氯化碳、苯酚—氯仿、苯酚—甲苯等混合溶剂中。

（8）电学性质。因涤纶吸湿能力很差，比电阻很高，导电能力极差，易产生静电，给纺织工艺的加工带来了不利的影响，同时由于静电电荷积累，易吸附灰尘。但可以利用其电阻高的特性加工成优良的绝缘材料。

（9）染色性。涤纶的染色性较差，涤纶分子链上因无特定的染色基团，而且分子排列得比较紧密，所以染色较为困难，易染性较差，染料分子不易进入纤维，一般染料在常温条件下很难上染。因此多采用分散染料高温高压染色。

（10）耐微生物性。涤纶不受蛀虫、霉菌等作用，收藏涤纶衣物不需防虫蛀，织物保存较容易。

分散染料分类

二、涤纶染色用分散染料

涤纶的强力高、弹性好、耐磨、干湿抗皱性好，具有很好的服用性能。但涤纶是一种疏水性纤维，结构紧密，因此，染色时必须选择疏水性的、分子结构简单、分子量小的分散染料。

1. 分散染料概述

分散染料是一类水溶性较低的非离子型染料，于 1922 年由德国巴登苯胺纯碱公司开始生产，当时主要用于醋酯纤维的染色，称为醋纤染料。20

分散染料性能及染色

世纪50年代后，随着聚酯纤维的出现，分散染料的应用获得了迅速发展，成为染料工业中的大类产品。随着合成纤维的发展，锦纶、涤纶相继出现，尤其是涤纶，由于具有整列度高、纤维孔隙少、疏水性强等特性，要在有载体或高温、热熔下使纤维膨化，染料才能进入纤维并上染。分散染料分子较小，结构上不含水溶性基团，借助于分散剂的作用在染液中均一分散而进行染色。分散染料能上染聚酯纤维、醋酯纤维及聚酰胺纤维。

分散染料在商品化加工过程中，为了使商品染料能在水中迅速分散成为均匀稳定的胶体状悬浮液，染料颗粒细度必须达到1μm左右，在砂磨过程中加入分散剂和湿润剂。分散染料的后处理加工一般有砂磨、调料、喷雾干燥、包装组成。

2. 分散染料分类

（1）按应用分类。主要是按升华性能分，可分为低温型（E型）、高温型（S型或H型）、中温型（SE型）。

①低温型（E型）。染料分子结构小，移染性、扩散性、匀染性好，耐升华色牢度差，适用于浸染法染色，染色温度120~130℃。

②高温型（S型或H型）。染料分子结构较大，移染性、扩散性、匀染性差，耐升华色牢度好，适用于热熔法染色，染色温度200~220℃。

③中温型（SE型）。结构和性能介于S型、SE型染料之间。

（2）按化学结构分类。可分为偶氮型、蒽醌型和杂环型三类。

①偶氮型的染料色谱较全，主要有黄、红、蓝以及棕色等品种。偶氮型分散染料可按一般偶氮染料合成方法生产，工艺简单，成本较低。

②蒽醌型染料具有红、紫、蓝等品种。

③杂环型染料为新近发展起来的一类染料，具有色彩鲜艳的特点。

蒽醌型及杂环型分散染料的生产工艺较复杂，成本较高。

3. 分散染料化学结构

无论是偶氮类还是蒽醌类的分散染料，它们的化学结构都具有以下两个特点。一是它们不具有—SO_3H、—COOH等亲水性基团，而具有—OH、—NH_2、—NHCOR、—CN、—$OCOCH_3$、—NO_2等极性基团；二是它们的分子结构都较简单。

（1）偶氮类。单偶氮结构通式为：

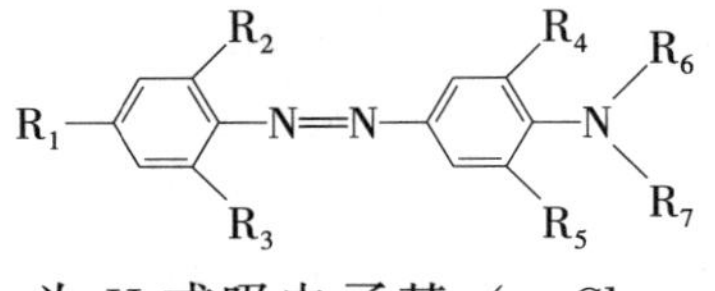

式中：R_1为—NO_2；R_2、R_3为H或吸电子基（—Cl、—Br、—CN、—NO_2、—$COOCH_3$等）；R_4、R_5为—CH_3、—OCH_3、—$NHCOCH_3$等；R_6、R_7为—C_2H_5、—C_2H_4OH、—C_2H_2CN、—$C_2H_4OCOCH_3$、—$C_2H_4OC_2H_5$等。

双偶氮结构通式为：

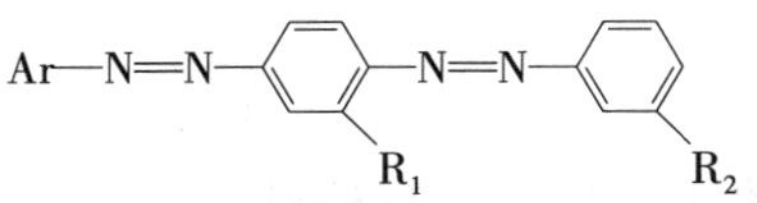

式中：Ar为苯、萘以及它们的衍生物或杂环化合物；R_1、R_2为取代基或氢。

（2）蒽醌类。蒽醌类结构式为：

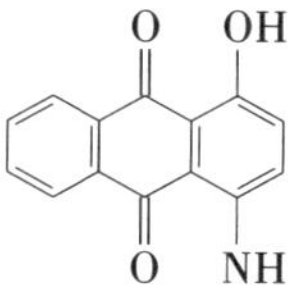

其衍生物结构式为：

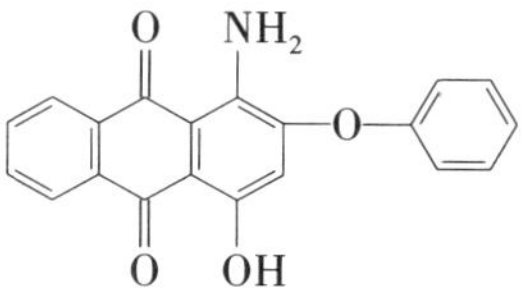

分散红 3B

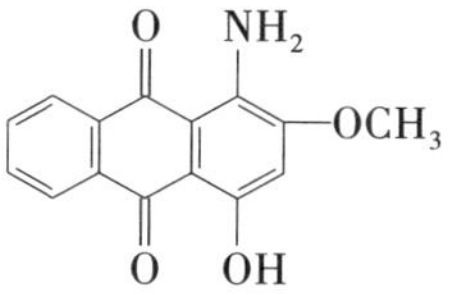

分散红 RLZ

4. 分散染料染色原理

（1）上染。分散染料虽然以分散状态存在于染浴中，但是它在水中有微小的溶解度，因此在染浴中存在极少数的染料单分子。染料颗粒与染料单分子之间产生如图 3-1-1 所示的平衡关系。

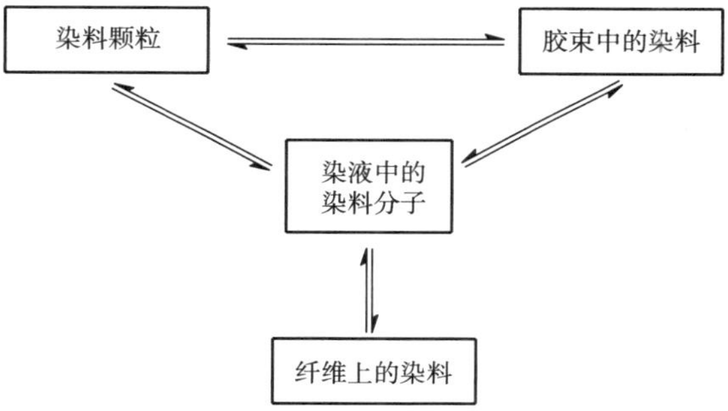

图 3-1-1　染料颗粒与单分子间平衡关系

分散染料单分子因对涤纶有亲和力而吸向纤维表面，然后依靠纤维表面和内部的浓度差向纤维内部扩散，随着染料的吸附和扩散，染浴中的染料单分子的浓度会因被纤维吸附而下降，打破了上述的平衡，使得染料颗粒不断溶解，直到染色达到平衡为止。与染料饱和浓度保持平衡的纤维上染料的浓度就是染色饱和值。

分散染料对涤纶等的上染作用是由于染料与纤维之间能产生氢键和范德瓦耳斯力而产生。涤纶分子中具有大量的羰基，它们可以与染料分子中的羟基、氨基等生成氢键。此外，偶极化的染料分子与涤纶分子中的羰基间的偶极吸引和涤纶分子间的非极性色散力也起着重要作用。

涤纶分子与染料间的氢键结合：

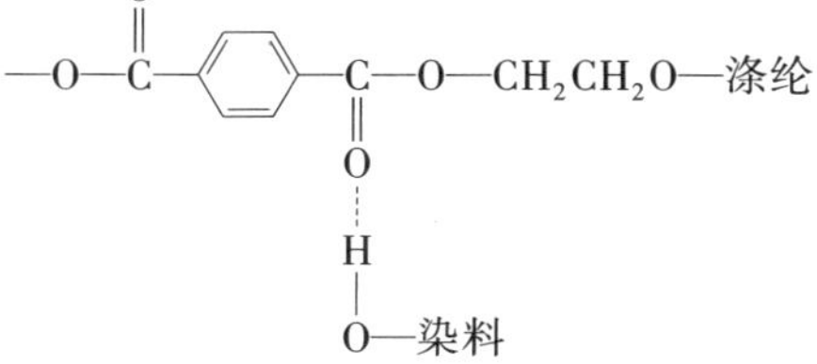

涤纶分子与染料分子间的偶极引力作用：

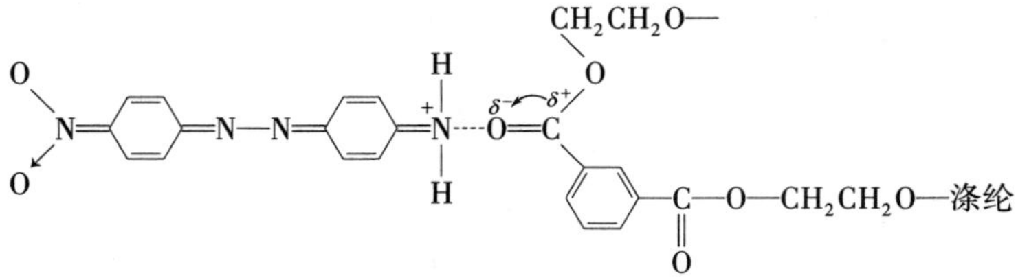

（2）分散染料的吸附等温线。在不同温度、不同浓度的染浴中，当分散染料达到上染平衡时，染料在纤维中和染浴中浓度比总是一个常数。其关系用数学式表示如下：

$$K=[D]_f/[D]_s$$

式中：$[D]_f$——染料在纤维中的浓度；

$[D]_s$——染料在染液中的浓度；

K——分配系数。

当温度升高时，分散染料在水中的溶解度和在纤维中的溶解度均有所提高，但在水中的溶解度增加更多，所以温度越高，分配系数越小。

分散染料染涤纶时，在一定温度下有一个染色饱和值，此值就是在该温度下的上染染料最大值。当达到染色饱和值后，再增大染浴的染料浓度，也不会使纤维上染料量的增加。温度升高，染色饱和度增大。染色温度对染料的染色饱和值和分配系数的影响如图 3-1-2 所示。

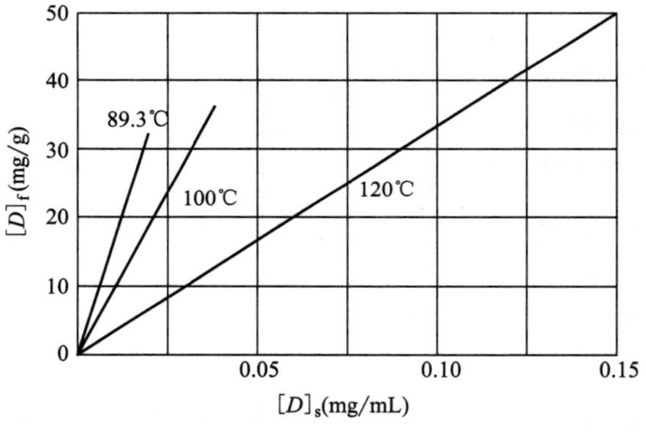

图 3-1-2　1-氨基-4-羟基蒽醌上染涤纶的吸附等温线

三、分散染料染色工艺

涤纶是疏水性的合成纤维，涤纶分子结构中缺少像纤维素纤维或蛋白质纤维那样的能和染料发生结合的活性基团，涤纶分子排列得比较紧密，纤维中只存在较小的孔隙。染色时，染料进入纤维的无定形区。涤纶的染色性能随纺丝条件及染色前加工不同而变化。因为纤维的微结构，例如结晶度、晶体大小、取向度以及无定形区分子的排列等，不但取决于纺丝成型工艺条件，而且随染整加工条件（例如热定形、高温热处理等）而变化。

涤纶的无定形区微结构变化可通过玻璃化温度 T_g 来反映。通常无定形结构的涤纶的 T_g 约为 67℃，结晶型纤维的 T_g 约为 81℃，结晶又取向纤维的 T_g 约为 125℃。涤纶的 T_g 随热定形温度而变化，在 150℃左右热定形得到的涤纶 T_g 最高，见表 3-1-1。

表 3-1-1 涤纶热定形温度和 T_g 的关系

热定形温度(℃)	90	120	150	180	210	230	245
T_g(℃)	105	123	125	122	115	105	90

不同 T_g 的纤维染色所需的温度各不相同。只有当染色温度高于 T_g 后，上染速率才迅速加快，存在所谓的转变温度 T_D。通常 T_D 约比 T_g（湿态纤维）高十几度。

为了消除涤纶织物在前加工时所受张力的影响，增加它们的尺寸稳定性，并去除前处理过程中可能造成的折皱，染色前往往将涤纶织物做一次热定形处理。

分散染料在水中的溶解度很小，涤纶的吸水性又低，在水中不易溶胀，纤维结构紧密，难于上染，所以分散染料染涤纶需要采用高温高压染色、载体染色或热熔染色。

1. 高温高压染色

一般高温高压法染色是在 120～130℃的温度下进行的。在 60～70℃起染，温度超过 80℃以后，上染速率随着温度的上升而迅速增加，此时控制升温速率，缓缓升温到所需温度。染色时间的长短随上染温度、染料性能、色泽浓淡和织物结构等因素而定。扩散速率快的染料 120～130℃上染 30min 左右就可得到最高上染率；扩散速率慢的染料需上染 60～80min。染色完成后逐步降温，80℃左右充分水洗，再用稀保险粉—烧碱还原清洗。

分散染料高温高压染色

（1）工艺流程。

前处理或预定形→染色→水洗→还原清洗→热水洗→冷水洗

（2）工艺处方及条件（表 3-1-2）。

表 3-1-2 涤纶织物的染色工艺

染化料及工艺条件		用量
染色	分散染料(%,owf)	0.02～6
	匀染剂(g/L)	0.3～1
	渗透剂(g/L)	0.5～1
	消泡剂(g/L)	0～0.5
	醋酸(g/L)	0.5～1
还原清洗	保险粉(g/L)	1～2
	纯碱(g/L)	1～2
工艺条件	pH 值	4.5～5.5
	浴比	1：(8～20)
	染色温度(℃)	120～130
	染色时间(min)	10～80
	还原清洗温度(℃)	80
	还原清洗时间(min)	20

①温度。温度是影响高温高压染色的关键因素。提高温度可以提高分散染料的上染百分率，但当温度达到 130℃以上时，多数分散染料的上染率不再有明显的增加，相反，温度过高会引起涤纶酯基水解而导致纤维弹性和强力下降，光泽变差，同时还会引起分散染料分解，降低染料利用率。

②pH 值。pH 值的高低对染料和纤维有很大的影响。碱性强了，除了影响染料以外，还会引起涤纶的水解。酸性强了，染料也容易水解，涤纶也易分解变质。所以合理控制染浴的 pH 值显得非常重要。染液的 pH 值一般控制在 5 左右，通常用醋酸、磷酸二氢铵等调节 pH 值。

③浴比。虽然浴比对分散染料染色的影响要比其他染料小，但是浴比控制不当将影响染色助剂的浓度和 pH 值。浴比过大，会浪费染料，消耗动力和热能等；浴比过小，会造成色花、折痕等。

④助剂。在染浴中加入适量的分散剂和匀染剂等助剂，目的是使染料能稳定分散在染浴中，获得匀染效果。

（3）工艺要点及注意事项。

①根据染色深浅，选用分散染料。一般染浅色选用低温型，染中色选用中温型，染深色选用高温型。

②不同分散染料对酸的敏感性有差异，影响得色深浅和色光，严重的还会产生色变、色花等，所以必须调整好染液的 pH 值，pH 值在 4. 5~5. 5 时，染液处于最稳定状态。

③升温速率的控制要根据染色的深浅和染料的性能等具体情况而定。一般染深色染料用量多，大多采用高温型染料，且染料分子大，扩散到纤维内部较难，即上染速率慢，控制升温速率应快些，但保温时间必须足够；染浅色染料用量少，大多采用低温型染料，且染料分子小，扩散到纤维内部较容易，即上染速率快，控制升温速率应慢些，保温时间可短些，或者降低保温温度染色。

④染色终了时，要控制降温速率，特别是紧密厚实织物，降温速率快，会造成死折印，手感变硬。

2. 载体染色

在染液中加入载体作助剂，使染料的上染速率和吸附量都获得提高，在 100℃左右有较快的上染速率，这种染色方法称为载体染色。

（1）载体的选用。理想的载体应是无毒、无臭、促染效果好，不降低染料的亲和力，不影响色泽和牢度，易于洗除和成本低廉的化合物。常用的载体品种很多，有乳化型载体、分散型载体和水溶性载体。

①乳化型载体。如水杨酸酯、氯苯等。这类产品使用时应选择良好的乳化剂，否则会因乳液不稳定而产生染疵，影响染料上染性能。

②分散型载体。如对苯二甲酸二甲酯，其匀染效果好，但价格高，易升华，不易染深。

③水溶性载体。如邻苯基苯酚钠（膨化剂 OP），在低 pH 值时，邻苯基苯酚钠析出呈现优异的导染性，目前应用最多，它能提高染色速率，有深色效果，但味重、有毒、易降低耐日晒色牢度。

（2）染色工艺。染色时，先在染浴中加入载体、分散染料和分散剂，升温至 60℃以上后，加酸酸化，并控制染液 pH 值在 5 左右，然后升温至沸，沸染 60~95min。也可先加酸再加染料升温至沸一定时间。载体的用量随染料的浓度、浴比而变化，一般染中、浅色时用 2~3g/L，深色用 4~5g/L。

载体染色后，必须将织物上残留载体清除，否则会影响织物强力、色泽鲜艳度和耐日晒色牢度，其中对耐日晒色牢度的影响最大。因此，在染色后最好要经过还原清洗或在 150~160℃ 干热处理 30min，以除去残余的载体。

3. 热熔染色

热熔染色是一种干态高温固色的染色方法，多用于织物连续染色。主要过程包括浸轧染液、红外线预烘和热风（或烘筒）干燥、高温焙烘固色以及水洗或还原净洗等几个阶段。

分散染料热熔染色

（1）工艺流程。

浸轧染液（二浸二轧，轧液率 65%，20~40℃）→预烘（80~120℃）→热熔（180~210℃）→后处理

（2）工艺处方。

分散染料（owf）	x
渗透剂 JFC	1g/L
磷酸二氢铵	2g/L
扩散剂 NNO	1g/L
抗泳移剂	5g/L

四、染色设备

涤纶纱线染色常采用的设备有高温高压染色机和高温筒子纱染色机，涤纶织物染色常用的染色设备有高温高压经轴染色机、高温高压气流染色机、高温高压卷染机等，具体如图 3-1-3~图 3-1-7 所示。

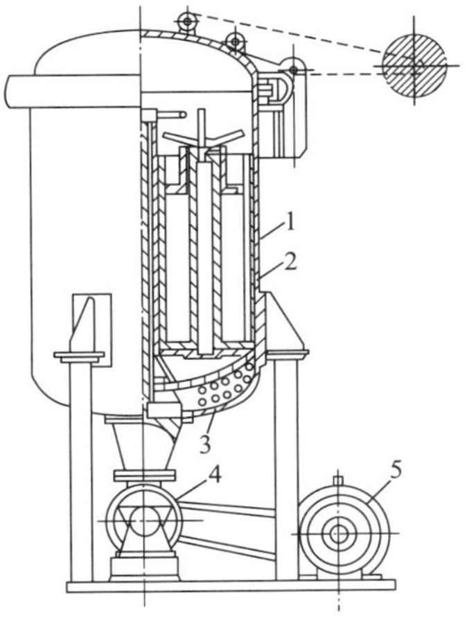

图 3-1-3　GR201-50 型高温高压染色机

1—染槽　2—染笼　3—间接蒸汽加热管　4—染液循环泵　5—电动机

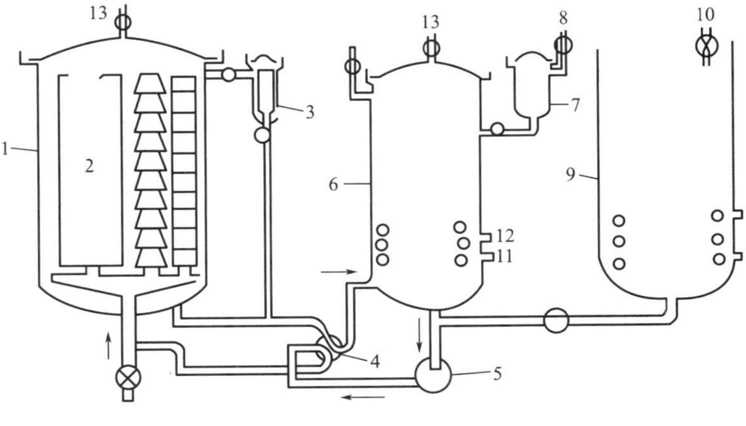

图 3-1-4　高温高压筒子纱染色机

1—高压染缸　2—纤维支架　3—染小样机　4—四通阀　5—循环泵　6—膨胀缸　7—加料槽　8—压缩空气　9—辅助槽　10 入水管　11—冷凝水管　12—蒸汽管　13—放气口

1. GR201-50 型高温高压染色机

如图 3-1-3 所示，该高温高压染色机主要用于染涤纶散纤维、涤纶毛球及涤纶绞纱。

GR201-50 型高温高压染色机有 3 个染笼，可装散纤维 100kg 或绞纱 50kg。染色时，将纤维装入染笼，装满后用吊车将染笼吊入染槽中，盖好密封盖，开动循环泵使染液循环，升温染色，染毕放去残液，注入清水洗涤纤维，开启顶盖，吊出染笼，取出纤维。

2. 高温高压筒子纱染色机

如图 3-1-4 所示，高温高压筒子纱染色机可用于涤纶散纤维、纱线的染色。它由高压染缸、纤维支架、膨胀缸、循环泵、辅助槽、加料槽等部分组成。

染色前先将绞纱卷绕在特制的筒管上，筒管为多孔的不锈钢管，纱筒呈锥形或圆柱形。染色时将筒子纱串装在芯架上，吊入染缸，盖上封闭盖，开动循环泵，染液自筒子架内孔中喷出，经纱层、染色槽后由泵压向贮液槽。每隔一定时间染液做反向循环。进行筒子纱染色时，纱线在筒管上卷绕必须适当和良好，不能过紧和过松。

目前数字化的高温高压筒子纱染色机及工作过程可扫描旁边二维码进一步了解学习。

3. 高温高压经轴染色机

经轴染色机分为常压式和高压式两种，涤纶织物的染色通常使用高温高压式的经轴染色机。如图 3-1-5 所示，高温高压经轴染色机主要由织物卷轴、化料缸、高压染缸及循环泵等组成。卷轴为空心圆柱体，表面均布小孔，染化料由化料缸进入染色机，由循环泵输送，通过经轴，染液可做由内向外和由外向内的循环，从而达到匀染的目的。

高温高压筒子纱自动染色机

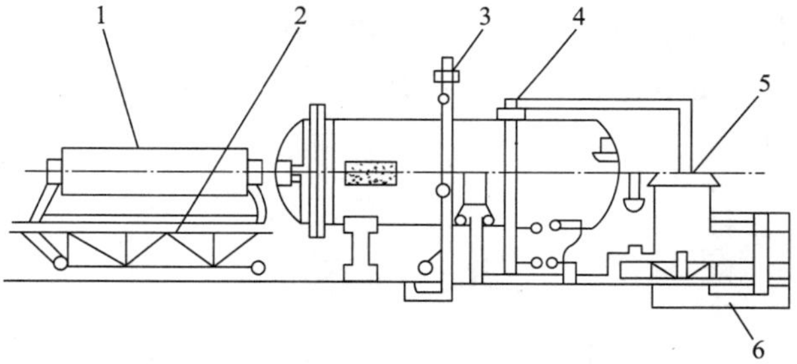

图 3-1-5　高温高压经轴染色机

1—经轴　2—经轴运输车　3—安全阀　4—排气阀　5—染液循环槽　6—离心泵

染色时，坯布应平整地卷绕在卷轴上，卷布张力要均匀，否则易造成布卷内压力分布不匀，布层之间产生滑移，织物易产生波纹及层内、外和边中部的色差等问题。染色时织物处于平幅静止状态，不会产生绳状染斑。在该机上染色可以避免机械张力。

4. 高温高压气流染色机

高温高压气流染色机采用气流雾化染料和输送织物，使织物带液做连续快速运动，从而大大降低浴比，大幅度减少染化料的消耗和工业废水。采用此染色机染色周期短，染色效果好，对织物无损伤，染后织物不产生褶皱痕，且手感极佳。图 3-1-6 为 M7201 型高温高压气流染色机。

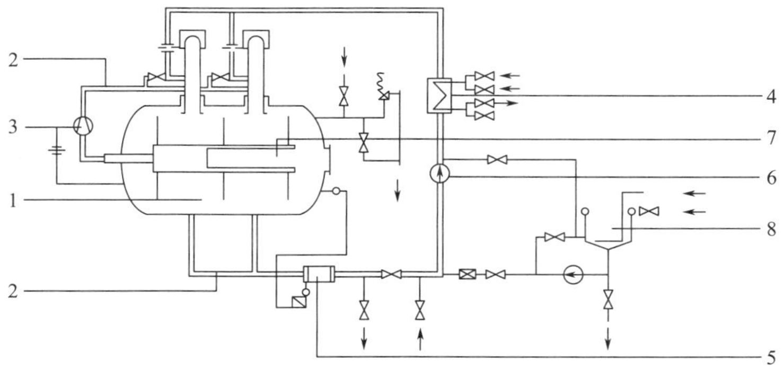

图 3-1-6　M7201 型高温高压气流染色机

1—染色槽　2—循环系统　3—鼓风机　4—热交换器

5—染液过滤器　6—主循环泵　7—空气过滤器　8—加料桶

目前，比较先进的数字化高温高压气流染色设备可扫描旁边二维码进一步了解学习。

5. 卷染机

卷染机也称染缸、机缸。平幅间歇式染色设备用于批量较小的、外观平挺的丝绸、棉布、化纤布的染色，以及染色前后煮练和固色处理工序。

早期的卷染机采用木制、铁制，20 世纪 70 年代后期开始逐步采用不锈钢制造。卷染机根据其工作性质不同，可分为普通卷染机和高温高压卷染机，普通卷染机主要用于丝绸和棉布染色，在模块二任务 5 已经详细介绍过。高温高压卷染机用于涤纶、锦纶等合成纤维织物染色，如图 3-1-7 所示。

数字化高温高压气流染色机

图 3-1-7　高温高压卷染机

卷染机主要结构如下。

（1）卷布辊。卷染机的中心机构就是两个交替来回卷绕的卷布辊，织物从一个卷布辊退绕下来、卷到另外一个卷布辊上去，在交替卷绕的过程中，不断穿过卷布辊下的染液，将染液吸收到布面上、并在卷绕过程中吸附、结合、固着。

（2）染缸。又叫染槽，位于卷布辊下方，盛放染液，卷绕中布匹平幅从染缸底部液下穿过。

（3）齿轮差动机构。一种使两个卷布辊线速度恒定、以保证织物平幅通过时不会因为供快、收慢而折叠起皱，也不会因为供慢、收快而造成张力过大、拉长甚至拉断织物的机械装置。

（4）缸盖。常温卷染机的缸盖起到恒定机缸内部上下、左右温度的作用，防止液上织物被风吹而散热造成能源损失，同时也防止上部温度过低影响染料渗透和固着。高温高压卷染机的缸盖则起到压力锅盖的作用，使机缸内部温度超过100℃，适用于分散染料染涤纶织物。

五、染色质量控制

在分散染料染色过程中，经常会出现色差、色点以及由于泳移而产生的色花、深边、浅边、白芯等一系列染色疵病，由于这些疵点给染色织物尤其是涤纶比例较大的染色织物带来困难，所以了解疵病产生的原因及控制方法尤为重要。

涤纶织物染色疵病

1. 色花产生的原因及控制方法

涤纶是热塑性纤维，在不同的温度条件下分子热运动状态的不同引起结构和性能的变化。当染浴的温度高于涤纶的玻璃化温度（67℃）时，涤纶无定形区分子链段运动加剧，此时染料上染纤维，若升温速率控制不当，极易产生色花。所以在染浴温度小于涤纶玻璃化温度时，升温速率可略快些；而当温度高于70℃以上时，应严格控制升温速率，缓缓升温至所需温度。对于超细纤维织物，更应该严格控制温度。有时，还需要在某一温度段进行保温，以减少色花现象。降温时同样也需要缓缓降温，以减缓涤纶中无定形区分子的热运动。排液时也要将温度降到70℃以下再进行冷水洗涤，否则也会造成难以消除的褶皱。所以严格控制升温速率是防止涤纶产生色花的关键。另外，染料的配伍性能不一致也容易引起色花。在涤纶染色时，筛选拼色的分散染料也是非常重要的。缸内的容布量不当也容易引起色花。容布量太多，循环时间太长，易产生色花；容布量太少，容易翻锅，造成色花；对于轻薄织物容易缠绕，也易产生色花；操作不正确，化料不当，前后处理不彻底也是引起色花的原因。

2. 色点产生的原因及控制方法

色点产生的原因很多，主要是化料不当和染料分散性不好引起高温凝聚以及前处理过程中浆料去除不尽造成的。分散染料中含有很多的分散剂，化料温度太高，超过60℃，就会产生染料凝聚，所以化料温度一般不宜超过50℃。另外，化料时间不宜过长，否则也会引起染料的凝聚；染料的分散性不好，在高温下也容易造成凝聚。水洗不尽，布面存在的低聚物也是造成色点的一个因素。

3. 色差产生的原因及控制方法

色差在轧染过程中产生，尤其是涤/棉织物的染色，由于工艺流程长，染色过程复杂，各工序条件控制不当，极易造成色差。

（1）在前处理过程中，织物煮练后的毛效、白度、丝光的效果、定形程度和布面含碱量等指标如果不均匀一致，都会在染色时反映出来。所以，在前处理过程中，严格控制各机台的工艺操作，确保半制品各项理化指标的均匀一致，是克服轧染色差的基础和前提。

（2）染料选用不当。在拼色染料的筛选时，应尽可能选择配伍性好的染料拼色，以免因配伍不良，色光难以控制而造成色差。

（3）轧染机轧染压力控制不当。一般分散染料对纤维无亲和力，所以初开车时染料浓度要增加 10%，以防初开车造成头淡现象。加料槽加料要用淋喷管，以避免单边加料造成左、中、右色差。使用均匀轧车，检查左、中、右轧液率，做好检查和维护保养工作。

（4）预焙烘控制不当。主要是急烘或两边烘燥不一致时造成染料泳移，应严格控制焙烘的温度和时间，以保证温度均匀一致，一般温度浮动控制在 3～5℃之内，以防因温度高低不一致产生的色差现象。

（5）后处理不当。涤/棉织物经热熔染色后门幅要收缩很多，所以要经过高温拉幅，高温拉幅时要经常检查定形机的温度和风嘴，以免引起色光的变化和左、中、右色差。

（6）坯布选用不当。同一规格但不同厂家生产的坯布在纤维种类、质量上有差异，所以，即使在相同染色工艺条件下加工所得色泽往往浓淡不一，这种情况最明显的特征是在织物的某匹缝头处，两边颜色明显不同，所以染同一颜色时应尽量选择同一厂家的坯布。

4. 分散染料泳移现象产生的原因及控制方法

（1）产生原因。由于分散染料的疏水性，使它能在水介质中产生移动，这种现象称为泳移。泳移现象在有些情况下是有利于染色的，但在较多情况下却容易造成染色不匀或色牢度下降。泳移现象主要发生在以下三种情况。热熔轧染染色法浸染后的烘干过程中；高温高压的浸染染色过程中；染后定形等后处理过程中。轧染后的泳移现象容易造成导致色差、浓边、淡边、白芯等一系列染色疵病。这些疵点在固色前难以发现，因此预防难度较大。

（2）影响因素。泳移现象与下列因素有关，分散染料的泳移现象是在水蒸发的区域发生的。染料对纤维的亲和力越小，泳移现象越明显；织物带液越多，泳移现象越严重。分散染料的泳移现象还与烘燥时的空气流速有关，风速小于 3m/s 时，泳移较少，因此要调整风速；分散染料的泳移运动随烘燥温度的升高而增加；染料的泳移与烘燥的速度呈正比，急速的烘燥会造成大量的泳移现象。另外，还与染料颗粒的细度、结晶形状、聚集趋势和分散剂的类型和数量有关。

（3）控制方法。为防止烘干过程中染料的泳移，通常在染液中加入防泳移剂，同时要求织物有良好的渗透性，浸轧均匀一致，轧液率要低，浸轧后注意烘燥速度要低，烘干温度也要由高到低。

染后泳移是发生在高温后处理过程中，由于助剂的影响，分散染料产生的一种热迁移现象。热迁移是由于纤维外层的助剂在高温时对染料产生的溶解作用。分散染料的热迁移会导致色光的改变，在熨烫时易沾染其他织物，摩擦色牢度降低，耐水洗及耐汗渍色牢度，耐干洗色牢度和耐日晒色牢度的下降等。热迁移现象与耐升华色牢度无直接关系。

为防止热迁移现象，在染色前和染色中使用的助剂都必须洗除干净。在染色后处理及整理时，应精心选择将要留在织物上的化学品，如柔软剂、抗静电剂、防污迹等，只有对热迁移不造成影响的产品才可使用。使用树脂整理时，不仅要考虑分散染料的升华性还要考虑热迁移的程度。

任务实施

一、涤纶织物分散染料浸染

1. 准备

(1) 仪器设备。高温高压染样机、玻璃棒、染杯、烧杯、量筒、电炉、容量瓶、天平、吸量管、吸耳球、胶头滴管、恒温水浴锅、电子天平、烧杯、烘箱、电炉。

(2) 染化药品。分散大红 SE-GFL、乙酸、磷酸二氢铵、分散剂 NNO、分散染料、渗透剂 JFC、皂片、自制载体等，均为工业纯。

(3) 材料。纯涤纶织物。

2. 实施步骤

(1) 设计染色工艺处方（表 3-1-3）。

表 3-1-3　分散染料浸染工艺处方

染化料及工艺条件	用量	
	载体法	高温高压法
分散大红 SE-GFL(%,owf)	2.0	2.0
乙酸(%,owf)	4.0	—
磷酸二氢铵(g/L)	—	2.0
分散剂 NNO(g/L)	1.0	1.0
自制载体(g/L)	1.5	—
浴比	1∶50	1∶50

(2) 设计工艺曲线。

分散染料载体染色工艺曲线：

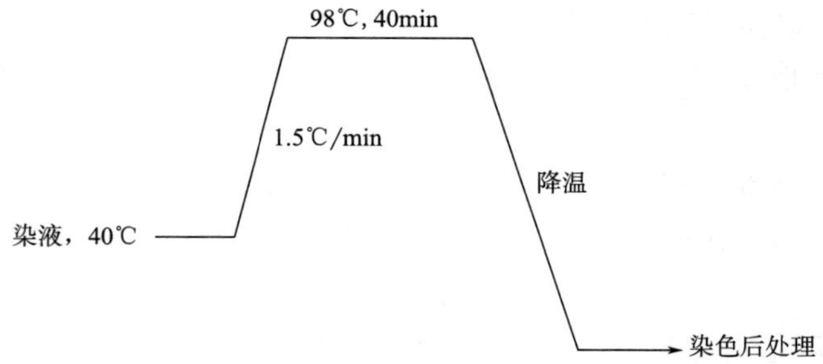

分散染料高温高压染色工艺曲线：

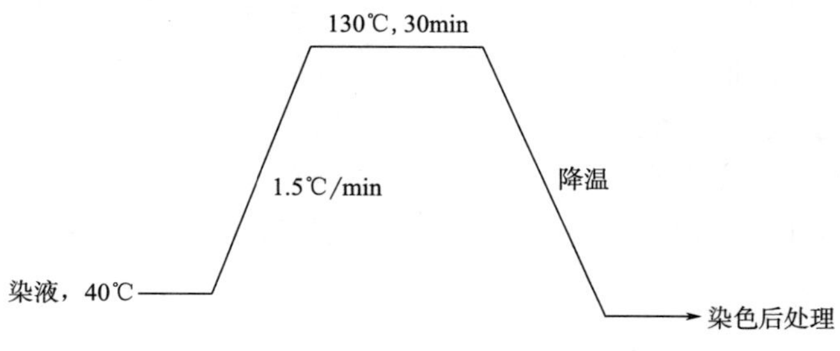

（3）染色操作。

①载体染色步骤。

a. 取涤纶织物 2 块，温水润湿并挤干。

b. 在烧杯中称取分散染料，用匀染剂和少量冷水调匀，再加载体，搅拌，并加水到规定染液。将烧杯中染液倒入玻璃染杯中，将试样放入玻璃染杯中。

c. 恒温水浴锅升温到 40℃，将染杯放入水浴中，开始染色，升温至 98℃后，保温 40min。染色完毕后降温，取出水洗，皂煮［皂片（2g/L）和碳酸钠（1g/L），浴比 1∶30，95℃］5min，水洗，烘干。

②高温高压染色步骤。

a. 取涤纶织物 2 块，温水润湿并挤干。

b. 在烧杯中称取分散染料，用匀染剂和少量冷水调匀，再加入磷酸二氢铵，并加水到规定染液浓度。将烧杯中染液倒入不锈钢染杯中，将试样放入不锈钢染杯中。

c. 小样机升温到 60℃，将染杯放入支架上，开始染色，升温至 90℃后，20min 左右升温至 110℃（约每分钟升温 1℃），10min 左右升到 130℃，保温 30min。染色完毕后降温，取出水洗，皂煮［皂片（2g/L）和碳酸钠（1g/L），浴比 1∶30，95℃］5min，水洗，烘干。

3. 结果与讨论

（1）载体染色效果有哪些影响？

（2）匀染剂对染色的影响。

（3）实验中采取哪些措施保证匀染？

4. 注意事项

（1）染杯中应干净。

（2）织物应卷着放，不要折叠。

（3）高温高压染色时 90℃以上严格控制升温。

（4）特深色可用纯碱、保险粉还原清洗。

二、涤纶织物分散染料轧染

1. 准备

（1）仪器设备。玻璃棒、染杯、烧杯、量筒、电炉、容量瓶、天平、吸量管、吸耳球、胶头滴管、汽蒸焙烘箱、小轧车、电子天平、搪瓷盘、烧杯、烘箱、电炉。

（2）染化药品。分散大红 SE-GFL、渗透剂 JFC、海藻酸钠、皂片等，均为工业纯。

（3）材料。纯涤纶织物。

2. 操作

（1）设计染色工艺处方（表 3-1-4）。

（2）设计工艺流程。

配制染液→浸轧染液（二浸二轧，轧液率 65%，20～40℃）→预烘（80～120℃）→焙烘（180～210℃）→水洗→皂洗→烘干

表 3-1-4　分散染料轧染工艺处方

染化料	用量
分散大红 SE-GFL(g/L)	28
渗透剂 JFC(g/L)	2.0
5%海藻酸钠(g/L)	10
总液量(mL)	100

（3）染色操作。

①称取分散染料放入烧杯中，加少量渗透剂，再加少量水，充分调匀后加水至规定量。

②取 30cm×10cm 纯涤纶织物，在小轧车上室温二浸二轧，轧液率为 60%～70%，浸轧后布样用电热吹风机烘干。

③将试样一分为二，取其中一块于 200℃处理 1.5min。

④取出试样，水洗，皂煮（浴比 1∶30，95℃，皂片 0.2g/L 和碳酸钠 1g/L）10min，水洗，烘干。

3. 结果与讨论

（1）贴样。讨论热熔染色的影响因素。

（2）比较高温高压染色和热熔染色的优缺点。

4. 注意事项

（1）热熔前不可沾到水滴。

（2）烘干时不可采用鼓风烘箱，可用吹风机。

（3）防泳移剂根据染料可不加。

（4）染后可进行还原清洗。

（5）在使用针板时注意铁针，不要伤手。

（6）上针板时注意不要卡住，旋钮要放平。

三、耐升华色牢度的测定

1. 器材

耐升华色牢度测试仪（图 3-1-8）、直尺、剪刀、聚酯衬布、分散染料染色织物。

图 3-1-8　耐升华色牢度测试仪

2. 操作步骤

（1）取织物 40mm×100mm，聚酯衬布 40mm×100mm，将织物与衬布放入耐升华色牢度测试仪的下加热板上，织物在下，衬布在上，分别测定在（150±2）℃，（180±2）℃，（210±2）℃下 30s 后，织物的褪色与衬布的沾色牢度。用灰色样卡和沾色样卡评定。

（2）将耐升华色牢度测试仪的板温设定为相应的值。

3. 结果与讨论

（1）贴样，记录褪色与沾色牢度等级。

（2）评价色牢度的影响因素。

4. 注意事项

（1）织物要平整放在仪器加热板上。

（2）温度到后再放织物。

（3）时间到后快速拿出。

5. 高温高压染样机的使用

（1）用钥匙顺时针接通电源，轻触复位键，指示器仪显示锅内的温度。

①染色温度的设定。轻触设定键，程序显示第一组温度值闪烁，操作加数键或减数键设定所需的温度值。

②染色时间的设定。轻触设定值，恒温时间闪烁，操作加数值或减数值设定所需的时间。

③升温速率的设定。轻触设定键，升温速率闪烁，操作加减数设定速率；若设定呈“--”状态为最大升温能力。

继续按设定键进入第二组，进行上述过程依次完成十组的设定，按下复位键呈准备工作状态，设定完毕。

（2）按下电机键，绿灯闪亮，染机运动，再按一下电机键，转动停止。按下点动键，转动染杯至需要位置，松开按键，取放染杯。

（3）染毕接通冷却水降温。

知识拓展

细特涤纶织物分散染料染色

细特涤纶是一种高科技新型合成纤维，其织物具有手感柔软、悬垂性好、吸湿透气、光泽优雅、穿着舒适等特点，作为服装面料的主要产品有仿真丝绸类、桃皮绒类、仿麂皮类和超高密织物类等几种。通常将单丝线密度为 0.3dtex 以下的纤维称为超细纤维，单丝线密度为 0.3~0.7dtex 的纤维称为微细纤维，单丝线密度为 0.7~1.1dtex 的纤维称为细特纤维。

一、细特涤纶织物染色特点

细特涤纶属于聚酯纤维，仍用分散染料染色，但细旦涤纶与普通涤纶的超分子结构和表面形态结构不同，而染料的吸附速率除了与染料结构和性能有关外，还与纤维的结构和性能有关，所以细特涤纶的染色性能与普通涤纶的染色性能有很大差异，其染色特点如下。

1. 难染深浓色

由于细特纤维的比表面积大，造成纤维表面反射光很大，而染色织物色泽深浅与纤维表面的反射光及由纤维内部重新返回到外部的折射光有关。所以具有很大表面反射光的细特或超细特纤维，当与普通涤纶上染的染料数量相同时，其色泽却要浅得多，即表明细特纤维难染深浓色泽。纤维线密度越小，则表面反射光越大，越难染深浓色。除纤维的直径外，纤维的截面形状、消光程度以及纱线粗细等都会影响染色织物的色泽深度。一般普通涤纶织物由于结晶度高，结构紧密，纤维表面光滑，对光的反射率和折射率大（羊毛 1.56，醋酯纤维 1.48，涤纶 1.68），较难染深浓色，而细特涤纶织物比表面积大，在染料上染量相同的条件下，细特纤维上单位面积的染料量低，所以要得到相同的表观深度，细特纤维染色所需的染料比普通纤维多得多，一般为普通纤维的 3~4 倍，因此细特涤纶更难染深浓色。

2. 匀染性差

依据 Wilson 和 Crank 理论可知，染料的上染速率与纤维的半径、染料的扩散系数及平衡上染率有关，这些因素都与纤维的超分子结构和表面形态结构有关，细特涤纶线密度小，比表面积大，染料的吸附速率快，容易造成染色不匀。此外，由于超细纤维的纺丝方法与常规纤维不同，它的形态结构和超分子结构的均匀性较差，也导致匀染性差，因此细特涤纶的匀染性较普通涤纶差。在染色时始染温度应较普通涤纶低 10~15℃，以降低初染速率；升温速率应降低，以便染料均匀吸附到纤维表面。

3. 染色牢度较差

由于细特涤纶比表面积大，从而增加了纤维与光的接触面积，致使染料受光的影响较大，而与普通涤纶相比，细特或超细特涤纶的耐光色牢度较普通纤维差，低 1~2 级，并随染料浓度的增加，耐日晒色牢度更差。细特纤维表面积大，浮色难以洗净，湿处理牢度也较普通涤纶低。而且细特涤纶受热时（热定形）纤维内的染料易于向纤维表面扩散，导致耐摩擦色牢度降低。细特涤纶染深浓色，染料用量高，加之比表面积大，染料升华机会大，耐升华色牢度比常规涤纶差。所以细特涤纶染色产品的染色牢度较普通涤纶差。

二、细特涤纶织物染色染料的选择

研究表明，杂环结构的分散染料色泽鲜艳，色强度高，提升力大，染料利用率高，而且匀染性、移染性、色牢度均较好，所以非常适于细特涤纶的染色。目前开发的适于细特涤纶染色的染料多为复配型混合染料，此类染料匀染性好、移染性好，对 pH 值、热稳定性好，染料的相容性好，很适合细特涤纶的快速染色。通常细特涤纶产品不是单一纤维制成的，而是不同线密度、不同性能的涤纶混纺而成的。因此，不同线密度纤维要染成同色，线密度小的必须染着较多的染料才行。例如，3.0dtex 与 0.3dtex 纤维要染成同色，则染料在后者上的染着量约为前者的 3.2 倍才能使两种纤维的表观染色深度一致，这是由于它们的比表面积不同所致。因此，对于复合细特涤纶染色，存在的主要问题是难染同色和染色牢度不佳。

针对上述问题，复合细特纤维染色时应选择下列染料：遮盖性好的染料，此类染料特别适用于原丝间易产生染色色差（染色不匀）的涤纶；耐光、耐升华、耐湿处理牢度均良好的染料；上染量较大、提升力高、发色效果好的染料；使细特涤纶之间染料分配均匀的染料，以适用于细特涤纶同色染色；匀染性、相容性和重现性好的染料。

三、细特涤纶织物染色助剂的选择

由于细特涤纶存在难染深浓色、匀染性差、染色牢度不及普通涤纶等问题，因此为了改进其染色效果，国内外厂商除了开发适用于细特涤纶染色的分散染料外，还纷纷推出适于细特涤纶染色的专用染色助剂，如能提高染色深度的增深剂，能降低初染速率、提高染料移染和渗透的匀染剂，能改善耐日晒色牢度的紫外光吸收剂，适于细特涤纶碱性染色的碱性染色助剂等。

四、细特涤纶织物染深浓色的途径

使细特涤纶染深浓色除采用吸尽率高、提升力高、发色效果好的染料外，还可利用分散染料的加和性，应用混合染料进行染色。此外，还可选用合适的助剂，提高染料的上染率，或改变染料在纤维上的分布状态，减少纤维表面光的反射率，增大染色深度。使纤维表面粗糙化也是提高细特涤纶色深的一种有效途径。在纤维制造过程中，将惰性无机微粒（硅胶、磷酸化合物的碱土金属盐等）分散在聚合物中，纺丝后，利用碱对涤纶和对微粒溶解速率的不同，在纤维表面形成凹凸不平的形态。或利用等离子体处理织物，使纤维表面粗糙化，从而提高色深，但应注意增深效果与等离子体处理气体种类及处理条件有关。还可以采用低折射率的化合物覆盖于纤维表面（如氟类、硅类、聚氨酯、二氧化硅、乙烯化合物等），使其反射率下降，色泽加深。

五、细特涤纶织物分散染料染色工艺

由于细特涤纶染色匀染性差，染色时应选择配伍性好的染料拼色。升温工艺与染普通涤纶有所不同，始染温度应较低（30~35℃），升温速率应较慢（0.5~1℃/min），最好在90~95℃保温一段时间，然后慢慢升温至125℃（比常规涤纶染色保温温度130℃要低一些），保温染色足够时间（60min以上），以保证染料吸附均匀及能够充分发生移染而达到匀染的效果，而且染色时应加强染料与染液间的相对运动，使织物各处所接触的染液浓度和温度均匀一致，从而确保染料在纤维表面上吸附均匀；同时加入必要的染色助剂，增进染料移染，延缓染料的上染速率，以获得均匀的染色效果。染色结束后，要以较慢的速率降低染液温度（1~2℃/min），当降至60~70℃后再排液，最后经清洗后处理完成染色过程。

染色过程中还要注意以下几个问题。

（1）防止织物擦伤。由于细特涤纶织物手感柔软，无身骨，染色时易被擦伤，所以染色时织物受张力应小，织物运行速度应由低到高平稳运行，应采用织物和染液运转效果好的溢流染色设备。

（2）防止焦油状低聚物沉积。最好采用碱性工艺染色，增大低聚物的溶解度，以便易于去除织物上的浆料和油蜡，从而有利于匀染和防止织物擦伤。但分散染料的碱性染色应选择耐碱性的分散染料和性能优良的碱性染色助剂。

（3）选择合适的染色助剂（匀染剂、润滑剂、消泡剂、络合剂等），达到稳定染液、提高染料上染率、保证染色产品色泽均匀、深染性好、手感柔软、色泽鲜艳的染色效果。

（4）染后需进行良好的清洗后处理，以提高染色产品的染色牢度和染色鲜艳度。

任务拓展

查阅相关资料，寻找适合涤纶散纤维或织物的最新环保染料和染色技术，设计涤纶散纤维或织物的染色工艺，并测定染色后的色牢度。

思考与练习

1. 比较载体染色、高温高压和热熔染色的优缺点。

2. 热熔工艺条件如何确定？
3. 涤纶载体染色常用的载体有哪些类型？
4. 涤纶载体染色的原理是什么？
5. 细特涤纶应当选择分子量大还是分子量小的分散染料？

任务2　涤纶/棉织物染色

学习目标

1. 知识目标

（1）了解涤纶/棉织物的特点及用途。

（2）理解涤纶/棉织物的一浴法一步染料选择和染色原理。

（3）掌握涤纶/棉织物的染色工艺因素对同色性的影响。

2. 能力目标

（1）会选择合适的染料并能设计和调整涤纶/棉织物的染色工艺。

（2）能根据订单要求进行涤纶/棉织物的仿色打样。

（3）能针对染色后的涤纶/棉织物的质量问题提出改进措施。

3. 素质目标

（1）培养学生的节能环保意识。

（2）培养学生的团队合作能力和科学严谨的态度。

4. 课程思政目标

（1）培养学生精益求精的精神和责任意识。

（2）培养学生勇于探索的精神。

任务分析

涤纶/棉（简称涤/绵）织物在纺织品消耗总量中占很大比重。由于涤纶和棉两种纤维的性能差异大，染色要求的 pH 值、助剂和温度等不同，因此，染色工艺相对复杂。当工艺员接到涤/棉织物染色打小样的任务时，要根据客户的要求、涤/棉织物的用途和特点进行分析，选择合适的染料和染色方法，设计染色工艺，选择染色设备，在规定的时间内完成染色，并且要发现和解决涤/棉织物小样染色中的质量问题。

知识准备

一、涤/棉织物染色概述

涤/棉织物及染料选择

涤/棉织物是各类混纺织物中最重要的一种。纤维素纤维具有良好的透气性、透湿性以及抗静电性，使织物具有优良的舒适度；涤纶的加入可增强织物的强度和耐磨性，提高皱褶回复性和皱裥耐久性，从而使服装的保形性大大提高。一般涤纶与棉的混纺比为65∶35，这种织物具有滑、挺、爽的风格，表面光洁透亮，穿着耐用性比纯棉植物高 3 倍以上。然而，棉纤维的吸湿性和穿着的舒适度是涤纶所不可替代的，因此，目前倒比例的棉/涤织物（简称 CVC）相继涌现，抗皱性和免烫性比涤/棉织物差得多。

涤/棉织物染色工艺

涤/棉织物的染色需要兼顾两种纤维，由于涤纶和棉的染色性能相差很大，因此涤纶和棉往往用不同的染料染色，最常用的是分散染料染涤纶，用色牢度好的棉用染料染棉。两种染料的相容性问题是矛盾的统一体。凡是相容性较好的可同浴染色甚至同步染色；相容性较差的只能分浴染色或分步进行染色。选用两种染料染色时要注意减少相互沾色，加强后处理，有时还需要进行清洗剥除浮色。分散染料染涤纶的耐皂洗色牢度、耐摩擦色牢度均较好，故主要考虑棉用染料的染色牢度要好。

二、涤/棉织物染色工艺

涤/棉织物的染色工艺一般有单一染料一浴法染色、两种染料一浴法分别染两种纤维、两种染料二浴法分别染两种纤维和涂料染色法同时染两种纤维。

（一）单一染料一浴法

1. 聚酯士林染料染色

聚酯士林染料是经过慎重选择的分子较小的还原染料。因为分散染料中有相当一部分是蒽醌染料，经烧碱、保险粉还原溶解即为还原染料。

聚酯士林染料未经还原时对棉纤维无亲和力，相当于分散染料一样对涤/棉织物进行染色，然后经过还原使棉纤维染色。

（1）染色工艺。

浸轧染液→烘干→热熔→还原气蒸→水洗→氧化→皂洗→后处理

（2）工艺说明。浸轧染液，染料的直径在 2.0~7.5μm，直径太小将降低在棉纤维上的着色效果，这是因为染料直径太小，热熔时基本都上染到涤纶上，因而在棉纤维上得色淡。一般来说，浸轧时染料基本都在棉纤维上，热熔时转移到涤纶上。棉纤维上的染料经还原气蒸上染棉纤维，再经氧化固着在棉纤维上。

2. 可溶性还原染料染色

可溶性还原染料染涤/棉织物的染色工艺与染棉纤维相同，因染料对涤纶无亲和力，有还原染料隐色体的硫酸酯钠盐上染棉纤维后，经水解氧化后只是被吸附在涤纶表面，经高温热熔处理后，染料才进入涤纶内部，这种方法得色较淡。

（1）染色工艺。

卷染→烘干→氧化→烘焙

轧染→烘干→氧化→烘焙

（2）工艺说明。不是所有的可溶性还原染料在涤/棉织物上都能得到较好的染色效果，须加以筛选。

3. 分散染料染色

采用分散染料单染涤纶工艺，主要用于染淡色或银丝产品。染淡色时，虽只染其中一种纤维，但看上去近似均一色。

涤/棉织物用分散染料染色的方法、工艺和染涤纶基本一样。但无论是热熔法还是高温高压法染色，分散染料对棉都有一定的沾污，如果沾污严重，还原清洗都无法去除，且沾色后颜色萎暗，染色牢度很差。所以应对分散染料进行筛选，对棉纤维有严重沾污的分散染料不能使用。涤/棉织物用分散染料染色后，为了剥除沾色和洗除浮色，后处理要进行还原清理。

（二）两种染料一浴法

两种染料和助剂放在同一染浴内，染后分别处理，使两种纤维分别着色。

1. 分散/活性染料一浴法（轧染）

分散/活性两种染料同浴染色，应减少干扰。分散染料要求其耐升华色牢度高，对碱不敏感，分散染料热熔温度应控制在低限；活性染料要求能耐高温，活性染料的固色碱剂一般要选择碱性较弱的小苏打，并严格控制其用量，汽蒸时小苏打分解成碳酸钠，使碱性提高，促使活性染料固色。

（1）工艺流程。

浸轧染液→预烘→烘干→热熔→汽蒸→水洗→皂洗→水洗→烘干

（2）工艺处方。

分散染料（owf）	x
活性染料（owf）	y
尿素	5～10g/L
$NaHCO_3$	30g/L
海藻酸钠糊（5%）	30～40g/L
渗透剂 JFC	0.5～1mL/L

（3）工艺说明。应选择耐升华色牢度高，对碱不敏感的分散染料。活性染料选择 K 型，能耐较高温度，也可选用弱碱性条件下固色的含磷酸酯基的活性染料。尿素起吸湿膨化作用。$NaHCO_3$ 为活性染料固色剂，高温下分解成碱性较强的 Na_2CO_3。海藻酸钠糊为抗泳移剂。

2. 分散/活性染料一浴法（浸染）

分散/活性两种染料一浴法染色，常采用一浴二步法。分散染料要求其对棉不沾色，若有少量沾色要易去除，最好是分散染料的碱可洗性很好；活性染料要求适合高温染色，应该是分子量大、直接性高、用盐量低、高温水解少的染料。中性固色的烟酸型活性染料不仅可在近中性条件下固色，而且高温稳定性好，用盐量也不高。

（1）染色处方。

分散染料（owf）	x
活性染料（owf）	y
分散剂	1～2g/L
元明粉	30～60g/L
纯碱	10～40g/L
匀染剂	0.5～1g/L

（2）染色工艺曲线。

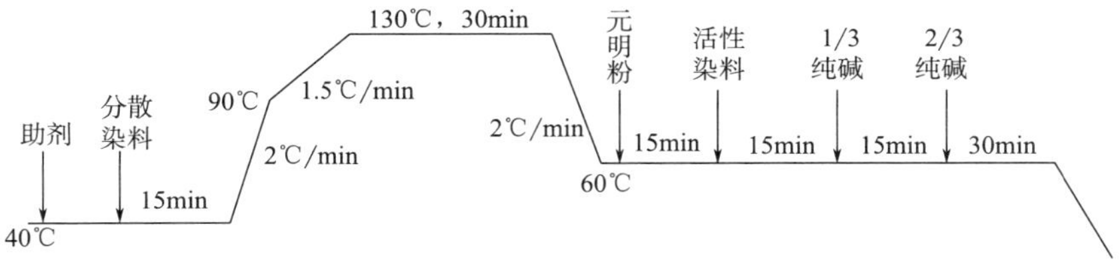

3. 分散/还原染料一浴法

织物浸轧分散/还原染料溶液后，按分散染料、还原染料不同的工艺要求分别进行处理，完成两种染料的染色。

（1）工艺流程。

浸轧染液→预烘→热熔→浸轧还原剂→汽蒸→水洗→氧化→皂洗→水洗→烘干

（2）工艺处方。

分散染料（owf）	x
活性染料（owf）	y
海藻酸钠糊（5%）	10～15g/L
非离子表面活性剂	1～2g/L

（3）工艺说明。染料颗粒要求在 2μm 以下，由于分散染料和还原染料中已含有大量分散剂，所以在染浴中可不加。还原染料应选择对涤纶沾色少的。热熔温度应略高些，有利于棉上的分散染料向涤纶转移。还原浴中烧碱和保险粉浓度略高，这不仅能使还原染料充分还原溶解，同时还可以还原清洗沾在涤纶上的还原染料和沾在棉上的分散染料。

4. 分散/可溶性还原染料染色

可溶性还原染料虽然价格昂贵，但它对涤纶和棉纤维都能上染，而且色泽均匀明亮、色谱齐全、色牢度良好，所以涤/棉织物的浅色，如浅棕、米黄、银灰、浅橄榄绿等色泽，可以单独使用可溶性还原染料或分散染料一浴法进行染色。分散/可溶性还原染料一浴法染色可采用热熔—亚硝酸钠法进行固色，其工艺流程如下：

浸轧分散/可溶性还原染料液→红外线预烘→热风烘干→热溶浸轧亚硝酸钠→给酸显色→透风→冷流水→皂洗→水洗→烘干

染液中加硫酸铵使可溶性还原染料水解，经空气氧化显色；在给酸显色过程中加硫酸使染料充分显色。染液也可加适量尿素。

（三）两种染料二浴法

二浴法染色是先用分散染料染涤纶，后用棉用染料染棉，分浴进行，染色具体工艺分别同分散染料染色和棉用染料染色。二浴法染色工艺繁复，但色光易控制。随着清洁化生产和环保的要求越来越严格，此工艺已逐渐被一浴法所取代。

1. 分散/活性染料二浴法

先用分散染料染涤纶，后用活性染料染棉纤维，这是分散/活性染料二浴法染色的一般工艺。其工艺流程为：

浸轧分散染料染液→红外线预烘→热风烘干→热溶固色→水洗→皂洗→水洗→烘干→套染活性染料

其中分散染料的染色和活性染料套染可按常规工艺进行。

分散/活性染料二浴法染涤/棉织物的染色工艺流程长、工艺复杂，但工艺较易控制，重演性好，主要用于染翠蓝、大红等色泽，以弥补还原染料的色谱缺少。

2. 分散/还原染料二浴法

二浴法的染料利用率比一浴法高，匀染性较好，工艺容易控制，染色病疵容易发现和纠正，较适合染深浓色泽，但此工艺流程长、能源消耗大、成本高。

涤/棉织物用分散/还原染料二浴法染色时，先用分散染料经高温高压法或热熔法染色，再用卷染或浸染或悬浮体轧染还原染料。在套染还原染料时，同时还会对织物进行还原汽蒸和皂洗，所以分散染料染色后不必进行还原清洗。

由于涤/棉织物批量较大，所以实际生产中采用较多的是分散染料用热熔法染色、还原染料用悬浮体轧染法进行套染的方法。还原染料轧染过程可按染棉常规工艺进行，但还原液中的保险粉、烧碱用量要略有增加，还原染料也要选用耐熨烫色牢度较好的品种，以免热定形时产生色变。

3. 分散/不溶性偶氮染料染色

分散/不溶性偶氮染料染色可以采用二浴法，主要染大红、橙红、紫酱、棕、深蓝和黑色等浓艳色泽。常用的色酚有 AS、AS-D、AS-G 等；色基有大红 G、红 B、红 KB、红 RC、紫酱 GP、蓝 VB、黑 RB、黑 LB 等。二浴法染色一般先浸轧分散染液，热熔固着，经还原清洗后，再按不溶性偶氮染料的常规工艺套染棉。对于黑 RB、黑 LB 等耐升华色牢度较好的色基，也可先染棉，后染涤纶。

4. 分散/硫化染料染色

分散/硫化染料染色工艺主要用于染黑色，其黑色的乌亮程度较其他染料高，但存在着环保和储存脆损问题。分散/硫化染料染色工艺通常在卷染机上进行，工艺流程如下：

（1）高温高压法卷染分散黑。

热水 2 道（80~85℃）→加分散黑 10%→高温染 5 道→热水洗 2 道→流动冷水洗 3 道

（2）卷染机套染硫化黑。

热水 2 道（80~85℃）→加硫化黑 12%和硫化碱 10%→沸染 8 道→热水洗 2 道→流动冷水洗 4 道→皂洗 4 道→热洗 2 道→冷水上卷

（四）涂料染色法

涂料不溶于水，是对纤维没有亲和性的色素颗粒，按染料的染色条件不能进行染色，涂料染色有浸染、轧染。

1. 浸染

浸染一般在前处理工序中使纤维表面附着阳离子型高分子，使纤维带正电荷；涂料是通过阴离子型表面活性剂分散的，通过前处理剂的阳离子基与涂料表面的阴离子型表面活性剂的阴离子基结合，涂料被纤维表面吸收。由于这不是涂料与纤维的结合，所以不牢固。黏合剂是一种能生成高分子膜的物质，要用黏合剂处理才能使纤维与涂料黏结固着。浸染主要用在成衣染色仿旧处理中。

2. 轧染

轧染类似印花，可以将织物先用阳离子改性剂处理，再浸轧负电荷性的涂料与黏合剂的混合液，经烘干、焙烘后，涂料固着在织物上。或者直接将织物浸轧涂料与黏合剂的混合液，再经过焙烘固着。轧染时要注意减少染料的泳移现象。

涂料染色具有节约染化料，节能，节水，工艺简单，适合各种纤维的纺织品，重现性好，正品率高等优点，一直为人们所青睐，但它的耐摩擦色牢度、耐水洗色牢度较低。

三、染色设备

涤/棉织物的染色设备有高温高压溢流染色机和连续轧染机，高温高压溢流染色机见涤纶织染色设备，企业常用的连续轧染机有 Colora 轧蒸染色机（图 3-2-1）和 Thermefix 338 连续染色机（图 3-2-2）。

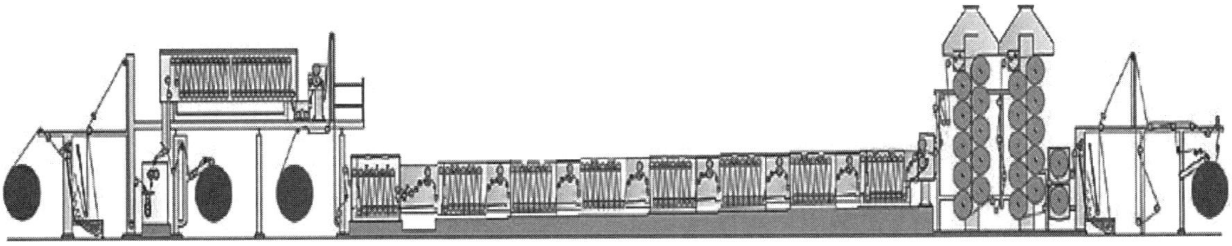

图 3-2-1　Colora 轧蒸染色机

图 3-2-2　Thermefix 338 连续染色机

Thermefix 338 连续染色机可根据不同的组合，适用于小批量或者大批量的织物连续染色和焙烘工序，具有高效并使织物低张力、无折皱、无泳移的生产能力。该设备适用于含有不同纤维的机织物，如涤/棉织物和纯化纤织物。设备生产能力 5~100m/min。

四、染色质量控制

1. 涤/棉织物成品色光、色泽鲜艳度和染色牢度不佳。

（1）形成原因。

①采用分散/直接染料或者分散/活性染料对涤/棉织物进行一浴法染色，分散染料对棉组

分的沾色严重。

②采用分散/直接染料或者分散/活性染料对涤/棉织物进行一浴法染色，因没有还原清洗工序，仅有水洗和皂洗，沾色严重的分散染料不能通过皂洗去除。

③选用的分散染料不合适，涤纶表面的分散染料浮色不易被洗除，而且分散染料对棉的沾色也不容易洗除。

（2）克服方法。

①选用分散/还原染料对涤/棉织物染色，或者选用分散/硫化染料染色，主要是因为还原染料或硫化染料染色均是在碱性还原条件下进行的，即使分散染料对棉组分沾色，也会很容易洗除，不会对成品色光、色泽鲜艳度和染色牢度造成影响。

②采用分散/直接染料或者分散/活性染料对涤/棉织物进行二浴法染色，这样方便使棉组分的沾色可以通过中间的还原清洗去除。

③若采用分散/直接染料或者分散/活性染料对涤/棉织物进行一浴一步法染色，要筛选对棉沾色很少或者沾色能通过皂洗或碱洗易去除的分散染料，主要因为一浴法染色没有还原清洗工序，仅有水洗和皂洗。

2. 色花和染斑

（1）形成原因。

①采用分散/活性染料或者分散/直接染料对涤/棉织物进行一浴一步法染色或者一浴二步法染色时，因加入中性电解质促染而对分散体系稳定性和染色带来影响。尽管直接染料在染浓色时也需加入较多的中性电解质，但活性染料染色中性电解质的用量比直接染料染色高得多，因此在活性染料染色时，中性电解质对分散体系稳定性的影响比直接染料染色时严重得多。大量中性电解质的加入，破坏了分散染料分散体系的稳定性，使得染料容易凝聚，易出现色花和染斑，也可能加重分散染料对棉的沾色和染缸的沾污，耐洗和耐摩擦色牢度随之降低。

②采用分散/活性染料或者分散/直接染料对涤/棉织物进行一浴一步法染色或者一浴二步法染色时，直接染料的稳定性、直接性及其选用问题导致色花和染斑。某些直接染料在高温高压条件下，可能发生水解、还原等化学反应，分子结构和颜色易发生改变。另外，铜络直接染料还会导致部分对还原性物质敏感的分散染料色光变化，一般认为是铜离子催化还原反应所引起的。

③采用分散/活性染料或者分散/直接染料对涤/棉织物进行一浴一步法染色或者一浴二步法染色时，活性染料的稳定性和直接性问题导致色花和染斑。活性染料的稳定性问题主要是其自身的水解、分散染料和分散剂反应所造成，活性染料的水解，导致了固色率降低，染色深度明显下降。普通活性染料的母体结构较小，直接性低，高温染色时直接性则更低，需要加入大量中性电解质促染，而分散/活性染料同浴染色又不能加入大量中性电解质。

（2）克服方法。

①采用分散/活性染料或者分散/直接染料对涤/棉织物进行一浴一步法染色或者一浴二步法染色时，解决中性电解质带来的不良影响的主要措施是：选用磺酸基多、溶解性好的直接染料，如直接混纺 D 型染料；选用直接性高的低盐活性染料；选用分散和匀染作用均佳的染色助剂，提高分散体系的稳定性。

②采用分散/活性染料或者分散/直接染料对涤/棉织物进行一浴一步法染色或者一浴二步法染色时，严格筛选分散染料，宜选用高温高压条件下不易发生水解、还原等化学反应，分子结构稳定的分散染料。

③采用分散/活性染料或者分散/直接染料对涤/棉织物进行一浴一步法染色或者一浴二步法染色时，适合高温染色的活性染料应该是分子量大、直接性高、用盐量低、高温水解少的染料。中性固色的烟酸型活性染料不仅可在近中性条件下固色，而且高温稳定性好，用盐量也不高，是适合涤/棉织物染色的优良活性染料，利用该类染料染色，可完全实现一浴一步法染色。

知识拓展

分散染料超临界二氧化碳流体染色

1. 分散染料超临界二氧化碳流体染色特点

通常传递染料的介质为液体（以水为主，也可用有机溶剂），为了节水、节能、降低污染，有研究用分散染料超临界二氧化碳流体染色。超临界流体是物质高于临界温度（T_c）和临界压力（P_c）条件下的状态，即在高温高压下，超过临界点的气体称为超临界流体。在超临界状态下，流体的密度增加而黏度低，因此其溶解物有较高的扩散性。工业上最常用的超临界流体是二氧化碳。当温度高于 31℃，压力高于 7.2MPa 时，二氧化碳以超临界流体的状态存在。超临界二氧化碳流体对于许多疏水性物质有极佳的溶解性能，所以可利用这个性质，进行分散染料超临界二氧化碳流体对涤纶染色。

分散染料超临界二氧化碳流体染色的特点是不用水，无废水产生，不需烘干和后处理，染色时间短，效率高，因此该染色工艺节水、节能，而且二氧化碳无毒、不燃烧、价格低、可从自然界中获得、能重复使用，有利于环境保护，但目前此染色设备价格较高。除涤纶可用此法染色外，涤纶、锦纶、丙纶、芳纶等合成纤维也可以用分散染料超临界二氧化碳流体染色。一般亲水性纤维，如棉、毛等，不能用此法染色，但将棉、毛纤维经特殊的疏水化预处理后，也可以用分散染料超临界二氧化碳流体染色。

2. 分散染料超临界二氧化碳流体染色机理和染色方法

分散染料染涤纶的扩散机理属于自由容积扩散模型。研究表明，分散染料超临界二氧化碳流体染涤纶时，纤维在超临界二氧化碳流体中，无定形区分子链的活动能力增加，纤维内无定形区含量增大，孔穴增大，在相同的条件下，这种效果比水显著。同时，超临界二氧化碳流体类似于低极性溶剂，对分散染料具有很好的溶解能力。与水溶液染色相似，溶解的分散染料以单分子分散状态扩散到纤维内部，完成染色过程。超临界二氧化碳流体染色不像分散染料水溶液中染色那样，染料单分子从染料胶束中或晶体表面层中溶解释放出，而是直接由超临界二氧化碳流体的溶解作用产生，而且超临界二氧化碳流体黏度低，染料更易扩散进入纤维内部。

超临界二氧化碳流体染色的过程为：首先将织物放入高压容器，染料放在容器底部，封闭后通入二氧化碳气体，加热到工作温度（130℃），保温条件下压缩二氧化碳气体直到达到选定的工作压力（如 25MPa）。分散染料即溶解在超临界二氧化碳流体中，并向纤维表面吸附及向纤维内部扩散，把纤维染透，固着在纤维上。染色完成后，降低压力，放出二氧化碳气体（可重复使用），回收设备中的固体染料，并得到干的染色织物。

任务实施

一、分散/还原染料一浴法轧染

1. 准备

（1）仪器设备。小轧车、烘箱、焙烘箱、玻璃棒、染杯、烧杯、量筒、电炉、容量瓶、天平、吸量管、吸耳球、胶头滴管。

（2）染化药品。分散蓝 BBLS、还原蓝 VB（50%）、浸湿液 JFC、合成龙胶（5%）、防泳移剂、烧碱、保险粉、双氧水、肥皂、纯碱等，均为工业纯。

（3）材料。织物 14tex×2×28tex 精梳，524 根/10cm×275 根/10cm，65/35 涤/棉布。

2. 实施步骤

（1）设计轧染液处方。

分散蓝 BBLS	29g/L
还原蓝 VB（50%）	19.2g/L
浸湿液 JFC	3mL/L
防泳移剂	20g/L

（2）设计工艺流程。

浸轧染液（室温，二浸二轧，轧液率 65%）→预烘（红外线或热风干燥，80~100℃）→热熔（180~210℃，1~2min）→浸轧还原剂（室温，轧液率 70%~80%）→汽蒸（100~105℃，1min）→水洗→氧化→皂洗→水洗→烘干

（3）染色操作。

①按处方配置染液。

②浸轧染液。二浸二轧，轧液率 65%，温度 20~40℃。

③预烘。红外线或热风干燥，温度 80~100℃。

④热熔。温度 180~210℃，时间 1~2min。

⑤浸轧还原液。烧碱（30%）40~60mL/L，保险粉 18~30g/L，还原染液 20~50mL/L，室温，轧液率 70%~80%。

⑥汽蒸。温度 100~105℃，时间 1min。

⑦水洗。室温。

⑧氧化。双氧水（30%）0.6~1g/L，室温。

⑨皂洗。肥皂 4g/L，纯碱 2g/L，95℃以上。

⑩水洗。60~80℃。

⑪水洗。室温。

⑫烘干。烘箱烘干。

3. 注意事项

（1）还原染料颗粒要求在 2μm 以下。

（2）由于分散染料和还原染料中已含有大量分散剂，所以在染浴中不可加。

（3）热熔温度应略高些，有利于棉上的分散染料向涤纶转移。

（4）还原浴中烧碱和保险粉浓度略高，这不仅能使还原染料充分还原溶解，同时还可以还原清洗沾在涤纶上的还原染料和沾在棉上的分散染料。

二、涂料染色法

1. 准备

（1）仪器设备。恒温水浴锅、烘箱、小轧车、焙烘箱、玻璃棒、染杯、烧杯、量筒、电炉、容量瓶、天平、吸量管、吸耳球、胶头滴管。

（2）染化药品。涂料大红 D111、涂料嫩黄 D220、涂料艳蓝 D302、低温 DS、交链剂 EH、黏合剂 LT、乳化剂 O 等，均为工业纯。

（3）试验材料。织物 14tex×2×28tex 精梳，524 根/10cm×275 根/10cm，65/35 涤/棉布。

2. 实施步骤

（1）设计浸染和轧染液处方（表 3-2-1、表 3-2-2）。

表 3-2-1　涂料浸染染色处方

染化料及工艺条件	用量	
	1#	2#
涂料大红 D111(%,owf)	0.1	0.1
涂料嫩黄 D220(%,owf)	0.8	0.8
涂料艳蓝 D302(%,owf)	0.2	0.2
低温黏合剂 DS(%,owf)	7.5	7.5
交链剂 EH(%,owf)	—	2.5
浴比	1∶50	1∶50

表 3-2-2　涂料轧染染色处方

染化料	用量(g/L)	
	3#	4#
染色涂料大红 D111	1.0	1.0
染色涂料嫩黄 D220	8.0	8.0
染色涂料艳蓝 D302	2.0	2.0
黏合剂 LT	30.0	30.0
交链剂 EH	—	5.0
乳化剂 O	1.0	1.0

（2）设计工艺曲线和工艺流程。

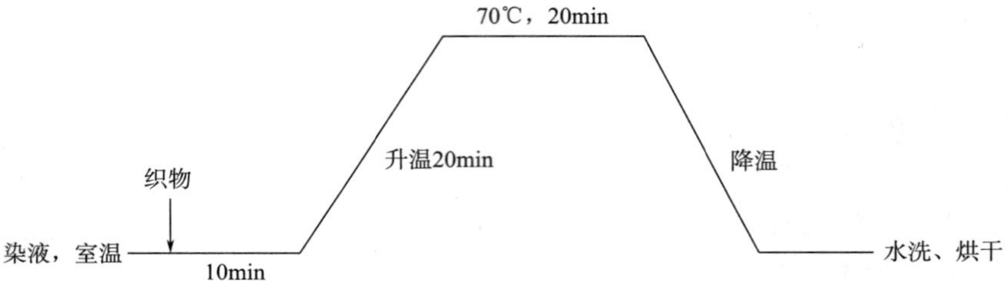

轧染的工艺流程：

浸轧染色浆二浸二轧（室温，轧液率 70%～80%）→预烘（70～80℃）→焙烘（165～170℃，2min）

（3）染色操作。

①浸染的染色操作。

a. 取 2g 涤/棉织物用温水润湿 5～10min，取出挤去水分，放入配好的 70～80℃预处理液中保温 20min，取出冷水洗。

b. 将上述织物挤去水放入配好染液中，放入 70℃的水浴锅中，保温 20min，取出冷水洗。

c. 将上述织物挤去水分放入 70℃黏合液中处理 20min，冷水洗，高温烘干。

②轧染的染色操作。

a. 称取一定量的涂料放入烧杯中，加少量渗透剂，再加少量水，充分调匀后加水至规定量。

b. 取 30cm×10cm 涤/棉织物，在小轧车上室温二浸二轧，轧液率为 70%～80%，浸轧后布样用吹风机预烘（防泳移），高温焙烘。

3. 注意事项

（1）染色升温要慢些。

（2）水质要软化。

（3）加强搅拌。

（4）轧染时防止泳移，可加防泳移剂。

知识拓展

小样仿色后，经客户确认即可按订单生产。大生产时，往往因纱批、染料的批号以及小样仿色与大样生产环境等因素的变化而产生色光偏差。故在大生产前要用新进的坯布和染料进行重复打样。打样人员要深入车间及时了解大样试车情况，根据大样试样调整小样处方。

一、复样

所谓复样，就是在处方相同、工艺流程相同的条件下再打一块色样，然后和之前所打的色样比对，观察色光是否完全一致。

1. 完全相同条件下的复样

这种复样是以检查打小样操作者的操作准确性为目的，是初学者自查的一种方式，是指在处方、工艺流程、工艺条件都不变的前提下，由同一个人再打一块小样。新手配色前应确保打样色光的重现性好，无论用哪种配色方法，都应先做复样试验，以检查打样操作的准确性。只有复样和第一次打的小样的色差达到 4～5 级以上才能进入仿色阶段。如果色差超过这个范围，就应查找原因重新复样，直到两块色样的色差达到 4～5 级以上时为止。如果打样不准，复样就会不对色，就无法调色。因此复样是十分必要和重要的。经过一段时间的训练，操作成熟后，就无须每次打小样都进行复样。

2. 不完全相同条件下的复样

由于印染厂的订单投入大生产的时间和实验室的仿色打样时间会有一段间隔，或者过一段时间后客户翻单，这样生产用纱、染料批号、助剂质量等条件就会有变动。这时的复样是在相同处方、相同工艺流程而其他条件可能发生变化时进行的，通常安排在放大样前或者翻单前。其目的不仅仅是检查打小样操作者的准确性，还要检查其他条件的变化给颜色带来的影响，是确保大生产颜色质量的一种管理手段。

3. 复样工作注意事项

如前所述，放大样以前必须按认可样处方认真复样。复样工作必须注意以下几点：

（1）复样必须采用车间准备试产的半制品布。

（2）认真检查车间提供的复样半制品纱。例如漂白白度是否正常。若发现问题，要及时和车间联系，不可盲目复样，以免试产失败。

（3）复样必须采用车间在使用的染化料。打样间的染化料，虽每周调换一次，但客观上，在力份、色光、含水量等方面总是有一定差异，这会直接影响放样的准确性。

（4）复样工作要由专人负责。要安排打样经验丰富、出样准确性好的打样高手复样，不宜安排打认可样的人员复样。实践证明，换人员复样容易发现问题，如打样方式不符、染料配伍不当、助剂使用错误、打样操作欠妥等。发现问题必须及时纠正，严防将错就错或一错再错。

（5）复样要尽力做到与客户认定的原始样（或认可样）的色泽色光相符。不同纤维组分的色泽必须具有良好的均一性，否则不得放大样。

（6）复样要落实复审制度，即准备放大样的复样处方要由他人审核签字，以消除差错，把好最后一关。

（7）复样后，在投产处方卡上，除贴上“复样”外，还必须贴一块复样用的半制品纱样，以便放样人员在染色前对照检查待染半制品的质量是否与复样用的半制品相符，以确保放样色光的稳定。

二、放大样

（1）未经复样的处方不能放大样。

（2）车间大批量投产新色号前，必须预先试产，要先打样对色，绝对不能不经试产直接投产，以免因色光或色泽不对造成大批量减色、剥色或改染。

（3）放大样开处方前，对小样室提供的生产复样与客户提供的原样要认真进行色光与色泽的核对。若有差异，开处方时要对处方用量做必要的调整，以确保放大样成功。

（4）车间放大样时，在原始样、确认样都具备的情况下，大样的色光应严格控制在两者之间，不可超出范围；只有原始样而无确认样（一般是小样不必经过客户确认的而直接试产），或者只有确认样而无原始样时（一般是工厂提供色样而由客户确认的样），大样应有原始样或认可样为标准，色差应控制在4级以上。

（5）新色号在出缸前，应剪一块有代表性的色样，仿照大货做柔软、防水或焙烘等后整理试验，因为染色后整理对色布的色光有相当的影响。选用的助剂不当（如柔软剂的泛黄性大）或实施的工艺条件不当（如焙烘的温度过高、焙烘的时间过长），对色光的影响就更明显。特别是涤/棉或涤/黏织物中，涤纶染深色而棉（黏）染浅淡色时，在130℃以上的后整理过程中，由于纤维表层存在整理剂（特别是硅油柔软剂），会导致染着在涤纶内部的分散染料大量地向涤纶表面迁移，造成棉纤维或黏胶纤维严重污染，从而使布面色光发生显著改变。如果忽视这一点，必然会造成“染色样相符，成品样色偏”的结果。

（6）放大样调整色光时，有人喜欢用处方以外的染料品种甚至不同类别的染料。如以活性红M3BE、活性黄M3RE、活性蓝M2GE染色，欠蓝绿光时，不是用活性黄和活性蓝进行调整，而采用活性翠蓝，甚至采用直接翠蓝，这是不允许的。因为，这样的处方无法作为大生产的标准；这样的布样，在规定的光源下往往会加重跳灯趋向。

（7）放大样对色时，如果发现色泽太深、太暗或太红，超出调色允许范围，需采用纯碱（烧碱）法、双氧水法或保险粉法进行减色修色，即使加料修色成功，该样也不能作为大生产的标准。因为经过减色处理的纱样色光与正常染色的纱样色光很难融合一致。因此，必须在第一缸放大样的基础上对染色处方做适当的修正，再试一缸。否则，大样生产后，颜色很难与第一缸对色。

任务拓展

查阅相关的资料，设计新型染料涤/棉织物的一浴法染色工艺流程、工艺处方和工艺曲线。

思考与练习

1. 涤/棉织物的优点有哪些？
2. 涤/棉织物的染色方法有哪些？各有什么优缺点？
3. 涤/棉织物分散/还原染料染色时应该注意哪些问题？
4. 涤/棉织物染色会出现哪些疵病？如何克服？

任务3　羊毛/涤纶织物染色

学习目标

1. 知识目标

（1）了解羊毛/涤纶织物的特点及用途。

（2）理解羊毛/涤纶织物的载体一浴法染色原理。

（3）掌握羊毛/涤纶织物的染色工艺因素对同色性的影响。

2. 能力目标

（1）会选择合适的染料并能设计和调整羊毛/涤纶织物的染色工艺。

（2）能根据订单要求进行羊毛/涤纶织物的仿色打样。

（3）能针对染色后的羊毛/涤纶织物的质量问题提出改进措施。

3. 素质目标

（1）培养学生染色打样的精益求精的职业素养。

（2）培养学生的团队合作能力和语言表达能力。

4. 课程思政目标

（1）培养学生的环保意识和责任意识。

（2）培养学生勇于探索的精神。

任务分析

目前，国内精纺羊毛/涤纶（毛/涤）混纺织物的生产，大多数采用传统条染复精梳工艺。羊毛与普通涤纶混纺织物染色，业内使用匹染的情况不多。因为总是存在涤纶着色不够、羊毛沾色、羊毛纤维损伤、布面容易出现色渍等问题。但匹染的毛/涤混纺素色产品可以降低原料成本，采取一定的技术措施，合理筛选染料和助剂，严格制订和控制染色工艺，可以使毛/涤混纺织物能够顺利染色并满足客户对质量的要求。本任务要求对毛/涤混纺织物染色，为了节能环保，采用一浴法染色，需要完成选择适合一浴法染色的染料和助剂、设计染色工艺、选择染色设备和染色质量控制。

知识准备

一、毛/涤混纺织物染色概述

不同的纺织材料具有不同的性能，将性能各异的纺织材料科学地混合使用，可生产出各种风格和性能的纺织品。含有毛纤维的混纺织物称为毛混纺织物。毛涤混纺织物是毛混纺织物的典型代表。

毛/涤混纺面料染色

毛/涤混纺织物与纯毛纺织物相比，具有强力高、定形性好、尺寸稳定、易洗、快干、免烫的性能，品质高雅。毛/涤精纺产品中的毛、涤成分应客户要求、产品性能，有不同的比例，常见的有 70/30、50/50 等。

毛/涤混纺织物的染色可分为两大类。一类是先染后混法，是指先将涤纶、羊毛分别以散毛或毛条的形式进行染色，然后按配比混纺；另一类是先纺后染法，是指先将羊毛和涤纶按配比进行混纺，然后进行染色。本节主要介绍先纺后染法。

毛/涤混纺面料整理加工

染涤纶的常用染料是分散染料，常用的染色方法有高温高压法和载体染色法。高温高压法是在封闭的染色设备中，使染色温度提高到 100℃以上进行染色。具体方法是：50℃左右起染，升温至 90℃，然后缓慢升温至

130℃持续染一定时间。载体染色法是在染液中加入载体，在常压下用一般的染色设备进行染色。毛涤混纺织物可以是匹染或染纱的形式，采用分散染料和酸性染料一浴染色法或二浴染色法染色。

二、载体一浴染色法

1. 弱酸性染料/分散染料或中性染料/分散染料染色

用弱酸性染料和分散染料或中性染料和分散染料染，在104～109℃加载体在绳状匹染机中进行染色。

（1）参考染液处方。

分散染料	x（相对涤纶质量）
弱酸性染料	y（相对羊毛质量）
或中性染料	z（相对羊毛质量）
载体	2%～8%（相对涤纶质量）
匀染剂	0～2%（相对织物质量）
醋酸调 pH 值	5～6

毛/涤混纺织物
高温染色

（2）参考升温工艺曲线。弱酸性染料和分散染料染色升温曲线：

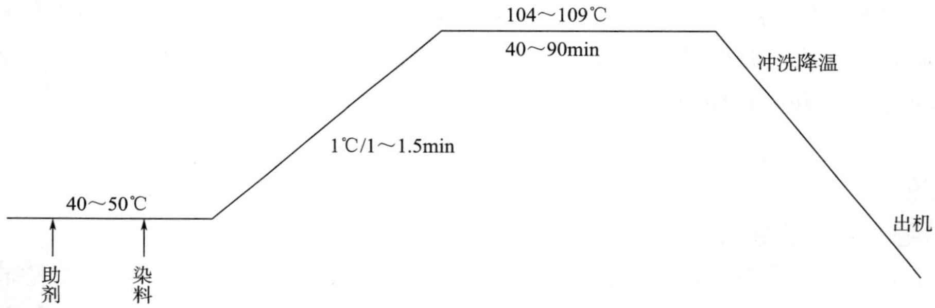

2. 分散染料和活性染料染色

用分散染料和活性染料在105～108℃加载体进行染色。

（1）参考染液处方。

分散染料	x（相对涤纶质量）
活性染料	y（相对羊毛质量）
表面活性染料	1%～3%
载体	2%～8%
醋酸（调节 pH=4.5～5.5）	1%～4%
氨水（调节 pH=8～8.5）	2%～6%

（2）参考升温工艺曲线。

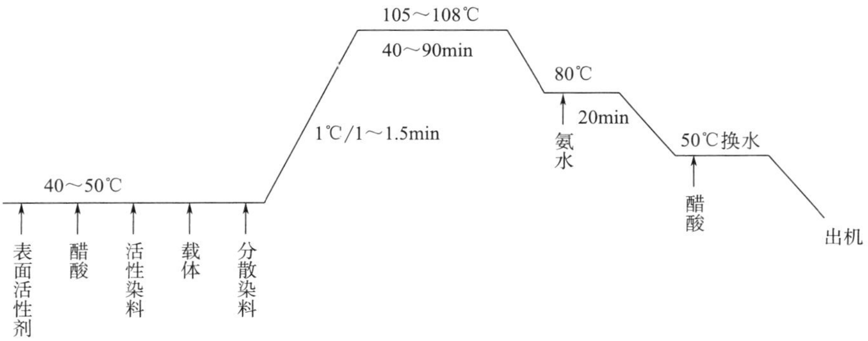

3. 染色注意事项

（1）染色浓度越高，使用的分散染料越多，对羊毛沾污越严重。

（2）染液的 pH 值越低，分散染料对羊毛沾污越轻。

（3）染色温度越高，时间越长，分散染料对羊毛的沾污越轻。

（4）分散染料对羊毛的沾污性与羊毛的受损伤程度及涤纶种类有关。

（5）载体不同，分散染料对羊毛的沾污情况不同。

（6）在不具备封闭加压的染色设备的情况下，可使用常压设备在 100℃条件下进行染色，但染液中载体用量应加大 1 倍，分散染料用量应增加 20%左右，染后水洗要充分。

三、一浴二步染色法

一浴二步法染色时，涤纶先用分散染料进行染色，染完后，用氨水和保险粉于 50℃处理 15min，以清除羊毛上沾污的分散染料，再经水洗后按羊毛的染色方法进行染色。有以下几点须注意：毛涤混纺织物匹染产品不宜烧毛，匹染前热定形有利于减少匹染条折痕；充分除去载体及羊毛上沾污的分散染料，有利于改善织物的色牢度、色光和手感。福隆新是由福隆 E 型分散染料同 Lansyn 金属络合染料 1∶2 拼混而成的复合染料，适合于毛涤混纺织物的一浴染色。

1. 参考染液处方

分散染料（owf）	x
载体	2%～5%
醋酸	1%～2%
浴比	1∶30

2. 参考升温工艺

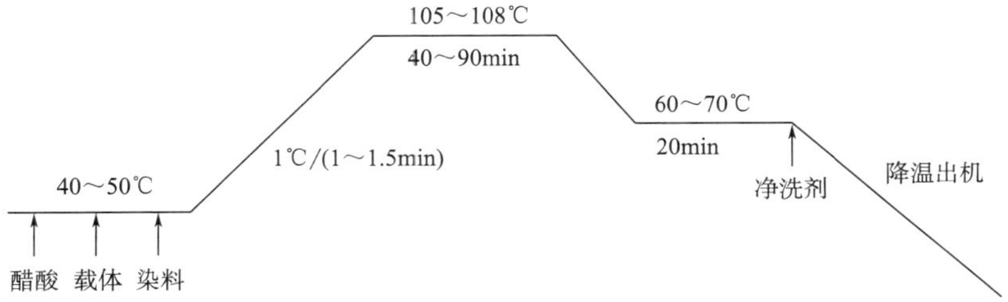

3. 染色注意事项

（1）选择 100℃染色时，则载体用量要增加 1 倍，染料增加 10%左右。

（2）染色时泡沫过多，可酌情加入消泡剂。

（3）染色后需冲洗，换新水加入净洗剂洗涤。

（4）染浅色、中色、深色，其染色时间不相同。

四、染色质量控制

1. 分散染料对羊毛的沾色

沾色问题可以通过对染料和染色促进剂进行筛选，合理确定染浴 pH 值、染色温度和时间等染色工艺条件加以解决。

一般认为，引起分散染料对羊毛沾色的原因有以下几个方面：分散染料颗粒在羊毛鳞片表面的物理吸附，负电性的分散染料胶束在羊毛纤维表面离子化氨基上的吸附，分散染料与羊毛纤维大分子间的范德瓦耳斯力和氢键等作用。分散染料对羊毛的沾色造成了毛/涤混纺织物湿处理色牢度和耐日晒色牢度的降低，并使色泽萎暗、配色难度加大、染色重现性变差。

影响羊毛沾色的主要因素有分散染料的化学结构、分散染料的分散稳定性、涤纶与羊毛混纺比、染色深度、染色温度和时间、染色助剂、染浴 pH 值、二浴法染色中的还原清洗等。一般而言，偶氮苯分散染料因对羊毛的亲和力大而对羊毛的沾色较为严重，蒽醌分散染料因对羊毛的亲和力小而对羊毛的沾色量较低，很多杂环偶氮分散染料因对羊毛具有较大的亲和力甚至被用于涤纶和羊毛的同时染色。羊毛比例较高的涤纶/羊毛面料，羊毛的沾色和染色牢度问题尤为突出。由于升高染色温度、延长染色时间和添加载体染色能提高分散染料对涤纶的上染量，故有利于降低羊毛的沾色。不少研究人员认为，控制染浴的 pH 值在羊毛的等电点附近，不仅可保护羊毛，还可以减少羊毛的沾色。在染浴中添加整合剂（如 EDTA 和柠檬酸）也能够降低羊毛的沾色量。尽管在二浴法染色时，涤纶染色后可采用洗涤和还原清洗的方法去除羊毛沾染的大部分分散染料，但是如果分散染料的选用及其染色方法不合适，仍可能造成羊毛套染时分散染料从涤纶上解吸下来，并移染至羊毛上，造成沾色。而且，涤纶染色温度越低，羊毛染色温度越高，涤纶染色越浓，这种沾色程度越大，因此在低温下套染羊毛有助于减轻沾色现象。

2. 高温染色对羊毛的损伤

羊毛的损伤问题可以通过筛选毛用活性染料、采用载体染色法、降低染色温度、使用羊毛保护剂等方法加以解决。

毛涤混纺织物高温染色时，羊毛的损伤主要与羊毛的二硫键和肽键发生水解有关。羊毛高温时的水解导致强力显著降低，手感变得粗糙，染色成品服用耐久性降低，由此引起的黄变还易使淡、中色色光发生变化。

降低羊毛的损伤主要有两个重要途径。一是采用载体染色法，降低染色温度，在不超过 110℃的温度下染色，此时一般不需添加羊毛保护剂；二是在 120℃高温染色时添加羊毛保护剂。羊毛保护剂一般有两种类型，一种是架桥型或交联型的保护剂，另一种是非交联型的保护剂。前者能在羊毛大分子侧链上的活性基团之间形成交联，使被破坏了的二硫键“结合再生”（与胱氨酸分解形成的巯基反应）；后者通常是一些高分子化合物，通过在羊毛表面形成一层保护性的薄膜而起保护作用。传统的羊毛保护剂是甲醛，后因纺织品残留甲醛、手感不良、部分染料色光变化等问题改用能释放甲醛的 N-羟甲基化合物。另外，乙烯砜型和 α-溴代丙烯酰胺型活性染料在高温染色时对羊毛也具有保护作用，也能降低羊毛的损伤。

任务实施

一、准备

1. 仪器设备

恒温水浴锅、烘箱、玻璃棒、染杯、烧杯、量筒、电炉、容量瓶、天平、吸量管、吸耳球、胶头滴管。

2. 染化药品

弱酸性黄 G、分散黄 E-MQ、冰乙酸、硫酸铵、水杨酸甲酯、平平加 O、肥皂、纯碱等，均为工业纯。

3. 材料

65/35 毛/涤混纺织物。

二、实施步骤

1. 设计染液处方（表 3-3-1）

表 3-3-1　酸性/分散染料一浴法染色处方

染化料及浴比	用量	染化料及浴比	用量
弱酸性黄 G(%,owf)	1.5	水杨酸甲酯(%,owf)	10.0
分散黄 E-MQ(%,owf)	1.5	平平加 O(%,owf)	1.0
冰乙酸(%,owf)	3.0	浴比	1∶50
硫酸铵(%,owf)	2.5		

2. 设计工艺曲线

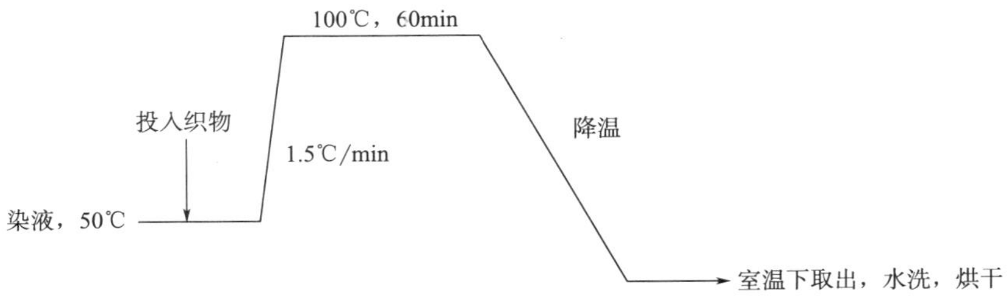

3. 染色操作

（1）织物先于 50~60℃的醋酸、硫酸铵和水杨酸甲酯乳液中均匀润湿。

（2）然后加入分散染料和酸性染料溶液，以 1.5℃/min 的速率升温至沸，沸染 60min，再降温水洗，烘干。

（3）可加入适量净洗剂以增强羊毛上分散染料的洗除效果，避免对耐气候和皂洗等色牢度影响。

三、注意事项

（1）水杨酸甲酯为分散染料染色载体，也可用导染剂 NP 等新型染色载体。

（2）若采用封闭加压的染色设备，可将染色温度升至 105～110℃，可减少分散染料和载体的用量而达到同样色深。

（3）若采用 120℃高温一浴法染色，需先用高温羊毛保护剂进行处理（如用 4%～6%羊毛纤维保护剂 WRP 处理），以避免羊毛纤维在高温下发生损伤和黄变。

任务拓展

查阅有关毛/涤混纺织物的新型染色方法，自行设计相对应的染色工艺。

思考与练习

1. 毛/涤混纺织物染色的方法有哪些？其各有哪些优缺点？

2. 毛/涤混纺织物染色处方中醋酸、硫酸铵起什么作用？

3. 毛/涤混纺织物酸性/分散染料一浴法染色中会出现羊毛被分散染料沾污的现象，如何去除沾污在羊毛上的分散染料？

4. 毛/涤混纺织物酸性/分散染料载体一浴法染色与高温一浴法染色结果有何区别？为什么？

5. 企业实际生产中毛涤混纺织物常采用哪种方法染色？为什么？

任务 4　涤纶/黏胶纤维织物染色

学习目标

1. 知识目标

（1）了解涤纶/黏胶纤维织物的特点及用途。

（2）理解涤纶/黏胶纤维织物的活性染料/分散染料一浴法染色原理。

（3）掌握涤纶/黏胶纤维织物的染色工艺因素对同色性的影响。

2. 能力目标

（1）会选择合适的染料并能设计和调整涤纶/黏胶纤维织物的染色工艺。

（2）能根据订单要求进行涤纶/黏胶纤维织物的仿色打样。

（3）能针对染色后的涤纶/黏胶纤维织物的质量问题提出改进措施。

3. 素质目标

（1）培养学生的节能环保意识和责任意识。

（2）培养学生科学严谨的态度。

4. 课程思政目标

（1）培养学生一丝不苟的工匠精神。

（2）培养学生勇于探索的精神。

（3）培养学生的爱国主义情怀。

任务分析

涤纶/黏胶纤维（简称涤/黏）织物的染色与涤/棉织物相似。但是黏胶纤维在强碱性溶液中容易膨化，纤维强度会下降，因此在一浴法染色时，要注意染料和助剂的选择。涤/黏织物二浴法染色时，一般先染涤纶，后染黏胶纤维。为了使黏胶纤维得色鲜艳纯正，染涤纶后必须进行还原清洗，以减少黏胶纤维表面的沾色，并获得较高的色牢度。工艺员接到涤/黏织物染色打样任务时，要对客户的要求及产品的用途和特点进行分析，结合节能环保，选择合适的染料和助剂、染色设备和染色方法，在规定的时间内完成染色并进行染色质量控制。

知识准备

一、涤/黏织物染色方法

涤/黏织物一般为仿毛型的中长纤维混纺织物，它既有毛织物的高贵、手感丰满、滑糯、华丽，又有化纤织物的耐机洗、免熨烫、保形性好、悬垂性好等优点。染色一般在低张力下进行，可采用松式加工。

涤/黏织物及其染料选择

涤/黏织物的染色可采用散纤维染色或纤维条染色，涤纶用分散染料染色，黏胶纤维用直接染料、活性染料、还原染料或硫化染料染色。也可采用织物染色，可在绳状染色机上用一浴法或二浴法载体染色，或者用热熔轧染或高温高压染色。

涤/黏织物一浴法载体染色是用分散染料和直接染料一浴染色，染浴的 pH 值为 6~7。染色时，在 50~60℃加入元明粉、醋酸和已乳化好的水杨酸甲酯，运转均匀后，加入分散染料和直接染料溶液，逐渐升温至沸，沸染 60~90min，然后自然降温至 75℃，清洗后固色。

二浴法载体染色时先用分散染料载体法染涤纶，经还原清洗后，再用直接染料染黏胶纤维。涤/黏织物的热熔轧染法，可采用分散/活性染料、分散/还原染料一浴法轧染，也可先用分散染料热熔轧染涤纶后，再用活性染料、还原染料等套染黏胶纤维。涤/黏织物高温高压匹染涤纶，清洗后，再用直接染料、活性染料等套染黏胶纤维。

二、涤/黏织物染色工艺

涤/黏织物染色时，由于黏胶纤维在强碱性溶液中容易膨化，纤维强度会下降，一般不采用分散/还原染料和分散/硫化染料染色，以分散/直接染料一浴法和分散/活性染料二浴法染色居多，后者更适合中、深色品种的染色。

1. 分散/活性染料一浴法染色

（1）染色处方及条件。

染色：

分散染料（owf）	x
活性染料（owf）	y
元明粉	100～140g/L
磷酸二氢钠	2～4g/L
助染剂 OP	2～5g/L
浴比	1：20
皂洗：	
皂洗剂 A	0.5～1.0g/L
皂洗剂 B	1.0～1.5 g/L
温度	85℃
时间	15～30min

（2）染色、皂洗工艺曲线。

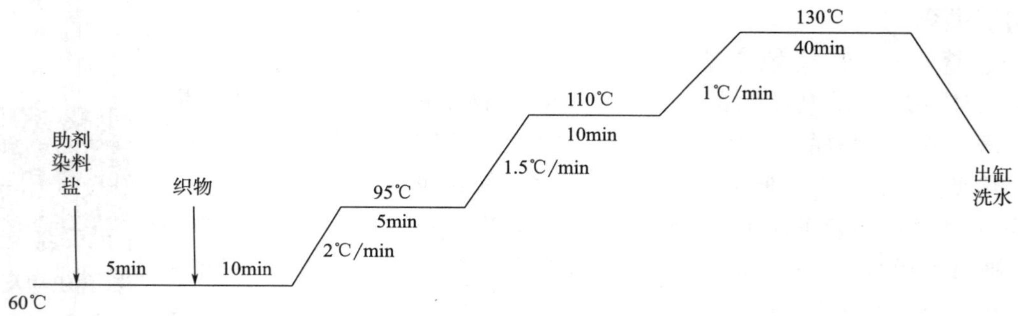

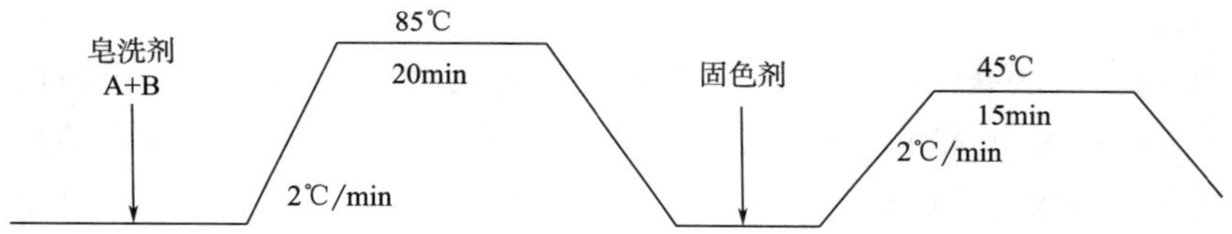

2. 分散/直接染料一浴法染色

（1）染色。

分散染料（owf）	x
直接染料（owf）	y
六偏磷酸钠	0.5～1.0g/L
磷酸二氢钠	2～4g/L
助染剂 OP	2～5g/L
浴比	1：（10～15）
温度	100～130℃
时间	45～60min

（2）固色。

固色剂	0.5～2g/L

温度	65℃
时间	10～15min

3. 分散/活性染料二浴法染色

涤/黏针织物分散/活性染料二浴法染色时，一般先染涤纶，后染黏胶纤维。为了使黏胶纤维得色鲜艳纯正，染涤纶后必须进行还原清洗，以减少黏胶纤维表面的沾色，并获得较高的色牢度。

三、染色质量控制

1. 涤/黏织物染色产品色光、色泽鲜艳度和染色牢度不佳

涤/黏织物染色及其质量控制

（1）形成原因。

①采用分散/直接染料或者采用分散/活性染料对涤/黏织物进行一浴法染色时，分散染料对黏胶纤维组分的沾色严重。

②采用分散/直接染料或者采用分散/活性染料对涤/黏织物进行一浴法染色时，因没有还原清洗工序，仅有水洗和皂洗，沾色严重的分散染料不能通过皂洗去除。

③选用的分散染料不合适，涤纶表面的分散染料浮色不易被洗除，而且分散染料对黏胶纤维的沾色也不容易洗除。

（2）克服方法。

①选用分散/直接染料对涤/黏织物同浴染色时，选择的分散染料要对黏胶沾色少，即使分散染料对黏胶纤维组分沾色，也必须容易洗除，不会对成品色光、色泽鲜艳度和染色牢度造成影响，选择的直接染料能适应高温和弱酸性条件。

②采用分散/直接染料或者分散/活性染料对涤/黏织物进行二浴法染色，这样方便使黏胶纤维组分的沾色可以通过中间的还原清洗去除。

③若采用分散/直接染料或者分散/活性染料对涤/黏织物进行一浴一步法染色，要筛选对黏胶纤维沾色很小或者沾色能通过皂洗或碱洗易去除的分散染料，主要因为一浴法染色没有还原清洗工序，仅有水洗和皂洗。

2. 色花和染斑

（1）形成原因。

①采用分散/活性染料或者分散/直接染料对涤/黏织物进行一浴法染色时，因加入中性电解质促染而对分散体系稳定性和染色带来的影响。大量中性电解质的加入，破坏了分散染料分散体系的稳定性，使得染料容易凝聚，易出现色花和染斑，也可能加重分散染料对黏胶纤维的沾色。

②采用分散/活性染料或者分散/直接染料对涤/黏织物进行一浴法染色时，直接染料的稳定性、直接性及其选用问题导致色花和染斑。某些直接染料在高温条件下可能发生水解、还原等化学反应，分子结构和颜色易发生改变。

③采用分散/活性染料或者分散/直接染料对涤/黏织物进行一浴法染色时，活性染料的稳定性和直接性问题导致色花和染斑。活性染料的稳定性问题主要是其自身的水解和与分散染料和分散剂反应的问题，活性染料的水解导致了固色率降低，染色深度明显下降。普通活性

染料的母体结构较小，直接性低，高温染色时直接性则更低，需要加入大量中性电解质促染，而分散/活性染料同浴染色又不能加入大量中性电解质。

（2）克服方法。

①采用分散/活性染料或者分散/直接染料对涤/黏织物进行一浴法染色时，解决中性电解质带来的不良影响的主要措施是：选用磺酸基多、溶解性好的直接染料，如直接混纺D型染料；选用直接性高的低盐活性染料；选用分散和匀染作用均佳的染色助剂，提高分散体系的稳定性。

②采用分散/活性染料或者采用分散/直接染料对涤/黏织物进行一浴法染色时，严格筛选分散染料，宜选用高温高压条件下不易发生水解、还原等化学反应，分子结构稳定的分散染料。

③采用分散/活性染料或者采用分散/直接染料对涤/黏织物进行一浴法染色时，适合高温染色的活性染料应该是分子量大、直接性高、用盐量低、高温水解少的染料。

任务实施

一、准备

1. 仪器设备

恒温水浴锅、烘箱、玻璃棒、染杯、烧杯、量筒、电炉、容量瓶、天平、吸量管、吸耳球、胶头滴管。

2. 染化药品

分散宝蓝THGL、分散枣红T5B、分散黄棕TR、活性橙RD、活性红DS、活性宝蓝CGR、元明粉、促染剂、稳定剂和洗涤剂等，均为工业纯。

3. 材料

涤/黏织物。

二、实施步骤

1. 设计染液处方（表3-4-1）

表3-4-1 分散/活性染料一浴法染色处方

染化料	用量	染化料	用量
分散宝蓝THGL(%,owf)	0.45	活性宝蓝CGR(%,owf)	2.65
分散枣红T5B(%,owf)	0.1	元明粉(g/L)	130
分散黄棕TR(%,owf)	0.45	促染剂(g/L)	7
活性橙RD(%,owf)	0.38	稳定剂(g/L)	2
活性红DS(%,owf)	0.44	洗涤剂(g/L)	3

2. 设计染色过程

在50℃下加入元明粉和稳定剂，搅匀，然后加入染料，混匀，然后以1.5℃/min的升温速率升温至95℃，保温染色10min，再以1.0℃/min的升温速率升温至130℃，保温染色45min，最后以2.0℃/min的降温速率降温至80℃，水洗，皂洗，水洗，烘干。

三、注意事项

（1）化料充分，防止染料和助剂溶解不充分。

（2）升温速率不能过大，防止染色不匀。

（3）水洗、皂洗充分，洗除沾在涤纶上的活性染料和沾在棉上的分散染料。

任务拓展

查阅相关资料，选择合适染料，设计涤/黏织物一浴法染色的工艺流程、工艺处方、工艺曲线，并确定合适的小样染色设备进行染色、色牢度测试。

思考与练习

1. 涤/黏织物的染色方法有哪些？各有什么优缺点？

2. 涤/黏织物的染色中应注意哪些问题？

3. 涤/黏织物的分散/还原染料一浴法轧染染色应该注意哪些事项？为什么？色光如何控制？

任务 5　腈纶织物染色

学习目标

1. 知识目标

（1）掌握腈纶织物的一浴法和二浴法染色。

（2）理解腈纶织物的阳离子染料染色原理。

（3）掌握腈纶织物的染色工艺因素对染色效果的影响。

2. 能力目标

（1）会选择合适的染料并设计和调整腈纶织物的染色工艺。

（2）能根据订单要求进行腈纶织物的仿色打样。

（3）能发现腈纶织物的染色质量问题提出改进措施。

3. 素质目标

（1）培养学生的节能环保意识。

（2）培养学生沟通能力和科学严谨的态度。

4. 课程思政目标

（1）培养学生精益求精的工匠精神。

（2）培养学生勇于担当的精神。

（3）培养学生的科学精神。

任务分析

腈纶外观蓬松、手感柔软，具有良好的耐光、耐气候性，其弹性和保暖性可以和羊毛媲美。但是，腈纶的结构紧密，染料很难从纤维表面向纤维内部渗透，低于其玻璃化温度时，染料几乎不上染，只有在染色温度超过玻璃化温度以后，染料才能由纤维表面向纤维内部扩散和渗透，最后纤维上的酸性基团与染料阳离子之间以离子键结合在一起。腈纶的染色通常采用浸染方式，腈纶织物对染色温度非常敏感，染色时要严格控制升温速率。接到腈纶染色生产任务单时，要根据企业实际情况，对客户的要求及产品的用途和特点进行分析，选择合适的染料、助剂、染色设备和染色方法，设计合理的染色工艺，打小样，并在小样染色中做好质量控制。

知识准备

一、腈纶的结构及性能

聚丙烯腈纤维即平时所说的腈纶，国外则称为“奥纶”“开司米纶”，通常是指用85%以上的丙烯腈与第二和第三单体的共聚物，经湿法纺丝或干法纺丝制得的合成纤维。纯粹的聚丙烯腈纤维，由于内部结构紧密，服用性能差，所以通过加入第二单体、第三单体改善其性能，第二单体改善弹性和手感，第三单体改善染色性。

腈纶的结构及性能

腈纶有人造羊毛之称，具有柔软、蓬松、易染、色泽鲜艳、耐光、抗菌、不怕虫蛀等优点。根据不同的用途可纯纺或与天然纤维和其他化学纤维混纺，其纺织品被广泛地用于服装、装饰、产业等领域。

1. 腈纶的化学组成

（1）第一单体。第一单体为丙烯腈，含量在85%以上，是纤维的主体，对纤维的许多化学、物理和力学性能起着主要的作用。丙烯腈含量在35%~85%的共聚物纺丝制得的纤维称为改性聚丙烯腈纤维。

（2）第二单体。第二单体为含有酯基的乙烯基系单体，含量在3%~12%。可松弛纤维结构，改进纤维弹性，减少脆性，增加热塑性和纤维的热收缩性，改善纤维手感，提高纤维柔韧性，利于染色。常用丙烯酸甲酯、甲基丙烯酸甲酯、醋酸乙烯酯等。

（3）第三单体。第三单体为可离子化的乙烯基系单体，据所含官能团的性质，又可分为含酸性基团单体和含碱性基团单体，含量在1%~3%。它是能与染料结合的亲染料基团，可改进纤维的亲水性，进一步提高染料的染色性。常用衣康酸钠、丙烯磺酸钠、甲基丙烯磺酸钠、乙烯吡啶、丙烯酰胺等。有些纤维不含第三单体，只含第二单体。

2. 腈纶的结构

（1）分子结构。分子结构中无很大的侧基，但有极性很强的氰基，其分子链段为不规则的螺旋棒状构象，从而使其耐光性、大分子的结晶状态、热学性能受到很大的影响。腈纶的大分子聚合度一般在1000~1500。分子结构如下：

$$\left[\, CH_2-\underset{\displaystyle CN}{\underset{|}{CH}} \,\right]_n$$

（2）形态结构。在显微镜中观察到湿纺聚丙烯腈纤维的形态结构基本上是圆形的截面，而干纺的则是花生果形的截面，如图3-5-1所示。聚丙烯腈纤维的纵向一般较粗糙，似树皮状。

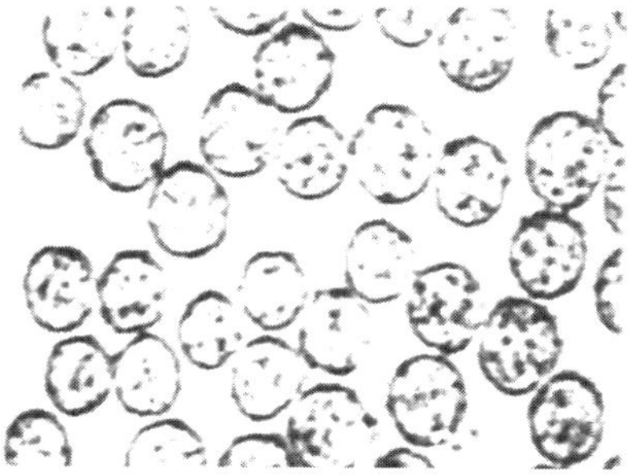

(a) 湿法纺丝生产腈纶的横截面

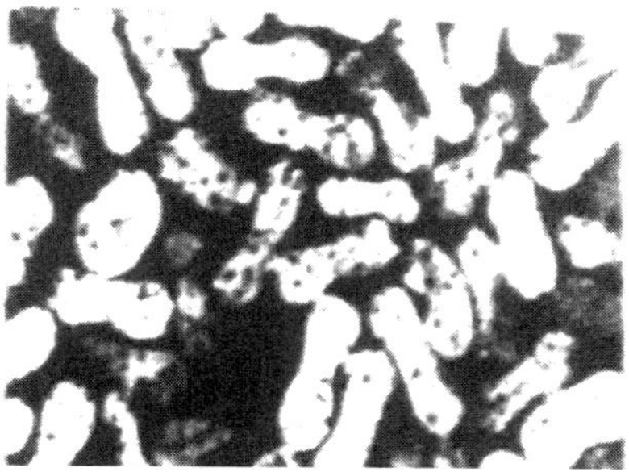

(b) 干法纺丝生产腈纶的横截面

图 3-5-1　腈纶的横截面形状示意图

（3）聚集态结构。如图 3-5-2 所示，研究腈纶的 X 射线衍射图发现，在“赤道”线上有强烈的反射弧线，即大分子排列侧向是有序的，而“子午”线上及其附近却没有明显的反射点或弧线，即纵向无序。因此，通常认为腈纶中没有真正的晶体存在。

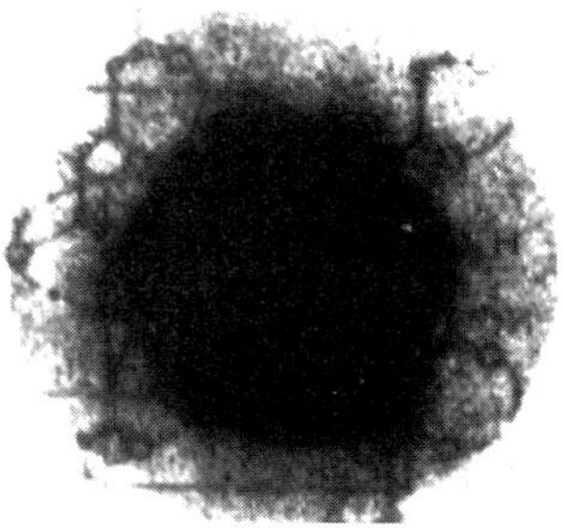

图 3-5-2　腈纶的 X 射线衍射图像

3. 腈纶性能

（1）力学性能。腈纶的强度较涤纶、锦纶低，断裂伸长率与涤纶、锦纶相近。其强度在 22. 1～48. 5cN/dtex，断裂伸长率在 25%～50%，比羊毛高 1～2. 5 倍。腈纶的性能极似羊毛，弹性较好，伸长 20%时回弹率仍可保持 65%，蓬松卷曲而柔软，保暖性比羊毛高 15%，有“合成羊毛”之称。

（2）纤维密度。腈纶的密度与锦纶相接近，为 1. 14～1. 17g/cm^3。

（3）耐磨性。腈纶耐磨性为化学纤维中较差的一种纤维。

（4）吸湿性。腈纶的吸湿能力较涤纶好，但较锦纶差。在通常大气条件下，其回潮率为 1. 2%～2%。

（5）热学性质。腈纶耐热性仅次于涤纶，比锦纶好。具有良好的热弹性，使其可以加工膨体纱。

（6）耐光性。腈纶大分子中含有—CN，使其耐光性与耐气候特别好，是常见纤维中耐光性能最好的。腈纶经日晒 1000h，强度损失不超过 20%，因此特别适合于制作篷布、炮衣、窗帘等织物。

（7）化学稳定性。腈纶有较好的化学稳定性，但浓硫酸、浓硝酸、浓磷酸等会使其溶解。在冷浓碱、热稀碱中会使其变黄，热浓碱能立即使其破坏。

（8）电学性质。腈纶的比电阻较高，较一般纤维易产生静电。

（9）染色性。由于空穴结构和第二单体、第三单体的引入使纤维的染色性能较好，且色泽鲜艳。

（10）耐微生物性。腈纶一般不受蛀虫、霉菌等作用，这是优于羊毛的一个重要性能。

二、阳离子染料

腈纶织物可以散纤维、纱线和织物的形式进行染色。阳离子染料染腈纶是染料的正电荷与纤维的负电荷之间产生离子键结合而上染。

阳离子染料性能

阳离子染料是一类水溶性染料，在水溶液中电离能生成色素阳离子，因此叫阳离子染料。阳离子染料是在碱性染料的基础上发展起来的，目前主要用于含有酸性基团的腈纶及其混纺织物，以及阳离子染料可染的改性涤纶、锦纶、丙纶等的染色，其色谱齐全、色泽浓艳、给色量高、耐日晒色牢度和耐洗色牢度高，但匀染性较差。

1. 阳离子染料的分类及化学结构

按色素离子所带电荷的情况，绝大部分阳离子染料可以分为隔离型和共轭型两大类。

（1）隔离型阳离子染料。隔离型阳离子染料又称为非共轭型阳离子染料。这类染料分子中的正电荷与染料发色体的共轭体系隔离。其色泽鲜艳度与得色量比共轭型差。但耐日晒色牢度和耐热性较好，对染液 pH 值变化的稳定性也较高。从化学结构看，属于这一类染料的主要包括偶氮型和蒽醌型两大类。例如阳离子红 GTL，其结构如下：

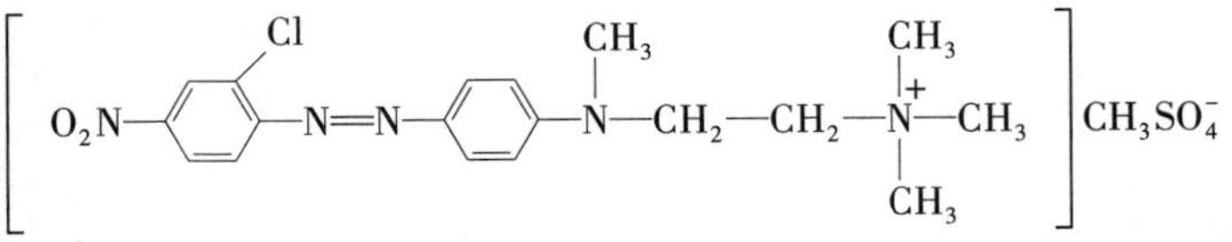

（2）共轭型阳离子染料。共轭型阳离子染料又称为非定域型染料。这类染料分子中的正电荷处于染料发色体的共轭体系中。它们色泽鲜艳，得色量高，但多数染料的耐日晒色牢度较差。从化学结构看，属于这一类的染料主要包括三芳甲烷、菁和氮杂菁类、菁型偶氮等。例如阳离子桃红 B，其结构式如下：

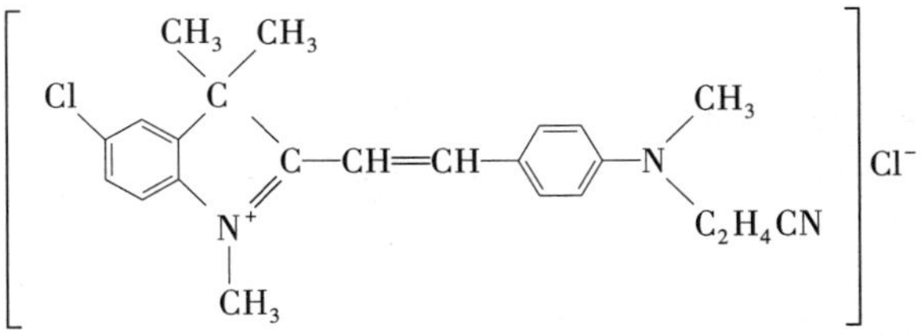

2. 阳离子染料对腈纶的染色原理

腈纶中的主要品种是含酸性基团的纤维。染色时，腈纶上的酸性基团在染浴中电离，使纤维表面带负电荷：

$$腈纶—COOH \rightarrow 腈纶—COO^- + H^+$$

$$腈纶—SO_3H \rightarrow 腈纶—SO_3^- + H^+$$

阳离子染料
染腈纶

阳离子染料溶于水，在染浴中电离后带正电荷。染浴中带负电荷的腈纶与带正电荷的染料阳离子之间产生静电引力，使染浴中的染料阳离子向纤维表面迁移并吸附在纤维表面，从而在纤维表面和纤维内部形成染料的浓度差。由于腈纶的结构紧密，染料很难从纤维表面向纤维内部渗透，只有在温度超过玻璃化温度以后，染料才能由纤维表面向纤维内部扩散和渗透，最后纤维上的酸性基团与染料阳离子之间以离子键结合在一起：

$$腈纶—COO^{-}+D^{+} \rightarrow 腈纶—COOD$$

$$腈纶—SO_3^{-}+D^{+} \rightarrow 腈纶—SO_3D$$

纤维与染料之间除了离子键结合外，还以氢键和范德瓦耳斯力结合。

与染料阳离子之间以离子键结合的酸性基团通常称为染座。染料在纤维内的扩散可以看成是由一个染座转移到另一个染座。染料在纤维上的吸附属于定位吸附（化学吸附）。纤维上酸性基团的强弱不同，对染料的吸附能力、染色速率及始染温度不同。染料在纤维上的上染情况如图 3-5-3 所示。

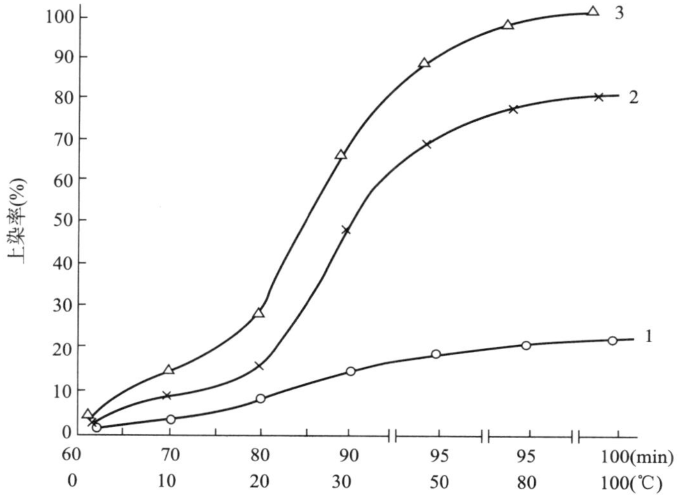

图 3-5-3　不同类型的腈纶同浴染色时染料的上染情况

［染浴配方：阳离子艳蓝（300%）0.5%，醋酸 4.0%，醋酸钠 1.0%］

1—仅含弱酸性基团的腈纶　2—仅含强酸性基团的腈纶　3—两种纤维的综合上染

3. 阳离子染料对腈纶的染色性能

（1）溶解性。阳离子染料溶于水，更溶于乙醇或醋酸。若水的温度升高或加入尿素，则染料的溶解度增加。溶解度良好的染料有利于匀染，并能提高色泽鲜艳度。

阳离子染料

染色性能

（2）配伍性（相容性）。配伍性是指两种或两种以上的染料拼色时，上染速率相等，则随着染色时间的延长，色泽深浅（色调）始终保持不变的性能（只有浓淡变化）。配伍性能对于不同染料的拼色非常重要，如果拼色染料不配伍，则被染物的色光会随染色时间的长短而改变。因此，只有选择配伍的染料染色，才能获得均匀、正常的染色效果。配伍性能的大小可以用配伍值 K 来表示。

①影响配伍性的因素。配伍性是阳离子染料的亲和力和扩散性能的综合效果。两种或两种以上的染料拼色时，染料为争夺染座而发生竞染。亲和力大的染料争得的染座多，而亲和力小的染料争得的染座少。争得染座少的染料，若扩散速率快，则单位时间内以染座为起点扩散到纤维内的染料量增多。反之争得染座多的染料，若扩散速率慢，则单位时间内以染座

为起点扩散到纤维内的染料量较少。由此可见，阳离子染料在拼色时上染速率取决于染料对纤维的亲和力和扩散能力两个因素。

②阳离子染料配伍值的测定。采用黄、蓝两组标准染料，每组染料由 5 种染料组成，其配伍值分别为 1、2、3、4、5。配伍值大的染料，亲和力低，上染速率慢，匀染性好。配伍性小的染料，亲和力高，上染速率快，匀染性差，但得色量高，可用于染深色或中深色。

拼色时除了选用配伍性相近的染料外，对匀染性较差的染料或染较浅色时，应选用配伍值较大的染料互拼，这样可使染料上染慢一些，以改善匀染性。当染中、深色时，宜选用配伍值较小的染料互拼，这样上染所需时间可短一些。对单独染料染色时，也可参考这个原则。由于阳离子缓染剂实质上是无色阳离子染料，因此，应用时也存在于染料配伍的问题。

（3）染色饱和值。对于一定品种的腈纶，其分子结构中酸性基团的含量是有限的。染色时，当染料阳离子与腈纶上的酸性基团全部结合完后，纤维即失去染色反应能力。此时染浴中的染料浓度即使再增加，纤维上的染料浓度也不再相应增加，染浴中染料浓度与纤维上染料含量关系曲线有一明显的转折点。此转折点就是一定染料对一定纤维的染色饱和值。阳离子染料在腈纶上的吸附等温线符合朗格缪尔吸附等温线，如图 3-5-4 所示。

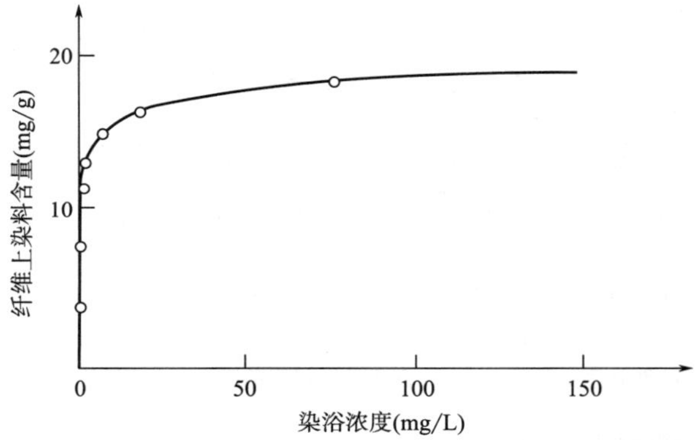

图 3-5-4　特利纶上染等温曲线

（浴比 1∶60，温度 100℃，时间 8～12h）

对不同染料来说，对同一品种纤维所能上染数量的限度是不同的。它们有各自的染色饱和值 S_D。纤维的染色饱和值 S_f 与某一染料的染色饱和值 S_D 的比值称为该染料的饱和系数 f（$f=S_f/S_D$）。

染色时，染料的用量（owf）和饱和系数 f 的乘积不应超过纤维的染色饱和值 S_f。否则，徒然增加染色残液中的染料浓度，造成浪费。染色浓度低于纤维染色饱和值时，一般阳离子染料染色所达到的上染率是比较高的。

（4）匀染性。阳离子染料对腈纶的亲和力一般比较大，初染率较高，不少染料甚至在染深色时，其上染率可达到 97%～100%。但由于腈纶和其他合成纤维一样，结构紧密，染料扩散性能差，移染性差，因此常常有染色不匀现象。在腈纶的玻璃化温度以下染色时，染料的上染速率很慢；达到玻璃化温度以上时，由于纤维结构变得松弛，产生很多微隙，染色速率突然增加，大量染料在较短时间迅速上染纤维，也会造成染色不匀。而高亲和力也使阳离子染料在腈纶上移染性差，扩散性能差，所以一旦出现染色不匀，很难在以后的染色过程中纠正。所以，必须在染色时采取以下措施，减缓上染速率，以获得匀染效果。

阳离子染料染腈纶时的匀染性与染色时染料的浓度有很大关系。染色浓度低时，更容易产生染色不匀，其原因是上染速率快，完成上染所需时间短（图 3-5-5），因而初染速率过高时对上染不匀影响较大。再者染色浓度低时，染液浓度局部不匀，也会造成染色不匀。

如图 3-5-6 所示，在染浴浓度较低时，浓度变化引起上染速率的变化很大，染浴中染料浓度略有不同就会造成染色不匀。在染料浓度较高时，浓度变化对上染速率影响很小，染浴中即使染料浓度有所差异，也不一定会造成明显的色差。染色越接近饱和，就越容易获得匀染。

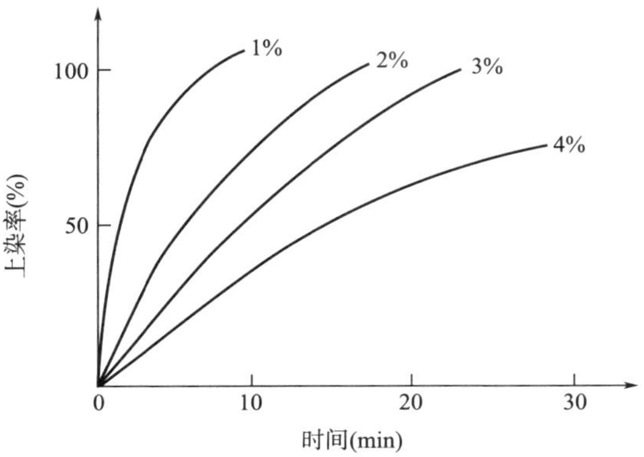

图 3-5-5　染色浓度对上染速率的影响
（阳离子红 GL）

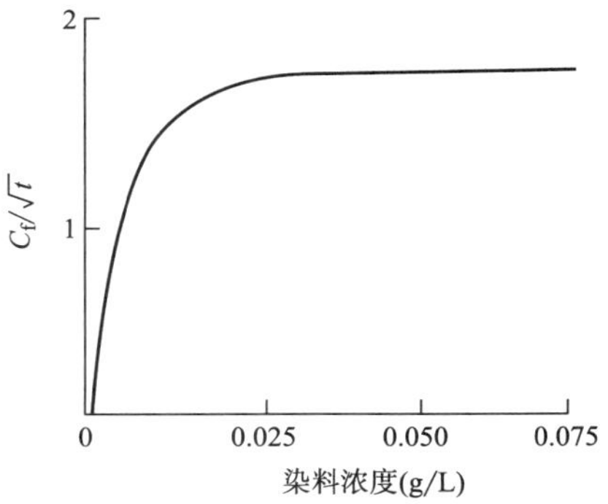

图 3-5-6　染浴浓度对上染速率的影响
（C_f：g 染料/100g 纤维；t：s）

除染色浓度外，最后的染色温度高，染色时间长也有利于获得匀染。

要获得均匀的染色，必须注意控制染色速率。控制染色速率的方法有温度控制、pH 值控制和在染液中加入中性电解质、缓染剂等。

①温度控制。温度是阳离子染料染腈纶的关键因素。当染色温度低于玻璃化温度时，由于纤维分子间微隙甚小，染料很难扩散到纤维内部，染料的扩散速率极慢，因此当表面吸附中和负电荷后上染几乎停止。当温度上升到玻璃化温度后，纤维内部的微隙突然增大增多，染料向纤维内部的扩散速率突然增大，而且这个增速现象，随温度的升高而迅速加剧。这种扩散速率的突然增速现象，必然造成上染速率的突变，造成染色不匀。为了解决染色不匀，在玻璃化温度附近，必须严格控制升温。具体控制方法有升温控制法、分段升温法和恒温染色法。

a. 升温控制法。在 75℃以下时，上染速率很慢，染料仅吸附在纤维表面，此时可升温快些（1~3min 升高 1℃）；当染色温度达到纤维的玻璃化温度（75~85℃）时，纤维大分子链段开始运动，纤维的物理结构变得松弛，产生许多微隙，上染速率开始增加，但由于纤维结构的不均匀和染液温度分布的不均匀性，会使染料在纤维上的吸附不均匀，从而导致染花，此时升温要缓慢（2~4min 升高 1℃）；在 90~100℃时，上染速率几乎呈直线上升，因此升温要更慢（3~6min 升高 1℃），并在 100℃时保温一段时间。如图 3-5-7 所示为染色温度与染色速率的关系。

b. 分段升温法。在上述每个升温阶段之间，即上染速率变化较快的温度，可以保温一段

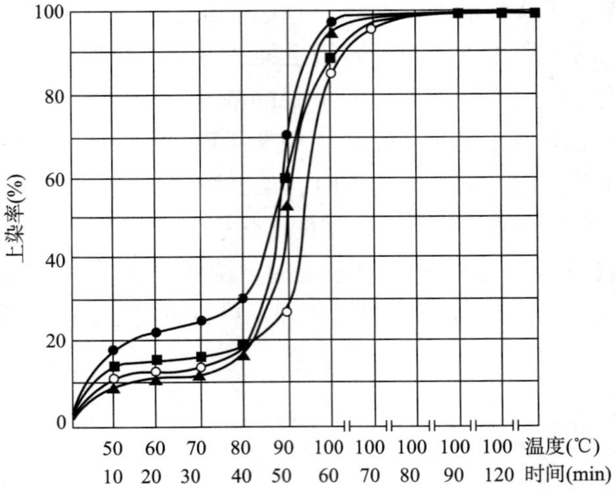

图 3-5-7 染色温度和上染速率的关系

—●— 阳离子嫩黄 7GL —○— 阳离子艳红 5GN

—■— 阳离子红 2GL —▲— 阳离子艳蓝 RL

时间，然后升温至100℃染色，这样利于匀染。一般第一个保温阶段选择在85℃或90℃，保温10~15min；第二个保温阶段可选择在95℃或97℃，此时上染最快，保温要长，一般20~30min。保温时间的长短，可以从测定保温前后的上染速率的变化来确定。如果保温后上染速率增加很多，保温时间宜增加；反之，可以缩短。如果保温后上染速率没有增加，则这一保温阶段可以取消，另找一个上染较快的温度保温。

c. 恒温染色法。此法是在玻璃化温度以上沸点以下，选择一个适当的温度，作为固定的恒温染色温度，在此温度下，腈纶在染浴中无急剧上染现象。一般选85~95℃，恒温染色45~90min，待大部分染料上染后再升温至100℃做短时间处理，使染料完全固着，达到正常的染色牢度。图3-5-8和图3-5-9分别是缓慢升温法和恒温染色法的升温速率曲线和上染速率曲线。

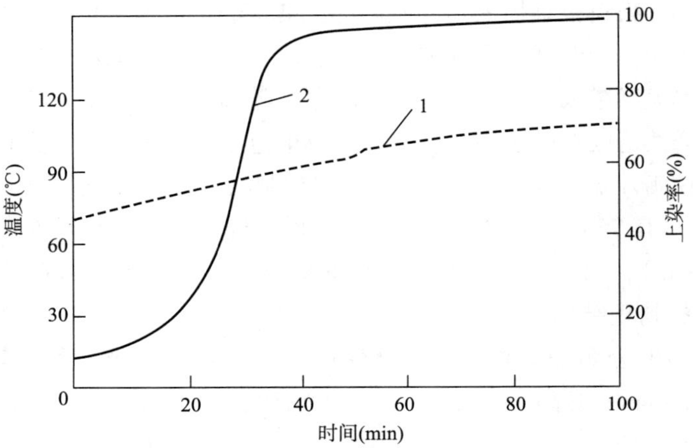

图 3-5-8 缓慢升温染色时 3%莱克敏耐晒蓝的上染曲线

1—升温速率曲线 2—上染速率曲线

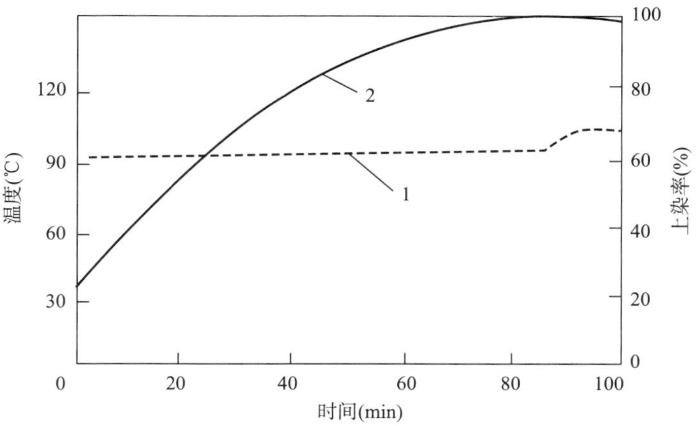

图 3-5-9 恒温染色时 3%莱克敏耐晒蓝的上染曲线

1—升温速率曲线 2—上染速率曲线

生产实践证明，用阳离子染料染腈纶的最高适宜温度为 97～105℃，高温下的延续时间为 45～90min。染浅色时温度可低些，时间可短些；染深色温度可提高，并延长染色时间。需要注意的是，如果温度过高，会使腈纶产生过度收缩，手感变硬，织物变形。另外，染后织物不宜骤然降温，否则将影响成品的手感。

②pH 值控制。染浴 pH 值会影响腈纶上酸性基团的离解，进而影响染料的上染率和上染速率。当 pH 值较低时，染浴中［H^+］较大，抑制了染料分子和纤维上酸性基团的离解，减少了染液中游离的染料阳离子浓度和纤维上阴离子基团的数量，上染速率下降，上染量减少，所以上染速率随染浴 pH 值的下降而变得缓慢，因此染色时加酸起缓染作用。

$$HX \rightleftharpoons H^+ + X^-$$

$$\text{腈纶—COOH} \underset{+H^+}{\overset{-H^+}{\rightleftharpoons}} \text{腈纶—COO}^- + H^+$$

$$\text{腈纶—SO}_3\text{H} \underset{+H^+}{\overset{-H^+}{\rightleftharpoons}} \text{腈纶—SO}_3^- + H^+$$

$$DX \rightleftharpoons D^+ + X^-$$

腈纶所含酸性基团的类型和数量不一样，则对 pH 值变化的敏感程度不同。仅含弱酸性基团（羧基）的腈纶对 pH 值变化的敏感程度较大，染色时用酸量要少，而含强酸性基团（磺酸基）的腈纶受 pH 值的影响较小，用酸要多。图 3-5-10 为不同酸性基团的腈纶，染浴 pH 值对其上染的影响。

通常染浅色时用酸量要比染深色时多。染色时为了获得匀染，阳离子染料染腈纶多控制在酸性条件，一般采用 pH 值为 4～5.5 的弱酸性条件。在实际染色中，采用缓冲体系来保持染浴中 pH 值的稳定。

③中性电解质的应用。在染浴中加入食盐、元明粉、硫酸钠、硫酸钾等中性电解质，能缓和染料的上染，增加染料的迁移性。其作用原理是：由于电解质中的阳离子扩散快，可先与纤维上的酸性基产生结合，然后在染色过程中逐步被亲和力高的染料阳离子所取代，延缓

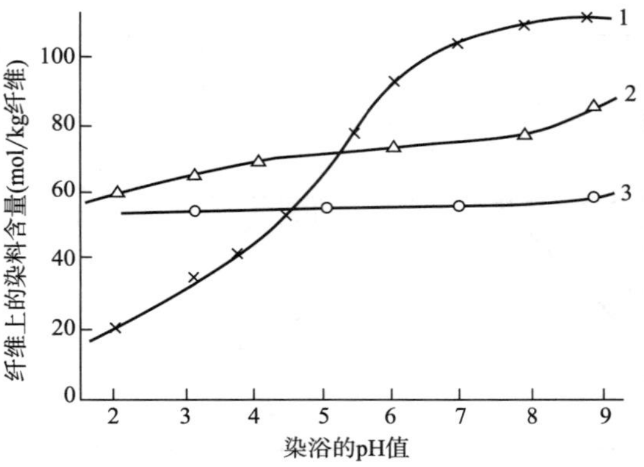

图 3-5-10　腈纶染色速率与染浴 pH 值的关系

1—考特尔（仅含弱酸性基团）

2—贝丝纶（含强酸性基团 0.070mol/kg 纤维，弱酸性基团 0.044mol/kg 纤维）

3—奥纶（含强酸性基团 0.046mol/kg 纤维，弱酸性基团 0.017mol/kg 纤维）

了染料的上染速率，起到了缓染、匀染的作用。

电解质的缓染作用随染色温度的升高而降低，电解质对含弱酸基团的腈纶的缓染作用大于含强酸性基团的腈纶。电解质的用量一般为 5%～15%，不能过多，特别是染浴中染料的浓度高时，往往会使染料分子聚集甚至沉淀，降低得色量或形成色斑，有时还会造成浮色。因此电解质的用量，一般浅色可以多加，中深色少加，深色则可以不加。

④缓染剂的作用。用阳离子染料染腈纶，容易染花，为获得匀染应使用缓染剂。缓染剂主要分为阳离子缓染剂和阴离子缓染剂两大类。

a. 阳离子缓染剂。阳离子缓染剂是腈纶染色的重要匀染剂。它们是带正电荷的无色有机物，也可看成是无色的阳离子染料，多数属季铵盐类化合物。它们在溶液中可电离成带正电荷的缓染剂离子，对腈纶有亲和力，染色时与阳离子染料产生竞染作用。由于其分子比染料小，扩散速率较阳离子染料快，并具有表面活性，所以比染料更容易渗透到纤维内部，降低纤维表面的负电性，阻碍染料上染。缓染剂与纤维的亲和力小于染料与纤维的亲和力，因此在沸染过程中，染料阳离子会逐步取代缓染剂而与纤维结合，从而达到匀染的目的。目前常用的有表面活性剂 1227（又称匀染剂 TAN，十二烷基二甲基苄基氯化铵），分子式如下：

Cl^-（$R=C_{12}\sim C_{16}$）

此类阳离子助剂主要以缓染作用为主，兼有一定的移染作用。还有缓染效果较好的如匀染盐 AN（三丁烷基苄基季铵盐），分子式如下：

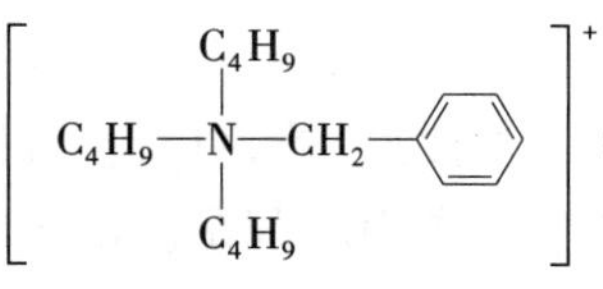

Cl^-

阳离子缓染剂是通过与阳离子染料竞染而起缓染作用的，因此缓染剂与染料之间也存在着配伍问题。缓染剂分子量过大或过小都不能达到匀染的目的，使用时要进行筛选。

不同品种的腈纶因为染色速率的不同，对缓染剂的需求量也不同。含强酸性基团的腈纶上染速率较快，缓染剂可多加；含弱酸性基团的腈纶本身上染速率慢，缓染剂可以少加，用量过大，反而不易匀染。

缓染剂的用量应随染料用量的增加而减少。染浅色时缓染剂可多加，染中色宜少加，染深色则可以不加。

阳离子缓染剂对上染速率的影响如图 3-5-11 所示。不加缓染剂时上染速率很快，加缓染剂后上染速率降低，达到相同上染率的时间要比不加缓染剂的长很多。缓染剂用量越高，缓染作用越明显。

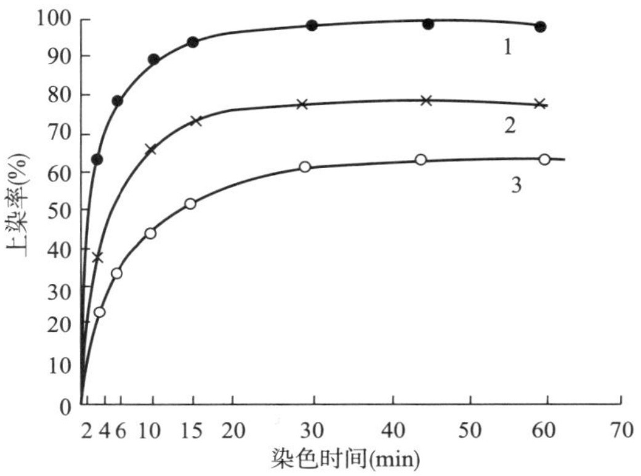

图 3-5-11 阳离子缓染剂对上染速率的影响

（阳离子嫩黄 7GL 1.0%，醋酸 1.0%，醋酸钠 3.0%，浴比 1∶100，温度 98℃）

1—不加缓染剂 2—加 2%匀染剂 PAN 3—加 4%匀染剂 PAN

b. 阴离子缓染剂。阳离子染料染腈纶，可以选用适当的阴离子助剂达到匀染目的。阴离子缓染剂大多是芳香烃磺酸盐，其作用机理与阳离子缓染剂不同。在染浴中阴离子缓染剂离解成带有负电荷的离子，和染料阳离子结合，形成溶解度很低的胶态络合物，降低了染浴中游离的染料阳离子的浓度，也降低了纤维吸附染料的速率，使上染速率下降。随着温度的升高，络合物逐渐分解，慢慢释放出染料阳离子，与纤维上的酸性基团结合，使染色速率逐渐加快，直至染色完成。此络合物在一定温度阶段类似分散染料，对纤维没有亲和力，也不能进入纤维，处于悬浮状态，因此在使用阴离子缓染剂的同时，还要在染浴中加入非离子型表面活性剂作分散剂，例如平平加 O。

染浅色时，阴离子缓染剂用量少，染深色时用量多。原因是染料用量少时，多加阴离子缓染剂会使染料在染色时解离不出来。图 3-5-12 表示不同缓染剂对上染速率的影响。

三、腈纶的阳离子染料染色

均聚的腈纶染色困难。为了克服染色方面的困难，人们用所谓的第二单体和第三单体和丙烯腈进行共聚。这样不但可以增加纤维的热塑性，在成型过程中加工比较方便，而且可以使所得纤维在常压下进行染色。

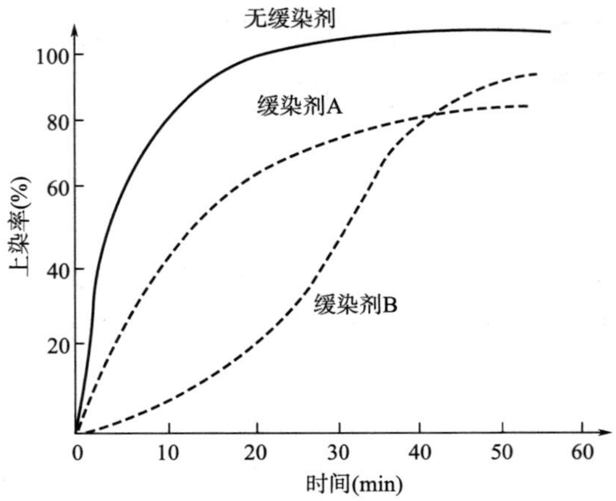

图 3-5-12　不同缓染剂对上染速率的影响

1. 染色方法及工艺

（1）浸染。阳离子染料染腈纶多用浸染法，染色在绳状染色机上进行。具体染色方法有控制升温法、恒温法、低温法和高温法等。应根据染料的品种、染物外形、选用染色助剂等，选用不同的染色方法。常用控制升温法和恒温法。

腈纶织物染色

①控制升温法。控制升温法是最常用的染色方法。从始染温度到沸点，要严格按工艺要求控制升温速率。适用的设备有常压不连续浸染机，如散纤维、丝束、精梳条、筒子纱、绞纱染色机以及液流染色机、平幅无张力卷染机等。染色时，腈纶散纤维、长丝束、精梳条的染色升温速率可以快些；膨体纱、筒子纱、经轴纱、织物的染色升温速率要慢些。

腈纶阳离子染料浸染

染色始染温度接近于纤维的玻璃化温度（60～80℃）。投入各种助剂、染料及织物后，可缓慢升温，或在升温过程中选择某一温度保温一定时间再升温，或加入一定的缓染剂控制染色速率，最后升温至沸点，保持足够的时间，完成染色。

保温的温度及沸染时间应根据染色要求来选择。一般浅色，60～80℃保温，100℃染 20～30min；中色，75～85℃保温，100℃染 30～45min；深色，可以不保温，控制升温至沸，沸染 45～60min。

工艺处方：

阳离子染料（owf）	x
醋酸	1～3g/L
元明粉	0～10%
缓染剂	0～1. 5%
pH 值	4～5. 5
浴比	1：（12～30）

始染温度　　60～85℃

②恒温法。恒温法染色可以避免升温控制不准以及染浴温度不匀带来的染色不匀。恒温法染色是在玻璃化温度以上、染液沸点以下的温度范围内选择一个适宜的温度，作为固定的恒温染色温度，在此温度下染色，保温 45～90min，然后升温至沸作短时间沸染。

恒温染色法是由升温（温度小于 80℃时，上染速率很低）→ 恒温（80～90℃，上染速率随温度升高急剧增加）→ 升温（90℃以上，上染速率趋于稳定）三个阶段组成。此法上染均匀，不易染花，操作容易掌握，染色总时间比控制升温法染色缩短 20%～30%。

工艺处方：

阳离子染料（owf）	x
醋酸	1～3g/L
醋酸钠	0～10%
缓染剂	0～1.5%
pH 值	4～5.5
浴比	1∶（12～30）
恒温温度	80～90℃

（2）轧染。腈纶正规条和长丝束通常采用汽蒸轧染。染色时需加促染剂，如碳酸乙烯酯、碳酸丙烯酯、腈乙烯胺类等。染料选用溶解性好、K 值小、上色快、给色量高的品种。为了防止染料的泳移，需在浸轧液中加入少量的抗泳移剂，如非离子型糊料。工艺流程如下：

浸轧染液 → 烘干 → 汽蒸（100～103℃，10～45min）→ 水洗 → 皂洗 →水洗 →烘干

120℃高温汽蒸时，时间可以缩短至 8min，并省去促染剂，改为一般渗透剂。

腈纶混纺织物通常采用热熔轧染法。染色时需加促染剂，如碳酸乙烯酯、尿素等。热熔温度 190～200℃，时间 1～2min。

2. 工艺要点及注意事项

（1）更换阳离子染料或更换腈纶原料，都应做染料强度和色光对比的小样染色试验。

（2）拼色时注意选择配伍值相同或相近的染料。染浅淡色，最好选择配伍值大的阳离子染料，工艺条件好控制，不易染花。

（3）染深色或回染时，要计算染料和助剂的染色系数值，系数值不要超过纤维饱和值，不然既浪费染料又不利于染色牢度。

（4）国产阳离子染料大部分力份强，称料要精确。

（5）缓染剂用量要适当，用量多少与腈纶含酸性基团的性质、阳离子染料配伍值的大小及染料的浓度有关。缓染剂用量过少，起不到缓染作用，易染花；用量过多，过分缓染会形成高温集中上染，同样易染花，而且缓染剂用量过大会起剥色作用，影响残液吸净，既不经济又影响染色质量。

（6）阳离子染料对腈纶有很强的亲和力，当温度达到 80℃以上时，染料急速上染，所以控制染色温度是非常重要的。当染液被洗净后，要保持染料向纤维内部扩散的过程，即应有足够的保温时间以达到透染效果。然后需控制降温速率，骤然降温易产生死折印，手感变硬。一般从 98℃降到 60℃需用 20～25min。

四、染色设备

1. 纱线染色设备

纱线染色设备主要有往复式染纱机、高温高压染纱机、溢流染纱机、喷射染纱机和筒子纱染色机。目前，腈纶纱线染色大生产设备较多为常温常压筒子纱染色机，该类设备已经在模块一任务五中详细介绍，这里不再重复。

实验室常用腈纶纱线小样染色设备有两种，如图 3-5-13 和图 3-5-14 所示。

图 3-5-13　LABWIN 纱线染色机

图 3-5-14　MicroWin PD 纱线染色机

LABWIN 纱线染色机适合纯棉、涤纶、涤/棉、腈纶、尼龙、羊毛及麻/棉等的筒子纱、大卷装筒子纱、散纤维、毛团、毛条、扁带等的染色和前、后处理工序。由单缸 1~6 个筒子纱至最多 24 个筒子纱的多缸设备，载量视初染物的重量而定。LABWIN 筒子纱小样染色机是筒子纱染色车间不可缺少的基本设备。它配备了大型筒子纱染色机类似的功能，其水比和流量与大型生产设备相当。在 LABWIN 筒子纱小样染色机上发展的工艺可能只需要少许的调整就可在生产上应用。生产工艺的改进在实施前也可在 LABWIN 染色机上进行仿真。其主要优点有灵活载量、灵活连机、适量流量、调制配方可直接应用、气垫技术、可以减载和压差控制。

MicroWin PD 纱线染色机适合纯棉、涤纶、涤/棉、腈纶、尼龙、羊毛及麻/棉等织物的筒子纱的小样染色。每缸一个筒子纱，每个筒子纱 200~300g。与染液接触的部分采用高度抗腐蚀性不锈钢制造，可用于高温或常温染色，载量可小达 200g，所发展的工艺只需略微调整，就可以应用在生产上。其主要优点：节省纱线材料不少于 75%，节省染料、化学剂及能源的开支不少于 75%，节省时间，初染工艺完成后可以实时交货，无须重绕，内外双向液流有助于染出优质样板。

2. 织物染色机

腈纶织物常采用常温常压溢流染色机。该类染色设备已经在模块一任务 1 中详细介绍。

五、质量控制

腈纶染色一般比其他纤维染色容易造成各种染疵。

1. 色花

（1）形成原因。造成色花的主要原因：染料的相容性不好；温度控制不当（如升温速率或不均匀）；助剂用量不当（如酸剂，缓染剂）；车速或泵速不当。

腈纶染色疵病及质量控制

（2）解决办法。

①严格筛选染料，选择相容性好的染料。

②严格控制升温速率。升温初始阶段升温速率控制在 1～2℃/min，在 80～100℃，要严格控制升温速率 1℃/min，尤其到了 100℃，切忌温度产生波动，防止色花的产生。

③选择适当的助剂，并严格控制用量。

2. 色斑

（1）形成原因。主要是染料溶解不良，配方不合理及染色机械不清洁等。

（2）解决办法。

①染料溶解时用与染料等量的醋酸充分打浆，然后用沸水溶解（必要时加尿素助溶），过筛入染缸，有些难溶的染料，可提前 30～60min 化料。

②若染料的上染速率不快，一般可以不加阳离子缓染剂，但若在生产过程中时而出现色斑，则可加入少量（0.3%～0.5%，owf）的阳离子缓染匀染剂或非离子净洗剂。利用它的渗透、扩散和净洗作用，防止色斑的产生。

③染缸的清洁可用保险粉 2g/L，纯碱 1g/L，净洗剂 Ls 1g/L 煮沸 3～4h，放液，更换清水，用少量硫酸中和。如仍不干净，则可在用阳离子助剂 2g/L 的溶液煮沸 2～3h。污染特别严重的设备，可以偶尔用 2g/L 亚氯酸钠或次氯酸钠于 pH 值 3～4 煮沸清洗。

3. 磨白

（1）形成原因。磨白的疵点主要发生在条染和散纤维染色的色织物上。造成的原因主要是染色不透，由于腈纶不耐摩擦，在织造和整理过程中，局部过分摩擦，便出现磨白的疵点。

（2）解决办法。减少缓染剂和醋酸的用量，延长沸染时间，最好采用 105℃ 的高温染色，从根本上消除缓染现象。

此外，有些磨白疵点并非缓染作用造成的，而是纱线在织造过程中局部受磨后产生较强的反光现象。这样的问题应从加强纱线在织造前的柔软处理，减少织造过程中纱线的摩擦加以解决。

4. 膨体纱的捻度转移

（1）形成原因。腈纶膨体纱的染色很容易出现纱线的捻度转移，造成大段松紧的疵纱。造成此种现象的原因主要有：液流过快和不均匀；纱线在染缸中分布不匀，过稀的部位受液流冲击大；染缸的连接气管漏气，气流在液下冲击纱线；沸染的阶段大开锅；液位太低等。

（2）解决方法。在不造成色花的前提下，尽量降低流速；染液冲击大的部位可用布包裹，保护纱线；装线要分布均匀；染前要检查连接气管是否漏气；沸染时要特别注意防止大开锅，最好采用加压染色，即使是不超过 100℃ 染色工艺，加压也有好处，可使染液稳、静，从根本上解决染液在沸点时的翻腾现象；液位要适当高一些，纱线之上最好能保持 20～30cm 厚的水层，对于密闭的高温染色机，可采用使染液完全充满的方法，这样可减轻纱线受液流的冲击。用丙纶纱取代捻度转移的位置，效果显著，丙纶纱可重复使用。

5. 织物的变形和纬斜

（1）形成原因。织物的变形和纬斜主要由于织物的张力过大而又不均匀造成的，特别是稀薄织物或疏松织物更加突出。

（2）解决办法。染色时染整设备要调整好，注意防止染浴温度高于玻璃化温度时张力过大和不均匀。腈纶织物染色一般用液流染色机较好。

6. 手感不好

手感不好的主要原因及解决办法如下：

（1）染色助剂选择不当。几乎所有的非离子和阳离子助剂用于腈纶染色，染品手感都差，而以烷基季铵盐的阳离子助剂染后手感较好。由于助剂的原因造成的手感不良，可以经过水洗，再用阳离子柔软剂处理解决。

（2）降温太快。一般来说，玻璃化温度以上的区域，降温要慢，最好用间接冷水降温，从105℃降温至75℃用20~30min。降温至75℃后，可改用冷水溢流降温至50℃出机。

要避免从高温的染浴中取出染物，因为这样不但使织物手感硬而且产品会严重变形。

由于染物降温太快而造成的手感不良，可将染物放回高温的水浴中处理10~15min后，再缓慢降温，以恢复手感。

任务实施

一、准备

1. 仪器设备

红外线染样机、玻璃棒、染杯、烧杯、量筒、电炉、容量瓶、天平、吸量管、吸耳球、胶头滴管、恒温水浴锅、电子天平、烧杯、烘箱、电炉。

2. 染化药品

阳离子翠蓝GB、阳离子艳红5GN、阳离子黄X-6G、冰醋酸、醋酸钠、匀染剂1227、皂片等，均为工业纯。

3. 材料

纯腈纶织物。

二、实施步骤

1. 设计染色工艺处方（表3-5-1）

表3-5-1 阳离子染料染色处方

染化料及浴比	用量	
	处方1	处方2
阳离子艳红5GN（K值=3.5）（%，owf）	2.5	2.5
阳离子翠蓝GB（K值=3.5）（%，owf）	0.6	0.6
醋酸（%，owf）	2.5	2.5

续表

染化料及浴比	用量	
	处方 1	处方 2
醋酸钠(%,owf)	1.0	1.0
匀染剂 1227(%,owf)	0.5	—
浴比	1∶50	1∶50

2. 设计工艺曲线

阳离子染料控制升温染色法工艺流程：

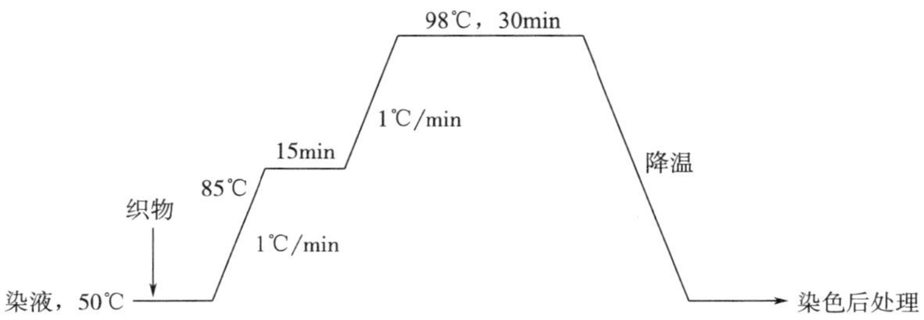

阳离子染料恒温染色法工艺流程：

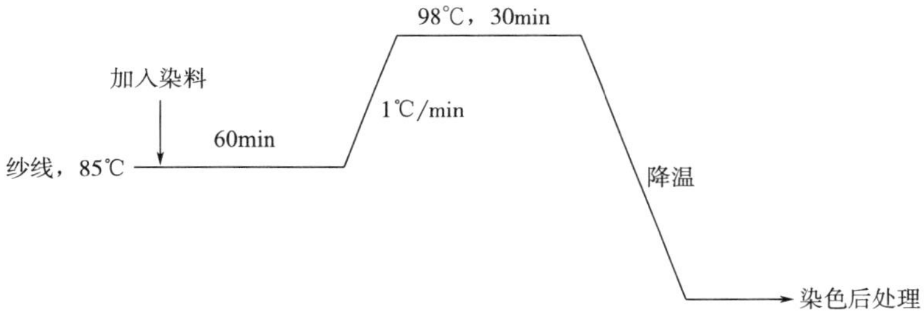

3. 染色操作

(1) 分别配制染料母液，称取织物，溶解阳离子染料时可适当加热。

(2) 染浴要在弱酸性条件下染色，阳离子染料要溶解在匀染剂。

(3) 放入机器中杯盖要盖紧，染毕取出布样时小心染液溅出。染杯可放在水中降温再打开盖子。

三、结果与讨论

(1) 贴样，比较两种染色方法的染色结果。

(2) 分析染色时的常用的匀染措施。

(3) 处方中各助剂的作用。

四、注意事项

(1) 染色过程中注意严格控制升温速率和降温速率。

(2) 染色结束后，缓慢降温后，再取出腈纶。

（3）腈纶的玻璃化温度在75℃左右，75℃以上染色速率很快，易染花，另外腈纶是准晶结构，受拉伸易变形。

（4）染色过程中应加强搅拌，防止色花。

任务拓展

自行设计腈纶染色的其他工艺，尽可能多地设计不同工艺条件，可变染料、变助剂、变固色的条件等，分析几种工艺的各自优缺点，以及适合怎样的产品。

思考与练习

1. 腈纶可以用哪些染料染色？
2. 腈纶染色的常用方法有哪些？其优缺点各是什么？
3. 腈纶染色时的常用匀染措施有哪些？
4. 腈纶染色时会出现哪些质量问题？如何克服？

任务6　腈纶/棉织物染色

学习目标

1. 知识目标

（1）掌握腈纶/棉织物的一浴法和二浴法染色。

（2）理解腈纶/棉织物的留白、同色和异色染色原理。

（3）掌握腈纶/棉织物的染色工艺因素对同色性的影响。

2. 能力目标

（1）会选择合适的染料并设计和调整腈纶/棉织物的一浴法染色工艺。

（2）能根据订单要求进行腈纶/棉织物的仿色打样。

（3）能发现腈纶/棉织物的染色质量问题提出改进措施。

3. 素质目标

（1）培养学生树立环保意识和责任意识。

（2）培养学生的沟通能力和科学严谨的态度。

4. 课程思政目标

（1）培养学生的精益求精的工匠精神。

（2）培养学生勇于探索的精神。

任务分析

腈纶/棉织物具有较好的手感、快干性和染色后独特的艳丽色彩，因此，深受消费者的喜爱。腈纶不耐碱，对温度敏感。当接到腈纶/棉织物染色任务时，要对产品的要求、用途和特点进行分析，要注意选择合适的染料和助剂，选用适当的染色方法和染色工艺对腈纶棉织物染色。在规定的时间内完成染色，并能发现和解决染色中出现的质量问题。

知识准备

一、腈纶/棉织物染色概述

腈纶/棉制品以纱线和针织产品为主。棉采用的染料主要有直接染料、活性染料、还原染料、硫化染料等，腈纶一般采用阳离子染料染色，个别情况会采用分散染料染淡色。

阳离子染料一般控制染浴 pH 值在弱酸性条件下进行，碱性条件不稳定，因此与普通活性染料、还原染料和硫化染料不适合采用一浴一步法染色。

腈纶/棉织物染整

在高温碱性条件下腈纶中的氰基易水解，阳离子染料稳定性也有下降，因此采用活性染料时宜选择用中温型的活性染料。

二、单一染料上染纤维（留白效果）

1. 单染腈纶

采用阳离子染料染腈纶、棉留白方法类似纯腈纶产品的染色，匀染性比纯腈纶要好些。是因为阳离子染料先沾染棉，随着温度的升高，棉上沾色的染料逐渐向腈纶转移，使腈纶上染料缓染。需注意棉纤维漂白过程中的氧化损伤，氧化损伤将增加阳离子染料对棉的沾色程度，此时最好采用阳离子缓染剂，棉上沾色应采用保险粉和非离子表面活性剂还原清洗去除。

浅色腈纶也可以采用分散染料或分散型阳离子染料在 100℃染 20~40min，如果染后棉被沾色，要采用 60~70℃还原清洗去除。

2. 单染棉

只染棉，腈纶留白，可用直接染料于 80~90℃染色，染浴 pH 值 7~8，有利于提高腈纶的洁白度。

三、两种染料分别上染两种纤维（同色或异色效果）一浴法

采用一浴法染色时，存在阳离子染料对棉沾色及阴阳离子型染料相互作用的问题。解决方法是添加非离子型的抗沉淀剂或分散剂，或采用分散型阳离子染料与阴离子染料同浴染色。

1. 分散/直接染料一浴法

染淡色可采用是分散/直接染料一浴法，pH 值 5~6，可在 60℃始染，升温至 100℃，保温 30~60min，水洗，固色。染色前一定要用非离子型清洗剂处理干净腈纶。染浴中要加入抗沉淀剂，手感有一定影响。

2. 阳离子/直接染料一浴法

腈纶与棉混纺织物或交织物可采用阳离子/直接染料一浴法染色。为防止阳离子染料对棉的沾色影响直接染料上染，要加入分散剂 WA 抗沉积。电解质盐对直接染料染棉促染，对阳离子上染腈纶缓染。其中一浴二步法是先 100℃阳离子染料染腈纶，染毕后降温至 80~90℃再添加直接染料染棉。

处方：

阳离子染料（owf）	x
直接染料（owf）	y
分散剂 WA	1～2g/L
元明粉	2～10g/L

醋酸调 pH 值至 5，沸染 30～60min，染毕水洗、皂洗、水洗。

四、两种染料分别上染两种纤维（同色或异色效果）二浴法

二浴法染色时，为了更好地对色，可以在染完阳离子染料后，用 70%硫酸于 98℃的振荡小样机中处理 3min，将溶解去棉上的阳离子染料，烘干，再观察腈纶的颜色与标样差异，腈纶颜色可以了再套活性、还原染料等。

1. 阳离子/活性染料二浴法

染色时先采用常规方法染腈纶，染毕还原清洗（用保险粉、非离子表面活性剂 1～2g/L，70～80℃处理 10～20min）。套染活性染料。套染活性染料时可以采用高温中性固色或中温碱性固色。

2. 阳离子/还原染料二浴法

染色时先采用常规方法染腈纶，染毕还原清洗，套染还原。还原染料采用隐色体染色法。高温碱性对腈纶有一定的影响。此方法工艺繁，难对色，现在较少用，被活性取代。

3. 阳离子/硫化染料二浴法

染色时先采用常规方法染腈纶，染毕还原清洗，套染硫化染料。硫化碱对腈纶和某些阳离子染料都有一定破坏力，且硫化染料颜色品种较少，染后手感硬。现在该方法较少用，被活性染料取代。

4. 阳离子/直接染料二浴法

腈纶/与棉混纺织物或交织物可采用阳离子/直接染料二浴法染色，先用阳离子染料于 100℃染腈纶，待腈纶染色完毕后，还原清洗，再用直接染料染套棉纤维，染毕水洗、皂洗、水洗。

染色处方：

阳离子染料（owf）	x
直接染料（owf）	y
分散剂 IW	1～2g/L
元明粉	3～10g/L
醋酸调 pH 值	5

五、染色质量控制

1. 阳离子染料对棉的沾色和阴离子与阳离子染料相互作用

一浴法染色时，存在着阳离子染料对棉的沾色和阴离子与阳离子染料相互作用的问题。解决的方法是添加非离子型的抗沉淀剂或分散剂，或采用分散型阳离子染料与阴离子染料同浴染色。

2. 棉纤维的氧化损伤

腈纶/棉织物的染色方法和使用的染料组合，取决于染色牢度要求、染色效果（同色、异色、留白等）和染色深度等。如果腈纶留白，可用磺酸基多的盐效应直接染料于 80～90℃ 染色，染浴 pH 值为 7～8，这样有利于提高腈纶的白度。如果棉纤维留白，需特别注意漂白过程中棉纤维的氧化损伤。氧化损伤将增加阳离子染料对棉纤维的沾色程度，此时最好使用阳离子缓染剂，纤维素纤维沾染的阳离子染料应在染色后用保险粉和非离子型表面活性剂于 60～70℃ 还原清洗加以去除。

3. 染制品湿处理牢度低

同色染色或异色染色以一浴法最为简单。对于染淡色，最经济的方法是分散/直接染料一浴法染色。淡、中色染色可用阳离子/直接染料一浴一步法染色，但应对阳离子染料做仔细筛选，选用对棉纤维沾色很小的染料，并加非离子型抗沉淀剂，以提高阴、阳离子染料的相容性。如果染中、浓色采用一浴一步法，则阴、阳离子染料的相容性不好，阳离子染料对棉纤维沾染严重，染浴中染料易沉淀，染制品湿处理牢度低下，故应用阳离子/直接染料或阳离子/活性染料一浴二步法染色或二浴法染色，或用阳离子/还原染料或阳离子/硫化染料二浴法染色。二浴法染色是先用阳离子染料染腈纶，还原清洗后，再用其他染料套染棉纤维。若用还原染料套染，则中间的还原清洗可省去。

任务实施 1

腈纶/棉织物阳离子/直接染料一浴法染色。

一、准备

1. 材料

腈纶/棉织物。

2. 染化料

阳离子染料黄 5GL、直接染料黄 D-3RNL、元明粉、分散剂 WA、冰醋酸。

3. 仪器

红外染色机、恒温水浴锅、250mL 烧杯、电炉、电子天平（0.01mg 精度）、烘箱。

二、实施步骤

1. 设计处方

阳离子黄 5GL（owf）	0.15%
直接染料黄 D-3RNL（owf）	1.6%
元明粉	2.0g/L
分散剂 WA	1.0g/L
醋酸调 pH 值	5
浴比	1∶20
织物	2g/块

2. 设计工艺流程

60℃起染（染5min）→沸染30~60min（升温速率1℃/min）→降温至50℃（降温速率1℃/min）→热水洗→皂洗→热水洗→水洗→出布

3. 染色操作

（1）分别配制染料母液，称取织物。

（2）根据处方先加分散剂，再取染料母液、元明粉加入烧杯中，加水至染浴搅拌溶解，用冰醋酸调pH值为5。

（3）室温加入润湿的织物，升温（升温速率1℃/min）到沸保温40min，染毕降温至60℃，取出布样热水洗（60~70℃），冷水洗，皂洗（2g/L皂粉，浴比1∶30，90℃处理2min），水洗，烘干。

三、注意事项

（1）分散剂要在染料加入前加。

（2）染浴要在弱酸性条件下染色，染料溶解要好。

（3）直接染料采用盐效应染料会好的。

（4）如果要观察腈纶/棉织物中腈纶的上染情况可溶解棉再看。

任务实施2

腈纶/棉织物阳离子/活性染料二浴法染色。

一、准备

1. 材料

50/50腈纶/棉织物。

2. 药品

阳离子黄GL，阳离子红GRL，冰醋酸，元明粉，活性黄3RS，活性红3BS，纯碱，匀染剂1227。

3. 仪器

红外线小样机，恒温水浴锅，250mL烧杯，电炉，电子天平（0.01mg精度），烘箱，计算机测色仪。

二、实施步骤

1. 设计处方

（1）腈纶染色处方。

阳离子黄GL（owf）	0.5%
阳离子红GRL（owf）	0.15%
冰醋酸	3.0g/L
元明粉	2.5g/L
匀染剂1227	0.5g/L

浴比	1∶50

（2）活性染料套色处方。

活性黄 B-3RS（owf）	0.8%
活性红 B-3BS（owf）	0.2%
元明粉	6.0g/L
纯碱	2.0g/L
浴比	1∶30

2. 设计工艺曲线

阳离子染料单染腈纶的工艺曲线：

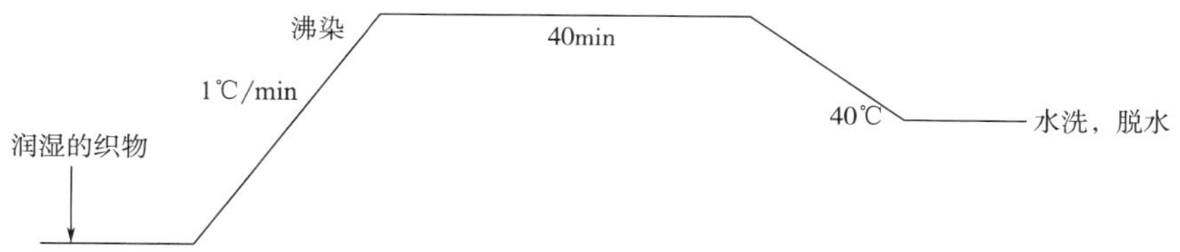

活性染料套染棉染色工艺曲线：

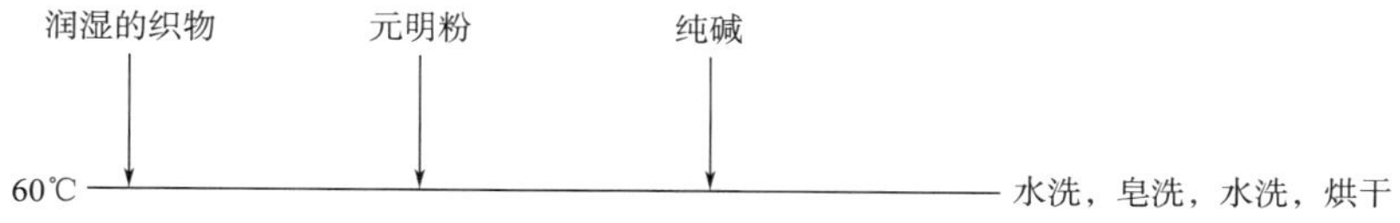

3. 设计工艺流程

腈纶阳离子染料室温始染→升温至沸染保温 40min →降温至 40℃→取出→水洗→脱水→棉活性染料染色先加盐后加碱→水洗→皂洗→水洗→烘干

4. 操作步骤

（1）配制染料母液浓度 4g/L。剪取织物 4g/块。

（2）根据处方取染料母液，称取助剂，加水配制成染浴 100mL，室温加入润湿的腈纶/棉织物开始升温至沸，升温速率 1℃/min，保温 40min。

（3）取出织物，水洗。

（4）配制活性染料染浴，先加入染料后加水至 60mL，加热至 60℃加入润湿的织物染 15min，加入元明粉染 15min，加入纯碱染 15min。

（5）取出水洗，皂洗（2g/L 中性皂粉，85℃，2min），烘干。

三、注意事项

（1）腈纶染色升温要稳，如果采用水浴锅要加强搅拌，防止染花。

（2）染色前织物要前处理好，只能采用非离子表面活性剂洗涤。

（3）染色过程中加药品时不要直接加在织物上。

（4）颜色深可不加匀染剂。

（5）腈纶/棉混纺比改变，染料配比也要变化，要调整。

任务拓展

新型工艺腈纶与棉混纺织物或交织物阳离子/活性染料一浴法染色，腈纶用分散型阳离子染料染色，棉用 CN 型活性染料染色，用中性固色浴固色，用缓冲剂调 pH 值。请自行设计工艺并染色。

思考与练习

1. 腈纶/棉织物的用途有哪些？

2. 理论上哪些染料可以对腈纶/棉织物进行一浴一步法染色？选择染料时应该注意哪些问题？

3. 查阅国内外关于腈纶/棉织物染色的最新工艺，结合实验室实际情况，设计腈纶/棉织物染色的最新工艺。

4. 腈纶/棉织物染色过程中会出现哪些质量问题？如何克服？

任务 7　羊毛/腈纶织物染色

学习目标

1. 知识目标

（1）了解羊毛/腈纶织物的特点及用途。

（2）理解羊毛/腈纶织物的一浴法、二浴法染色原理。

（3）掌握羊毛/腈纶织物的染色工艺因素对同色性的影响。

2. 能力目标

（1）会选择合适的染料并设计和调整羊毛/腈纶织物的染色工艺。

（2）能根据订单要求进行羊毛/腈纶织物的仿色打样。

（3）能发现羊毛/腈纶织物的染色质量问题，并提出改进措施。

3. 素质目标

（1）培养学生保护环境的意识和责任意识。

（2）培养学生善于合作和科学严谨的态度。

4. 课程思政目标

（1）培养学生开拓进取的精神。

（2）培养学生勇于探索的精神。

（3）培养学生的科学精神。

任务分析

工艺员接到羊毛/腈纶织物染色生产任务单时，要对客户的要求及产品的用途和特点进行分析，根据分析结果和羊毛、腈纶两种纤维的染色性能，严格筛选染料、助剂、设计小样工艺、进行小样打样，并发现和解决染色中出现的质量问题。

知识准备

一、羊毛/腈纶织物概述

羊毛与腈纶进行混纺，在特性上取长补短，改善了织物的服用性能。羊毛/腈纶织物经起毛拉绒处理，与皮肤接触时具有温暖感。同时经过湿热加工，纤维吸湿性能增强，环境温度突变，纤维放出的吸湿积分热会使纤维升温，这些热量将传递到整套服装，对人体的冷热起缓冲保护作用。

羊毛/腈纶
织物染色

二、羊毛/腈纶织物染色方法

羊毛/腈纶织物一般先染腈纶，排液清洗干净后再染羊毛，染色后根据染料用量进行后处理。颜色深、色牢度差的需进行还原清洗或用防沾色清洗剂清洗，以达到色牢度要求。选择合适匹配的染料，羊毛/腈纶织物可实现一浴法染色，但需要在染浴中加入防沉淀剂，以防染料之间发生沉淀反应，同时添加元明粉作为两种染料的匀染剂。

由于羊毛和腈纶染色性能不同，可用弱酸性染料、中性染料或酸性媒染染料染羊毛，用阳离子染料染腈纶。这两类染料带电荷性不同，所以防止阴、阳离子相遇产生沉淀和减少两种纤维互相沾色是染色的关键。

羊毛/腈纶织物的染色方法通常有一浴一步法、一浴二步法、二浴法等。一浴一步法是将阳离子染料和酸性染料、中性染料、活性染料等置于同一浴中染色，一步完成羊毛和腈纶的染色，这种方法一般适用于染淡、中色。藏青、黑色等深浓色多采用二浴法染色，先染腈纶，还原清洗后再套染羊毛。一浴二步法染色主要针对一些中、浓色，一般采取羊毛先染色，后添加阳离子染料染腈纶。可以采取在升温过程中当部分酸性或中性染料上染羊毛后于 75~80℃再加阳离子染料染色的方法，也可以采取在酸性或中性染料完全上染羊毛并降温后再加阳离子染料染色的方法。从阴、阳离子染料相互作用的角度来看，一浴二步法染色在加入阳离子染料之前阴离子染料已经完成了部分上染，因此在后续染色中阴、阳离子染料发生沉淀的机会明显减少。一浴一步法或一浴二步法需要加入抗沉淀剂，淡、中色染色根据实际染色情况、升温程序、阳离子染料的匀染性等因素决定是否加入阳离子缓染剂。就阳离子染料染色而言，由于阳离子染料的移染性差，因此可采用控制升温法和淡色染色添加缓染剂的两种缓染方法提高染色的均匀性。

三、二浴法染色

先用阳离子染料染腈纶，再用酸性染料等染羊毛。或者先用弱酸性染料、中性染料或酸性媒染染料染羊毛，然后用阳离子染料染腈纶。这种工艺可避免染料之间的相互作用，但处理时间长，能耗大，目前使用不多。

1. 腈纶染色

染腈纶可采用阳离子染料、分散染料或分散型阳离子染料。

（1）阳离子染料染色。阳离子染料对腈纶有很大的亲和力，上染很快，但移染性差，易造成染色不匀，故应严格控制升温速率，而且需要加入阳离子型缓染剂。缓染剂用量过少，效果不显著，容易造成色花；用量过多，得色量低。缓染剂的匀染效果因腈纶品种不同而有差异，用量根据实际情况调节。另外，某些阳离子染料对 pH 值较为敏感，pH 值应控制在 4~5 范围内。

（2）分散型阳离子染料染色。分散型阳离子染料低温时表现为分散染料特性，呈阴离子型，匀染性、遮盖性较好。升到高温后，呈阳离子型，上染率高，亲和力大，既克服了阳离子染料升温速率快、易色花的缺点，又克服了分散染料上染率低、色泽萎暗的不足，是染中、浅色较为合适的染料。

分散型阳离子染料应用 40~50℃温水化料，高温时分散型阳离子染料变成普通阳离子染料，易造成色花。一般扩散剂 NNO 的用量为 1.5%，如果容易色花，用量增大至 2%。染色残液 pH 值应低于 5.5，分散型阳离子染料染色不用加缓染剂。

2. 羊毛染色

染羊毛一般选用酸性染料、中性染料染色。弱酸性染料分子结构复杂、溶解度差，但对羊毛的亲和力高，易被吸附，但匀染性较差；中性染料染羊毛需在近中性的染浴中进行，分子结构更为复杂，磺酸基所占比例更低，溶解度更小，羊毛纤维亲和力高，湿处理牢度好，但匀染性更差，染色时必须加以调节控制 pH 值。在弱酸性浴中，酸性染料移染性差，若 pH 值较低，染料很快被羊毛吸附，甚至发生聚集，在羊毛表面形成超当量吸附，很难进入纤维内部。因此，染浴 pH 值应保持在 4~6，染色后加酸以提高上染率。中性染料对羊毛亲和力更高，移染性更差，故在加有硫酸铵或醋酸铵的近中性浴中染色。对于上色快、匀染性差的染料，酸可分两次加入，始染时加入总量的一半，沸染 30min 后降温加入另一半，升温后继续沸染。羊毛/腈纶混纺织物染色后，染液需要缓慢均匀降温，因腈纶在玻璃化温度以上骤然降温，极易形成折皱变形、手感发硬、弹性降低，所以，从 100℃降到 60℃的时间应控制在 20min 以上。

四、一浴法染色

羊毛/腈纶织物采用一浴法染色时，染液中的阴离子染料与阳离子染料基本按理论摩尔比以离子键的形式发生相互作用，形成复合物，并且酸性染料与隔离型阳离子染料的相互作用比与共轭型阳离子染料的相互作用强烈。酸性染料疏水性趋强，与阳离子染料相互作用的程度就越大。这意味着阴离子染料与阳离子染料在同一染浴中存在相容性问题。不同种类的阴离子染料与阳离子染料的相容性一般按以下顺序由好变差：媒介染料>活性染料>1∶1 金属络合染料>匀染性酸性染料>耐缩绒染料>含磺酸基的中性染料>不含磺酸基的中性染料。

1. 一浴二步法染色

一浴二步法染色先用酸性染料染羊毛，再在该浴中加入阳离子染料染腈纶。腈纶基本不沾色，阳离子染料对羊毛的沾色随品种而异，应选择沾色较轻的染料。具体染色方法是，先用酸性染料染羊毛，在染料基本吸尽后降温至 80℃，再加入缓染剂和阳离子染料染腈纶，在染液中补充适量醋酸，然后逐渐升温至沸，沸染 60min，降温清洗。如果在加入阳离子染料之前染色残液中残留酸性染料还较多，则需在加入阳离子之前加入少量分散剂，以防止形成沉淀。也可用阳离子染料染色，染色后降温至 70℃，加入分散剂及弱酸性染料溶液，再缓慢升温至沸，沸染 60min，降温清洗。

2. 一浴一步法染色

一般用阳离子染色和弱酸性染料，要特别注意防止产生染料沉淀。首先要选择合适的染料，最好选择含羟基和氨基的弱酸性染料，这样一旦与阳离子染料结合失去离子性时仍能具备一定的亲水性和分散性。其次要采用适当的分散剂和合理的加料次序。一浴法不宜用于染深浓色，否则染料易发生沉淀。

（1）染色处方（owf）。

阳离子染料	x
弱酸性染料	y
分散剂 WA	1%～3%
冰醋酸	1%～3%（调 pH＝4.5～5）
醋酸钠	0.5%～1%
元明粉	10%～15%

（2）染色过程。始染温度过低，弱酸性染料易产生沉淀；始染温度过高易造成染色不匀。宜采用 40～50℃ 开始染色，在染液中依次加入醋酸、醋酸钠、元明粉、阳离子染料溶液和分散剂，运转 10～15min，混合均匀后再加入酸性染料溶液，分散剂必须在酸性染料加入之前加，以 1℃/2min 的速率升温至沸，沸染 60min，降温清洗。也可采用先加弱酸性染料和助剂，并与分散剂充分混合后再加阳离子染料。

日本化药商品开发中心采用酸性染料及酸性金属络合染料与 Kayacryl ED 染料（分散型阳离子染料）对羊毛/腈纶织物进行一浴法染色。分散型 Kayacryl ED 染料与酸性及酸性金属络合染料的配伍性好，染色时不必加入防沉淀剂。染色工艺合理，缸体污染少，工作效率高。酸性及酸性金属络合染料与 Kayacryl ED 染料应分开溶解。用 Kayacryl ED 染料染腈纶，对于染浅色，添加适量元明粉及匀染剂能提高染色均匀性。由于羊毛有还原作用，染浴的 pH 值越高，阳离子染料越容易被分解，所以，染浴的 pH 值应控制在 4.0～4.5。

五、染色质量控制

羊毛/腈纶织物染色时，对染色质量影响最严重的问题是阳离子染料对羊毛的沾色及阴离子和阳离子染料之间的相互作用。阳离子染料对羊毛沾色的根本原因在于阳离子染料能吸附于羊毛负电性的羧基上，阳离子染料对羊毛的沾色会严重影响织物的耐洗、耐摩擦和耐日晒等色牢度。因此，在染色时必须尽可能地通过各种方法降低阳离子染料在羊毛上的沾色量，或者必须充分去除沾色。羊毛组分的含量越高，羊毛沾色程度越大；隔离型阳离子染料因为正电荷集中，对羊毛的沾色程度大于共轭型阳离子染料，染浴 pH 值低，有利于抑制羊毛纤维羧基的离子化，从而降低羊毛的沾色量；当值染浴 pH 值小于羊毛等电点时，添加中性电解质，有助于降低羊毛的正电性倾向，对酸性染料上染羊毛起缓染作用，加大了羊毛的沾色量；使用阳离子缓染剂时，缓染剂降低了阳离子染料对腈纶的上染速率，对腈纶的最终染色深度也有一定的影响，并增加了羊毛的沾色程度。在染色过程中，当染色温度在腈纶的玻璃化温度以下时，阳离子染料更多地沾染于羊毛上，而当染色温度超过腈纶的玻璃化温度后，由于阳离子染料对腈纶上染能力的增强，阳离子染料对腈纶的亲和力大于对羊毛的亲和力，羊毛上沾染的阳离子染料转而上染腈纶。当染色温度升至 100℃时，更多的阳离子染料转而上染腈纶，在进一步的沸染过程中，阳离子染料持续地在腈纶上发生上染，染色温度越高和沸染时间越长，阳离子染料对羊毛的沾色越少。

羊毛/腈纶织物一浴法染色时，染浴中的阴离子和阳离子染料容易以离子键的形式发生作用，形成复合物。复合物还会聚集，严重时则产生沉淀，易导致产生色点、色花，耐洗和耐摩擦色牢度降低等问题。即使没有产生沉淀，由于相互作用也会导致染色重现性变差，相互沾染性变得严重。解决这一问题的措施是在一浴法染色时添加非离子型的抗沉淀剂或分散剂，另外，也可以采用分散型阳离子染料染色。非离子型分散剂对水溶性比阴离子或阳离子染料差的阴阳离子染料复合物具有很好的分散和增溶作用，因而可防止阴阳离子染料复合物发生高度聚集而生成沉淀。常用的非离子型抗沉淀剂是脂肪醇聚氧乙烯醚化合物，如分散剂 IW。

任务实施

羊毛/腈纶织物的酸性/阳离子染料一浴一步法染色。

一、准备

1. 仪器设备

红外线染样机、玻璃棒、染杯、烧杯、量筒、电炉、容量瓶、天平、吸量管、吸耳球、胶头滴管、恒温水浴锅、电子天平、烧杯、烘箱、电炉。

2. 染化药品

阳离子翠蓝 GB、阳离子红 GRL、阳离子黄 X-6G、冰醋酸、醋酸钠、匀染剂 1227、皂片等，均为工业纯。

3. 材料

羊毛/腈纶混纺织物。

二、实施步骤

1. 设计染色工艺处方（表 3-7-1）

表 3-7-1　酸性/阳离子染料一浴一步法染色处方

染化料及浴比	用量
阳离子红 GRL(%,owf)	1.0
冰醋酸(%,owf)	1.5
分散剂 IW(%,owf)	2.0
元明粉(%,owf)	10.0
弱酸性红 B(%,owf)	1.0
浴比	1∶50

2. 设计工艺曲线

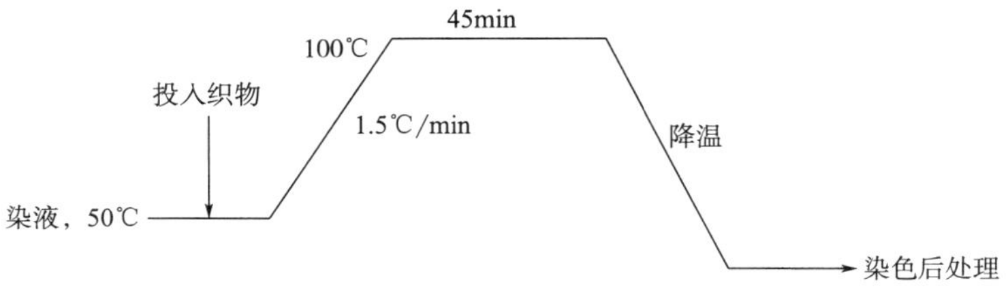

3. 染色操作

（1）分别配制染料母液，称取织物，溶解阳离子染料时可适当加热。

（2）根据处方配制染液。室温加入润湿的洗净织物，盖好杯盖放入染杯按工艺升温，程序结束鸣警取出布样，温水洗（60~70℃），冷水洗，净洗，水洗，烘干。

（3）观察布面匀染性，手感。用照布镜观察布样两种组分有无差异，有差异要调整处方。

三、注意事项

（1）分散剂要在染料加入前加。

（2）染浴要在弱酸性条件下染色，阳离子染料要能很好地溶解在分散剂体系中。

（3）放入机器中杯盖要盖紧，染毕取出布样时小心染液溅出。染杯可放在水中降温再打开盖子。

（4）染料品种可根据试验条件决定。

任务拓展

自行设计羊毛/腈纶织物最新染色工艺，尽可能多地设计不同的工艺条件，可以变混纺比、变染料、变助剂、变固色的条件等，分析几种工艺的各自优缺点，以及适合怎样的产品。

思考与练习

1. 羊毛/腈纶织物有何特点？
2. 羊毛/腈纶织物的染色方法有哪些？各有何优缺点？
3. 羊毛/腈纶织物染色过程中应该注意哪些问题？
4. 羊毛/腈纶织物大生产常用哪种染色设备？
5. 羊毛/腈纶织物染色中会出现哪些质量问题？如何克服？

任务 8　涤纶/腈纶织物染色

学习目标

1. 知识目标

（1）了解涤纶/腈纶织物的特点。

（2）理解分散/阳离子染料染涤/腈织物的染色原理。

（3）掌握涤纶/腈纶织物的染色工艺因素对同色性的影响。

2. 能力目标

（1）会选择合适的染料并能设计和调整涤/腈织物的染色工艺。

（2）能根据订单要求进行涤/腈织物的仿色打样。

（3）能针对染色后的涤纶/腈纶织物的质量问题提出改进措施。

3. 素质目标

（1）培养学生树立环保意识和责任意识。

（2）培养学生团队合作能力和科学严谨的态度。

4. 课程思政目标

（1）培养学生精益求精的工匠精神。

（2）培养学生勇于探索的精神。

（3）培养学生敢于担当的精神。

任务分析

涤纶/腈纶（简称涤/腈）中长化纤织物弹性好、强力高，用作外衣面料具有挺括、褶裥不变形、缩水率小和洗可穿的特点。但由于两种混纺纤维的染色性能不同，在染色时会存在沾色问题。一般阳离子染料对涤纶很少沾色，而分散染料对腈纶易沾色。因此，要选择对腈纶沾色少的分散染料。当接到染色任务单时，要对产品的要求、用途和特点进行分析，严格筛选染料和助剂，选用合适的染色设备，设计小样工艺、进行小样打样，并发现和解决染色中出现的质量问题。

知识准备

一、涤/腈织物染色概述

涤/腈织物是中长化纤混纺织物的一种。中长化纤混纺织物的染整加工一般要求松式处理，特别是湿热处理时影响产品毛型感的关键工序，染色时采用低张力加工，有利于获得厚实、松软、弹性好的仿毛手感。

涤/腈织物的染色有热熔法、高温高压卷染和高温高压绳染等几种方式。热熔法染色后产品手感较硬，必须采用适当的措施，如染后松式平洗，以恢复织物的柔软蓬松性和弹性。高温高压染色产品手感松软，毛型感较强，色泽浓艳均匀，但生产效率较低。

涤/腈织物染料选择和染色

涤/腈织物一般采用分散染料和阳离子染料染色。阳离子染料对涤纶很少沾色，可做涤纶留白产品，而分散染料要选择对腈纶沾色少的品种，一般E（低温型）和SE（中温型）对腈纶的沾色少，染色时应尽可能减少分散染料对腈纶的沾色，否则会影响染色牢度。染色方法有一浴法和二浴法。

涤/腈织物染色工艺

二、分散/阳离子一浴法染色

涤/腈织物一浴法染色时，阳离子染料会与分散染料中的阴离子分散剂相互作用，影响染液的分散稳定性，因此，可以采用抗沉淀剂将阳离子染料转变成分散型阳离子染料，使分散型阳离子染料和分散染料同时分散在染液中，随着温度的升高，阳离子染料逐渐释放出来上染腈纶，由于大量抗沉淀剂使用会使染料上染变浅，同样颜色要比二浴法所用染料多 10%。

（1）染色处方（owf）。

阳离子染料	x
分散染料	y
阳离子缓染剂 1227	0.4%~1.0%
匀染剂 O	0.5%~1.5%
98%冰醋酸	1.0%~3.0%
浴比	1：（20~30）

（2）染色过程。染深色时应采用一浴二步法，先用高温高压染涤纶，然后将染液降温至 80℃左右，再加入阳离子染料染腈纶。

当采用一浴法浸染时，也可在染液中加入载体，采用一步法同时对两种纤维染色，或先用分散染料载体法染涤纶，在再加入阳离子染料染腈纶。

采用一浴法轧染时，一般是将分散染料和阳离子染料同浴，先将阳离子染料与抗沉淀剂调成分散型阳离子染料，使分散型阳离子染料和分散染料同时分散在水中。

分散型阳离子染料热熔染色工艺与分散染料的热熔染色工艺相似，工艺流程如下：

浸轧染液→烘干→热熔→水洗→皂洗→水洗→烘干

热熔条件是：190~200℃，1~2min。轧染液内含有分散型阳离子染料、醋酸、促染剂、释酸剂、非离子表面活性剂及少量糊料等。加入醋酸调节染液的 pH 值至 4~5。由于醋酸易挥发，为使染色过程中 pH 值比较稳定，一般必须加入硫酸氢铵 7~9g/L 作为释酸剂。采用尿素和碳酸乙烯酯作为促染剂，可使纤维膨化，有利于染料向纤维内扩散。非离子表面活性剂可提高染液的稳定性和渗透性。少量糊料可防止染料泳移。若在热熔后再进行短时间汽蒸，可进一步提高阳离子染料的固色率。

三、分散/阳离子二浴法染色

涤/腈织物二浴法染色，一般先用分散染料染涤纶，然后再用阳离子染料染腈纶。两类染料相互干扰少，色泽稳定，可染深色，但染色周期长。

涤/腈针织物二浴法染色时，分散染料对腈纶有可染性，而阳离子染料对涤纶很少沾色。为得到纯正色光，先用阳离子染料染腈纶，然后以分散染料染涤纶。二浴法染色，两类染料相互干扰少，但染色周期长。

腈纶的耐高湿热性能较差，因此无论采用一浴法还是二浴法染色，染浴温度均不宜过高，最高不能超过 115℃。为了使涤纶组分也有较好的染色效果，可在染浴中加入适量的助染剂。

四、染色质量控制

1. 留白染色效果不佳

涤/腈织物留白染色时，用阳离子染料染色时涤纶只是略有沾色，通常通过筛选阳离子染料、降低染浴 pH 值、染色后进行还原清洗等措施，将其沾色降低到最低限度，因此用阳离子染料染色，较容易获得涤纶留白的染色效果。

2. 分散染料分子与阳离子染料发生沉淀

涤/腈织物常见的异色或者同色染色方法是分散染料/阳离子染料一浴一步法染色和分散染料/分散型阳离子染料一浴一步法染色。分散染料/阳离子染料一浴法染色时，尽管不存在分散染料分子与阳离子染料之间的直接相互作用，但是分散染料商品中含有阴离子型分散剂，载体法染色时用的载体乳化剂有时也为阴离子型，阳离子染料本身带正电荷，其缓染剂一般也为阳离子型的，因此在同一染浴中阳离子染料、阳离子缓染剂、分散剂和乳化剂之间会发生相当复杂的相互作用。

为了防止分散染料/阳离子染料一浴法染色时染料发生沉淀，应使用非离子型的抗沉淀剂。同时，尽可能不使用阳离子缓染剂，染色的均匀性主要通过升温速率来控制。采用分散染料/分散型阳离子染料一浴一步法染色，没有染料沉淀的问题，不需要添加抗沉淀剂。

任务实施

一、准备

1. 材料

50/50 涤/腈混纺或交织物。

2. 染化料

分散剂 WA，醋酸，醋酸钠，保险粉，平平加 O。

3. 仪器

红外染色机，恒温水浴锅，染杯，250mL 烧杯，电炉，电子天平（0.01mg 精度），烘箱，量筒。

二、实施步骤

1. 设计处方

（1）设计染色处方。

250%阳离子 X-GRRL 蓝（owf）	0.8%
100%分散 2BLN 蓝（owf）	1.2%
匀染剂	1g/L
分散剂 WA	1g/L
醋酸钠	1g/L
醋酸调 pH 值	4.5~5.5
浴比	1∶50
织物	2g/块

（2）设计净洗处方及条件。

磷酸三钠	0.5g/L
保险粉	0.5g/L
非离子净洗剂机	1g/L
浴比	1∶50

温度　　50~60℃

时间　　10min

2. 设计工艺流程

60℃起染→升温至 90℃保温 20min（升温速率 1℃/min）→升温至 115℃保温 60min（升温速率 1℃/min）→降温至 80℃（降温速率 1℃/min）→温水洗→水洗→净洗→温水洗→取出

3. 染色操作

（1）分别配制染料母液，称取织物，溶解阳离子染料时可适当加热。

（2）根据处方，染杯中先加少量水再分别加入分散剂、阳离子染料、分散染料、匀染剂，加水至染浴，搅拌，溶解，用冰醋酸调 pH 值至 4.5~5.5。

（3）室温加入润湿的洗净织物，盖好杯盖放入染杯，按工艺升温，程序结束鸣警取出布样，温水洗（60~70℃），冷水洗，净洗，水洗，烘干。

（4）观察布面匀染性及手感。用照布镜观察布样两种组分有无差异，有差异要调整处方。

三、注意事项

（1）分散剂要在染料加入前加。

（2）染浴要在弱酸性条件下染色，阳离子染料要很好地溶解在分散剂体系中。

（3）分散染料采用匀染性好的染料。

（4）放入机器中杯盖要盖紧，染毕取出布样时小心染液溅出。染杯可放在水中降温再打开盖子。

任务拓展

自行设计涤/腈轧染工艺，尽可能多地设计不同的工艺条件，可以变混纺比，变染料，变助剂，变固色的条件等，分析几种工艺的各自优缺点，以及适合怎样的产品。

思考与练习

1. 涤/腈织物有何特点?
2. 涤/腈织物的染色方法有哪些?
3. 涤/腈织物染色过程中应该注意哪些问题?
4. 涤/腈织物大生产常用哪种染色设备?
5. 涤/腈织物染色中会出现哪些治疗问题? 如何克服?

任务 9　醋酯纤维织物染色

学习目标

1. 知识目标

（1）了解醋酯纤维织物的前处理工艺。

（2）理解分散染料染醋酯纤维织物的染色原理。

（3）掌握醋酯纤维织物的染色工艺因素对染色效果的影响。

2. 能力目标

（1）会选择合适的染料并能设计和调整醋酯纤维织物的染色工艺。

（2）能根据订单要求进行醋酯纤维织物的仿色打样。

（3）能发现染色后的醋酯纤维织物的质量问题并提出改进措施。

3. 素质目标

（1）培养学生树立环保意识和责任意识。

（2）培养学生严谨的态度。

4. 课程思政目标

（1）培养学生敢于担当和责任意识。

（2）培养学生勇于探索的精神。

（3）培养学生的科学精神。

任务分析

当工艺员接到醋酯纤维织物染色打小样的任务时，先要分析是二醋酯纤维织物还是三醋酯纤维织物，然后对客户的要求及产品的用途和特点进行分析，根据客户的要求严格筛选染料、设计小样工艺、进行小样打样，在规定的时间内完成染色，并发现和解决染色中出现的质量问题。

知识准备

一、醋酯纤维织物概述

醋酯纤维是纤维素衍生纤维，也叫纤维素醋酸酯，是以自然界中来源广泛的棉绒、秸秆、木材等植物材料中提取的纤维素为原料，在硫酸的催化下与乙酸酐反应制成的一种纤维素衍生物，经纺丝制得的纤维称为醋酯纤维。纤维素与乙酸酐反应的实质是纤维素大分子链中的羟基被乙酸酐中的乙酰基（$—COCH_3$）取代而生成纤维素乙酸酯，根据纤维素大分子链上的羟基被酯化的程度，一般可分为二醋酯纤维（乙酰基含量 35.0%～42.0%，CTA）和三醋酯纤维（乙酰基含量 42.0%～44.8%，CDA）。醋酯纤维的形状为圆形，表面有沟纹。二醋酯纤维和三醋酯纤维都可以用于纺织面料。

醋酯纤维及其染色方法

醋酯纤维染色工艺与质量控制

醋酯纤维包括纤维丝束、长丝及短纤维。随着品种和生产技术的不断更新，醋酯纤维已成为化纤家族中独具风格和特色的高附加值纤维。醋酯纤维织成的面料具有丝般光泽，手感柔软滑爽，悬垂性好，并具有一定的吸湿性，防霉防蛀，与合成纤维接近，兼具天然纤维和合成纤维两者的优点，越来越受到消费者的喜爱，适合在色织面料上开发应用。

二醋酯纤维的密度比较接近聚酯纤维，比黏胶纤维要小。二醋酯纤维的干强也较小，原因是醋酯纤维的结构中无定形区较大，纤维大分子的对称性与规整性较差，结晶度也比较低，大分子链段可比较自由地活动。二醋酯纤维的吸湿性比合成纤维高，比真丝和黏胶纤维低，故脱水干燥容易。由于它的溶胀性能较差，所以洗涤后几乎不收缩。二醋酯纤维在湿度60%、温度为23℃的环境下回潮率为6.4%，吸湿性能对纤维质量和密度都会产生影响，改变纤维体积和力学性能，影响织物的服用性能。二醋酯纤维耐热性较差，一般在90℃干热条件下处理1h，强力损失大约为2%，升温至120℃处理1h，其强力损失为16%~18%。超过150℃纤维开始软化，加热到230℃熔融。

三醋酯纤维纵向表面有颗粒感，具有明显的沟槽结构；横截面呈苜蓿叶形，无皮芯结构，周边有锯齿结构。三醋酯纤维结晶度为23%左右，远低于纤维素纤维。三醋酯纤维比二醋酯纤维具有更好的耐热性能和化学稳定性。三醋酯纤维熔点为290~300℃，比二醋酯纤维高得多。三醋酯纤维回潮率更低，约为二醋酯纤维的一半，吸湿性能远低于黏胶纤维。

二、醋酯纤维织物染色用染料

醋酯纤维虽然可以使用分散染料、阳离子染料和活性染料染色，但由于其与阳离子染料或活性染料反应的基团较少，上色率低，所以，醋酯纤维常选用分散染料染色。二醋酯纤维由于纤维素分子上大约2/3的羟基被乙酰基取代，所以极性基团很少，导致其化学结构松散，强力下降，吸湿性差，膨化不显著，对碱敏感，易皂化等，造成染色困难，不能用直接染料和活性染料等染色，常用分散染料染色。又由于二醋酯纤维耐热性较差，所以分散染料可以在100℃以下对二醋酯纤维染色；三醋酯纤维较二醋酯纤维染色性能差，比二醋酯纤维具有更好的耐热性能和化学稳定性，为了保证染色效果，可以加合适的促染剂，并适当升高染色温度。

三、醋酯纤维织物染色

（一）二醋酯纤维织物染色

分散染料最早是随着醋酯纤维的产生而发展起来的，由于醋酯纤维结构较涤纶疏松得多，而且耐热性较差，所以分散染料可以在100℃以下对醋酯纤维染色。一般40℃始染，逐步升温至85~90℃，然后根据染色色泽深浅，保温一定时间，经清洗后处理，完成染色。醋酯纤维染色需在低张力设备上进行，可用浸染或卷染染色设备。

1. 染色原理

二醋酯纤维与涤纶相似，都属于聚酯纤维，二醋酯纤维织物分散染料染色的原理与涤纶分散染料高温染色原理十分相似，醋酯纤维的分子结构相对疏松，非结晶区较大，在85~90℃时分散染料便可进入纤维内部，染料与纤维以分子间力结合。

2. 染色工艺

（1）染色处方。

分散染料（owf）	2%
冰醋酸	1.3g/L
醋酸钠	2g/L
匀染剂1011	1g/L

（2）染色工艺曲线。

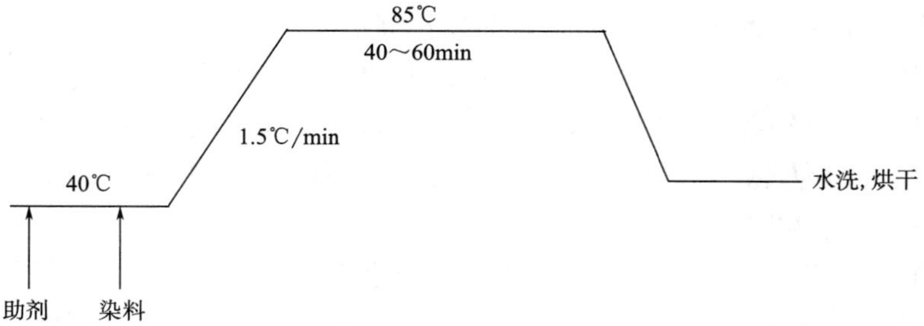

（二）三醋酯纤维织物染色

三醋酯纤维较二醋酯纤维染色性能差，为了保证染色效果，需在较高温度下染色，或者加合适的促染剂，并适当升高染色温度。三醋酯纤维染色采用分散染料高温高压染色，染色最佳工艺：温度 120℃，pH 值 5.5，时间 50min，耐皂洗色牢度均在 4 级以上。具体染色工艺如下。

（1）染色处方。

分散染料（owf）	1%
冰醋酸	1.4g/L（调节 pH 值至 5.5）
高温匀染剂	1g/L

（2）染色工艺曲线。

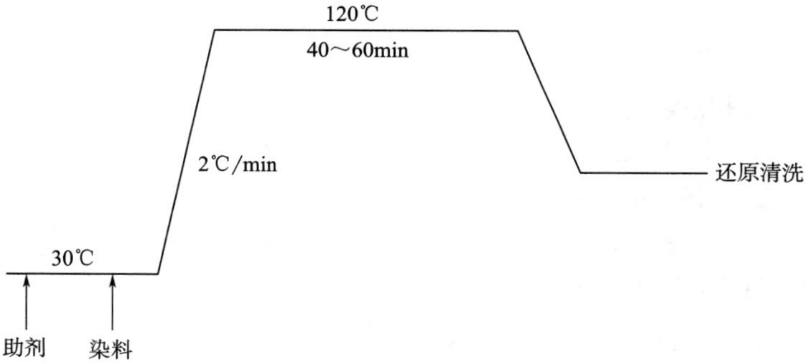

还原清洗：保险粉 1g/L，纯碱 1g/L，85℃保温 20min。

四、醋酯纤维织物染色质量控制

1. 色花

（1）形成原因。

①染色时间过短，染料扩散和移染不充分。

②染料在染浴中发生凝聚。

③pH 值控制不合理，分散染料色光发生变化，影响染料的上染速率和匀染。

（2）克服方法。

① 在染浴中加入扩散剂，防止染料发生凝聚。

② 在染浴中加入匀染剂、延长染色时间，增强染料的移染。

③ 严格执行操作规程，合理控制 pH 值。

④ 拼色时，应以上染速率快的染料做主色，上染速率慢的染料用于调节色光。

2. 失去光泽

（1）形成原因。

① pH 值控制不合理，分散染料色光发生变化。

② 保温的温度过高。

③ 染浴碱性过强，醋酯纤维发生皂化，失去光泽。

（2）克服方法。

① 严格控制 pH 值在 5~6，防止分散染料色光发生变化。

② 严格控制 pH 值，防止醋酯纤维发生皂化。

③ 严格控制染色温度，二醋酯纤维织物的染色温度最好不要超过 95℃，三醋酯纤维织物的染色温度最好不要超过 120℃，染色时间不能过长。

任务实施

一、三醋酯纤维织物分散染料浸染法染色

1. 准备

（1）仪器设备。红外线染样机、玻璃棒、染杯、烧杯、量筒、电炉、容量瓶、天平、吸量管、吸耳球、胶头滴管、恒温水浴锅、电子天平、烧杯、烘箱、电炉。

（2）染化药品。分散蓝 E-4R、冰醋酸、醋酸钠、分散剂 NNO、渗透剂 JFC、皂片、碳酸钠、自制载体等，均为工业纯。

（3）材料。纯三醋酯纤维织物。

2. 实施步骤

（1）设计染色工艺处方（表 3-9-1）。

表 3-9-1　分散染料浸染工艺处方

染化料及浴比	用量	
	载体法	高温高压法
分散蓝 E-4R(%,owf)	2.0	2.0
冰醋酸(g/L)	1.3	1.3
高温匀染剂(g/L)	—	2.0
分散剂 NNO(g/L)	1.0	1.0
自制载体(g/L)	1.0	—
高温匀染剂(g/L)	1.0	1.0
浴比	1∶50	1∶50

（2）设计工艺曲线。

分散染料载体染色工艺曲线：

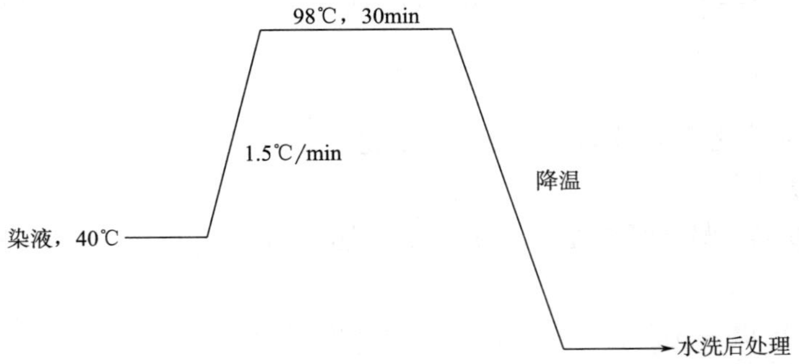

分散染料高温高压染色工艺曲线：

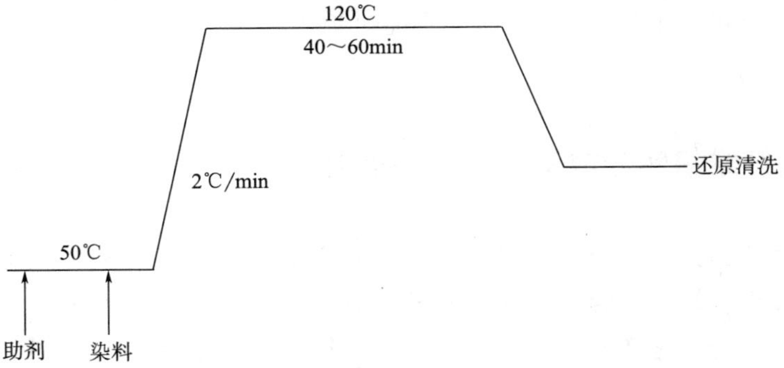

（3）染色操作。

①载体染色步骤。

a. 取三醋酯纤维织物 2 块，温水润湿并挤干。

b. 在烧杯中称取分散染料，用分散剂和少量冷水调匀，加入载体，搅拌，并加水到规定染液。将烧杯中染液倒入玻璃染杯中，将试样放入玻璃染杯中。

c. 恒温水浴锅升温到 40℃，将染杯放入水浴中，开始染色，升温至 98℃后，保温 40min。染色完毕后降温，取出水洗，皂煮（皂片 2g/L，碳酸钠 1g/L，浴比 1∶30，95℃）5min，水洗，烘干。

②高温高压染色步骤。

a. 取涤纶织物 2 块，温水润湿并挤干。

b. 在烧杯中称取分散染料，用匀染剂和少量冷水调匀，再加入醋酸，调节 pH 值至 5~6，并加水到规定染液。将烧杯中染液倒入不锈钢染杯中，将试样放入不锈钢染杯中。

c. 小样机升温到 50℃，将染杯放入支架上，开始染色，升温至 120℃保温 30min。染色完毕后降温，取出水洗，皂煮（皂片 2g/L，碳酸钠 1g/L，浴比 1∶30，95℃）5min，水洗，烘干。

3. 结果与讨论

（1）载体染色效果有哪些影响？

（2）匀染剂对染色的影响。

（3）试验中采取哪些措施匀染？

4. 注意事项

（1）染杯中应干净。

（2）织物应卷着放，不要折叠。

（3）特深色染物可用纯碱、保险粉还原清洗。

知识拓展

涤纶/醋酯纤维织物的染色

醋酯纤维本应该用分散染料染色，但如果在前处理中发生了水解皂化，那么直接染料和活性染料对皂化的醋酯纤维也具有一定的可染性，且可染性随着皂化程度的增加而增加。另外，不均匀的皂化对后面的染色均匀性也会带来严重影响，将会导致染色时产生色花和色斑。因此，涤纶/醋酯混纺织物的前处理十分重要，纯碱的用量一般应控制在 1.5g/L 以下。

由于普通醋酯纤维在高温下易消光，所以涤纶/醋酯纤维织物的染色在兼顾染色要求的前提下，应尽量避免过高的染色温度和较长的染色时间。

涤纶和醋酯纤维均是用分散染料染色，但分散染料对它们的可染性和扩散速率是不同的，分散染料对醋酯纤维的染色饱和值和扩散速率均大于涤纶。而且由于两种纤维疏水性和溶解度参数的不同，适用的分散染料疏水性也是不同的，醋酯纤维更适宜用分子量低、疏水性小的染料染色。通过改变分散染料的取代基，可调节其疏水性和亲水性，从而可改变分散染料对涤纶和醋酯纤维的上染性能以及涤纶和醋酯纤维同浴染色时染料在两种纤维上的分配比。

除了分散染料的化学结构及其疏水性外，染色温度是影响涤纶/醋酯纤维织物染色的很重要的因素。经试验发现，在染色的初始阶段或低温下，分散染料主要上染和分配于醋酯纤维上，至一定温度后染料开始上染涤纶，随着染色温度的升高和染色时间的延长，醋酯纤维上的染料将发生解吸，转而上染涤纶，即染色后期发生了染料从醋酯纤维向涤纶移染的现象。在染色过程中，醋酯纤维的颜色先由淡变浓，再由浓变淡，涤纶的颜色一直由淡变浓。当在一定的高温下保温染色一段时间后，涤纶和醋酯纤维的染色深度大体相近，基本接近同色。

涤纶/醋酯纤维织物通常不做留白染色，因为留白染色难度较大。然而，因二醋酯纤维的最适染色温度与涤纶相差很大，故在低温下染色可获得涤纶留白的染色效果，但在色相和染色深度方面有所限制。

涤纶/醋酯纤维织物浓淡效果的染色较为容易，只要对分散染料做简单的筛选即可，染色工艺要求也不高。但是，同色染色比较困难，而且涤纶/二醋酯纤维纺织品的同色难于涤纶/三醋酯纤维纺织品，同色染色需要对分散染料进行仔细的筛选，或采用一些染料公司的专用染料，同时要注意染色温度和保温时间的控制。

涤纶/三醋酯纤维织物高温高压同色染色的工艺为：Dianix PAL（owf）x、分散匀染剂 Eganal PSL 0.5g/L，用醋酸和醋酸钠调节染浴 pH 值至 5，50℃始染，以 1.5℃/min 的升温速率升温至 120℃，保温 30~45min；70℃还原清洗（洗涤剂 1g/L、纯碱 1g/L 和保险粉 2g/L）10min。

任务拓展

自行设计醋酯纤维织物轧染工艺，尽可能多地设计不同工艺条件，可以变混纺比、变染料、变助剂、变固色的条件等，分析几种工艺的优缺点，以及适合怎样的产品。

思考与练习

1. 醋酯纤维织物有何特点？
2. 二醋酯纤维织物的染色方法有哪些？
3. 醋酯纤维织物染色过程中应该注意哪些问题？
4. 二醋酯纤维织物大生产常用哪种染色设备？
5. 醋酯纤维织物染色中会出现哪些质量问题？如何克服？

任务 10　氨纶织物染色

学习目标

1. 知识目标

(1) 了解氨纶织物的特性。

(2) 理解分散染料染氨纶织物的染色原理。

(3) 掌握氨纶织物及氨纶/棉混纺织物的染色工艺。

2. 能力目标

(1) 会选择合适的染料并能设计和调整氨纶织物的染色工艺。

(2) 能根据订单要求进行氨纶织物的仿色打样。

(3) 能发现染色后的氨纶织物的质量问题并提出改进措施。

3. 素质目标

(1) 培养学生树立环保意识和责任意识。

(2) 培养学生团队合作能力和科学严谨的态度。

4. 课程思政目标

(1) 培养学生敢于担当的精神。

(2) 培养学生勇于探索的精神。

任务分析

当工艺员接到氨纶织物染色生产任务单时，要对客户的要求及产品的用途和特点进行分析，根据客户的要求严格筛选染料、设计小样工艺、进行小样打样，在规定的时间内完成染色设计小样工艺、进行小样打样，并发现和解决染色中出现的质量问题。

知识准备

一、氨纶织物概述

氨纶是一种弹性纤维，学名聚氨酯纤维（polyurethane），具有软硬链段交替排列的结构，有伸长率大、回复率高的特点，能够拉长 6~7 倍，但随张力的消失能迅速回复到初始状态，少量添加便可改善织物的弹性和穿着舒适性，被称为纺织品的“味精”。氨纶有两个品种，一种是由芳香双异氰酸酯和含有羟基的聚酯链段的镶嵌共聚物（简称聚酯型氨纶），另一种是由芳香双异氰酸酯与含有羟基的聚醚链段镶嵌的共聚物（简称聚醚型氨纶）。氨纶、弹力聚烯烃纤维和弹力复合纤维统称弹力纤维。氨纶强度比乳胶丝高 2~3 倍，线密度也更细，并且更耐化学降解。氨纶的耐酸碱性、耐汗渍、耐海水性、耐干洗性、耐磨性均较好。

氨纶织物概述及染料选择

氨纶易于纺制 2.8~277.8tex（25~2500 旦）丝，因此广泛被用来制作弹性编织物，如袜口、家具罩、滑雪衣、运动服、医疗织物、带类、军需装备、宇航服的弹性部分等。随着人们对织物提出新的要求，如重量轻、穿着舒适合身、质地柔软等，低线密度氨纶织物在合成纤维织物中所占的比例也越来越大。目前，氨纶的应用日趋广泛，各种新型面料和功能服装都会添加氨纶，并且氨纶含量越来越高，3%~30%不等。

二、氨纶织物染色用染料

氨纶的分子组成和结构随所用原料和纺丝方法的不同而不同，染色性能也不完全相同。氨纶分子中含有较多的疏水基团和较少的芳基（二异氰酸酯的芳环），整体表现为疏水性；氨纶分子中含有较多的脲基、氨基甲酸酯基，还具有较多的醚基（聚醚型纤维）和酯基（聚酯型），这些基团和染料分子中的极性基团发生偶极力、氢键结合；氨纶分子中的嵌段共聚结构在纤维中的分布是不均匀的，硬段含有的极性基团多、结构紧密，大部分是结晶性的，染料分子较难进入；软链段是醚键（或酯键），结构松弛，即使结晶也易拆开，染料易进入，但和染料结合力差。

不同纺丝工艺制得的氨纶的形态结构也不同。反应纺丝制得的氨纶不但有化学交联还有皮芯层结构特征；湿法纺丝制得的氨纶往往有一定的皮芯结构；干法纺丝制得的氨纶就没有皮芯结构。而这些形态结构的差异也会影响氨纶的染色性能。从结构分析，最适合氨纶染色的染料是分散染料，因为它既可以和氨纶中的非离子极性基团通过氢键、偶极力结合，也可通过色散力与氨纶的疏水基团结合。对于氨纶的染色性能，很多科研人员都进行了大量的研究。氨纶裸丝的染色以分散染料为主，弱酸性染料和中性染料使用较少，且随染料结构、类别的不同而有较大差异。中性染料在氨纶上的染色性能也较好，三芳甲烷类弱酸性染料的染色性能次之，偶氮类弱酸性染料的上染率较低。

三、氨纶织物染色

1. 染色原理

氨纶结构较松弛，极性较小，可以用分散染料上染。分散染料既可与氨纶中的非离子极性基团通过氢键或偶极力结合，也可通过色散力与氨纶的疏水部分结合。氨纶中的聚醚和酯基是分散染料上染的主要部分，纤维中的酯基与醚基上的氧原子可以和染料形成氢键结合，氨纶结晶区中的酰胺基也可以与染料发生氢键作用，从而使染料可以较快地吸附在纤维上，有利于染料上染，这些都是分散染料能上染氨纶的原因。

氨纶织物染色及质量控制

2. 染色工艺

氨纶一般都与其他纤维共同织成弹力织物，如棉/氨纶弹力织物、棉/锦纶/氨纶三元弹力织物、羊毛/氨纶弹力织物等，几乎没有纯氨纶织物。氨纶一般制成包芯纱形式（芯为氨纶），此时氨纶弹力织物染色不必考虑氨纶的染色。若氨纶裸露，则需进行氨纶的染色。含氨纶二元弹力织物的染色，在染同等深度色泽时，其湿处理牢度较差，一般染深色时氨纶组分染较浅的色泽就可以了；含氨纶三元弹力织物的染色，所用染料必须筛选，因大多数染料会在氨纶上沾色，导致色牢度下降。

棉/氨纶纬弹织物一般都采用纯棉的染色工艺，不对氨纶进行染色。对棉/氨纶弹力织物采用冷轧堆活性染料染色工艺染棉，而氨纶不染色。对于锦纶/氨纶弹力织物，若氨纶裸露，可选用分散染料常压染氨纶，染色时注意染色温度不能太高，织物张力不能大，否则，氨纶的弹力损失会增大。但染色温度也不能太低，应在氨纶的玻璃化温度（T_g）以上，聚酯型氨纶的 T_g 为 25~45℃，聚醚型氨纶的 T_g 为 50~70℃。有人研究氨纶分散染料低温染色工艺，染浴中加入 1g/L 平平加及低温染色助剂，相当于载体，对纤维起增塑作用，在 80℃染色可获得好的染色效果。

（1）染色处方。

分散染料（owf）	1.0%
分散剂	1.0 g/L
冰醋酸调 pH 值	5
平平加 O	1.0 g/L
浴比	1∶30

注意：用冰醋酸调节 pH 值为 5，载体可以为其他环保载体。

（2）染色工艺曲线。

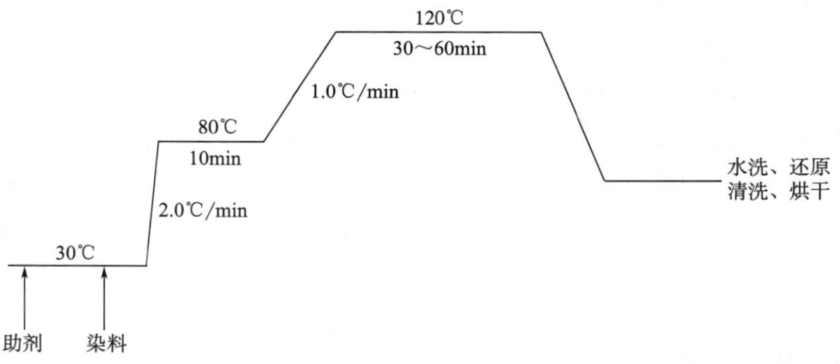

此外，弱酸性染料可上染氨纶，普通氨纶用弱酸性染料染色后可染得一定深度，可染氨纶用弱酸性染料染色后可获得较深的颜色，具有优异的染色性能。氨纶在聚合过程中形成了

较多的氨基甲酸酯基，在酸性条下吸附质子而带正电荷。弱酸性染料分子结构中含有磺酸根等阴离子基团，因此氨纶的氨基甲酸酯基为弱酸性染料的上染提供染座。随着弱酸性染料分子质量的增大，染料与氨纶之间的范德瓦耳斯力增强，进一步提升了酸性染料在氨纶上的上染率。可染氨纶是在氨纶纺丝的过程中，将混合胺扩链剂加入纺丝液中，大大增加了氨纶端位氨基的数量，使其在酸性条件下带正电荷，大大提高了酸性染料的染色性能。

3. 氨纶染色加工时注意事项

氨纶不耐高温，氨纶弹力织物高温染色后弹性损失严重，因此，用分散染料高温高压染色，温度不宜超过 120℃；此外，若氨纶织物加工中所受张力过大，会引起织物变形大，弹力损失大。所以含涤纶的氨纶弹力织物染色时，需利用载体或染色促染剂的作用来降低染色温度，使其能在较低温度和松式设备上进行染色。

四、氨纶织物染色质量控制

1. 氨纶织物变形大，弹性损失严重

（1）形成原因。

①染色温度过高。

②染色过程所受张力过大。

（2）克服方法。

①分散染料染色时加入载体，降低染色温度。

②选择松式设备进行染色，降低染色过程所受张力。

2. 得色浅

（1）形成原因。

①氨纶本身的结构导致部分染料的上染率较低。

②染色的温度过低、时间过短。

（2）克服方法。

①严格筛选染料，选择上染率高的染料。

②染色时添加新型染色助剂。

③分散染料染色时加入载体，适当提高染色温度。

知识拓展

解决氨纶染色难的方法

1. 探索适合的助剂，作为辅料均匀分散在原液中

（1）第一类染色助剂。

①含有可与染料作用的官能团的物质。助剂中含有可与染料中的羟基、氨基等官能团强烈作用的基团，与有机染料有很强的亲和力，可提高染色力；还可与疏水性合成纤维结合，提高染色力和亲水性，在纺织印染整个过程中可以改善纤维的染色性、亲水性，使染出的纤维织物光泽好、色彩鲜艳。

②具有多孔结构的物质。在氨纶产品中引入多孔结构的物质，这种结构可使染料能更多、

更好地吸附在多孔结构中。利用多孔结构物质的强吸附性，可大幅提升氨纶在染料中的染色性和染色牢度，而且对分散染料、酸性染料等都有很好的适应性，拓宽了染料类别的选择性。

（2）第二类染色助剂。通过添加助剂，使助剂与氨纶相互作用，在氨纶分子链上引入具有染座的结构，这种基团有利于酸性染料进行染色，它与锦纶大分子的端基（伯胺基）有相似之处，从理论上推测，两者染色性能接近，从而使锦纶/氨纶弹力织物达到优异的染色效果。

2. 制备易染类氨纶

易染类氨纶是通过化学反应改变聚氨酯大分子链上的硬段、软段、端基、侧基的原子或原子团的种类及其结合方式。经化学改性，聚氨酯的分子链结构发生了变化，从而赋予其新的特种性能，扩大了应用领域。目前，科学家们主要通过扩链剂的改性、异氰酸酯的改性、聚合物二醇的改性和封端剂的改性来改善氨纶的某方面性能。有科研人员研究了通过聚合得到的氨纶分子链中含有叔氨基的结构，这样的结构与锦纶上的结构类似，可与酸性染料产生较强的静电作用力，使染料能牢固地吸附在氨纶分子上，从而达到高上染率和高色牢度的目的。

任务实施

分散染料浸染法染色

1. 准备

（1）仪器设备。高温高压染样机、玻璃棒、染杯、烧杯、量筒、电炉、容量瓶、天平、吸量管、吸耳球、胶头滴管、恒温水浴锅、电子天平、烧杯、烘箱、电炉。

（2）染化药品。分散黄 RGFL、乙酸、磷酸二氢铵、分散剂 NNO、分散染料、皂片、自制载体等，均为工业纯。

（3）实验材料。纯氨纶织物。

2. 实施步骤

（1）设计染色工艺处方（表 3-10-1）。

表 3-10-1　分散染料浸染工艺处方

染化料及浴比	用量	
	载体法	高温高压法
分散黄 RGFL(%,owf)	2.0	2.0
乙酸(%,owf)	4.0	—
磷酸二氢铵(g/L)	—	2.0
分散剂 NNO(g/L)	1.0	1.0
自制载体(g/L)	1.5	—
浴比	1∶50	1∶50

（2）设计工艺曲线。

分散染料载体染色工艺流程：

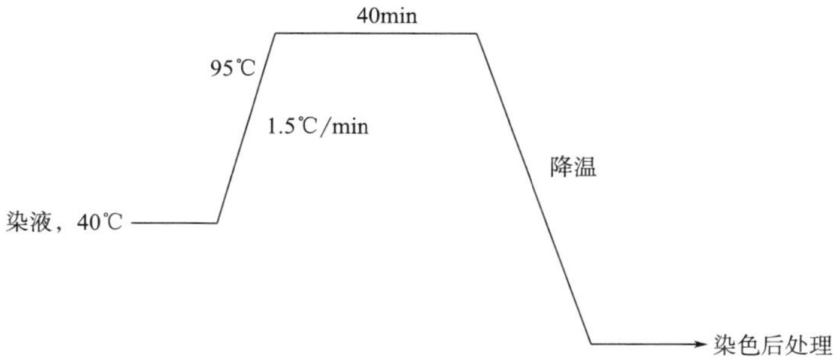

分散染料高温高压染色工艺流程：

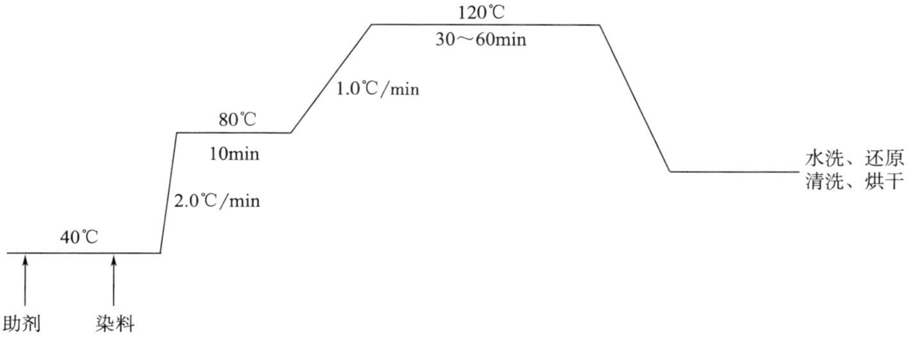

（3）染色操作。

①载体染色步骤。

a. 取氨纶织物 2 块，温水润湿并挤干。

b. 在烧杯中称取分散染料，用匀染剂和少量冷水调匀，再加入载体，搅拌，并加水到规定染液。将烧杯中染液倒入玻璃染杯中，将试样放入玻璃染杯中。

c. 恒温水浴锅升温到 40℃，将染杯放入水浴中，开始染色，升温至 90℃后，保温 40min。染色完毕后降温，取出水洗，皂煮（皂片 1.5g/L，碳酸钠 1.0g/L，浴比 1 ：30，95℃）5min，水洗，烘干。

②高温高压染色步骤。

a. 取氨纶织物 2 块，温水润湿并挤干。

b. 在烧杯中称取分散染料，用匀染剂和少量冷水调匀，再加入磷酸二氢铵，并加水到规定染液。将烧杯中染液倒入不锈钢染杯中，将试样放入不锈钢染杯中。

c. 小样机升温到 40℃，将染杯放入支架上，开始染色，升温至 80℃后，10min 左右升到 120℃保温 40min。染色完毕后降温，取出水洗，皂煮（皂片 2g/L，碳酸钠 1g/L，浴比 1 ：30，95℃）5min，水洗，烘干。

3. 结果与讨论

（1）载体染色效果有哪些影响？

（2）分散剂对染色的影响。

（3）试验中采取哪些措施保证匀染？

4. 注意事项

（1）染杯应干净。

（2）织物应卷着放，不要折叠。

（3）高温高压染色时80℃以上严格控制升温。

（4）特深色可用纯碱、保险粉还原清洗。

任务拓展

自行设计氨纶织物染色工艺，尽可能多地设计不同工艺条件，可以变混纺比、变染料、变助剂、变固色条件等，分析几种工艺的各自优缺点，以及适合怎样的产品。

思考与练习

1. 氨纶织物的染色方法有哪些？
2. 氨纶织物染色过程中应该注意哪些问题？
3. 氨纶织物大生产常用哪种染色设备？为什么？
4. 氨纶织物染色中会出现哪些质量问题？如何克服？

任务11　锦纶织物染色

学习目标

1. 知识目标

（1）了解锦纶织物的前处理工艺。

（2）理解活性染料、酸性染料和中性染料染锦纶织物的染色原理。

（3）掌握锦纶织物的染色工艺因素对染色效果的影响。

2. 能力目标

（1）会选择合适的染料并能设计和调整锦纶织物的染色工艺。

（2）能根据订单要求进行锦纶织物的仿色打样。

（3）能发现染色后的锦纶织物的质量问题并提出改进措施。

3. 素质目标

（1）培养学生树立环保意识和责任意识。

（2）培养学生团队合作能力和科学严谨的态度。

4. 课程思政目标

（1）培养学生一丝不苟的工匠精神。

（2）培养学生勇于探索的精神。

（3）培养学生的科学精神。

任务分析

锦纶是由己内酰胺聚合而成，分子中能与染料产生吸附作用的基团是分子两端的氨基和羧基，因此适用于毛纤维染色的染料也适用于锦纶染色。当工艺员接到锦纶织物染色生产任务单时，要对客户的要求及产品的用途和特点进行分析，根据客户的要求严格筛选染料、设计小样工艺、进行小样试验，在规定的时间内完成染色设计小样工艺、进行小样打样，并发现和解决染色中出现的质量问题。

知识准备

一、锦纶概述

锦纶是聚酰胺纤维的商品名称，又称耐纶（Nylon）。英文名称 polyamide（简称 PA），其基本组成物质是通过酰胺键（—NHCO—）连接起来的脂肪族聚酰胺。

锦纶是合成纤维中最早投入生产的品种。锦纶 66 和锦纶 6 分别于 1939 年和 1943 年开始工业生产，后来锦纶 11、锦纶 610 等也获得了工业生产，但在数量上比锦纶 66 和锦纶 6 少得多。

由于锦纶具有很多优良特性，如强度高、耐磨、弹性好、耐用、比重小、耐霉、耐蛀等，可以纯纺和混纺制作各种衣料及针织品。除了在衣着和装饰品方面的应用外，还广泛应用在工业方面，如帘子线、传动带、软管、绳索、渔网等。

锦纶的品种很多，例如锦纶 6、锦纶 66、锦纶 11、锦纶 610，其中最主要的是锦纶 66 和锦纶 6。各种锦纶的性质不完全相同，共同的特点是大分子主链上都有酰胺键，能够吸附水分子，可以形成结晶结构，耐磨性能极为优良，都是优良的衣着用纤维。

二、酸性染料染锦纶

1. 酸性染料分类

酸性染料绝大多数是以磺酸钠盐的形式存在的，极少数是以羧酸钠盐的形式存在的。由于最初出现的这类染料都需要在酸性染浴中染色，所以习惯上将这类染料称为酸性染料。酸性染料主要用于染蛋白质纤维和锦纶。酸性染料按化学结构不同可分为偶氮类、蒽醌类、三芳甲烷类等类型。

酸性染料的分类

（1）偶氮类酸性染料品种最多，而且以单偶氮和双偶氮类的为最多，包括黄、橙、红、藏青以及黑色等各色品种。

（2）蒽醌类酸性染料的耐日晒色牢度较好，色泽也鲜艳，主要是一些紫、蓝、绿色染料，其中尤以蓝色最重要。

（3）三芳甲烷类酸性染料以紫、蓝、绿色为主，一般耐日晒色牢度较差，但色泽特别浓艳。

2. 酸性染料对锦纶的染色原理

锦纶织物的染色

锦纶属于合成聚酰胺纤维，锦纶的分子链两端分别为氨基和羧基。氨基和羧基使得锦纶具有两性性质，如以 $H_2N—F—COOH$ 代表纤维，则在水溶液中氨基和羧基发生离解，形成两性离子 $^{+}H_2N—F—COO^{-}$。随着溶液 pH 值的变化，氨基和羧基的离解程度不同，纤维净电荷也不同。当 pH 值较低

（低于纤维等电点）时，质子化氨基的数量大于离子化羧基的数量；随着 pH 值的升高，质子化氨基的数量减小，离子化羧基的数量增加；当 pH 值较高（高于纤维等电点）时，离子化羧基的数量大于质子化氨基的数量。当溶液的 pH 值在某一值时，纤维中质子化的氨基和离子化的羧基数量相等，此时纤维大分子上的正、负离子数目相等，纤维的净电荷为零，即呈电中性，处于等电点状态，此时溶液的 pH 值称为纤维的等电点（p*I*）。当溶液的 pH 值低于等电点时，聚酰胺纤维带正电荷；当溶液的 pH 值高于等电点时，纤维带负电荷。

不同 pH 值下聚酰胺纤维所带净电荷的性质对其他离子（包括染料离子）在纤维上的吸附影响很大。酸性染料对聚酰胺纤维的染色绝大多数是在酸性条件下进行的。在染液中，酸性染料在染液中电离成染料阴离子 $D—SO_3^-$ 和钠离子，聚酰胺纤维中含有一定数量的氨基和羧基，呈现两性。随着染液 pH 值的不同，酸性染料可以与聚酰胺纤维以离子键或范德瓦耳斯力和氢键的结合方式而上染纤维。当加入酸性介质后，酸性染料阴离子被聚酰胺纤维上带正电荷的氨基所吸引，纤维中的 NH_3^+ 可与 $D—SO_3^-$ 以离子键结合；同时，纤维与染料之间也存在范德瓦耳斯力和氢键；染液 pH 值小于纤维等电点时，染浴酸性较强，纤维中的 NH_3^+ 数量增多，离子键起主要作用；染液 pH 值大于聚酰胺纤维等电点时，染浴酸性较弱，范德瓦耳斯力和氢键起主要作用。

锦纶用酸性染料染色的原理与酸性染料染蛋白质纤维相似，这是因为锦纶结构中含有氨基和羧基。在弱酸性介质中，锦纶上带正电荷的氨基和酸性染料的色素阴离子发生离子键结合，同时也能在纤维酰胺基上产生氢键结合，所以酸性染料对锦纶的亲和力一般比羊毛高。其结合形式如下：

$$^{+}H_3N\cdots CONH\cdots COOH + D—SO_3^- \rightarrow D—SO_3^{-}\ ^{+}H_3N\cdots CONH\cdots COOH$$

同时，纤维与染料间也存在范德瓦耳斯力和氢键的作用。当染浴酸性较强时，纤维中的 NH_3^+ 数量增多，离子键起主要作用；当染浴酸性较弱时，范德瓦耳斯力和氢键起主要作用。

锦纶等电点时 pH 值为 5～6。在 pH 值<3 的强酸性条件下，由于锦纶中的亚氨基吸酸产生染座，上染量会急剧增加，产生超当量吸附，此时纤维易水解，强度明显下降。所以锦纶染色不用强酸浴，多用 pH 值为 4～6 的弱酸浴，也可采用中性浴。在 60℃ 等温染色吸附量与 pH 值的关系曲线如图 3-11-1 所示。

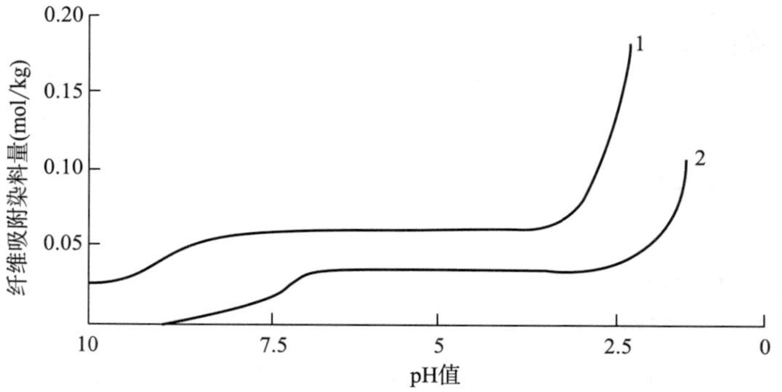

图 3-11-1　酸性染料对锦纶 66 上染的吸附曲线

1—酸性红 J　2—酸性蓝 B

3. 酸性染料染色方法及工艺

酸性染料染锦纶，可获得鲜艳、坚牢的色泽，且染色工艺简便，染色设备也较简单，因此是锦纶织物染色的主要染料之一。羊毛和蚕丝常用的弱酸性染料并不都适用于锦纶，宜选用适合锦纶染色的专用染料。

（1）酸性染料染锦纶工艺流程。

毛坯布→预定形→染前处理→染色→水洗 →（固色）→水洗

（2）工艺处方及工艺条件（表 3-11-1）。

表 3-11-1　酸性染料染锦纶工艺处方及工艺条件

染化料及工艺条件		用量
染色	染料(%,owf)	x
	匀染剂(g/L)	0.3~1
	醋酸(g/L)	0.5~1
固色	固色剂(g/L)	3
	醋酸(g/L)	0.5
工艺条件	pH 值	视染料类别而定
	浴比	1：(10~20)
	染色温度(℃)	97~100
	染色时间(min)	10~60
	固色温度(℃)	70
	固色时间(min)	20~30

①温度。温度是控制上染的重要因素。温度的高低会影响纤维的膨化程度、染料的性能（溶解性、分散性、上染率、色光等）以及助剂性能的发挥。锦纶是热塑性纤维，温度低时上染速率很慢，温度超过 70℃，上染速率才迅速加快。这种纤维的染色性能还随染色前所受到的热处理条件而变化，经干热定形后的纤维上染速率显著下降。

温度对染料上染速率的影响还因染料的不同而有所不同，特别在 65~85℃的温度范围内，控制升温速率是锦纶染色成败的关键，若控制不当，就会造成上色快、移染性差、染花难回修的问题。

②pH 值。染浴 pH 值对染料的上染率影响很大，上染率随 pH 值的降低会快速增加。用弱酸性染料染锦纶时，染浅色的 pH 值一般控制在 6~7（常用醋酸铵调节），并提高匀染剂的用量，以加强匀染，避免染花，但 pH 值也不能过高，否则色光会萎暗；染深色的 pH 值为 4~6（常用醋酸和醋酸铵调节），并在保温的过程中加入适量的醋酸降低 pH 值，促进染料上染。

③匀染剂。尽管采用控制染液 pH 值和升温速率的方法可促进锦纶的匀染，但这还不足以克服条花的疵病。因此，锦纶染色时必须加入适当的匀染剂才能保证获得均匀的色泽。锦纶染色用匀染剂可以分为亲纤维型和亲染料型两大类。有代表性的亲纤维型匀染剂是阴离子表面活性剂。阴离子匀染剂对锦纶具有亲和力，能与染料阴离子竞争纤维上带正电荷的染座。

如果 pH 值较低，阴离子匀染剂很快被锦纶吸附，匀染作用也较明显。但在中性浴或近中性浴中染色时，匀染作用不大。阴离子匀染剂与染料阴离子的竞争效应会使染料上染率降低，其降低程度与染料和助剂对纤维的相对亲和力有关。

有代表性的亲染料型匀染剂是阳离子表面活性剂，它能与染料作用形成结构松弛的复合物，其匀染作用不容易受 pH 值的影响。这类匀染剂对酸性染料在锦纶上的最终上染量影响较大，且会导致染液不稳定，甚至染料沉淀，通常不可单独使用。如果改用弱阳离子型的烷基按聚氧乙烯醚作匀染剂，则可以防止染料沉淀的发生，同时又能起到缓染作用。烷基胺聚氧乙烯醚类匀染剂充当了阳离子和非离子表面活性剂的双重角色，其上的烷基胺能与酸性染料作用形成复合物，其上的聚氧乙烯链对染料与助剂的复合物起增溶作用。

实际生产中使用效果较好的锦纶匀染剂多为亲染料型与亲纤维型助剂的复配物（如烷基胺聚氧乙烯醚—烷芳基磺酸钠复配物），或者是以烷基胺聚氧乙烯醚类为主体的表面活性剂复配物。

4. 工艺要点及注意事项

（1）pH 值对染色的影响。加入酸可以提高上染速率和上染率，但加酸不当或加酸过多会造成染色不均或损伤纤维。染色所需 pH 值与染料用量有关，染料用量大，则 pH 值可以低些。染色 pH 值和染料匀染性能有关，对匀染性能较好的染料可以加入醋酸，在 pH 值为 4~4.5 的弱酸性浴中进行；对匀染性能较差的染料则可以采用分次加酸的办法，开始时染浴近于中性，随着染料逐渐被吸收，染浴变淡而 pH 值逐渐降低，可获得均匀的染色效果。

（2）温度对染色的影响。酸性染料染锦纶，染色温度一般以沸点为宜，对弹力锦纶针织物染色温度应略低，一般在 98℃ 左右，以防弹性受损。酸性染料在锦纶上的上染速率，主要是在 70℃ 左右开始急剧增加起来，因此，一般都是从 70℃ 左右开始控制升温，升温速率一般在 1~2℃/min 为宜。

（3）匀染剂对染色的影响。匀染剂的加入可明显改善染色匀染性，尤其对分子量大、硫酸基少、亲水性差、移染性能不良的染料更为必要。匀染剂应尽量选用非离子型。匀染剂用量过大，会降低酸性染料上染率，使染色残液浓度升高，造成大小样色差及重现性差。匀染剂用量过少效果不足，因此用量要合适。一般，染浅色时匀染剂用量较大；染深色时，匀染剂用量较少。

（4）拼色。酸性染料在拼染时有明显的竞染现象，因此应选择亲和力和上染速率相近的染料，使拼色染料能按比例均匀吸附，避免产生色花、色差等疵病，要注意其配伍性。

（5）固色。为了提高酸性染料在锦纶织物上的湿处理牢度，中深色在染后要做固色处理，能提高湿处理牢度 0.5-1.5 级。

三、中性染料染锦纶

1. 中性染料对锦纶染色原理

中性染料即 1：2 型酸性含媒染料，可用于锦纶织物的染色，染色饱和值较高，无竞染现象，染色牢度好，但色泽不够鲜艳，多用于染深色品种。

中性染料染锦纶，染料阴离子同锦纶的氨基正离子以离子键结合，同时染料分子与纤维还以氢键和范德瓦耳斯力结合，所以中性染料对锦纶的亲和力较高，吸附染料分子的量大大超过纤维大分子末端氨基的数量，染色饱和值较高，易染得深色，且染色牢度好。

2. 中性染料染锦纶染色工艺

（1）染色处方及工艺条件。

中性染料（owf）	x
醋酸铵	0~1g/L
醋酸	0~1g/L
匀染剂	0.1~1g/L
pH 值	5~7
浴比	1：（15~20）
染色温度	98~100℃
时间	20~60min

（2）工艺要点及注意事项。

①温度。染色温度与锦纶织物的匀染有着非常密切的关系。中性染料对锦纶有很高的亲和力，因此始染温度及控制升温速率极为重要。温度控制不当，容易造成染疵。一般采用30~40℃入染，染色开始就要控制升温速率，一般为1~2℃/min。

②pH 值。中性染料染色时，入染浴的 pH 值过低，染料上染速率过快，易造成染色不匀；pH 值过高，则染料上染缓慢，使染料上染率下降。中性染料对 pH 值不像酸性染料那么敏感。染浅、中色时 pH 值控制在 6~7，染深色时 pH 值控制在 5~6。

③匀染剂。中性染料上染锦纶除控制上染速率外，还要在染浴中加入适量的匀染剂，以使染料缓慢上染，达到匀染的效果。匀染剂用量过多会起到剥色作用。匀染剂一般选用非离子型的。

④拼色。中性染料上染锦纶多数色光趋于萎暗，使用时可以与弱酸性染料拼染，达到增艳的目的，拼色时应考虑染料的上染曲线和上染率。

四、分散染料染锦纶

1. 分散染料对锦纶染色原理

分散染料上染锦纶，工艺简单，染色在常温常压条件下即可完成，匀染性好，尤其是具有良好的遮盖性，能避免因聚合时分子量差异或纺丝时拉伸程度不同而造成的染色不匀现象。但是由于纤维与染料的结合力较弱，再加上游移性大，因而湿处理牢度较低，只适宜染浅、中色。

由于锦纶分子中具有大量能生成氢键的酰胺基，分子链末端又具有氨基，同时分子又具有较强的极性，因此分散染料主要是通过与锦纶产生氢键和范德瓦耳斯力结合来上染的。

2. 分散染料染锦纶的染色工艺

由于锦纶吸湿性较涤纶好，玻璃化温度较低，因此用于锦纶染色的分散染料亲水性应比较高，染色温度较染涤纶低，一般 30℃始染。为了提高染料溶解度及保证匀染，染浴中需加匀染剂（如平平加 O），然后逐步升温至 85~95℃，保温 30~60min，染毕经水洗后处理。分散染料染锦纶织物匀染性较好，但耐洗色牢度不如涤纶，只能染中、浅色。

（1）处方及工艺条件。

分散染料（owf）　　2%以下

扩散剂	0.2%~1%
匀染剂	0~1%
醋酸	0.5~0.6
pH 值	5~6
浴比	1∶（10~20）
染色温度	95~100℃
时间	30~60min

（2）工艺要点及注意事项。

①pH 值。在高温条件下，pH 值过高（pH 值>8）时，大部分分散染料明显发生水解，当 pH 值<4 时，则发色萎暗。分散染料上染锦纶时，染浴 pH 值控制在 5~6 为宜。

②温度。提高染色温度可以提高染料向纤维内部扩散及吸附固着的能力，从而提高上染率。对锦纶的匀染起很大作用。

③助剂。分散染料的分散剂多为阴离子型表面活性剂，染色时最好加入一些非离子型表面活性剂，因为阴离子表面活性剂易被锦纶吸收，以致影响分散染料的悬浮稳定性。分散剂的用量要适当，过多影响上染率，过少达不到匀染效果。

④净洗。分散染料上染锦纶，一般以浅、中色较多。为提高染色牢度，可用净洗剂进行净洗，温度 80℃，用量为 0.5~1g/L。

五、直接染料染锦纶

直接染料能在酸性或中性染浴中上染锦纶，与锦纶通过氢键和范德瓦耳斯力结合。锦纶染色温度一般控制在 100 ℃。锦纶针织物直接染料染色的处方和工艺举例如下：

直接染料	x
醋酸（98%）	0.5~1mL/L
平平加 O	0~2g/L
浴比	1∶（15~20）
pH 值	5~6

在 40~50℃开始染色，以 1~2℃/min 的升温速率升到 100℃，在 100℃保温 20~40min。

六、活性染料染锦纶

锦纶用活性染料染色色泽鲜艳，染色牢固度高，但因锦纶中反应性基因较少，难于染深色，且匀染性差，使应用受到限制，目前一般用于中、浅鲜艳色泽的染色。其工艺流程为：

染色→水洗→固色→皂洗

以 K 型活性染料为例，染色处方和工艺举例如下：

1. 染色工艺

K 型活性染料	x
醋酸	0~1mL/L
平平加 O	0.5~1g/L
浴比	1∶（10~20）

温度	95~100 ℃
时间	30~60min

2. 固色工艺

纯碱	1~2g/L
浴比	1∶（10~20）
温度	95~100 ℃
时间	15~20min

3. 皂洗工艺

非离子型表面活性剂	1~2g/L
浴比	1∶（10~20）
温度	70~80℃
时间	15~20min

七、染色设备

企业中常用的锦维及其织物的染色设备主要有常温染色机、百搭中样染色机等，如图 3-11-2~图 3-11-4 所示。

1. ECO-38 常温染色机

如图 3-11-2 所示，ECO-38 染色机适合锦纶的机织和针织、由中度轻质至极度重质织物，适合圆筒或开幅绳状织物的染色及前、后处理工序。该染色机的 J 形储布槽装载被处理的织物。满载时的浴比低至 1∶5。所有无须高温处理的织物都可以在 ECO-38 染色机处理。染普通的织物时可以选择每管载量为 250kg 的型号，而其他对循环时间有特殊要求的可以选择每管载量为 120~160kg 的型号。与染液接触部件由不锈钢制造，先进的快思逻辑控制温度系统能节省蒸气和冷却水用量。该设备高度自动控制，能减少操作干扰，并节省大量用水。

2. CN-8 常温染色机

如图 3-11-3 所示，GN-8 常温染色机适合锦纶及其混纺的机织和针织、由中度轻质至极度重质织物，适合圆筒或开幅绳状织物的染色及前、后处理。载量为 30~500kg。其结构紧凑、操作简便，浴比能达到 1∶（5~7）。按不同机型类别织物运行速度范围在 50~300m/min。

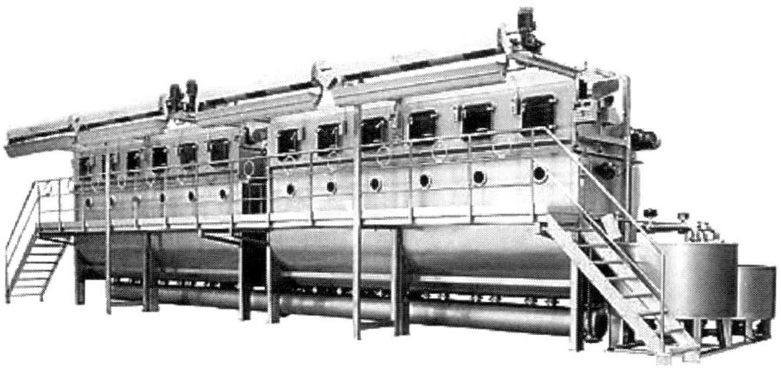

图 3-11-2　ECO-38 常温染色机

图 3-11-3　GN-8 常温染色机

3. ALLFIT 百搭中样染色机

如图 3-11-4 所示，ALLFIT 百搭中样染色机适合锦纶的机织和针织物、适合圆筒或开幅绳状织物的染色及前、后处理。与染液接触部件均采用不锈钢制造。工艺过程可以在高温或常温进行，批次载量为 5~480kg，可以为大批量的染色配方做准备，织物运转速度快及循环周期短。其主要优点：可以生产小批量作为样板认可；水比与大载量染色机相近；染色配方无须调整直接采用，是创新染色配方及工艺的首选工具。

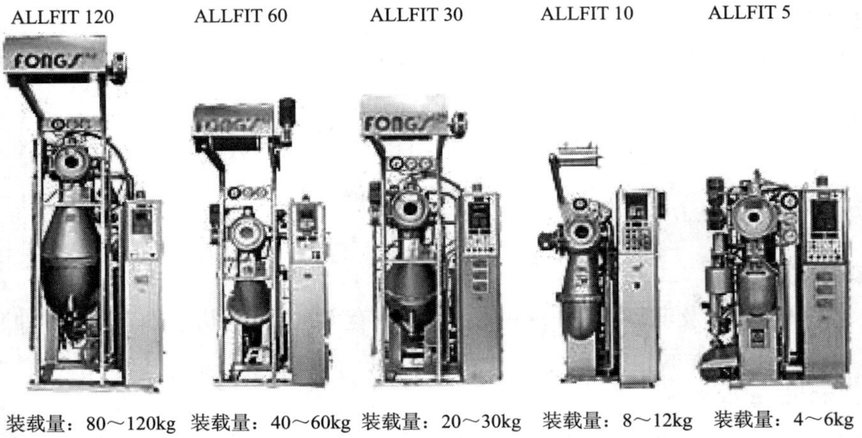

图 3-11-4　ALLFIT 百搭中样染色机

八、质量控制

锦纶具有上染速率快、上染率高的特点，容易造成上染不匀、色差、色渍、色点、深浅边、条花、色不符样、染色牢度差等疵病，主要疵病产生的原因、预防及补救措施如下。

1. 竞染造成色花和色不符样

这是由于染化料选择不当引起的。锦纶的染色饱和值很低，因此在拼染浓色时，不同染料间的竞染就显得很突出。如果选用的染料在上染率和亲和力方面差异较大时，在不同的染色时间内，纤维染得的色泽就会大不相同，造成大小样色差及重演性差。

预防及补救措施是选择上染曲线及亲和力相似、配伍性好，以及适合生产机台的染化料系列。要求打样人员要全面掌握各类染料的染色性能，选择染化料时，要综合考虑染料的上染率、上染曲线、匀染性、色牢度性能以及对温度和匀染剂的敏感性等因素。

（1）充分考虑染料的配伍性。使用几种染料拼染时，要选用合适的染料，且控制好染料用量。一般应尽量选择同一公司的同一系列染料，即使不得不选用不同公司的染料相拼，也应尽量选择上染曲线相似、始染温度近似、对温度和匀染剂敏感性相似的染料，尽量避免发生竞染。

（2）注意染料大小样竞染中的差异。有些染料在小样染色时竞染并不明显，但在大生产中就完全暴露出来了。例如，在生产湖绿色和孔雀蓝时，若选用酸性翠蓝和酸性黄相拼，就出现类似的问题。这是由于酸性翠蓝的分子结构大，与酸性黄上染曲线相差很大，因而引起竞染。若改用酸性翠篮与带黄光的酸性绿相拼，就基本解决了竞染问题。

（3）注意机台对染料的适应性。染机有喷射、经轴和卷染机等。喷射染色机中染液与织物接触充分，匀染性好，产品手感丰满，且重现性好，缸差小，但其耐湿处理牢度相对较差。可选用色牢度好，但匀染性略差的弱酸性染料或 1∶2 金属络合酸性染料进行染色。经轴染色机的产品门幅控制简便，固色容易，但易出现深浅层和头尾色差等问题。可选用匀染性好而色牢度略差的染料，并略提高匀染剂的用量，染色后再加强固色。

2. 工艺不合理造成的疵病

锦纶染色对工艺要求极高。工艺条件是影响染色产品色光和匀染性的重要因素，如温度、浴比、pH 值等，都会影响产品的质量。不合理的工艺容易产生匀染性差、色花、色柳、色差、色牢度差等病疵。

（1）控制始染温度及升温速率。温度是控制上染的重要因素。温度的高低，会影响纤维的膨化程度、染料的性能（溶解性、分散性、上染率、色光等）以及助剂性能的发挥。锦纶是热塑性纤维，温度低时上染速率很慢，温度超过 50℃，纤维的溶胀随温度升高而不断增加。

温度对染料上染速率的影响还因染料的不同而有所不同，匀染性染料的上染速率随温度升高而逐渐增加；耐缩绒染料的上染速率要在染浴温度高于 60℃以后才开始随温度的升高而迅速增加。特别在 65~85℃的温度范围内，控制升温速率是锦纶染色成败的关键，若控制不当，就会造成上色快、移染性差、易花难回修的问题。若采用耐缩绒染料染锦纶时，始染温度应为室温，在 65~85℃温度段，严格控制升温速率 1℃/min 左右，并加入匀染剂，采取阶梯升温办法；然后升温至 95~98℃，保温 45~60min。另外，这种纤维的染色性能还随染色前所受到的热处理条件而变化，经干热定形后的纤维上染速率显著下降。

（2）确定合适的浴比。由于设备的限制，小样浴比会比大生产大，但浴比过大会降低上染率，造成大小样色差。轻薄型的塔夫绸浴比一般为 1∶50，较厚重的织物浴比为 1∶20，以织物可完全浸入染液为准。

（3）控制 pH 值。染浴 pH 值对染料的上染率影响很大，上染率随 pH 值的降低会快速增加。用弱酸性染料染锦纶时，染浅色的 pH 值一般控制在 6~7（常用醋酸铵调节），并提高匀染剂的用量，以加强匀染，避免染花，但 pH 值也不能过高，否则色光会萎暗；染深色的 pH 值为 4~6（常用醋酸和醋酸铵调节），并在保温的过程中加入适量的醋酸降低 pH 值，促进染料上染。

（4）注意匀染剂的选用及用量。针对锦纶染色匀染性及覆盖性差的特点，应在染浴中加入少量阴离子或非离子型匀染剂，其中以阴离子型表面活性剂为主。既可在染色时与染料同浴使用，也可以用匀染剂对锦纶进行染前处理。阴离子型匀染剂在染浴中离解成负离子，进入纤维，首先占据锦纶纤维上有限的染座，然后在染色过程中随温度升高逐渐被染料所替代，降低了染料与纤维之间的结合速率，达到匀染的目的；非离子型匀染剂则在染浴中与染料发生氢键结合，然后在染色过程中逐渐分解释放出染料，并被纤维吸附。

通过试验发现，匀染剂的加入可明显改善匀染性及盖染能力，但随助剂浓度的增加，上染速率下降，导致上染率不同程度下降，因此匀染剂用量不可太多。因为匀染剂在染色过程中除起匀染效果外，还有阻染作用。匀染剂用量过大，会降低酸性染料上染率，使染色残液浓度升高，造成大小样色差及重现性差。一般，染浅色时匀染剂用量较大；染深色时，匀染剂用量较少。

长期以来，业界一直认为 pH 值的控制是锦纶染色成败的关键。经过多年生产经验的积累，我们发现引入缓冲体系后，匀染剂的选用及用量对控制大小样色差起决定性作用。匀染剂要与相应的染料类别配套使用，但用量一定要根据实际情况进行调整。小样生产时，匀染剂的用量控制在 0.2～1.5g/L，即在达到良好的匀染效果的前提下，若浅色的残液率在 2%～3%、中深色在 5%～15%，则该匀染剂用量即为所需量。大生产再根据小样用量进行修正，可达到很好的效果。

3. 大小样色差

锦纶染色时，造成大小样色差的原因是多方面的，如大小样所用坯布、染化料、大小样工艺条件不同等。可采取的预防及补救有：减少环境及光源的影响，规范打样和对色操作；分析大小样之间的差异，对小样的数据进行修正放样。

（1）小样对色务必严格、精确。

①化验室对色、配色环境设计，应尽可能采用黑白灰等系列颜色，这样可以预防因环境色彩对眼睛生理所引起的“残像”而影响对色。对色环境的照明必须充足，以防止对色时因光源而发生的色相变化，应采用“有条件”的固定光源，或配备符合国际标准的灯箱。如果光源变化的概率比较高，如化验室对色环境为开放式，则窗外光源会因不同时间不同光源的变化（如早上与下午的光源不同，阴天与晴天的光源不同），而影响配色效率。

②在打确认样之前应该先弄清楚客户的各种要求，如原样色光偏向，是否有特殊整理，纤维染色用染料是否被指定等。

③打小样用水应与大样生产一致，并需每日对水质及其 pH 值进行测试，并调节至工艺要求，避免产生色光差异。

④锦纶的染色性能还随其染色前受热而变化。热定形条件不同会造成织物吸色率不同，从而造成织物批与批之间的色差。锦纶织物前处理的工艺控制也对染色效果影响非常大，所以大小样的组织规格要相同，染前半制品的工艺条件力求一致，最好采用同一批半制品。

⑤小样应采用与大样同一产地、同一工厂、同一品名、同一批号的染化料。配色时选择的染料配伍值要基本一致，这样才能保证染色过程中各染料在染液中的比例关系，有利于染色色光的稳定性和重现性。拼色时主色染料宜固定，变动调节色光用染料，以便于大小样色光一致。对于在染色加工过程中容易引起变色的染料不予采用。

（2）规范化验室配色操作。

①一般来说，越接近灰色系列的颜色，其灰彩度越难判断，因为它包含的吸收色相比较复杂，经常需要三种染料混拼，故接近灰色系列的色相，配色时可仅以黄、红、青的感觉做色偏向的选择。越是色彩感觉强的颜色，颜色的鲜与纯对色相的判断越是重要，故配色时要首先作出正确判断，选用正确的染料。

②对色时要注意观察试样与光线照射角度的变化，以保持一致。

③把握样布染色后的烘干程度。烘干过度，会造成色光不可逆的偏红；烘干不够，则影响色样的色光饱和度。两种情况都会造成色光偏差。

④仿色时应重视分品种、分色系，且留样，积累资料建立色样库（有对应的实际生产样

更好）。

（3）严格控制大小样工艺的一致性。

①打样染浴的 pH 值及升温工艺应尽量与大生产一致。大样生产由于水质及直接蒸汽或间接蒸汽的交叉使用，往往锅炉蒸汽带入碱性而使染浴 pH 值偏高，使用缓冲剂或配备 pH 值在线监控仪可以解决这个问题。

②小样染色的保温时间要与大样保持一致，以免由于染透性差而造成色差。

③因固色也会影响色光，所以，小样固色后一定要调节色光，才能进入大生产的工艺制订。

影响锦纶染色产品质量的因素很多，主要包括设备、工艺、染化料、大小样色差及操作等几方面。生产实践证明，抓好了上述几个环节，可以提高锦纶染色的准确性和稳定性，使小样放样的一次成功率达到 90%以上。

任务实施

锦纶织物中性染料染色。

一、准备

1. 仪器设备

红外线染样机、玻璃棒、染杯、烧杯、量筒、电炉、容量瓶、天平、吸量管、吸耳球、胶头滴管、恒温水浴锅、电子天平、烧杯、烘箱、电炉。

2. 染化药品

中性红 2GL、中性红黄 2GL、中性蓝 GGN、冰醋酸、醋酸铵、匀染剂、皂片等，均为工业纯。

3. 实验材料

锦纶织物。

二、实施步骤

1. 设计染色工艺处方（表 3-11-2）

表 3-11-2　中性染料染色处方

染化料及工艺条件	用量	
	1#	2#
中性红 2GL(%,owf)	0.9	1.0
中性黄 2GL(%,owf)	0.4	2.5
中性蓝 GGN(%,owf)	0.1	0.3
醋酸铵(g/L)	0~1	0~1
醋酸(g/L)	0~1	0~1
匀染剂(g/L)	0.1~1	0.1~1

续表

染化料及工艺条件	用量	
	1#	2#
pH 值	6~7	5~6
染色浴比	1：40	1：40

2. 设计工艺曲线

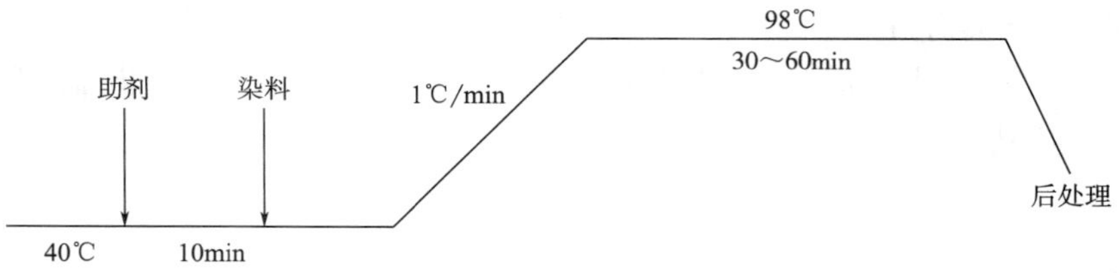

3. 染色操作

（1）称取织物，用温水润湿；配制染料母液，准确称取中性红 2GL、中性红黄 2GL 和中性蓝 GGN 染料各 0.5g，用温水调浆溶解，倾入 250mL 容量瓶并稀释到刻度，摇匀，备用。

（2）根据处方配制染液：按浴比加入一定量的 40℃ 温水，按处方加入一定量的匀染剂，用刻度吸管取相应染料母液加入染杯，搅匀，在水浴锅中保温 10min，投入预先用温水润湿好的锦纶织物，盖好杯盖放入染杯座，30min 内升温至 98℃。

（3）红外线染样机第一次鸣警取出染杯，小心打开，根据处方加食盐，搅匀，然后 20min 内升温至 80℃，保温 30min。

（4）红外线染样机第二次鸣警取出染杯，小心打开，根据处方加 Na_2CO_3，搅匀，保温 20min。

（5）程序全部结束鸣警取出布样，温水洗（60~70℃），冷水洗，净洗，水洗，烘干。

（6）观察布面色泽、匀染性和手感。

三、注意事项

（1）放入机器中染杯盖要盖紧，染色结束取出布样时小心染液溅出。染杯可放在水中降温再打开盖子。

（2）严格控制温度。中性染料对锦纶有很高的亲和力，因此始染温度及升温速率控制对锦纶的匀染性极为重要。温度控制不当，容易造成染疵。一般采用 40℃ 入染，染色开始就要将升温速率控制为 1~2℃/min。

（3）严格控制染浴 pH 值。中性染料染色时，染浴的 pH 值过低，染料上染速度过快，易造成染色不匀；pH 值过高，则染料上染缓慢，使染料上染率下降。因此，染浅、中色时 pH 值控制在 6~7，染深色时 pH 值控制在 5~6。

（4）注意匀染剂的用量。适量的匀染剂用量可以使染料缓慢上染，达到匀染的效果，匀染剂用量过多会引起剥色作用。

（5）拼色。中性染料上染锦纶多数色光趋于萎暗，使用时可以与弱酸性染料拼染，达到增艳的目的。

任务拓展

查找锦纶织物染色相关资料，自行设计锦纶织物最新染色工艺，尽可能多地设计不同工艺条件，可以变染料、变助剂、变染色条件等，分析几种工艺的各自优缺点，以及适合怎样的产品。

思考与练习

1. 理论上哪些染料可以对锦纶织物进行一浴一步法染色？

2. 目前实际生产中如何对锦纶织物进行染色？有何优缺点？可以对哪些方面进行改进？为什么？

3. 查阅国内外关于锦纶织物染色的最新工艺，结合实验室实际情况，设计锦纶织物染色的最新工艺。

任务12 锦纶/棉织物染色

学习目标

1. 知识目标

（1）了解锦纶/棉织物的特点及用途。

（2）理解锦纶/棉织物的单一染料染和双染料染色原理。

（3）掌握锦纶/棉织物的染色工艺因素对同色性的影响。

2. 能力目标

（1）会选择合适的染料并能设计和调整锦纶/棉织物的染色工艺。

（2）能根据订单要求进行锦纶/棉织物的仿色打样。

（3）能针对锦纶/棉织物的染色质量问题提出改进措施。

3. 素质目标

（1）培养学生树立环保意识。

（2）培养学生合作交流的能力和科学严谨的态度。

4. 课程思政目标

（1）培养学生热爱自己的专业和乐于奉献的精神。

（2）培养学生勇于探索的精神。

（3）培养学生的工匠精神。

任务分析

锦纶/棉（简称锦/棉）织物，使两种纤维扬长避短，它在保持了棉织物的优点基础上，解决了棉尺寸稳定性差的问题。但锦/棉织物的染色同时要兼顾两种纤维，给染色带来了一定难度。当工艺员接到锦/棉织物染色任务时，要对客户的要求及产品的用途和特点进行分析，根据客户的要求严格筛选染料和助剂、设计染色小样工艺、进行小样打样，在规定的时间内完成染色，并发现和解决染色中出现的质量问题。

知识准备

一、锦/棉织物染色概述

锦/棉织物一般是交织物，该种织物既具有棉织物的良好吸湿透气的特点，又具有锦纶织物的优良强力和耐磨性，同时织物表面呈现滑爽和光亮的风格，是市场上最流行的面料之一。锦纶对分散染料、酸性染料、直接染料、酸性媒染染料、酸性含媒染料、还原染料、活性染料和活性分散染料等都有一定亲和力。如果用直接染料、还原染料和活性染料对棉纤维进行染色，同时锦纶也会有不同程度的上染。锦纶的沾染，会使锦/棉织物的色光发生不同程度的变化，从而导致两种纤维的色相不一致，造成明显的闪色现象。因此，染料的选择和工艺的控制对锦/棉织物的染色是很重要的。在实际生产中，要合理的选用染料及严格控制工艺条件。

锦/棉织物中的锦纶组分可用酸性染料、中性染料、直接染料、分散染料等染色，棉组分则可用活性染料、直接染料等套染。锦/棉织物和纯棉织物的染色性能有相似之处，所以也可以用同一种染料染两种纤维，如活性染料、直接染料、活性分散染料、还原染料等。

锦/棉织物的染色有浸染、卷染、轧染、冷轧卷等方法，而且有一浴法和二浴法之分。浸染设备从目前情况看，主要采用溢流染色机，也可以采用喷射染色剂或绳状染色机。

二、单一染料染色

锦/棉织物染色
染料选择

1. 活性染料染色

活性染料在碱性条件下染锦/棉织物，锦/棉织物的得色量极低，颜色很浅，表明活性染料染棉的工艺不太适合染锦/棉织物。由于在酸性条件下，锦纶中离子化的氨基可以和活性染料母体部分的磺酸基形成离子键结合，而在碱性条件下，活性染料活性基可与锦纶中的氨基形成共价键结合。因此，可采用先酸性条件下上染，后碱性条件下固色的方法来染锦/棉织物，具体工艺如下：

（1）染色处方。

活性染料（owf）	x
元明粉	20～60g/L
醋酸	2g/L
匀染剂	1～2g/L
纯碱调节染液 pH 值	7
固色用纯碱	4～15g/L
浴比	1∶15

（2）工艺流程及操作。先加入匀染剂和染料，用醋酸调节 pH 值为 4～5，在 60℃保持

20min，加入 1/2 元明粉，用纯碱调节染液 pH 值至 7，保持 10min，再加入 1/2 元明粉，保持 10min 后，以 1℃/min 的升温速率升温到 90℃，加纯碱固色，续染 30～40min，水洗、皂煮、水洗、烘干。

2. 直接染料染色

锦/棉织物用直接染料染色，因锦纶在水中的溶胀程度较低，而直接染料的分子较大，在锦纶中的扩散性能较差，故得色率较低，颜色较浅，匀染性较差。可通过提高温度和延长时间来提高锦纶的得色率，从而减轻闪色现象。

锦/棉织物染色工艺及质量控制

三、两种染料一浴法染色

1. 活性染料和中性染料一浴法染色

活性染料和中性染料同浴染色，需设法减少相互干扰。采用这种方法应选择在碱性条件下很少上染锦纶的活性染料，如 M 型活性染料。如果活性染料对锦纶的亲和力较大，应在染浴中加入适量锦纶防染剂。可以先在碱性条件下染色，使活性染料固色，后加酸调 pH 至弱酸性，使中性染料最后充分上染锦纶。锦/棉织物采用此工艺染色后，色相一致，匀染性好，色光稳定，重现性好。

2. 酸性染料和直接染料一浴法染色

酸性染料和直接染料同浴染色时，也要防止直接染料对锦纶的上染，因此要加入高质量的锦纶防染剂。采用这种方法染色时，常在弱酸性条件下进行，对直接染料上染棉有一定影响，且染色牢度不理想，染后需进行固色。因此这种染色方法不常被采用。

3. 中性染料和直接染料一浴法染色

这种方法是用中性染料染锦纶，直接染料染棉，适宜于深浓色泽的染色。其工艺流程及操作如下：

每隔 5min 分别加入六偏磷酸钠、平平加 O、锦纶防染剂、直接染料、中性染料、1/2 元明粉，40℃入染，以 1℃/min 升温至沸，加入 1/2 元明粉，保温 30min 后降温。染色后水洗、皂洗、水洗。

此方法染色的优点是工艺流程短、重现性好、操作简单、成本较低，但染色牢度略差，染色后需进行固色。

四、两种染料二浴法染色

此方法的染色工艺流程长、操作复杂，但染后质量稳定、闪色现象少、重演性好、工艺易控制，是目前锦/棉织物染色的常用方法。

1. 酸性染料和活性染料二浴法染色

酸性染料和活性染料二浴法染色，一般是用活性染料先染棉，后用酸性染料套染锦纶。常用浸染方式进行，因此主要选用具有双活性基团染料，例如 M 型活性染料，其固色率高，对锦纶上染很少，耐酸强度较好。

酸性染料的染色一般控制在弱酸性条件下进行。强酸性条件下染色虽然匀染性好，色泽鲜艳，但对锦纶和活性染料都会产生不良影响，因此不被采用。在弱酸性条件下染锦纶升温过程要缓慢，并在染液中加入匀染剂，使染料的上染速率缓慢而均匀。

活性染料染棉和酸性染料染锦纶可按常规工艺进行。活性染料染色后需充分皂洗，以除去织物上的浮色以及锦纶上的沾色，并提高染色牢度。具体工艺如下：

（1）棉纤维染色处方。

活性染料（owf）	x
元明粉	20~60g/L
匀染剂	1~2g/L
纯碱	5~20g/L
浴比	1∶15

（2）锦纶染色处方。

弱酸性染料（owf）	x
元明粉	20~60g/L
醋酸	0.8g/L
醋酸钠	0.12g/L
匀染剂	1~2g/L
锦纶固色剂（owf）	y
醋酸（owf）	z
浴比	1∶15

（3）工艺流程及操作。先加入匀染剂和活性染料，在60℃保持10min，加入1/2元明粉，保持10min，再加入1/2元明粉，保持10min后，加纯碱固色，续染30~45min，水洗、皂煮、水洗。然后加入匀染剂和弱酸性染料搅匀，加入醋酸和醋酸钠，调节染液pH值至5~6，以1℃/min升温到98℃，在98℃染30~45min，水洗，固色。

2. 中性染料和活性染料二浴法染色

因为中性染料在碱性条件下容易断键而使锦纶上的染料脱落，因而采用先用活性染料染棉、后用中性染料套染锦纶的方式进行染色。活性染料染棉的情况与酸性/活性染料二浴法一样。中性染料染锦纶染色饱和值高，适合于染深色浓色泽，但色泽不够鲜艳，覆盖性、匀染性较差。因此在染液中要加入匀染剂，并缓慢升温以保证染色均匀。中性染料套染锦纶可按常规工艺进行。

五、质量控制

锦/棉交织物采用酸性/活性染料或中性/直接染料或活性染料染色时，存在的质量问题就是锦纶沾色严重，影响染色成品的色泽鲜艳度或者锦纶留白的效果，影响染色成品的湿处理牢度。

锦/棉织物用酸性/活性染料或中性/直接染料或活性染料染色时，无论是同色染色或双色染色，还是锦纶留白染色，为了方便配色以及提高色泽鲜艳度和锦纶留白的效果，均应采取多种措施，使棉纤维染色时直接或活性染料不沾染或很少沾染锦纶。常见的减少锦纶沾色或提升者锦纶留白染色效果的措施如下：

（1）对直接染料或者活性染料进行筛选，要选用不沾染或少沾染锦纶的染料染色。

（2）选用合适的防染剂，减少锦纶的沾色。防止锦纶沾色的助剂主要是芳香磺酸盐缩合物。这类防染剂能在锦纶上发生吸附，从而能阻止直接染料和活性染料在锦纶上的吸附。需要注意的是，当防染剂用量偏高时，棉纤维的染色深度也有所降低。

（3）对染液的 pH 值和染色温度进行合理的控制。用直接染料和活性染料染色时，随着 pH 值的降低和温度的升高，锦纶上的沾色加重，有试验表明，低温和碱性染色条件有利于降低活性染料在锦纶上的沾色。

（4）活性染料染色完毕后，制订合理的皂洗工艺条件，通过皂洗去除锦纶上沾染的活性染料。

任务实施

一、准备

1. 仪器设备

红外线染样机、玻璃棒、染杯、烧杯、量筒、电炉、容量瓶、天平、吸量管、吸耳球、胶头滴管、恒温水浴锅、电子天平、烧杯、烘箱、电炉。

2. 染化药品

活性红 M-2B、活性黄 M-5R、中性红 2GL、中性黄 2GL、冰醋酸、棉防染剂、元明粉、平平加 O、皂片等，均为工业纯。

3. 材料

50/50 锦/棉织物。

二、实施步骤

1. 设计染色工艺处方（表 3-12-1）

表 3-12-1　活性/中性染料染色处方

染化料及浴比	用量	
	1#	2#
活性红 M-2B(%,owf)	0.2	0.7
活性黄 M-5R(%,owf)	0.3	1.3
中性红 2GL(%,owf)	0.15	0.5
中性黄 2GL(%,owf)	0.35	1.4
元明粉(g/L)	25	40
平平加 O(g/L)	0.5	1.0
棉防染剂(g/L)	2	2
醋酸(g/L)	2	2
染色浴比	1：40	1：40

2. 设计工艺曲线

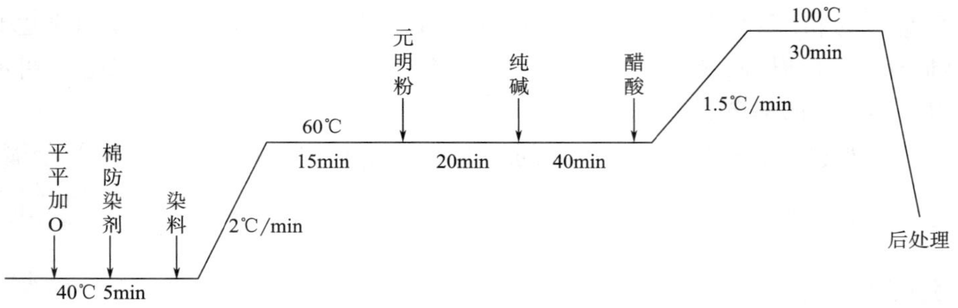

3. 染色操作

（1）称取一定量的织物，用温水润湿；配制染料母液，准确称取活性红 M-2B、活性黄 M-5R、中性红 2GL、中性黄 2GL 染料各 0.5g，用温水调浆溶解，倾入 250mL 容量瓶并稀释到刻度，摇匀，备用。

（2）染色：按浴比加入一定量的 40℃ 温水，依次加入平平加 O、棉防染剂，搅匀，隔 5min 后用刻度吸管取相应染料母液加入染杯，搅匀，在水浴锅中加热至 60℃，投入预先用温水润湿好的锦/棉织物，在 60℃ 染色 15min，加入元明粉继续染色 20min 后，加入纯碱，续染 40min；用醋酸调 pH 值至 5，盖好杯盖放入红外线染样机染杯座，在 20～30min 内升温至沸，沸染 30～45min。

（3）红外线染样机鸣警取出染杯，小心打开，取出布样，温水洗（60～70℃），冷水洗，净洗，水洗，烘干。

（4）观察布面色泽、匀染性和手感；用照布镜检查两种纤维色相是否一致。

三、注意事项

（1）加入平平加 O 和棉防染剂后要充分搅匀，并保温 5min 后方可加入染料。

（2）加入元明粉和纯碱后要充分搅匀，要特别注意染色温度控制。

（3）放入机器中染杯杯盖要盖紧，染毕取出布样时小心染液溅出。染杯可放在水中降温再打开盖子。

（4）选择染料时要考虑减少相互干扰。

（5）在不同染色阶段要严格调整和控制 pH 值。

任务拓展

查找锦/棉织物染色相关资料，自行设计锦/棉织物最新染色工艺，尽可能多地设计不同工艺条件，可以变染料、变助剂、变染色条件等，分析几种工艺的各自优缺点，以及适合怎样的产品。

思考与练习

1. 理论上哪些染料可以对锦/棉织物进行一浴一步法染色？选择染料时应该注意哪些

问题？

2. 目前实际生产中如何对锦/棉织物进行染色？有何优缺点？可以对哪些方面进行改进？为什么？

3. 查阅国内外关于锦/棉织物染色的最新工艺，结合实验室实际情况，设计锦/棉织物染色的最新工艺。

4. 锦/棉织物的优点有哪些？

5. 锦/棉织物染色最主要的质量问题是什么？如何预防和应对？

任务13　锦纶/黏胶纤维织物染色

学习目标

1. 知识目标

（1）了解锦纶/黏胶纤维织物的前处理工艺。

（2）理解酸性染料/活性染料染锦纶/黏胶纤维织物的染色原理。

（3）掌握锦纶/黏胶纤维织物的染色工艺因素对同色性的影响。

2. 能力目标

（1）会选择合适的染料并能设计和调整锦纶/黏胶纤维织物的染色工艺。

（2）能根据订单要求进行锦纶/黏胶纤维织物的仿色打样。

（3）能分析锦纶/黏胶纤维织物染色可能出现的质量问题，并提出工艺改进措施。

3. 素质目标

（1）培养学生树立责任意识。

（2）培养学生的团队合作能力和沟通能力。

4. 课程思政目标

（1）培养学生严谨的科学态度。

（2）培养学生勇于探索的精神。

（3）培养学生一丝不苟的工匠精神。

任务分析

工艺员接到锦纶/黏胶纤维织物染色生产任务单时，要对客户的要求及产品的用途和特点进行分析，根据分析结果和锦纶、黏胶两种纤维染色性能严格筛选染料，设计小样染色工艺，进行小样染色，在规定的时间内完成染色，并发现和解决染色中出现的质量问题。

知识准备

一、锦纶/黏胶纤维织物染色概述

锦纶/黏胶纤维花边织物含锦纶、黏胶纤维，必须根据多种纤维的物理化学和染色性能来制定染色工艺方案。

锦纶/黏胶纤维织物
染色染料选择

1. 锦纶

锦纶是一种疏水性纤维，但又含有氨基和羧基，因此，除了可以采用分散染料染色外，还可以用染羊毛和蚕丝的染料染色，对直接染料、活性染料、还原染料都有一定的亲和力。所以对黏胶纤维进行染色时所用的直接染料、活性染料、还原染料会对锦纶再上染，因而制订染色方案是要考虑到锦纶防染的问题，或选择对锦纶沾色轻微的染料。

2. 黏胶纤维

黏胶纤维是以木材等天然纤维素为原料，经过一定的化学加工制造而成的，适用于它的染料有直接染料、活性染料、硫化染料、还原染料、不溶性偶氮染料。常用的是直接染料、活性染料和硫化染料，这三种染料染色原理不同，染色工艺不同，染色后产品物理指标和染色成本均不一样，各有特点。因此，合理选用染料很有必要，以便优化纤维染色工艺，使黏胶纤维染色质量达到最佳水平，并尽可能做到节能降耗。

二、锦纶/黏胶纤维织物的染色工艺流程

锦/黏胶纤维织物染色工艺

锦纶/黏胶纤维织物的染色工艺流程：

前处理→预定形→黏胶纤维染色→水洗→锦纶染色→固色

通常氨纶花边织物需染色前预定形处理，中、深色需在染后进行固色处理。

1. 前处理

主要是去除织造过程中沾上的油污及原料本身的油剂、杂质等。pH 值一般控制在 10～11 为宜。前处理后的水洗非常重要，如水洗不净、不匀，坯布上的 pH 值不一致，染色后就会出现条花和块状花疵点。前处理工艺如下：

净洗剂 TF-104N	2%
纯碱	2g/L
浴比	1：(15～20)
温度	95～100℃
时间	20～40min

2. 染色

（1）锦纶染色。

①锦纶用染料的选用。锦纶用染料一般选用匀染性好及有优良移染性的弱酸或中性染料。汽巴的依利尼尔染料是弱酸性染料，宜用于染中、浅色。这类染料是具有良好配伍性的染色系列，拥有中至高泳移性，除提供宽的色谱外也可以作为鲜艳流行色，中色有良好的湿处理牢度。兰纳洒脱染料是改良型中性染料，能在中性或微酸性溶液中染色，对锦纶有较高的亲和力，耐洗、耐晒色牢度较好，饱和值较高，得色量也高，容易染深色。

②锦纶染色工艺。

a. 染色处方。

依利尼尔红 A-2BF（owf）	x
依利尼尔蓝 A-R（owf）	y
匀染剂 T-30	0.5g/L

山德酸 VS　　1.5g/L

浴比　　1∶(10~20)

b. 染色过程。先加入匀染剂和冰醋酸，升温至40℃，处理10~20min，加入染料溶液，在30~40min升温至沸，染10~30min，然后水洗、固色。

c. 固色工艺。

固色剂 NBS (owf)	3%
冰醋酸	0.5g/L
温度	70~75℃
时间	20~30min

d. 皂洗工艺。

净洗剂 SC	1~2g/L
冰醋酸	0.5g/L
温度	80℃
时间	20min

(2) 黏胶纤维染色。

①黏胶纤维用染料的选用。黏胶纤维用染料要对锦纶有一定的防染性，防止锦纶沾色影响色光和色牢度，且要有优良的匀染性和重演性。活性染料选用汽巴克隆FN型，这类染料属于中温型染料，浸染温度60℃，染料溶解度特别高，浸透及匀染性好，固色率高。可用于低浴比染色方法，配伍性强，染色重现性好，浮色容易清洗，各项湿处理牢度良好，具有杰出的耐日晒与汗渍色牢度。

②黏胶染色工艺。

a. 染色处方。

活性红 FN-2BL (owf)	x
活性蓝 FN-R (owf)	y
元明粉	10~60g/L
纯碱	8~20g/L
浴比	1∶(10~20)

b. 染色过程。见模块一任务4。

c. 皂洗。皂洗的目的是去除织物表面的浮色。皂洗工艺：

皂洗剂	0.5~1g/L
温度	80~90℃
时间	20min
浴比	1∶15

三、注意事项

(1) 染色前处理或预定形，可以使织物尺寸稳定，布面平整、挺括、不卷边，为染色创造条件，并能达到预期的幅宽。

(2) 锦纶/黏胶纤维织物染色工艺，宜先染黏胶纤维后染锦纶。由于锦纶对任何染料都可上染，在染黏胶纤维时会产生同步上染效应，因此在选用染黏胶纤维的染料时，应尽量选用色光鲜艳和对锦纶亲和力较低的染料。

（3）充分考虑染料的配伍性。使用几种染料拼染时，要选用合适的染料，且控制好染料用量。一般应尽量选择同一公司的同一系列染料，即使不得不选用不同公司的染料相拼，也应尽量选择上染曲线相似、始染温度近似以及对温度和匀染剂敏感性相似的染料，尽量避免发生竞染。

（4）染浴 pH 值的调控。酸性染料染浴 pH 值可控制在 4.5～5，太低上色过快，易染花；太高则上色率低。中性染料匀染性较差，可采用 pH 值滑动法调控。

（5）浅色不须固色，中、深色需要固色。固色时以 pH 值为 4～5、温度为 70～75℃ 较好，若温度超过 75℃，染色时间太长则色光发暗、手感粗糙。

四、染色质量

1. 锦纶沾色

（1）形成原因。

①染黏胶纤维的染料对锦纶亲和力过高，在染黏胶纤维时会产生同步上染效应。

②锦纶/黏胶纤维织物染色工艺设计存在问题，可能安排先染锦纶后染黏胶纤维。

（2）克服方法。

①在选用黏胶纤维染色的染料时，应尽量选用色光鲜艳和对锦纶亲和力较低的染料。

②调整锦纶/黏胶纤维织物染色工序，先染黏胶纤维后染锦纶。

2. 色花

（1）形成原因。

①染色温度过高或者升温速率过大。

②酸性染料染浴 pH 值太低，染料上染速率过快。

③染料的配伍性或者匀染性不好。

（2）克服方法。

①严格控制染色温度和升温速率。

②染锦纶时酸性染料染浴 pH 值可控制在 4.5～5。

③使用几种染料拼染时，要选用合适的染料，尽量选择上染曲线相似、始染温度近似的染料；拼染时一般应尽量选择同一公司的同一系列染料。

④染色时加入匀染剂。

任务实施

一、准备

1. 仪器设备

红外线染样机、玻璃棒、染杯、烧杯、量筒、电炉、容量瓶、天平、吸量管、吸耳球、胶头滴管、恒温水浴锅、电子天平、烧杯、烘箱、电炉。

2. 染化药品

活性红 FN-2BL、活性蓝 FN-R、依利尼尔红 A-2BF、依利尼尔蓝 A-R、山德酸 VS、元明粉、纯碱、匀染剂 T-30、皂片等，均为工业纯。

3. 材料

花边 F8163（44.9%人丝、55.1%锦纶、幅宽 145cm）。

二、实施步骤

1. 设计染色工艺处方

（1）染液处方（表 3-13-1）。

表 3-13-1　活性/中性染料染色处方

染化料及浴比	用量	
	1#	2#
活性红 FN-2BL(%,owf)	0.6	0.9
活性蓝 FN-R(%,owf)	0.1	0.2
依利尼尔红 A-2BF(%,owf)	0.62	0.9
依利尼尔蓝 A-R(%,owf)	0.17	0.2
元明粉(g/L)	20	45
纯碱(%,owf)	10	18
匀染剂 T-30(g/L)	0.5	0.5
山德酸 VS　(g/L)	1.5	1.5
染色浴比	1∶40	1∶40

（2）黏胶纤维皂洗工艺。

皂洗剂	0.5～1g/L
温度	80～90℃
时间	20min
浴比	1∶15

（3）锦纶固色工艺。

固色剂 NBS（owf）	3%
冰醋酸	0.5g/L
温度	70～75℃
时间	20～30min

（4）锦纶皂洗工艺。

净洗剂 SC	1～2g/L
冰醋酸	0.5g/L
温度	80℃
时间	20min

2. 设计工艺曲线

（1）活性染料黏胶纤维染色。

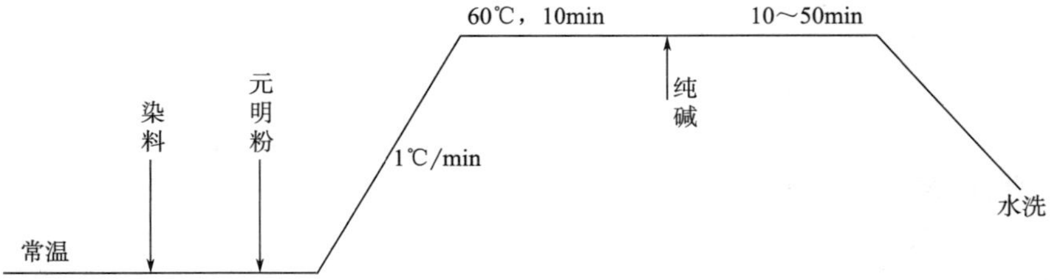

（2）酸性染料锦纶染色。

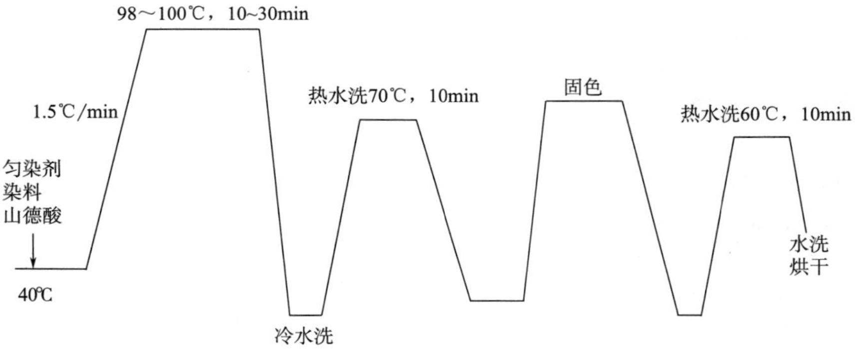

3. 染色操作

（1）称取织物，用温水润湿。配制染料母液，准确称取活性红 FN-2BL、活性蓝 FN-R、依利尼尔红 A-2BF、依利尼尔蓝 A-R 染料各 0.5g，用温水调浆溶解，倾入 250mL 容量瓶并稀释到刻度，摇匀，备用。

（2）黏胶纤维染色。用刻度吸管取相应染料母液加入染杯，按浴比加入一定量 40℃ 温水，搅匀，按处方加入一定量的元明粉，搅匀，投入预先用温水润湿好的锦纶/黏胶纤维织物，在水浴锅中加热至 60℃，在 60℃ 染色 10min，加入纯碱续染 10~50min，水洗。

（3）锦纶染色。按浴比加入一定量 40℃ 的温水，加入匀染剂，搅匀，用刻度吸管取相应染料母液加入染杯，搅匀，用山德酸调 pH 值至 5，投入预先用温水润湿好的锦纶/黏胶纤维织物，盖好杯盖放入红外线染样机染杯座，在 20~30min 内升温至沸，沸染 10~30min。

（4）红外线染样机鸣警取出染杯，小心打开，取出布样，温水洗（60~70℃），冷水洗，净洗，水洗，烘干。

（5）观察布面色泽、匀染性和手感。

三、注意事项

（1）锦纶/黏胶纤维织物染色时，先染黏胶纤维后染锦纶。

（2）在选用染黏胶纤维的染料时，应尽量选用色光鲜艳和对锦纶亲和力较低的染料，黏胶纤维染色时加入元明粉和纯碱后要充分搅匀。

（3）几种染料拼染时，要充分考虑染料的配伍性，且要控制好染料用量。

（4）染锦纶时要严格控制染浴的 pH 值，防止染花或上色率低。

（5）染锦纶时浅色不须固色，中、深色需要固色。固色时要严格控制 pH 值、温度和时间，防止色光发暗、手感粗糙。

（6）放入机器中染杯杯盖要盖紧，染毕取出布样时小心染液溅出。染杯可放在水中降温再打开盖子。

知识拓展

一、锦纶/黏胶纤维/金属丝/氨纶花边织物染色工艺概述

锦/黏/金属丝/氨染色

由于锦纶/黏胶纤维/金属丝/氨纶花边织物含锦纶、黏胶纤维、金属丝、氨纶等多种纤维，必须根据不同纤维的物理化学和染色性能来制订染色工艺方案。

传统金属丝是利用真空喷镀的方法在高聚物膜材表面镀一层薄铝片，再在金属铝复合表面喷涂有机材料，以防止金属丝氧化。常规前处理工艺可能会损伤薄铝层而使金属失去光泽。因此，前处理工艺的关键在于既要使织物半制品质量指标达到染色要求，还要保持金属丝光泽。

黏胶纤维是以天然纤维素高聚物为原料，经过化学处理和机械加工制造而成的。具有纤维素纤维优良的服用性能，以黏胶纤维为原料制成的纺织面料具有手感柔软、吸湿透气、抗静电和穿着舒适等优点，但其超分子结构和形态结构决定了黏胶纤维在服用性能和染整加工方面存在易伸长变形、湿态强度低、耐磨性差等缺点。适用于黏胶纤维的染料有直接染料、活性染料、硫化染料、还原染料、不溶性偶氮染料。各种染料染色原理不同，染色工艺不同，染色后产品物理指标和染色成本均不一样，各有特点。因此，合理选用染料很有必要，并优化纤维染色工艺，使黏胶纤维染色质量达到最佳水平，并尽可能做到节能降耗。

锦纶为聚酰胺纤维，具有强力高、质轻而耐磨以及良好的弹性回复率，上染性能和吸湿性能等优点。除了可以采用分散染料染色外，还可以用酸性染料、中性染料染色，对直接染料、活性染料、还原染料都有一定的亲和力。所以对黏胶纤维进行染色时所用的直接染料、活性染料、还原染料会对锦纶再上染，因而制订染色方案是要考虑到锦纶防染的问题。

花边 HJ0008（1.8%金丝、0.7%彩丝、83.3%锦纶、3%黏胶纤维、11.2%氨纶，宽 18cm）如图 3-13-1 所示。

图 3-13-1　锦纶花边织物

二、染色工艺流程

锦纶/黏胶纤维/金属丝/氨纶花边织物的染色工艺流程：

前处理→预定形→染色→（固色）→柔软处理

1. 前处理

前处理的主要目的是去除纤维在织造及编织过程中的油剂，以及在染色前道工序所造成的土、油、污，使织物更加洁净，消除织物在编织过程中的内应力，使织物得到充分的蓬松和收缩，为染色提供良好的基础。常规前处理工艺采用2%净洗剂和2g/L纯碱，于100℃处理30min，然后热水洗，加酸中和。但是由于金属丝不耐酸碱，宜采用中性或偏酸性工艺处理，pH值一般控制在7~8为宜。前处理后的水洗非常重要，如水洗不净、不匀，坯布上的pH值不一致，染色后就会出现条花和块状花疵点。前处理工艺如下：

去油剂LFWC	1.5g/L
螯合分散剂	1g/L
浴比	1∶(15~20)
温度	70~80℃
时间	20~25min

2. 预定形

由于锦纶/黏胶纤维/金属丝/氨纶弹性花边织物的强回弹性，在湿热的加工过程中，坯布密度和宽度极度收缩，很难获得预期要求的弹性、幅宽、密度以及理想的染色效果。因此染色前预定形不仅可以使幅宽一致、布面平整、收缩率低、外形尺寸稳定，还可以提高织物的服用性能。预定形工艺如下：

温度	190℃
速度	25m/min
超喂	5%~10%

3. 染色

（1）黏胶纤维用染料的选用。黏胶纤维用染料要对锦纶有一定的防染性，且要有优良的匀染性和重现性，活性染料选用汽巴克隆FN型。汽巴克隆FN型活性染料在碱性物质的作用下能与纤维素纤维生成共价键，染料溶解度特别高，浸透性及匀染性能很好，固色率高。其配伍性强，染色重现性高，浮色容易清洗，各项湿处理牢度良好，具有杰出的耐日晒与汗渍色牢度。

（2）锦纶用染料的选用。锦纶用染料一般选用匀染性较好的弱酸染料。尼龙山染料是特别为锦纶或聚酰胺纤维设计的专用酸性染料，它适用于所有锦纶6或锦纶66的染色。尼龙山E型和N型染料耐光色牢度优异（荧光染料除外），匀染性极佳，中、浅色湿处理牢度较好。尼龙山F型染料光牢度优异。以单色或两拼色为主色，N型染料为辅色。色泽鲜艳。

在酸性染料染锦纶过程中，pH值相当重要。瑞士山德士公司的山德酸VS是用来调节染液的pH值以达到染色均匀的一种新助剂。染浴中加入山德酸，能控制在中性或微碱性（pH值5~10），这样增进了染料的理想分布和显著的迁移效果。随着时间的推移和温度的升高，山德酸VS放出大量有机酸，染液的pH值缓慢地降低，染色速率因此加快，吸尽更好，从而避免了使用游离酸和铵盐带来的弊病。

图3-13-2是锦纶专用染料尼龙山红2%采用0.5g/L冰醋酸和0.5g/L山德酸VS，按照以下染色工艺对锦纶织物进行染色时，不同温度、时间的上染率曲线。染色工艺：在40℃加入助剂，10min后加入染料，运行10min后以1℃/min的速率升温至98℃，保温40min。

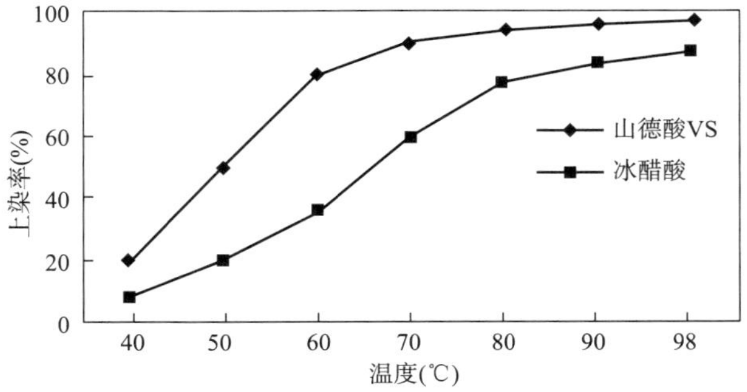

图3-13-2　尼龙山红上染曲线

（3）染色工艺。

①黏胶纤维染色。黏胶纤维活性染料染色，常规工艺是60℃染色，纯碱用量10~20g/L，这样金属丝会出现严重褪色，布面完全失去光泽。选用汽巴克隆FN型活性染料，染色温度40℃，尽量减少纯碱的用量，控制在10g/L之内。染完后，先排液，冷水洗2~3道，加醋酸中和，排液后皂洗，最后热水洗10min。

a. 染色处方。

活性染料FN（owf）	x
元明粉	10~20g/L
纯碱	10g/L
浴比	1∶（10~12）

b. 染色过程。染色过程见模块一任务4。

c. 皂洗工艺。

净洗剂	0.5~1g/L
温度	50℃
时间	20min

②锦纶染色。锦纶染色选用尼龙山染料，从图3-13-5可以看出，染色温度在90℃后，随着温度的增加上染速率增加并不明显。为了减少高温对金属丝造成的损伤，染色温度由98℃下降至90℃。山德酸VS用量不宜过多，pH值太低会引起金属丝亮度变暗。

a. 染色处方。

尼龙山染料（owf）	y
酸性匀染剂	0.5g/L
山德酸VS	0.5~1.5g/L
浴比	1∶（10~15）

b. 染色过程。先加入匀染剂和山德酸，升温至40℃，处理10~20min，加入染料溶液，在30~40min升温至90℃，染25~50min，然后水洗、固色。

c. 固色工艺。

固色剂PBS（owf）	3%
冰醋酸	0.5g/L
温度	70℃
时间	20~30min

4. 柔软处理

经过预定形、染前处理、染色工序后，织物的手感变得粗糙、无弹性。柔软处理能改善和提高织物的柔软度，减轻织物的粗糙感，使织物蓬松而有弹性，同时还可以提高织物的强力。

浴中柔软的处方及工艺条件：

浴中柔软剂（owf）	2%~3%
浴比	1∶（15~20）
温度	30~40℃
时间	20~30min

三、注意事项

（1）染色前处理工艺，所用精练剂的pH值宜为中性，前处理的温度70~80℃。去油的效果和去油剂的渗透、乳化、分散能力好坏有很大关系。选用科莱恩公司的去油剂LFWC效果较理想。

（2）金属丝不耐酸、碱，不耐高温。黏胶纤维染色时，染色温度要注意控制在40℃，纯碱用量为10g/L内，保温20~50min。皂洗时应注意温度在50℃，pH值控制在7~8。锦纶染色时，染色温度由100℃下降至90℃，可减少高温对金属丝造成的损伤。山德酸VS用量不宜过高，pH值太低引起金属丝亮度变暗，宜在4.5以上。经过上述染整加工后，产品不仅达到染色要求，还保持金属丝原来的光泽。

（3）锦纶/黏胶纤维/金属丝/氨纶花边织物手感较粗糙，染色过程中添加柔软剂，可改善花边织物的服用性能。

（4）浅色染物不须固色，中、深色染物需要固色。固色时以pH值为4~5、温度为70~75℃较好，若温度超过75℃，时间太长则使染物色光发暗、手感粗糙。

（5）染色温度在染色过程中非常重要，特别是染色初始阶段，染浴中染料浓度高，故初染温度要低些，升温要慢些。浅色和中色进机温度为室温，深色可在40~50℃，升温速率一般控制在1~2℃/min。为保持氨纶的特性，应将染色时间和温度限制在一定范围内，最终染色温度一般不超过100℃。

任务拓展

查找锦纶/黏胶纤维织物染色相关资料，自行设计锦纶/黏胶纤维织物最新染色工艺，尽可能多地设计不同工艺条件，可以变染料、变助剂、变染色条件等，分析几种工艺的各自优缺点，以及适合怎样的产品。

思考与练习

1. 锦纶/黏胶纤维织物的用途有哪些？

2. 理论上哪些染料可以对锦纶/黏胶纤维织物进行一浴一步法染色？选择染料时应该注意哪些问题？

3. 目前实际生产中如何对锦纶/黏胶纤维织物进行染色？有何优缺点？可以对哪些方面进行改进？为什么？

4. 查阅国内外关于锦纶/黏胶纤维织物染色的最新工艺，结合实验室实际情况，设计锦纶/黏胶纤维织物染色的最新工艺。

5. 锦纶/黏胶纤维织物染色过程中会出现哪些质量问题？如何克服？

任务14　羊毛/锦纶织物染色

学习目标

1. 知识目标

（1）了解羊毛/锦纶织物的特点。

（2）理解中性染料、酸性染料染羊毛/锦纶织物的染色原理。

（3）掌握羊毛/锦纶织物的染色工艺因素对同色性的影响。

2. 能力目标

（1）会选择合适的染料并能设计和调整羊毛/锦纶织物的染色工艺。

（2）能根据订单要求进行羊毛/锦纶织物的仿色打样。

（3）能针对染色后的羊毛/锦纶织物的质量问题提出改进措施。

3. 素质目标

（1）培养学生热爱自己的专业和责任意识。

（2）培养学生科学严谨的态度。

4. 课程思政目标

（1）培养学生一丝不苟的工匠精神。

（2）培养学生敢于担当的精神。

（3）培养学生的科学精神。

任务分析

羊毛/锦纶织物使两种纤维扬长避短，成为一种高档面料，其染色质量必须得到保证。当工艺员接到羊毛/锦纶织物染色生产任务单时，要对客户的要求及产品的用途和特点进行分析，根据客户的要求严格筛选染料和助剂、设计染色小样工艺、进行小样打样，在规定的时间内完成染色，并发现和解决染色中出现的质量问题。

知识准备

一、羊毛/锦纶织物概述

羊毛属高档蛋白质纤维，具有优良的弹性、丰满的手感和良好的保暖性能。锦纶是合成纺织纤维，具有优越的阻燃、耐磨、抗静电性和高强度，加入锦纶将大大提升羊毛混纺面料的耐磨性、抗静电性、吸湿性、透气性和回弹性等，二者混纺可综合其优点，使面料具有良好的服用性能和独特的风格。羊毛/锦纶面料不仅丰满、美观，而且十分耐用。羊毛/锦纶织物中的羊毛、锦纶染色的同色性好，色泽鲜艳。

羊毛/锦纶织物及染料选择

羊毛/锦纶织物染色工艺

二、羊毛/锦纶织物染色

羊毛/锦纶纺织品一般采用酸性染料和 1∶2 型酸性含媒染料染色，媒染染料和活性染料染色应用很少。在实际染色中多数要求是染同色，宜选用上染速率和提升性能相近的染料染色。

1. 染色原理

羊毛与锦纶的染色性能相似，都可用酸性染料染色。但酸性染料对锦纶上染比羊毛快，而在锦纶上的饱和值较羊毛低，所以如果染液中染料足够，锦纶达到上染平衡后，染液中剩余的染料继续上染羊毛，使两种纤维上的得色逐渐趋于接近，也可能使羊毛上的最终得色量超过锦纶。一般染淡色或中色时，用上染速率较低的弱酸性染料，并加入适量的阴离子型表面活性剂和非离子型表面活性剂作缓染剂。染浓色时，可选用中性染色的酸性染料，它们在锦纶上具有较高的饱和值。

2. 染色同色性的影响因素

染色同色性的好坏与染料在两种纤维上的分配比例有关，影响染料在羊毛和锦纶上分配的主要因素是：染料结构、染料浓度、纤维类型（如锦纶氨基含量、是否消光等）、羊毛/锦纶混纺比、染浴 pH 值、染色助剂、染色温度等。

（1）染料结构、染料浓度、纤维类型、羊毛/锦纶混纺比对同色性的影响。由于酸性染料对锦纶的亲和力高于对羊毛的亲和力，故在染色初期酸性染料对疏水性强的锦纶的上染速率更快，酸性染料将优先分配于锦纶上。而且染料的磺酸基越少，疏水性越强，这种倾向表现得越明显。酸性染料对锦纶的上染速率快，亲和力高，但锦纶的染色饱和值比羊毛低得多。酸性染料在羊毛和锦纶上的分配率随染料浓度的变化而变化。在染淡色时，染色结束时锦纶的染色深度高于羊毛；而在染浓色时，染色结束时羊毛的上染量超过锦纶的上染量。在染中色时，染料在羊毛和锦纶上的分配率相差不大，两纤维容易获得同色染色效果。这些现象表明，羊毛/锦纶织物存在一个临界的同色染色染料浓度，该临界浓度因染料而异，单磺酸基染料的临界同色染料浓度比双磺酸基染料浓度高，在临界浓度以上，锦纶再吸收染料十分困难，羊毛将染得更浓。

（2）染色助剂对同色性的影响。当染色深度在临界同色染料浓度以下时，为了降低染料在锦纶上的上染量，提高羊毛和锦纶的同色性，可适当添加一些防染剂，这是一个行之有效的措施。羊毛/锦纶混纺织物染色所用的防染剂，通常是阴离子型表面活性剂和分子量大的阴离子型合成单宁类助剂。阴离子型防染剂对锦纶具有较高的亲和力，当防染剂更多地吸附于锦纶上、与锦纶上的氨基发生相互作用后，就降低了酸性染料对锦纶的亲和力，从而使酸性染料在锦纶上的上染量降低，在羊毛上的上染量增加。由于防染剂能与酸性染料竞染，因此防染剂同时也起匀染作用。一般而言，染淡色应多加防染剂，染中色和浓色应少加或不加防染剂。1∶2 型酸性含媒染料因在锦纶上的分配率高，故应多加防染剂。

（3）染浴 pH 值和染色温度对同色性的影响。pH 值降低和温度升高，有利于羊毛染色深度的提高。用单磺酸基酸性染料和 1∶2 型酸性含媒染料染色，可用醋酸调节 pH 值至 5~6。染浅淡色时，为了保证匀染性，可在近中性条件下染色。

3. 染色工艺

（1）染色处方。

①浅、中色处方。

弱酸性染料（owf）	x
醋酸（owf）	3.5%~4.0%
元明粉（owf）	15.0%~20.0%
缓染剂（owf）	1.0%~2.0%

②深色处方。

中性浴酸性染料（owf）	x
硫酸铵（owf）	5.0%~10.0%
醋酸（owf）	2.0%~3.0%
缓染剂（owf）	1.0%~2.0%

（2）染色过程。在 50℃ 依次加入除醋酸外的助剂和染料，以 1.5℃/min 的速率升温至 85℃ 左右，再以 1.0℃/min 的速率升温至沸，沸染 30~60min，染色后期加入醋酸，染色结束后降温清洗。

三、羊毛/锦纶织物染色质量控制

羊毛/锦纶织物采用同浴染色，因两种纤维染色性能的差异，羊毛、锦纶同色性不好，锦纶得色往往深于羊毛，染色时易出现条花、边深浅和夹花等质量问题。

1. 形成的主要原因

羊毛/锦纶织物采用同浴染色，由于羊毛和锦纶在化学结构和物理性能上的不同导致染色性能不同，羊毛上含有大量的氨基和羧基，锦纶的结构特点是其分子链间存在大量碳链和酰胺基，仅分子链的末端才具有羟基和氨基。同浴染色时，染料对两种纤维的上染速率不同，不易获得均匀色泽。要想达到羊毛和锦纶同色、色牢度达国家标准等效果，就需从染料、染色工艺、染色助剂等方面进行调整。

2. 克服的方法

（1）认真筛选染料。染淡、中色时宜选用双磺酸基染料，而染深色时宜选用单磺酸基染料；染藏青等特浓色时，也可先用 1∶2 型酸性含媒料染色，再用 1∶1 型酸性含媒染料染色。在染浓色时，为了弥补锦纶染色饱和值的不足，还可适量添加对羊毛沾色较少的分散染料，以提高锦纶的染色深度；也可以选用兰纳素染料、活性染料，通过添加染色助剂和调整染色工艺条件达到良好的同色性。

（2）添加染色助剂。在羊毛/锦纶织物同浴染色时，可以添加阻染剂、匀染剂或者防染剂等助剂来调整染料在羊毛、锦纶上的上染速率，以改善或克服羊毛/锦纶织物得色不匀的疵病。

（3）调整染色工艺。在羊毛/锦纶织物同浴染色时，染色温度和 pH 值对染料在羊毛、锦纶二的上染速率有较大的影响。应根据小样试验，合理确定染色温度和 pH 值，实现羊毛和锦纶的同色。

任务实施

一、准备

1. 仪器设备

红外线染样机、玻璃棒、染杯、烧杯、量筒、电炉、容量瓶、天平、吸量管、吸耳球、胶头滴管、恒温水浴锅、电子天平、烧杯、烘箱、电炉。

2. 染化药品

兰纳素红 6G、兰纳素蓝 6G、冰醋酸、阻染剂 NON、平平加 O、元明粉、氨水、皂片等，均为工业纯。

3. 材料

50/50 羊毛/锦纶织物。

二、实施步骤

1. 设计染色工艺处方（表 3-14-1）

表 3-14-1　活性染料染色处方

染化料及浴比	用量	
	1#	2#
兰纳素红 6G(%,owf)	0.12	1.10
兰纳素蓝 6G(%,owf)	0.14	1.12
阻染剂(g/L)	1.5	2.0
硫酸钠(%,owf)	5.0	5.0
醋酸(调节 pH 值)	pH 为 4.5~5	pH 为 4.5~5
平平加 O(g/L)	0.5	0.5
染色浴比	1∶30	1∶30

2. 设计工艺曲线

水洗后处理：染色后温水洗（60~70℃），冷水洗；然后用 25%的氨水调节 pH 值至 8~8.5，80℃处理 15min 进一步固色，并洗去浮色。

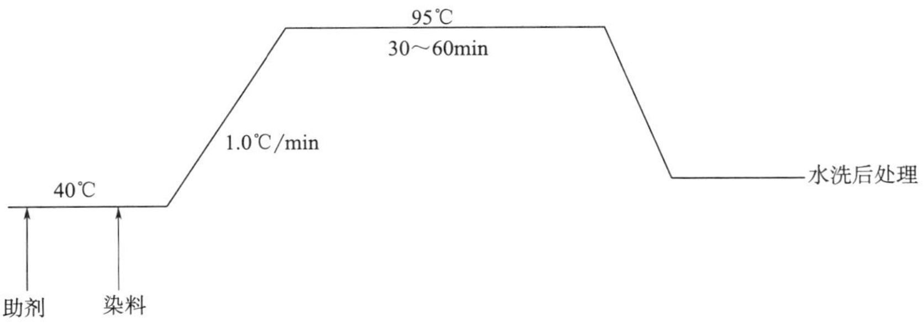

3. 染色操作

（1）称取织物，用温水润湿；配制染料母液，准确称取兰纳素红 6G、兰纳素蓝 6G 染料各 0.5g，用温水调浆溶解，倾入 250mL 容量瓶并稀释到刻度，摇匀，备用。

（2）根据处方配制染液：按浴比加入一定量 40℃的温水，加入阻染剂、平平加 O，搅匀，然后加入元明粉，搅匀，再用刻度吸管取相应染料母液加入染杯，搅匀，用醋酸调节 pH 值为 4.5~5.0，在水浴锅中保温 10min，投入预先用温水润湿好的羊毛/锦纶织物，盖好杯盖放入染杯座，30min 内升温至 95℃。保温 30min。

（3）程序全部结束鸣警取出布样，温水洗（60~70℃），冷水洗；然后用 25%的氨水调节 pH 值至 8~8.5，80℃处理 15min 进一步固色，并洗去浮色。

（4）观察布面色泽、匀染性和手感，用照布镜检查两种纤维同色情况。

三、注意事项

（1）加入元明粉后要充分搅匀。

（2）注意升温速率和染色温度控制。

（3）放入机器中杯盖要盖紧，染毕取出布样时小心染液溅出。染杯可放在水中降温再打开盖子。

（4）染料品种可根据试验条件决定。

任务拓展

查找羊毛/锦纶织物染色相关资料，自行设计羊毛/锦纶织物最新染色工艺，尽可能多地设计不同工艺条件，可以变染料、变助剂、变染色条件等，分析几种工艺的各自优缺点，以及适合怎样的产品。

思考与练习

1. 羊毛/锦纶织物有何优点？

2. 理论上哪些染料可以对羊毛/锦纶织物进行一浴一步法染色？

3. 目前实际生产中如何对羊毛/锦纶织物进行染色？有何优缺点？哪些方面可改进？

4. 查阅国内外关于羊毛/锦纶织物染色的最新工艺，结合实验室实际情况，设计羊毛/锦纶织物染色的最新工艺。

任务 15　蚕丝/锦纶织物染色

学习目标

1. 知识目标

（1）了解蚕丝/锦纶织物的染料选择和染色方法。

（2）理解活性染料染蚕丝/锦纶织物的染色原理。

（3）掌握蚕丝/锦纶织物的染色工艺因素对同色性的影响。

2. 能力目标

（1）会选择合适的染料并能设计和调整蚕丝/锦纶织物的染色工艺。

（2）能根据订单要求进行蚕丝/锦纶织物的仿色打样。

（3）能针对染色后的蚕丝/锦纶织物的质量问题提出改进措施。

3. 素质目标

（1）培养学生树立环保意识和责任意识。

（2）培养学生沟通能力和科学严谨的态度。

4. 课程思政目标

（1）培养学生精益求精的工匠精神。

（2）培养学生的文化自信。

（3）培养学生的科学精神。

任务分析

当工艺员接到蚕丝/锦纶织物染色生产任务单时，根据客户的要求严格筛选染料和助剂、设计染色小样工艺、进行小样打样，在规定的时间内完成染色，并发现和解决染色中出现的质量问题。

知识准备

蚕丝/锦纶织物染色

一、蚕丝/锦纶织物概述

蚕丝具有手感柔软、吸湿透气、冬暖夏凉、穿着舒适的特点，但同时也存在易起皱、尺寸不稳定等缺点；锦纶具有耐磨和尺寸稳定的优点。蚕丝与锦纶混纺或交织，使两种纤维扬长避短，在保持蚕丝产品的优点基础上，解决了蚕丝尺寸稳定性差的质量问题，面料的耐久性也得到提高，成为一种高档面料，但其染色牢度需得到保证，因此，必须严格筛选染料和设计并控制染整工艺。在实际生产中发现，只要染料筛选适当和工艺设计控制得当，即可染出蚕丝与锦纶几乎一致的颜色。

二、蚕丝/锦纶织物染色

1. 染色原理

锦纶属疏水性纤维，但大分子中含有大量弱亲水基团—CONH—，分子两端还有亲水基团—NH—COOH，因而可采用多种染料进行染色。如分散染料、中性染料、弱酸性染料、活性染料和直接染料等，都可以做锦纶染色的染料。试验表明，各种染料对锦纶 66 织物的经柳、横档疵病的遮盖能力分别为：分散染料>酸性染料>活性染料>中性染料>直接染料。

由于锦纶 66 的取向度高，玻璃化温度为 40～60℃，所以染色温度不能过低，否则易造成染料移染性差。

蚕丝属蛋白质纤维，含有各种可以与染料发生反应的羟基和氨基，因此可以用酸性染料、中性染料、直接染料、活性染料进行染色。其中酸性染料染色，色泽鲜艳，上染率高；活性染料不仅色谱全、较鲜艳，而且染色牢度较好。

根据两种纤维的性质及对不同染料的适应性，通过初步试验分析得出结论，选择热固型活性染料、质量较大的双磺酸基弱酸性染料或含磺酸基的中性染料，用于蚕丝/锦纶织物染色效果较好。

2. 活性染料染色工艺

（1）染色处方。

K 型活性染料（owf）	x
NaCl	3g/L
Na_2CO_3	30g/L

（2）染色操作。40℃加入染料，保温 10min，20min 内升温至 65℃，加 NaCl，然后 20min 内升温至 80℃，保温 30min，再加入 Na_2CO_3，保温 20min。

三、染色质量控制

由于蚕丝/锦纶织物中的两种纤维基本结构单元、聚集态结构、化学官能团及含量等的差异，染色质量存在最普遍的问题就是染色后蚕丝、锦纶同色性较差。

有关学者通过实验发现，影响蚕丝/锦纶织物活性染料染色同色性的关键因素是：活性染料结构和染色工艺。选择热固型活性染料和合适的染色工艺条件，用于蚕丝/锦纶织物染色易获得较好的同色性；也有相关专家学者通过实验发现，合成单宁可以改善蚕丝/锦纶织物多数酸性和中性染料染浅中色时的同色性。合成单宁提高蚕丝/锦纶织物染色同色性的基本原理是：合成单宁与蚕丝和锦纶的相互作用，以及对蚕丝和锦纶的防染作用不同所致，因为锦纶为合成纤维，物理结构紧密，合成单宁吸附在其上后，对阴离子型染料在纤维内的扩散具有明显的阻碍作用，故显示出很强的防染作用，蚕丝为天然纤维，结构比较疏松，合成单宁对染料上染的阻碍作用相对较小，在蚕丝/锦纶织物实际染色时，合成单宁主要对锦纶起防染作用，对多数酸性染料或者中性染料上染蚕丝防染作用较小。

也有部分专家学者最新的实验证明，影响蚕丝/锦纶织物酸性染料染色同色性的关键因素是：染料结构或品种、染色深度和染浴 pH 值。染色同色性既受染料热力学参数的控制，也受染料动力学参数的控制。染浅中色时，锦纶染色深度一般高于蚕丝；染深浓色时，锦纶染色深度低于蚕丝。通过筛选染料和调节染液 pH 值可提高蚕丝/锦纶织物的染色同色性。选择分子量较大的双磺酸基弱酸性染料或含磺酸基的中性染料，易获得较好的同色性。

任务实施

一、准备

1. 仪器设备

红外线染样机、玻璃棒、染杯、烧杯、量筒、电炉、容量瓶、天平、吸量管、吸耳球、胶头滴管、恒温水浴锅、电子天平、烧杯、烘箱、电炉。

2. 染化药品

活性染料蓝 B、冰醋酸、甲酸、食盐、纯碱、皂片等，均为工业纯。

3. 材料

50/50 蚕丝/锦纶织物。

二、实施步骤

1. 设计染色工艺处方（表 3-15-1）

表 3-15-1　活性染料染色处方

染化料及浴比	用量	
	1#	2#
K-2G 艳红(%,owf)	0.6	1.0
K-2GR 黄(%,owf)	0.1	0.5
K-R 蓝(%,owf)	0.2	1.1
食盐(g/L)	3.0	5.0
纯碱(g/L)	20.0	30.0
染色浴比	1∶40	1∶40

2. 设计工艺曲线

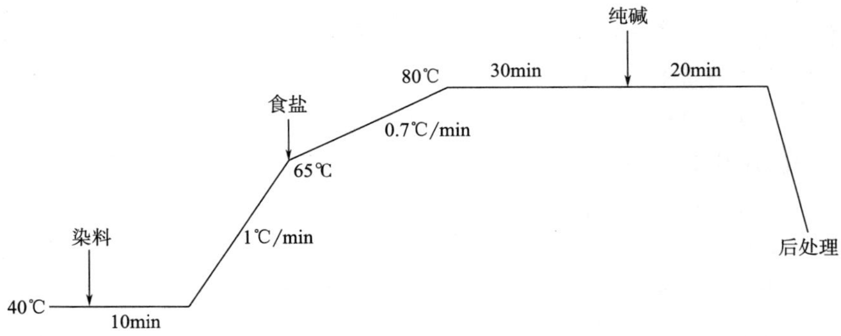

3. 染色操作

（1）称取一定量织物，用温水润湿；配制染料母液，准确称取 K-2G 艳红、K-2GR 黄和 K-R 蓝染料各 0.5g，用温水调浆溶解，倾入 250mL 容量瓶并稀释到刻度，摇匀，备用。

（2）根据处方配制染液：按浴比加入一定量的 40℃温水，用刻度吸管取相应染料母液加入染杯，搅匀，在水浴锅中保温 10min，投入预先用温水润湿好的蚕丝/锦纶织物，盖好杯盖放入染杯座，20min 内升温至 65℃。

（3）红外线染样机第一次鸣警取出染杯，小心打开，根据处方加食盐，搅匀，然后 20min 内升温至 80℃，保温 30min。

（4）红外线染样机第二次鸣警取出染杯，小心打开，根据处方加 Na_2CO_3，搅匀，保温 20min。

（5）程序全部结束鸣警取出布样，温水洗（60~70℃），冷水洗，净洗，水洗，烘干。

（6）观察布面色泽、匀染性和手感，用照布镜检查两种纤维同色情况。

三、注意事项

（1）加入食盐和纯碱后要充分搅匀。

（2）加入食盐和纯碱后要特别注意染色温度控制。

（3）放入机器中染杯杯盖要盖紧，染毕取出布样时小心染液溅出。染杯可放在水中降温再打开盖子。

（4）染料品种可根据实验条件决定。

任务拓展

查找蚕丝/锦纶织物染色相关资料，自行设计蚕丝/锦纶织物最新染色工艺，尽可能多地设计不同工艺条件，可以变染料、变助剂、变染色条件等，分析几种工艺的各自优缺点，以及适合怎样的产品。

思考与练习

1. 蚕丝/锦纶织物有何优点？

2. 理论上哪些染料可以对蚕丝/锦纶织物进行一浴一步法染色？

3. 目前实际生产中如何对蚕丝/锦纶织物进行染色？有何优缺点？可以对哪些方面进行改进？为什么？

4. 查阅国内外关于蚕丝/锦纶织物染色的最新工艺，结合实验室实际情况，设计蚕丝/锦纶织物染色的最新工艺。

任务 16　锦纶/涤纶织物染色

学习目标

1. 知识目标

（1）掌握锦纶/涤纶织物的染色的染料选择和染色方法。

（2）理解分散/活性染料、分散/中性染料染锦/涤织物的染色原理。

（3）掌握锦纶/涤纶织物的染色工艺因素对同色性的影响。

2. 能力目标

（1）会选择合适的染料并能设计和调整锦纶/涤纶织物的染色工艺。

（2）能根据订单要求进行锦纶/涤纶织物的仿色打样。

（3）能针对染色后的锦纶/涤纶织物的质量问题提出改进措施。

3. 素质目标

（1）培养学生的节能环保意识和责任意识。

（2）培养学生团队合作能力和沟通能力。

4. 课程思政目标

（1）培养学生的一丝不苟的工匠精神。

（2）培养学生勇于探索的精神。

（3）培养学生的爱纺织的情怀。

任务分析

锦纶/涤纶（简称锦/涤）织物中的涤纶和锦纶两种纤维染色性能差异较大，染色难度较大。当工艺员接到锦/涤织物染色小样打样的任务时，根据客户的要求严格筛选染料和助剂、设计染色小样工艺、进行小样打样，在规定的时间内完成染色，并发现和解决染色中出现的质量问题。

知识准备

一、锦/涤织物染色概述

锦/涤织物染色染料选择

锦/涤织物既有交织产品也有混纤丝和超细复合丝剥离产品。锦/涤织物中涤纶常采用分散染料染色，锦纶染色可采用直接染料、酸性染料、中性染料和活性染料。分散染料对锦纶也会上染，但由于两种材料结构不同，锦/涤织物同染色光不一致且染色牢度不高，仅有时可用于锦/涤织物浅、淡色染色。

锦/涤织物染色工艺

由于采用分散染料染锦/涤织物，锦纶会上染，故锦纶留白染色是很困难的。一般采用酸性染料和中性染料染锦纶，使涤纶留白。

锦/涤织物的同色或异色一般采用分散/酸性染料或分散/中性染料一浴法染色，也可以采用分散/酸性染料或分散/中性染料的二浴法染色。二浴法染色是先用分散染料染涤纶，然后还原清洗，再用酸性染料或者中性染料染锦纶。一般情况下一浴法适用于染淡色、中色，二浴法适用于染深、浓色。

二、分散染料染色

一般单一分散染料一浴法适用于染淡色、中色，锦/涤织物染中、深色，必须采用分散/中性染料或分散/酸性染料一浴一步法或者二浴法。染色时要克服同色性差、皂洗沾锦和耐日晒色牢度差等问题，在染整加工中要严格选择染料，一般选低温型（E 型）分散染料，设定的染色温度应低于 120℃，严格控制升温速率，添加阴离子型和非离子型表面活性剂的复配物，并调节 pH 值至 4~5，以获得优良的二相同色性。

一浴法中最经济的染色方法是采用分散染料染锦/涤织物，分散染料在锦纶上的匀染性也可以，但耐洗色牢度不如涤纶，只能中、浅色。浅淡色对匀染效果要求高。分散染料由于相对分子质量小，扩散性好，且不会与锦纶发生离子键结合，完全依赖分子力上染，且移染性好，对锦纶质量的差异所引起的色泽不均匀性（经柳、纬档）具有优良的遮盖性。因此，选用在锦/涤二相纤维上色光纯正、上色接近、耐日晒色牢度良好的分散染料染色，可以获得较好的染色效果，色泽浅淡，对分散染料染锦/涤织物同色性差的缺陷具有较好的掩盖性。同时，由于色泽浅淡对耐皂洗、耐摩擦等湿处理牢度的要求较低，使分散染料染锦/涤织物湿处理牢度较差的缺陷也暴露较少。锦纶湿态的耐热性不如涤纶，由于高温高压会使锦纶材料受损，温度低对涤纶上染不利，可采用载体染色降低涤纶的染色温度。

浸染处方：

分散染料（owf）	x
载体（owf）	1%~2%
浴比	1∶（15~40）

30~60℃入染，用醋酸调节 pH 值至 4~5，以 1℃/min 的速率升温至 100℃，保温染色 15~60min，然后以 1℃/min 的速率降温到 50℃。

也有资料阐述锦/涤非织造布采用轧染染色。轧染处方中含有分散染料、防泳移剂、分散剂、扩散剂。工艺流程：

配制染浴→二浸二轧→烘干→焙烘→热水洗→还原清洗→热水洗→冷水洗→烘干

三、分散/酸性染料染色

锦/涤织物采用分散染料染涤纶，温度最好不要高于 120℃，染色后，锦纶上的沾色要还原清洗去除，套染酸性染料，可用醋酸（滑移剂）控制 pH 值在 3~6，注意匀染性，染深色要固色剂固色。染色工艺处方及流程如下。

（1）分散染料染涤纶处方。

分散染料（owf）	x
六偏磷酸钠	1~2g/L
高温匀染剂 M-214	1~2g/L
醋酸（80%）调 pH 值	4~5
浴比	1∶（15~40）

（2）弱酸性染料染锦纶处方。

弱酸性染料（owf）	y
六偏磷酸钠	1~1.5g/L
锦纶匀染剂	1~1.5g/L
醋酸（80%）调 pH 值	3~6

（3）工艺流程。加入分散染料染涤纶，升温至 120℃，保温染色 30min，水洗，还原清洗（纯碱 2g/L，保险粉 2g/L，于 80℃处理 20min），加入酸性染料套染锦纶，100℃保温染色 30~60min，水洗、皂洗、水洗。

四、分散/中性染料染色

锦/涤织物采用分散染料染涤纶，温度最好不要高于120℃，染色后，锦纶上的沾色要还原清洗去除，套染中性染料。中性染料和酸性染料一样，都能很好地上染锦纶（对涤纶沾色轻微）。这是因为它们与锦纶之间既能产生离子键结合，又能产生氢键和范德瓦耳斯力结合。中性染料染锦纶最大的优点是湿处理牢度好，其耐日晒色牢度以及氯浸色牢度亦优良，而且吸尽率高，染深性好，容易染得深浓色泽。缺点是色光不够艳亮，而且上色快，匀染性和遮盖性较差。分散染料用量同分散/酸性染料处方。

中性染料套色处方：

中性染料（owf）	x
六偏磷酸钠	1.5g/L
锦纶匀染剂	1~3g/L
硫酸铵	1~3g/L

五、分散/活性染料染色

锦/涤织物中锦纶可以采用活性染料染色，可采用一浴二步法或二浴法。二浴法中分散染料采用120℃高温高压染色，活性染料固色温度根据染料品种定，与锦纶纯纺类似。一浴二步法可采用先酸性后碱性，提高锦纶的上染性。

工艺处方：

分散染料（owf）	x
活性染料（owf）	y
元明粉	10~25g/L
冰醋酸	3g/L
染酶 EL-A2	3g/L
纯碱	5~10g/L

除纯碱外的染化料升温至98℃保温25min，加入纯碱续染45min，升温到125℃保温30min，水洗后处理。

六、染色质量控制

锦/涤织物中的涤纶和锦纶两种纤维染色性能差异较大，染色时容易出现锦/涤二相同色性差（深浅不同、色光不同），布面色泽不匀，“夹花”现象显著，染品的外观质量不佳，色泽坚牢度差（淡浅色耐日晒色牢度不良、中深色皂洗沾锦纶牢度低下）等问题。

涤/锦织物染色存在上述问题，主要是因为涤纶和锦纶两种纤维染色性能差异较大，染色过程中分散染料对混纺织物中锦纶沾色严重造成。可以考虑选用对锦纶沾色小的分散染料；提高染色温度，保证分散染料的提升性和对涤纶的透染性；采用还原清洗洗除锦纶上的沾色；套染锦纶时防止分散染料从涤纶上移染；加强锦纶染后固色。

任务实施

一、准备

1. 材料

锦/涤织物。

2. 染化料

分散2BLN蓝、平平加O、超细纤维匀染剂、醋酸、弱酸艳蓝B、匀染剂75N、纯碱、保险粉。

3. 仪器

红外染色机、恒温水浴锅、染杯、250mL烧杯、电炉、电子天平（0.01mg精度）、烘箱、量筒。

二、实施步骤

1. 设计处方

（1）染涤纶。

分散2BLN蓝（owf）	1.2%
平平加O	0.15g/L
匀染剂	0.2g/L
醋酸	0.3g/L
浴比	1∶20

（2）套染锦纶。

弱酸艳蓝B（owf）	2.0%
匀染剂75N	1.0g/L
酸醋	0.3g/L
浴比	1∶20

织物2g/份。

（3）还原清洗。

纯碱	1.0g/L
保险粉	1.0g/L
处理温度	80℃
处理时间	10min

2. 设计工艺流程

60℃起染→升温至90℃保温10min（升温速率1℃/min）→升温至120℃保温30min（升温速率1℃/min）→降温至80℃（降温速率1℃/min）→温水洗→水洗→还原清洗→温水洗→取出→套染锦纶（100℃保温45min）

3. 染色操作

（1）分别配制染料母液，称取一定量织物，红外线染色机预热。

（2）红外线按染色程序120℃染涤纶，取出水洗，还原清洗，水洗。

（3）锦纶套色 100℃保温 45min。

（4）观察布面匀染性、手感。如果采用锦/涤交织物可用照布镜观察布样两种组分颜色有无差异，有差异要调处方。

（5）根据需要可以做耐水洗色牢度测试，色牢度不好可改进工艺，增加固色剂固色。

三、注意事项

（1）染料染色时升温速率控制好。

（2）匀染剂不要太多，否则会影响分散染料的上染量。

（3）染毕取出后要注意不要烫伤，染杯要冷却到位再打开杯盖。

任务拓展

查找锦/涤织物染色相关资料，自行设计锦/涤织物最新染色工艺，尽可能多地设计不同工艺条件，可以变染料、变助剂、变染色条件等，分析几种工艺的各自优缺点，以及适合怎样的产品。

思考与练习

1. 锦/涤织物有何优点？

2. 理论上哪些染料可以对锦/涤织物进行一浴一步法染色？

3. 目前实际生产中如何对锦/涤织物进行染色？有何优缺点？可以对哪些方面进行改进？为什么？

4. 锦/涤织物染色时的染色温度多少为佳？为什么？

5. 查阅国内外关于锦/涤织物染色的最新工艺，结合实验室实际情况，设计锦/涤织物染色的最新工艺。

模块 4　新型纤维及其混纺织物染色

本模块主要学习新型服用纤维中应用较多的 PTT 纤维及其混纺织物的染色、玉米纤维及其混织织物的染色、仪纶及其混纺织物的染色、竹浆纤维及其混纺织物的染色、莫代尔纤维及其混纺织物的染色。

PTT 纤维是一种功能性与环保性完美结合的纤维，已经作为聚酯家族崭新的一员在市场上脱颖而出。PTT 纤维制成的面料具有出色性能。PTT 纤维能赋予内衣细腻柔软的手感和极佳的悬垂感；对于运动装和运动休闲服来说，PTT 纤维能带来舒适的拉伸回复性及抗污和免烫功能；PTT 纤维用于泳装具有出色的抗紫外线和抗氯性能。PTT 纤维制成的面料不变形，经过反复洗涤或者在烈日和氯的考验下仍能保持亮丽的色彩。并且 PTT 纤维可以和多种纤维混纺或交织，效果出色。因此，用 PTT 纤维制成的面料深受消费者青睐，市场前景良好。

玉米纤维性能优越，有极好的悬垂性、滑爽性、吸湿透气性、天然抑菌性、令皮肤放心的弱酸性、良好的耐热性及抗紫外线功能，并富有光泽和弹性。玉米纤维面料在贴身内衣、运动服装等方面的开发优势显著。

仪纶是我国自主研发的一种具有突破性的新型合成纤维，主要成分是聚酰胺酯，其兼具天然纤维和传统合成纤维的部分优势，绿色低碳，既可以部分代替棉花，减少纺织品对棉的依赖，缓解粮棉争地问题，又可以作为普通聚酯纤维的升级换代产品，是纺织产品创新的理想原料。

竹浆纤维是一种纤维素纤维，也是以竹子为原料生产的再生植物纤维，它是将竹片做成浆，然后把浆做成浆粕，再经湿法纺丝制成纤维。竹浆纤维有着特殊多孔隙、中空分子结构，具备优良的吸湿性、透气性、凉爽性、抗菌性、抗紫外线等性能，可生物降解，是一种非常有市场前景的新型环保纤维素纤维。

莫代尔（Modal）纤维是由奥地利兰精公司生产的一种环保型纤维素纤维，是按照黏胶纤维的纺丝工艺原理，用高质量的木浆和专门的机械设备及特殊的加工处理方法制得，属于改进的黏胶纤维，具有高湿模量、更高的聚合度，纤维的实用价值高。莫代尔纤维柔软、顺滑，具有真丝般的光泽和质感，染色性能好，吸湿性比棉高 50%，吸湿快，可使皮肤保持干爽、舒适的感觉，是高质量针织内衣的理想纤维原料。

任务1 PTT纤维及其织物染色

学习目标

1. 知识目标

(1) 掌握PTT纤维及其织物染色的染料选择和染色方法。

(2) 理解PTT纤维分散染料的染色原理。

(3) 掌握PTT纤维及其织物的染色工艺因素对同色性的影响。

2. 能力目标

(1) 会选择合适的染料并能设计和调整PTT织物的染色工艺。

(2) 能根据订单要求进行PTT织物的仿色打样。

3. 素质目标

(1) 培养学生的节能环保意识。

(2) 培养学生团队合作能力和沟通能力。

4. 课程思政目标

(1) 培养学生的严谨的科学态度。

(2) 培养学生勇于探索的精神。

(3) 培养学生的热爱纺织的情怀。

任务分析

PTT纤维为新型纤维，当工艺员接到PTT织物染色小样打样的任务时，要根据PTT纤维与织物的染色特性，找出使用的染料，确定相应的染色工艺条件，进行小样试验，并验证染色效果（如色牢度）等方面的具体情况。

知识准备

PTT纤维是聚酯系列的高分子聚合物产品，许多性能特点与PET纤维和PBT纤维相类似，但三者之间也有明显的差别，包括纺织性能的差别，其中有些差别应看作是PTT纤维聚合物的特性，是PET纤维和PBT纤维所不具备的。

一、PTT纤维的特点

由于PTT聚合物的结晶度小于PET聚合物，所以有PET纤维所不具备的一些优点，如弹性好、柔软、易染色。

1. 弹性

虽然PTT纤维也可以通过加弹获得弹性，但是与PET不同，PTT纤维的结构本身就能赋予织物很好的弹性。PTT织物的弹性大致与PET纤维加4%~7%氨纶的弹性相当。

2. 柔软性

在单丝线密度相同的情况下，PTT纤维比PET纤维柔软。大体上说，单丝线密度为

3. 3dtex 的 PTT 纤维与单丝线密度为 2. 2dtex 的 PET 纤维的柔软程度相当。与 PET 纤维相同的是，长丝越细（单丝线密度越小），回弹性就越差。在织物设计中，充分考虑面料的弹性与柔软性的协调是非常重要的。

3. 易染色

因为 PTT 聚合物的结晶度较低，玻璃化温度较低，所以纤维的染色温度也低。在制订染色工艺之前，认真评估温度范围、染浴竭染率、扩散速率、移染率、色牢度等参数是十分必要的。

4. 染色温度范围

PTT 纤维和织物的染色温度比 PET 纤维和织物低 20℃左右，而且同色性非常好，这对于染色时的一次成功率非常重要。

5. 染浴竭染率

PTT 纤维在 100℃的竭染率是非常高的，为 95%～99%，与 PET 纤维在 130℃的竭染率相同。

6. 染料扩散率

染料扩散率会直接影响到染色的均匀性。分散染料在某一温度下在 PTT 纤维中的扩散速率，与在比该温度高 20℃的温度下 PET 纤维中的扩散速率相当。

7. 移染性

分散染料 110℃时在 PTT 纤维中的移染率高于 130℃时在 PET 纤维中的移染率，且具有移染同色性。

二、PTT 纤维的染色

PTT 纤维及其织物的染色

1. PTT 纤维的适用染料

PTT 纤维的染色性能与 PET 纤维相似，适合采用分散染料染色；染色温度应比 PET 纤维更低。不过，要注意不同分散染料的染色条件也有差别，所以应该针对面料具体组成与染色的具体要求选择合适的染料，采用适合的染色条件，达到最佳染色效果。

分散染料可以满足 PTT 纤维与织物的染色要求，并且已经形成相当成熟的印染加工工艺。用碱性染料虽然也能使 PTT 纤维染色，但只能是在弱碱性条件下染成浅色。在碱性及 100℃的条件下，碱性染料的分子将发生分解。PTT 纤维具有与 PET 纤维相似的分散染料染色性能，只是因为 PTT 聚合物的玻璃化温度比 PET 聚合物更低，因此 PTT 纤维比 PET 纤维更容易被分散染料染色。

2. 染色影响因素

（1）染色温度的影响。已知 PTT 纤维的染色存在着 60～80℃和 90～100℃两个温度区间，低于 60℃时，PTT 纤维对染料吸附很少，升温至 60℃以上，PTT 纤维对染料有明显的吸附，从 80℃上升至 90℃，吸附量没有明显变化，但是当染浴温度高于 90℃后，随温度的升高染料的吸附量达到最大值，也将明显影响染料在 PTT 纤维上的吸附平衡。染浴在 60℃时的升温速率应该适当慢一些，这样有利于织物的匀染。而在 60℃以下时的 PTT 纤维对染料基本上没有吸附，故低于 60℃的时候可以适当加快染浴的升温速率，以缩短染色时间。因此，应该注意选用合理的升温速率，以提高织物染色的匀染性。尽管 PTT 纤维可以常温常压染色，但是其获得最深色泽的温度还是在 110~120℃。不过，当染料吸附达到平衡以后，如染浴温度继续升高，可能导致平衡向解吸方向移动，从而降低纤维对染料的吸附量。

对于 PTT 纤维的分散染料染色，可以认为：根据选用染料的不同，染中等色泽的一般染色工艺条件为 98℃下 30~45min，染深色时一般染色工艺条件为 110~120℃下 45~60min。染色过程加入适当的匀染剂等助剂可以改善染色效果。

此外，分散染料染色采用 80℃的还原清洗工艺，不仅可以洗净 PTT 纤维表面的吸附染料，而且可以使已经扩散进入纤维内部的染料再次泳移到纤维表面。为此通常的还原清洗温度以取 60~70℃为宜。

（2）染浴 pH 值的影响。PTT 纤维可以常压染色，而大多数分散染料在较低温度下具有比较好的稳定性，所以 PTT 纤维染色适用的 pH 值范围非常广（3.6~9）。PTT 纤维可以在中性条件下染色，不需要用酸或酸性缓冲剂调节染浴的 pH 值，这对减少染色加工过程中的化学品消耗和环境保护非常有利。但是，当选用高于 100℃染色温度时，还是应该根据所用染料对染浴 pH 值的具体要求做相应调节。

（3）不同染料需要的染色平衡时间不同。根据选用染料的不同，在染中等色泽时通常保温 30~60min 即可达到染色平衡。考虑到染料的利用和产品的品质，一般在 98℃下染 45~60min。具体的染色温度和保温时间应该根据面料染色的深浅与产品有关的各项因素进行选择和调整。

（4）升温速率的影响。染浴温度低于 60℃时可以适当加快升温速率，到达 60~80℃和 90~100℃这两个影响吸附平衡的温度区间时，升温速率应该放缓，以利于织物的匀染效果。

3. 染色工艺

（1）PTT 纤维和织物在染色方面的优点。染色温度低，在 110℃就有优异的上染，与 PET 纤维和织物相比能够节约时间和能量；分散染料在 PTT 纤维中的渗透高于 PET 纤维，且色泽均匀，色牢度高，具备显著的易染性；与敏感纤维（如毛或氨纶）有很好的混纺性，并可在 110℃下进行染色，对敏感纤维的损伤较小，色牢度也比较高。

（2）PTT 纤维和织物的染色工艺。

①前处理。充满水（最好是热水），以最快速率升温至 40℃，从添加槽中加入 Kieralon XC-J conc 和苏打粉，以最快速率升温至 60~80℃，运行 15~20min，冷却至 50℃，排水，放入冷水。

②染色及水洗。以最快速率升温 40℃，从添加槽中加入分散剂 Setamol WS（或者 Basojet XP）、纤维保护剂 Primsol Jet、pH 值调节剂 Eulysin PC，如果水的硬度较高，还可添加 Trilon XP-C 来软化水质；运行 5min，从添加槽中加入染料，测定 pH 值并调节至 4.0~5.0（Diseperol C-VS）或 4.0~4.5（Diseperol XF/SF）；以最快速率升温至 60℃，再以 1~2℃/min 的速率升温至 110℃，运行 20~40min（Disperol C-VS）或 30~60min（Disperol XF/SF）；以 2℃/min 的速率冷却至 80℃，通过从添加槽中添加醋酸调节染浴 pH 值至 3.5~4.0；从添加槽中加入清洗剂 Cyclanon ECO 或 Cyclanon ECO plus，运行 15min，排水；补充水，加热至 70℃，运行 10min，冷却至 50℃，排水；补充水，加热至 40℃，运行 10min，然后再排水。

（3）对染色工艺的具体说明。

①分散染料染色工艺过程。染料分散→染料溶解→染料吸附到纤维表面→染料在纤维内扩散→染色平衡→染料在整个过程进行循环。

②PTT 纤维染色基本工艺条件。以 40℃为始染温度，以 3℃/min 的速率升温至 60℃，在 60~80℃及 90~98℃（100℃）之间，升温速率应适当放慢（1℃/min），染中、浅色时在 98℃下保温 30~45min，染深色时在 110~115℃下保温 45~60min。

③PTT 纤维和织物染色用 Dianix 染料的选择。

a. Dianix E-PLUS。可染中浅色，配伍性好，匀染性优异，标准三原色的性能突出，适用于常温沸染。适用于 PTT 纤维和织物染色的有 Yellow E-PLUS、Red E-PLUS、Blue E-PLUS。

b. Dianix K。可染深色，与中等能量染料配伍性好，色牢度高。适合应用的染料有 Yellow K-4G、Orange K-3G、Red K-3G、Red K-2B、Blue K-2G、Blue K-FBL、Dark Blue K-R、Black-B。

c. Dianix HF（Dianix XF、Dianix SF）。染色物耐水洗色牢度高，可以帮助解决特别深颜色的染色牢度较差的问题。适用染料有 Yellow S-4G、Orange K-3G、Scarlet XF。

d. Dianix，Navy CC/Black CC-R。适合于 PTT 纤维和织物染色，具有成本低、浓度高等优点，主要颜色有海军蓝和黑色。

另外，染 PTT 纤维与织物时，如果对色牢度的要求一般，可以用 Dianix MF、Dianix CC 与 Dianix ETD 系列分散染料。如果耐水洗色牢度要求较高，建议用 Dianix XF、Dianix SF 系列分散染料。

4. 100% Corterra PTT 纤维与织物染色工艺案例

（1）案例 1：100% Corterra PTT 纤维与织物的分散染料染色工艺。

①用添加 0.5% Pentex AS 的 38~49℃温水预洗。

②排放后再添加 60℃的温水。

③添加：醋酸 0.5%、Levegal DLP-U 2.0%、Respumit NF New 0.2%、运行 5min。

④添加 Dianix 分散染料，运行 5~10min。

⑤根据染色深度确定升温速率。

a. 染料浓度为 0.01%~0.75%，染浅色。采用 Dianix E-PLUS 三原色。

以 1℃/min 的速率从 60℃升至 88℃，保温 5min；以 1.5℃/min 的速率从 88℃升至 110℃，保温 15min；以 2.5℃/min 的速率冷却到 66℃；溢流清洗，排放。

b. 染料浓度为 0.75%~1.5%，染中色。采用 Dianix XF、Dianix SF 或 Dianix-K 染料。

以 1℃/min 的速率从 60℃升至 88℃，保温 5min；以 2℃/min 的速率从 88℃升至 110℃，保温 45min；以 2.5℃/min 的速率冷却到 66℃；溢流清洗，排放。

c. 染料浓度为 1.5%~4.0%，染深色。采用 Dianix XF、Dianix SF 或 Dianix-K 染料。

以 1.5℃/min 的速率从 60℃升至 99℃，保温 5min；以 2℃/min 的速率从 99℃升至 110℃，保温 6min；以 2.5℃/min 的速率冷却到 66℃；溢流清洗，排放。

⑥对于中、深色织物的染色，应进行后处理。

a. 注入 71℃的温水，添加 50%液碱 2.0%、保险粉 2.0%。

b. 以 2.5℃/min 的速率升温至 82℃，保温 20min，冷却到 66℃，排放。

c. 注入 71℃的温水，溢流清洗 10min。排放。

附注：Levagal 和 Respumit 是拜耳公司的产品商标。

（2）案例 2：100% Corterra PTT 纤维深色针织物的染色工艺。

①用添加 0.5% Pentex AS 的 38~49℃温水预洗；排放，重新注入 60℃的温水。

②添加醋酸 0.5%、Levegal 2.0%，运行 5min。

③添加 4.0% Dianix Black HF-B，运行 10min。

④升温。以 2℃/min 的速率升温至 88℃，保温 5min；以 1℃/min 的速率升温至 110℃，保温 60min；以 2℃/min 的速率降温至 66℃，排放。注入 71℃的温水，溢流水洗 10~15min，排放。

⑤注入 71℃的温水，添加 50%烧碱 2.0%、保险粉 2.0%，以 2.5℃/min 的速率升温至 82℃，保温 20min；冷却至 66℃，排放。

⑥注入 71℃的温水，溢流水洗 10min，排放。

⑦注入冷水并水洗 5min，排放，出料。

任务实施

一、准备

1. 仪器设备

HTF-24P 红外线染色小样机、PHS-25 酸度计、烘箱、焙烘箱、玻璃棒、染杯、烧杯、量筒、电炉、容量瓶、天平、吸量管、吸耳球、胶头滴管。

2. 染化药品

分散红 FB、分散黄 RGFL、分散蓝 2BLN（浙江龙盛股份有限公司）、扩散剂 NNO、保险粉、纯碱、冰醋酸。

3. 实验材料

PTT 长丝。

二、操作步骤

1. 设计染液处方

颜色：橘红

分散红 FB	0.19%
分散黄 RGFL	0.26%
分散蓝 2BLN	1.01%
扩散剂 NNO	1.5g/L
醋酸	0.26%
浴比	1∶30

2. 设计染色工艺曲线

（1）PTT 织物染色工艺曲线。

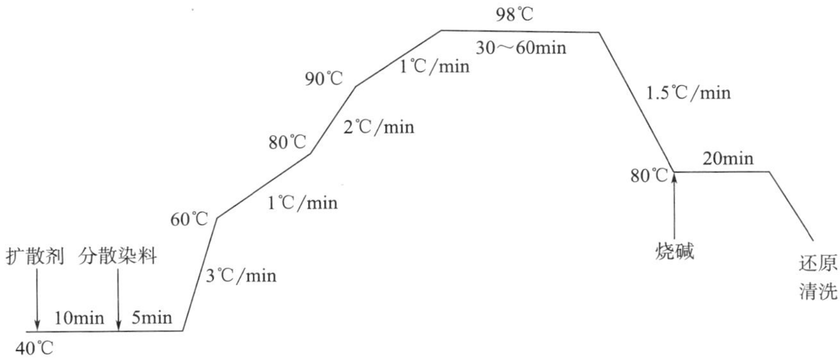

扩散剂 NNO	1.5g/L
分散染料（owf）	2.0%
醋酸调 pH 值	5
烧碱	2.0%
保险粉	2.0%
浴比	1∶10

（2）设计后处理工艺。染色后水洗，用还原清洗液（由 2.0%的烧碱和 2.0%的保险粉组成）进行清洗，在 80℃处理 20min。

3. 染色操作

（1）织物先于加有扩散剂的 40℃温水溶液中浸 10min，使织物均匀润湿。

（2）加入分散染料搅匀，用冰醋酸溶液调节 pH 值至 5，以 3℃/min 的速率升温至 60℃，以 1℃/min 的速率升温至 80℃，以 2℃/min 的速率升温至 90℃，以 1℃/min 的速率升温至 98℃，保温 50min。

（3）染色后热水洗，冷水洗，在 80℃的温水中添加烧碱和保险粉，保温 20min，热水洗，冷水洗，烘干。

三、注意事项

（1）在 60~80℃及 90~98℃（100℃）之间，染色速率应适当放慢（1℃/min）。

（2）还原清洗：染色后水洗，用还原清洗液（由 1.5g/L 的纯碱和 1.5g/L 的保险粉组成）进行清洗，在 70℃处理 20min。

（3）由于分散染料中已含有大量分散剂，所以在染浴中不可多加扩散剂。

（4）染色时间控制：染中、浅色在 98℃下保温 30~45min，染深色在 110~115℃下保温 45~60min。

任务拓展

PTT 纤维制品受众多消费者青睐，请查阅相关的资料，设计最新 PTT 纤维与其他纤维混纺织物的染色方法与染色工艺。

思考与练习

1. 纯 PTT 纤维及织物理论上可以用哪些染料染色？
2. 纯 PTT 纤维及织物的染色方法有哪些？各有什么优缺点？
3. 纯 PTT 纤维及织物的染色中应注意哪些问题？
4. 纯 PTT 织物的染色与 PTT 纱线的染色有何区别？
5. 目前已有哪些重要 PTT 纤维制品？

任务 2　PTT/棉织物染色

学习目标

1. 知识目标

（1）掌握 PTT/棉织物染色的染料选择和染色方法。

（2）理解分散/活性染料染 PTT/棉织物的染色原理。

（3）掌握 PTT/棉织物的染色工艺因素对同色性的影响。

2. 能力目标

（1）会选择合适的染料并能设计和调整 PTT/棉织物的染色工艺。

（2）能根据订单要求进行 PTT/棉织物的仿色打样。

3. 素质目标

（1）培养学生节能减排的意识。

（2）培养学生团队合作开发工艺的能力。

4. 课程思政目标

（1）培养学生的一丝不苟的工匠精神。

（2）培养学生勇于探索的精神。

（3）培养学生的纺织自信。

任务分析

PTT/棉织物使两种纤维扬长避短，有极其柔软的手感、良好的吸湿排汗性能、舒适的拉伸回复性和抗皱性能，成为一种高档面料，其染色质量必须得到保证。当工艺员接到 PTT/棉织物染色小样打样任务时，要对客户的要求及产品的用途和特点进行分析，根据客户的要求严格筛选染料、设计小样工艺、进行小样试验。本任务要求对 PTT/棉织物进行一浴法染色。

知识准备

一、PTT 混纺织物染色概述

纺织工业为适应市场要求，开发生产了多姿多彩的纺织产品，反过来，也形成了纺织工业自身的产业特色。市场对面料经济性和美观性的要求，促使纺织工业广泛采用不同纤维原料的混纺与不同材质纱线的交并、交络，以及不同纱线的交织等工艺手段，加上面料设计、服装设计、印花染色、各种特色整理等，构成了形形色色的纺织产品。在今天的纺织品市场中，应用纯纺 PTT 面料的机会并不太多，应用量最大的是为追求织物风格或性能、获得合理的商品成本，生产与其他纤维的混纺或交织面料。

不同纤维的混合使用，对印染工艺提出了新的要求。印染加工的总原则是针对面料的具体纤维组成，确定具体使用的染料种类及其印染整理工艺路线，确定工艺加工的具体条件。根据市场需求和产品设计的要求，PTT 纤维需要与其他纤维混纺、交织、包覆、交并，甚至复合等方式制成纱线，或者是不同的纱线采用交织方式生产面料。不同种类纤维经受同一纺织加工工序和加工条件，需要认识各种纤维的加工特性，认真对比，不仅要掌握纤维的不同组成与加工方式对纱线和面料性能的影响，而且要掌握和选择合理的染整加工工艺，达到理想的加工效果。

PTT 纤维与织物的染色和整理性能，可以归纳为以下两个方面：一方面，为达到印染工艺本身的目的，即根据 PTT 纤维与织物的染色特性，找出使用的染料，确定相应的染色工艺条件，并验证染色效果如色牢度等方面的具体情况，当然也包括解决混纺、交络、交织、包覆等方式形成的包含多种纤维成分的面料，也能获得良好染色效果的染色工艺。另一方面，具体实施印染整理工艺中，确定选用的工艺加工方式和加工条件，满足对纤维特性或织物设计要求，以达到面料设计选用 PTT 纤维所希望获得的功能效果。事实上，由于染整工艺选择不当影响到面料的弹性与手感，一直是 PTT 纤维的售后技术服务中以及市场开拓中的主要问题。

PTT 纤维在较低温度下能实施分散染料染色工艺，提高了 PTT 纤维在混纺、交织等工艺应用中的适应性。最明显的是，当选用 PTT 纤维与不需高温染色的纤维（如羊毛、醋酯纤维及弹性纱）进行混纺与交织时，不必担心必须采用如 PET 纤维的高温染色而影响织物的手感、染色光泽或弹性性能，也没有两者染色温度相差过大的困扰。

在确定具体面料的印染工艺时，必须注意以下几个方面的问题：

（1）整个染整工序中，在哪一步进行染色对织物的品质与质量最有利。

（2）根据织物对印染加工的敏感性，选择用绳状染色机还是平幅式染色机进行染色加工，即选择和确定染色机的型式。

（3）根据与 PTT 混纺的纤维材料和织物色牢度要求等具体情况选择适宜的染料。

（4）织物中的弹性组分是否外露，是否必须与其他的纤维一起染色，以及考虑染色时如何处理可以更有利保持它的弹性功能。

二、PTT/棉织物染色工艺

1. PTT/棉织物染色工艺概述

（1）棉织物染色工艺要求。PTT/棉织物的应用十分普遍。在染色与整理加工过程中，首先要处理好两种纤维组分对染料的不同要求，处理好棉组分的固色处理等问题，以求得良好的染色效果；与此同时，也存在保持面料功能性的问题。通常对混纺、交织织物中的棉组分染色的一般性建议有以下几点。

PTT/棉织物染色

①采用直接染料染色的场合下，如有必要，可以在染色后进行提高色牢度的后处理。

②根据染料商的建议采用50℃下进行活性染料染色。

③用还原染料染色时，最高染色温度取60℃。

④也可以在降低碱性的条件下（如采用硫氢化钠调节染浴的pH值），在70℃以下用硫化染料染色。

上述的印染加工均采用较低的工艺温度，因此，尽管染色过程中染浴介质的碱性略高，棉混纺纤维织物还需要经受碱化与丝光等工艺处理，但均可以避免对织物形成损害。

（2）分散染料染色方法。PTT/棉织物通常采用直接染料、活性染料、还原染料等对棉纤维染色，对PTT纤维则只能用分散染料染色。两种纤维必须采用两类染料并在不同工艺下才能完成各自的染色，才能染得同一色。最普遍的方法是采用二浴法染色工艺，用两种染料对混纺面料中的两种纤维组分先后染色。通常先以分散染料PTT纤维，经过还原清洗，然后染棉组分。不过，假若能够采用一浴法染PTT/棉织物，则将具备工艺简便、生产效率高、节约加工时间且能降低能耗等突出优点，具有明显的经济和技术意义。因此，需要进一步研究两种染色工艺条件的要求和工艺效果以及相互的影响因素，加以比较，并采取合理方式规避影响，取的理想的工艺效果。

影响PTT/棉织物染色效果的首要因素是染色过程中分散染料对棉纤维的沾色。在二浴染色工艺中，一般先染PTT纤维，后染棉。两类染料分别染色，相互间干扰较少，工艺控制容易，对染料的限制也比较少。PTT纤维组分染色后通常采用还原清洗工艺处理分散染料对棉组分的沾色。某些对棉纤维沾色严重的分散染料，如果采用一浴法工艺则无法进行还原清洗，对此也就只能采用二浴法染色工艺。通常情况下，活性染料染棉组分时发生对PTT纤维的沾色，则通过采取相应的措施也可以实现一浴法染色工艺。随着染料品种与助剂的不断开发，二浴法染色工艺正在被一浴法工艺和适用性更好、应用也最多的改良工艺——一浴二步法工艺所逐渐取代。

实际上，也有部分还原染料能够像分散染料那样染PTT纤维，并且应用于PTT/棉织物染色。应用可溶性还原染料也具有与此相同的效果。

（3）分散染料/活性染料同浴染色。对于分散染料/活性染料这两类不同的染料在染色过程中的具体影响情况，应该考虑如下三个因素：

①染色与固色温度。活性染料的染色温度为70~90℃，比分散染料的染色温度（110~120℃）要低得多。因此，同浴染色时，应该选用分子量较大、在高温下水解比较少的活性染料品种，同时采用适合的一浴法染色工艺条件，才能取得满意的染色效果。

②染浴的pH值。活性染料染色的固色工艺大部分须在碱性介质中进行，而分散染料则宜在弱酸性介质中染色。要保证两种染料均能取得良好的染色效果，如采取二浴法工艺则可以分别采用不同的染浴pH值进行各自的染色。如果严格选择那些可以用于碱性介质染色的分散染料的情况下，可以实现同一pH值条件下的一浴法染色工艺。

③避免分散染料与活性染料之间的化学反应。分散染料与其中的分散剂的分子结构中具有羟基、胺基等活性基团，可以与活性染料分子的活性基团发生反应，因而对两种染料的染色效果与上染率产生影响。故染色时应该通过染料选择以设法避免。

2. 一浴二步法染色

（1）一浴二步法的改进。采用一浴二步法使染色工艺操作得到简化，缩短了染色时间又降低了能耗，工业生产中的适用范围也比较广。在具体的工艺实施中又可以分成三种方式进行。

①第一种方式。分散染料染色后不经还原清洗，直接加入活性染料染色，再一并进行皂洗和水洗。因为活性染料是在分散染料上染基本完成之后再加入，两种染料的相互干涉就很小，因此对染料品种的选择范围比较大，缺点是可能对成品的染色牢度稍有不利。

②第二种方式。将分散染料、活性染料与中性电解质一并加入，先按分散染料染色升温的控制条件进行染色，然后降温完成活性染料的进一步上染，之后，加碱使活性染料固色。采用这种工艺的优点是操作简便，可以更好地缩短染色时间和节约能源，但是对于所用的染料要求比较严格。此工艺选用的活性染料必须在高温高压和弱酸性的染浴条件下不发生水解作用，并且染浴中具有的低溶度中性电解质不影响它的上染率；选用的分散染料在较高浓度的中性电解质中也不影响它的上染率，并且仍具有良好的分散稳定性；两种染料在染色条件下不会发生共价键反应。

传统的单活性基染料如一氯均三秦和乙烯砜硫酸酯等，它们的分子量小，必须加入大量中性盐电解质才能上染。其中，二氯均三嗪则只能适应冷态染色的条件，在高温时的水解速率很高，只能适用于二浴法的染色工艺。而其余染料虽然在高温下有一定的稳定性，但分子量都比较小，上染率和固色率都比较差，采用二浴法染色时也只宜染中色或者浅色。一般含一氯均三嗪和乙烯砜硫酸酯的双活性基染料在高温下具有一定的稳定性，其中分子量较小的染料对棉纤维的亲和力较小，虽然在高温下比较稳定，但由于染色时仍需要大量的中性盐电解质促染，所以只宜用于二浴法或上述的先染分散染料、后染活性染料的一浴二步法工艺，仍然难以满足分散染料、活性染料和中性电解质先加入染浴、而后再进行碱固色的染色方法。实际上，本项工艺只有采用大分子量的高活性、低盐型的活性染料才具备实现的可能性，并且事实上已经成为当今 PTT/棉织物和 PET/棉织物的染色工艺中的主流。

③第三种方式。对上述第二种方式的改进，即将分散染料和活性染料加入染浴进行染色，中性电解质和碱剂在降温后加入，可以减少中性电解质对分散染料的影响，但是低温染色的时间需要延长。

（2）LS Superfast 工艺。在分散染料和活性染料的一浴二步法染色工艺中，汽巴精化公司开发的 LS Superfast 工艺采用其双活性基汽巴克隆（Cibacron）LS 系列染料与分散染料 Tersil/Terasil SD 组合，染 PTT/棉织物具有很好的效果。Cibacron LS 染料分子由一个特殊的连接基连接两个一氯均三嗪活性基，而染料的发色团在其两侧，连接基还可以提高染料的水溶性、增加分子柔顺性。染料的分子量较大，对纤维素纤维的亲和力也较大，在低盐下也具有较好的上染性能。三嗪环上氟原子的作用是使分子的酸性水解性能下降，在高温酸性环境中，比一氯均三嗪活性基更稳定，氟原子取代氯原子也使活性基的反应性进一步提高。Cibacron LS 属于中温型活性染料，在使用过程中，浴比和染色温度（70～90℃）的变化对于上染率的影响很小，具有很好的重现性。

LS Superfast 工艺流程与处方如下。

①染色处方。

分散染料 Terasil（owf）	x
Cibatex AR	3g/L
NaH_2PO_4	3g/L
Univadine Top	0.5%~2.5%
活性染料 Cibacron LS（owf）	z
Na_2SO_4	25~45g/L
Na_2CO_3	20g/L

Cibatex AR 用于防止分散染料被还原，Univadine Top 用于匀染和防止分散染料沾污棉组分。

②后处理工艺。

水洗（10min）→中和（在 1mL/L 80%醋酸中 70℃下保持 10min）→皂洗（加 1~2g/L Eripon OL，在 90℃下保持 10min）→热水洗（70℃，10min）→水洗（10min）

（3）一浴二步法染色染料的选用。由于一浴二步法染色工艺中取消了还原清洗工序，因此应该选用对棉组分沾色程度较低的或者经碱洗、皂洗可以清除棉上沾色的分散染料。有人也因此提出选用含羧酸酯结构的分散染料，在利用活性染料碱性固色时，通过将棉上沾色的分散染料的酯基水解而生成溶解于水的羧酸，从而降低皂洗的必要性。碱性条件下可洗性好的分散染料有巴斯夫公司的 Dispersol PC、汽巴精化公司的 Terasil W 和德司达公司的 Dianix HF 等品种。由于 PTT/棉织物的染色工艺一般在 110℃下进行，这对降低棉组分的沾色程度也比较有利。汽巴精化公司推荐用于 PET/棉织物（130℃）的染料，在相应的工艺温度下对于 PTT/棉织物具有良好的应用效果。如果应用对棉沾色程度更低的高色牢度分散染料，染色过程中对棉的沾色程度将进一步降低。采用一浴法染色时，在后处理中通常不采用还原清洗，而仅做皂煮处理。

3. 一浴一步法染色

PTT/棉织物的一浴（一步）法染色工艺，与上述的二浴法和一浴二步法相比，工艺流程更短、更能节省加工时间和节约能源，当然也更令人神往。但是，要求设计能兼顾分散染料和活性染料性能上的差异而又能完美进行的染色工艺，对染料的选用方面将更加严格。虽然困难很大，很难普遍推广应用，但不失为特定情况下的有效方法。

（1）中性染色法。国产 R 型活性染料和 Argazol NF 系列染料均属于同一类可以中性固色的活性染料。由于这一类活性染料以具有碱性的 β-吡啶甲酸作为离基，离去方便。当 β-吡啶甲酸离去后，均三嗪的活性基迅速与纤维羟基反应，可以在中性介质中于 100~130℃固色，与其他的离基均为酸性物质的三嗪类活性染料有区别，三嗪类活性染料不需要在碱性介质中固色，因此，该类活性染料可以与分散染料同浴染 PTT/棉织物。由于在染色过程中不再采用碱性介质进行处理，活性染料很少发生水解，染料的上染率和固色率都很高。

一浴法中性染色工艺要求分散染料在中性介质中具有较高的固色率、较好的分散稳定性，对棉组分的沾色少，与活性染料之间不易发生反应。一开始可以将分散染料、活性染料与助剂（匀染剂、pH 缓冲剂、元明粉等）全部加入，然后升温染色。为了染色的均匀性，在染浅色时，起始的低温时间可以长一些，高温时间可以短一些；染深色时，对于温度与相应时段的控制则正相反。染色后经冷水洗、热水洗、皂洗和水洗，并根据染色牢度的要求，染中、深色时可以进行固色处理。

（2）碱性染色法。随着分散染料碱性染色新工艺的研究和应用的日趋完善，分散染料/活性染料碱性一浴一步法染色工艺也应运而生。由于该方法流程短、生产成本较低，有相当的实用价值。目前，国产分散染料/活性染料的一浴一步法工艺已经应用于生产，其染浴的组成为：分散染料 1%（owf）；活性染料 1%（owf）；匀染剂 2g/L；碱性染色助剂（TF-10）8mL/L；元明粉 30g/L；浴比 1∶40。

国内也有企业对 PTT 纤维/棉织物采用分散染料连续染色，参考工艺条件如下：

浴比	1∶10
时间	45min
染料用量（owf）	1.2%
染色温度	100℃
染浴 pH 值	9~10.5

4. PTT/棉纱与织物分散染料染色工艺案例

（1）用添加 0.5% Pentex AS 的 38~49℃温水预洗织物。

（2）洗液排放后再注入 60℃的温水。

（3）添加醋酸 0.5%、Levegal DLP-U 2.0%、Respumit NF New 0.2%，运行 5min。

（4）添加 Dianix Disperse 染料，运行 5~10min。

（5）根据染色深度确定升温速率。

①染料浓度为 0.01%~0.75%，染浅色。采用 Dianix E-PLUS 三原色。

以 1℃/min 的速率从 60℃ 升至 88℃，保温 5min；以 1.5℃/min 的速率从 88℃ 升至 110℃，保温 15min；以 2.5℃/min 的速率冷却到 66℃；溢流清洗、排放。

②染料浓度为 0.75%~1.50%，染中色。采用 Dianix XF、Dianix SF 或 Dianix-K 染料。

以 1℃/min 的升温速率从 60℃ 升至 88℃，保温 5min；以 2℃/min 的速率从 88℃ 升至 110℃，保温 45min；以 2.5℃/min 的速率冷却到 66℃；溢流清洗、排放。

③染料浓度为 1.5%~4.0%，染中色。采用 Dianix XF、Dianix SF 或 Dianix-K 染料。

以 1.5℃/min 的速率从 60℃ 升至 88℃，保温 5min；以 2℃/min 的速率从 99℃ 升至 110℃，保温 60min；以 2.5℃/min 的速率冷却到 66℃；溢流清洗、排放。

（6）对于中、深色织物的染色，应进行后处理。

①注入 71℃的温水，添加 50%液碱 2.0%、保险粉 2.0%。

②以 2.5℃/min 的速率升温至 82℃，保持 20min，冷却到 66℃，排放。

③注入 71℃的温水后溢流清洗 10min，排放。

④重新注入冷水，溢流清洗 5~10min。

（7）然后用 Levafix 对棉进行染色。

①设置浴温为 32~38℃，添加盐和助剂，运行 10min。

②缓慢添加 Levafix 染料，该过程所用时间至少为 20min，运行 20min。

③缓慢添加苏打粉，该过程所用时间至少为 20min，运行 10min。

④以 1℃/min 的速率升温至 60℃，运行 45min 后对色，排放。

⑤重新注水，加热到49℃，运行10min，排放。

⑥重新注水，加热到60℃，运行10min，排放。

⑦重新注满，加入皂化剂，加热至88~93℃，循环10min，排放。

⑧重新注水，清洗直至洗净。

Levafixlei染料与Dianix XF、Dianix SFS染料配色时，可以选用以下染料：Levafix Red CA、Levafix Yellow CA、Levafix Blue A、Levafix Navy CA、Levafix BE Grill Yellow EGA 200、Levafix Scarlet E-2GA。

浅色织物的染色推荐使用如下工艺流程：预先运行添加染料和助剂的浴液大约10min，然后缓慢添加盐，该过程所用时间为20~30min，或者按照比例（1∶10、2∶10与7∶10）添加。如前所述那样用碱固色。

任务实施

一、准备

1. 仪器设备

HTF-24P红外线染色小样机、PHS-25酸度计、烘箱、焙烘箱、玻璃棒、染杯、烧杯、量筒、电炉、容量瓶、天平、吸量管、吸耳球、胶头滴管。

2. 染化药品

C.I分散红73、C.I分散黄54、C.I分散蓝73（浙江龙盛股份有限公司）、活性红R-2BF、活性金黄R-4RFN、活性深蓝R-2GLN（浙江闰土股份有限公司）、分散匀染剂、元明粉、pH调节剂。

3. 实验材料

PTT/棉织物（80/20），14.6tex×14.6tex，536根/10cm×360根/10cm，149g/m^2。

二、操作

1. 设计染液处方

颜色：橘红

活性红R-2BF	0.89%
活性金黄R-4RFN	0.69%
活性深蓝R-2GLN	0.02%
C.I分散红73	0.18%
C.I分散黄54	0.21%
C.I分散蓝73	0.01%
分散匀染剂	1.5
元明粉	50g/L
pH值	7.5
浴比	1∶15

2. 设计染色工艺曲线

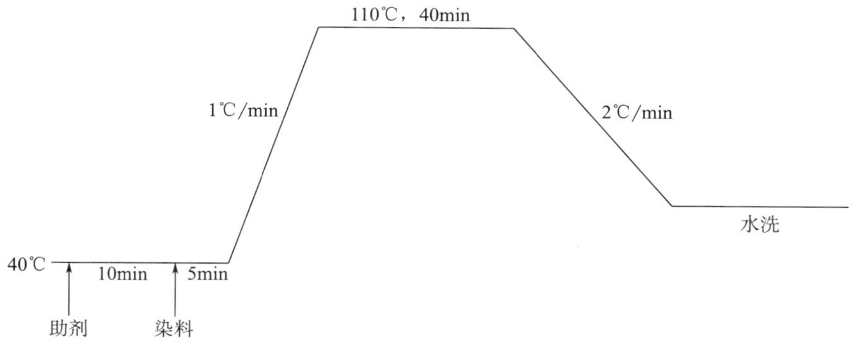

3. 设计后处理曲线

染色后水洗主要去除元明粉和未固着的染料。染深色时，如果水洗不充分，会严重影响织物的色牢度，因此，要先热水洗（80℃，10min），以去除元明粉和部分未固着染料，再皂煮（95℃，15min），水洗，充分去除织物表面的浮色。

PTT/棉织物水洗工艺曲线：

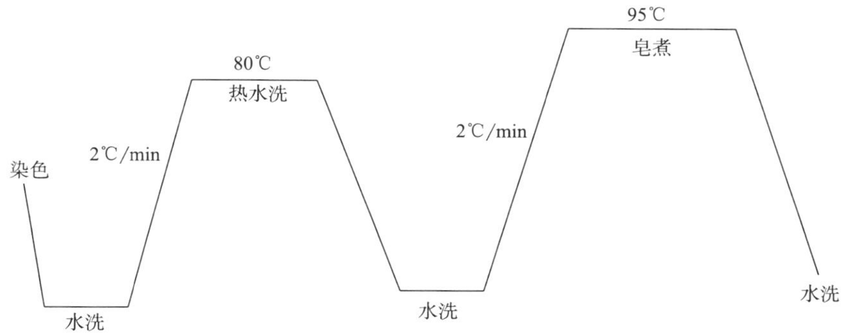

4. 染色操作

（1）织物先于加有分散剂、元明粉和 pH 调节剂的 40℃温水溶液中浸 10min，均匀润湿。

（2）加入分散染料和活性染料溶液，以 1℃/min 的速率升温至 110℃，保温 50min，再降温，热水洗，冷水洗，皂煮，水洗，烘干。

三、注意事项

（1）水洗充分。

（2）由于分散染料中已含有大量分散剂，所以在染浴中不可多加。

（3）染深色的时间可适当增加。

任务拓展

请查阅相关的资料，寻找适合 PTT/棉织物最新环保染料，设计 PTT/棉织物的染色方法与染色工艺。

思考与练习

1. PTT/棉织物的染色方法有哪些？各有什么优缺点？
2. PTT/棉织物的染色中应注意哪些问题？
3. PTT/棉织物的染色与 PTT/棉纱线的染色有何区别？
4. PTT/棉织物有哪些优点？
5. PTT/棉织物可以使用哪些染料染色？

任务 3　PTT/其他纤维织物染色

学习目标

1. 知识目标

（1）掌握 PTT/涤纶、PTT/羊毛和 PTT/醋酯等混纺织物染色的染料选择和染色方法。

（2）理解 PTT/涤纶、PTT/羊毛织物的染色原理。

（3）掌握 PTT/涤纶、PTT/羊毛和 PTT/醋酯纤维等织物的染色工艺。

2. 能力目标

（1）会选择合适的染料并能设计和调整 PTT/其他纤维织物的染色工艺。

（2）能根据订单要求进行 PTT/其他纤维织物的仿色打样。

（3）能针对染色后的 PTT/其他纤维织物的质量问题提出改进措施。

3. 素质目标

（1）培养学生的节能责任意识。

（2）培养学生与人沟通的能力。

4. 课程思政目标

（1）培养学生的精益求精的精神。

（2）培养学生勇于探索的精神。

（3）培养学生热爱纺织印染行业的情怀。

任务分析

由于纤维的性能相近，并具备互补的性能优势，PTT 纤维与其他纤维混纺面料具有很好的服用效果，其染色质量必须得到保证。当工艺员接到 PTT/其他纤维织物染色小样打样的任务时，根据客户的要求，在考虑其他纤维组分和 PTT 组分的染色性能的基础上，严格筛选染料和助剂、设计染色小样工艺、进行小样打样，在规定的时间内完成染色。

知识准备

一、PTT/PET 的混纺或交织织物染色工艺

PTT 与其他纤维织物染色

PTT/PET 混纺或者交织物能够综合两种纤维的优点。PTT 纤维与涤纶交织或者混纺形成的面料有极为柔软的手感、持久的保形性、鲜艳的色彩、

优良的色牢度、良好的吸湿排汗性能、舒适的拉伸回复性以及耐污和抗皱性能，因此，深受消费者的青睐，市场前景良好。PTT/PET 交织物由于 PET 纤维、PTT 纤维在物理性能和化学结构上存在差异，造成了染色性能的差异。

PTT/PET 混纺或交织织物的染色，主要问题在于 PET 纤维需要高温或载体存在条件下染色，还应在碱性/还原介质中处理以提高染色牢度。PTT 纤维与其混纺时，受到各种可能张力的综合作用，将不可避免地造成织物弹性的下降，尤其在为达到所需色光时不得不延长染色时间或进行另外的改善匀染效果工艺处理的情况下，影响更为严重。为此，在可接受的范围内，应该提高染色温度、选择合适的载体、准确称重和严格控制助剂用量。研究表明，采取适当提高温度和合理的载体加入量，可以达到混纺纤维染色的最佳效果，比如，尝试采用 108℃左右的温度并加入少量载体的具体染色工艺措施。

另一种常用方法是不使用载体，只是在 20~30min 的短时间内将染色温度提高到 120~125℃达到固色效果。这个方法与涤纶/羊毛织物的染色相似。采用这个方法，可以把弹性回复力的损失限制在合理范围内，但也有可能会使染色后 PTT 与 PET 纤维的色泽深浅不同，色光不一。由于染料组合造成染色后 PTT 纤维与聚酯纤维会有深浅不同的差异、色光不一的现象，为提高染色牢度，就要采用碱性还原清洗后处理，去除未固色的和松散结合的染料。考虑到与羊毛的混纺的情况下，不能采用这种后处理工艺，可以在染色后通过溶剂煮练来提高色牢度。有人建议，对 PTT/PET 纤维面料，采用同浴染色的染色温度在 PET 纤维含量较多的织物中可以采用等同于 PET 的染色温度；在 PTT 纤维含量较多的织物中可以采用在 PET 染色温度的基础上降低 10℃的温度下染色，染色时间可以取 30~40min。

二、PTT 纤维与锦纶、氨纶的混纺、包芯或交织织物染色

1. PTT/锦纶织物染色

只要注意检测温度、pH 值等染色条件，染色工艺中就不会有太大的问题。用分散染料染色可以得到较好的同色调深浅效果。锦纶对酸性染料及许多金属络合染料具有较高的亲和性，并且当有锦纶的染色助剂存在时，PTT 纤维的上染程度低得多，甚至根本不能染色。具体工艺中可以通过阳离子匀染剂，结合非离子分散剂来促进同色深浅染色，也可以选择合适的染料类型予以解决。

2. PTT/氨纶弹性织物染色

这类织物为包芯纱类织物。由于氨纶的比例通常总是比较低，而 PTT 纤维则是纱线的主要组分，因此采用分散染料染色工艺。在包芯纱的加工过程中，氨纶油剂中一般含有硅油，可能造成染色的困难。同时，因受到氨纶物理性质的限制，在制订染色工艺时还要考虑防止加工工艺造成氨纶性能恶化，以及考虑防止分散染料沾污氨纶，尽可能获得较好的色牢度。因此，在决定染色工艺条件和选择染料与助剂方面都需要十分当心。首先，染色过程中必须选用温和的温度和张力条件。特别重要的是，加工设备必须具备低张力加工的能力。其次，水洗过程中除去氨纶丝上的硅油对染色加工十分重要，任何的残存油剂都会造成染色不均，而采用常规水洗条件要将其彻底去除是有困难的。因此，水洗过程一般需要用到对硅油乳化和分散去除很有效果的水洗助剂，比如 Tripon RS-80 和 Multinol F-26 等，均可选用。最后，由于物理性质的限制，氨纶弹性纤维在染色时不能用 100% PET 纤维采用的 130℃和 60min 的

染色工艺条件，需要采取比较低的温度和较短的染色时间。

为了避免因为氨纶纱的沾污、热移染造成重复污染，从而降低色牢度，很重要的一点是应该选用具有高耐水洗色牢度和低热移染的分散染料。对高色牢度要求的染色主要是选择高能量型的染料，但是，选用的任何染料都必须能够适应温度和相应的染色工艺条件。例如，选用高能量的染料需要采用 130℃ 的染色温度，选用中等能量染料需要采用 120℃ 的染色温度，在这种情况下，对所用染料和所需的染色深度便应该做相应的考虑和选择。

推荐 PTT/氨纶织物的印染工艺条件为：120℃×60min 或 125℃×20min 或 130℃×5min；并选用分散助剂以防止氨纶的沾污，pH 值可以调整在 5~6。染毕，需要还原清洗以去除沾污在氨纶上或者附着在聚酯表面的染料。还原清洗可以选用能够有效去除分散染料沾污的清洁剂，如 Ipposha 的 Bisnol UP-10、Senka 的 Senkanol ES-1 等。想要得到高色牢度，适合于 PTT/氨纶织物染色的分散染料有 Sumikaron Yellow SE-4G、Sumikaron Yellow S-BRF、Sumikaron Red S-GG 200%、Sumikaron Brilliant Red S-BWF、Sumikaron Rubine S-3GF、Sumikaron Blue S-3RF、Sumikaron Turp Blue S-GL 200%、Sumikaron Black S-BL、Sumikaron Yellow SE-RPD、Sumikaron Orange SE-RPD、Sumikaron Red SE-RPD、Sumikaron Brilliant Red S-BLF、Sumikaron Brilliant Violet S-BL、Sumikaron Blue S-BG、Sumikaron Navy Blue S-GL 等。PTT 纤维与其他纤维混纺织物经这些分散染料染后同样具有优异的色牢度。

三、PTT/羊毛织物染色

多组分的面料可以将不同纤维的优点集于一身，并具备互补的性能优势，PTT 纤维与羊毛混纺面料具有很好的服用效果。羊毛/PTT 交织物既具有 PTT 的抗皱性、保形性、柔软、抗起毛起球和常压染色等优良性能，又兼具羊毛的弹性、身骨挺括、光泽自然柔和等优良特性，而且还弥补各自了缺点，大大提高了面料的服用性和档次，具有广阔的发展前景。

在近年国内 PTT 纤维产品的开发与市场开拓中，PTT/羊毛产品取得的应用成果非常突出，试验企业很多，经验也很多，是国内 PTT 服用面料市场开发最成功的品种之一。针对国内普遍应用羊毛毛条染色的情况，通常也将 PTT 短纤维制成毛条后进行毛条染色，以适应 PTT/羊毛色织面料的生产。采用聚合物熔体着色的 PTT 色纤实施混纺或直接制成条子，具有色泽均匀、色牢度好、免除染色工艺的能源消耗和污水处理等优越性，但是目前实际生产应用较少。

对于 PTT/羊毛的混纺或交织面料，通常按羊毛的染色条件和方法具体确定染色工艺。

四、PTT/醋酯纤维织物染色

PTT/醋酯纤维织物兼有两种纤维的优势，可以赋予织物良好的弹性、质地轻薄、手感舒适、吸湿透气等性能，广泛用于高档男女装、童装。

推荐 Dianix CA 系列染料用于 PTT/醋酯纤维织物的染色工艺，如 Dianix Yellow CA-3G、Dianix orange CA-3R、Dianix Red CA-G、Dianix Scarlet CA-3G、Dianix Rubine CA-2G、Dianix Blue CA-2G、Dianix Blue CA-3R、Dianix Yellow Brown CA-2R、Dianix Navy CA-S、Dianix Black CA-B 及备选染料如 Dianix Pink AM-REL、Dianix Turquoise S-BG 等品种都可以应用。

（一）PTT/醋酯纤维（50/50）织物染色工艺

（1）预清洗。为了使染色后的 PTT/醋酯纤维织物颜色鲜艳，通常在染色前要进行预清洗：加 1.0% Pentex OSNF，49℃下清洗 10~15min。

（2）染色。注入 49℃的含有 0.5%醋酸、1.0%醋酸钠、0.5% Dianix Leveler AC 和 1.0% Gemini APS 的浴液，加入 Dianix 染料后保持 10min；以 1℃/min 的速率从 49℃升温至 88℃，保持 60min，并冷却到 60℃，排放。

（3）水洗。灌注 49~60℃加有 2.0% Gemini APS、1.0% Gemini ANF 的浴液，以 2.5℃/min 的速率升温至 82℃，保持 15min；冷却至 71℃，溢流清洗至 60℃以下排放。灌注 43~49℃清水，运行 10min 后排放并出料。

PTT/醋酯纤维（50/50）织物的参考染色工艺如下所示。

1. 染色工艺处方

（1）染色处方（owf）。

Orange CA-3R	x
Red CA-2B	y
Blue CA-3R	z
乙酸	0.5%
乙酸钠	1.0%
Leveler AC	0.5%
Gemini APS	1.0%
浴比	1∶10

（2）清洗处方。

Gemini ANF	1.0%
Gemini APS	2.0%
浴比	1∶15

2. 染色工艺曲线

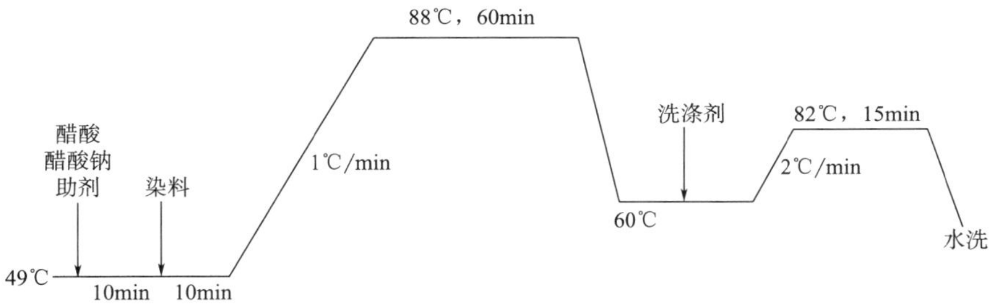

3. 染色操作

（1）用添加 0.5% Pentex OSNF 的 49℃的温水预洗。

（2）加入 49℃的温水，按照染色处方中助剂用量添加醋酸、醋酸钠 、Leveler AC 和 Gemini APS，保温 10min。

（3）按照染色处方添加 Dianix 染料，保温 10min。

（4）以 1℃/min 的速率升温至 88℃，保温 60min。

（5）用 70℃的热水水洗两遍，60℃的热水水洗两遍。

（6）用 82℃的热水按照清洗处方添加助剂 Gemini ANF 和 Gemini APS，煮练 15min。

（7）用 70℃的热水水洗一遍，60℃的热水水洗两遍，40℃的温水洗两遍。

4. 注意事项

（1）水洗充分。水洗主要目的是去除未固着的染料。染深色时，如果水洗不充分，会严重影响织物的色牢度，因此，要先热水洗再温水洗，充分去除织物表面的浮色。

（2）染深色时染色保温时间可适当增加。

（二）PTT/醋酯纤维织物染黑色工艺

（1）预洗涤。加 1.0% Pentex OSNF，49℃下保持 10~15min，排放。

（2）染色。注入 49℃含 0.5%醋酸（56%）、1.0%醋酸钠、0.1% Carbopon CDI 和 1.0% Gemini APS 的浴液，加入 Dianix 染料后保持 10min；以 1℃/min 的速率从 49℃升温至 93℃，保持 60min；冷却到 71℃，溢流清洗至 60℃排放。

（3）水洗。再灌注 82℃加有 1.0% Gemini ANF 和 2.0% Gemini APS 的浴液，保持 15min；冷却到 71℃，溢流清洗至 60℃排放，灌注 43~49℃清水，运行 10min 后排放并出料。

推荐可用于 PTT 纤维与醋酯纤维、黏胶纤维的混纺织物染色的染料为 Dianix Luminous、Brilliant 系列，如 Luminous Yellow 10G、Brillant Orang G、Brilliant Prange 4R、luminous Red B、Luminous Pink 5B、Briliant Violet R、Brilliant Violet B 等。

（三）低温 Paraleel 染色工艺

（1）预清洗。加 1.5% Gemini PUF、0.5% Gemini PHT，60℃温水预洗 10min，排放。

（2）染色。43℃下水洗，备液，添加 Dianix 染料与分散剂 Gemini J，加入 Levavifix/Remazol 染料，放置 15min；缓慢添加元明粉，过程需用时间至少 15min，加入匀染剂 Gemini CF 放置 15min 有余；以 1℃/min 的速率升温至 80℃，保持 20min；再以 1℃/min 的速率升温至 93℃，保持 45min；冷却到 71℃，溢流清洗至 60℃排放。

（3）水洗。71℃下热洗 15min，再灌注 93℃加有 Gemini ANF 1.0%和 Gemini APS 2.0%的浴液，冷却到 71℃，溢流清洗至 60℃。71℃下热水洗 15min 后排放，满注 43℃清水，运行 15min 后排放并出料。

该工艺为改进型低温 Parallel 染色工艺，用 Dianix 和 Levafix 系列染料。

任务实施

一、准备

1. 仪器设备

HTF-24P 红外线染色小样机、PHS-25 酸度计、烘箱、焙烘箱、玻璃棒、染杯、烧杯、量筒、电炉、容量瓶、天平、吸量管、吸耳球、胶头滴管。

2. 染化药品

分散红 FB、分散黄 RGFL、分散蓝 2BLN（浙江龙盛股份有限公司）、扩散剂 NNO、环保载体、保险粉、纯碱、冰醋酸。

3. 实验材料

PTT/涤纶织物。

二、操作步骤

1. 设计染液处方

颜色：橘红

分散红 FB	0. 19%
分散黄 RGFL	0. 26%
分散蓝 2BLN	1. 71%
扩散剂 NNO	1. 5g/L
环保载体	1. 5g/L
pH 值	5. 5
浴比	1 : 10

2. 设计染色工艺曲线

（1）PTT/涤纶织物染色工艺曲线。

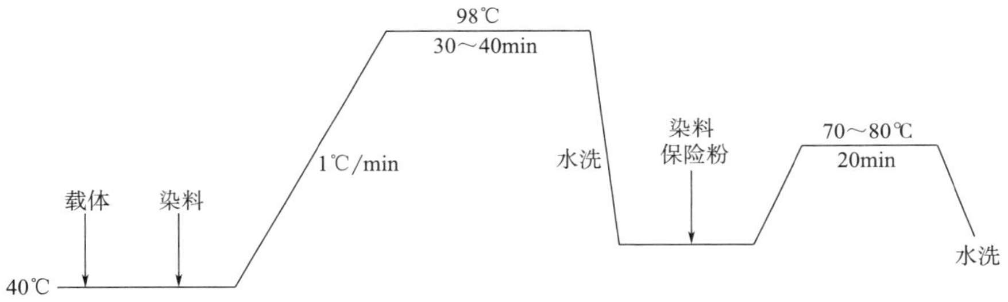

（2）染色工艺处方。

①前处理。

扩散剂 NNO	1. 5g/L
自制载体	1. 5g/L

②染色。

分散染料（owf）	2%
醋酸调 pH 值	5. 5

③后处理。

纯碱	1. 5g/L
保险粉	1. 5g/L
浴比	1 : 10

3. 染色操作

（1）织物先于加有扩散剂、自制载体的 40℃ 温水溶液中浸 10min，使织物均匀润湿。

（2）然后加入分散染料和冰醋酸溶液，以 2℃/min 的速率升温至 110℃，保温 50min，再降温，热水洗，冷水洗，皂煮，水洗，烘干。

三、注意事项

（1）还原清洗。染色后水洗，用还原清洗液（由 1.5g/L 的纯碱和 1.5g/L 保险粉组成）进行清洗，在 70℃处理 20min。

（2）由于分散染料中已含有大量分散剂，所以在染浴中不可多加扩散剂。

（3）染深色时时间可适当增加。

任务拓展

请查阅相关的资料，寻找适合 PTT/涤纶织物的最新环保染料，设计 PTT/涤纶织物的染色方法与染色工艺，并测试染色后织物的色牢度。

思考与练习

1. PTT/涤纶织物的用途有哪些？
2. PTT/涤纶织物的优点有哪些？
3. PTT/涤纶织物的染色方法有哪些？各有什么优缺点？
4. PTT/涤纶织物的染色中应注意哪些问题？

任务 4　玉米纤维染色

学习目标

1. 知识目标

（1）掌握玉米纤维及其织物染色的染料选择和染色方法。

（2）理解玉米纤维分散染料的染色原理。

（3）掌握玉米纤维及其织物的染色工艺因素对同色性的影响。

2. 能力目标

（1）会选择合适的染料并能设计和调整玉米纤维织物的染色工艺。

（2）能根据订单要求进行玉米纤维织物的仿色打样。

3. 素质目标

（1）培养学生的节能环保意识。

（2）培养学生的团队合作能力和沟通能力。

4. 课程思政目标

（1）培养学生的严谨的科学态度。

（2）培养学生勇于探索的精神。

（3）培养学生的热爱纺织的情怀。

任务分析

当工艺员接到玉米纤维织物的染色订单时，先要分析其主要染色性能，玉米纤维可以用分散染料染色，但由于其纤维组成和结构不同于涤纶，染色性能差别很大。总体上看，它染色温度低，难染深，色牢度较差，对碱和温度敏感。因此，玉米纤维染色首先要严格筛选染料，其次要严格制订和控制染色条件，包括染料浓度、浴比、染色温度、染液的 pH 值、助剂性质和浓度以及染后洗涤条件等。

知识准备

玉米纤维染色

一、玉米纤维概述

玉米纤维最早产生于 1948 年，产品名为“维卡拉”，为玉米蛋白质纤维。1957 年，维卡拉玉米纤维由美国维吉尼亚卡里罗米纳化学公司批量生产，之后不久，美国知名谷物公司 Cargill 研制开发成功“玉米聚乳酸纤维”（PLA 纤维），产量达到 6000t。1989～1998 年，日本鸟津制作所与钟纺公司合作进一步开发玉米乳酸纤维，商品名为 Lactron 纤维，并以该纤维制作出各种服饰在长野冬季奥运会上展示。2000 年，美国 CDP 公司与钟纺公司合作，联合生产聚乳酸树脂等新品种，解决了生产聚乳酸纤维成本过高的问题。2002 年，上海华源股份有限公司与美国 CDP 公司合作，成为中国第一家生产聚乳酸纤维的化纤企业。

1. 玉米纤维的结构

聚乳酸纤维的制作首先把玉米粒粉碎，过滤出淀粉，加入酶等成分，使其变成葡萄糖，再加入乳酸酶发酵成乳酸，并生成一种聚合体，再利用熔融纺丝法制成长丝或短纤维。

玉米纤维和涤纶同属聚酯类，涤纶是芳香族聚酯化合物，而玉米纤维是脂肪族聚酯化合物，其化学结构式为：

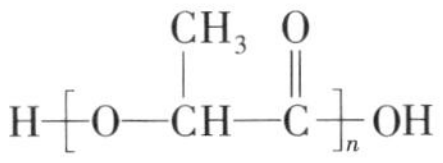

2. 玉米纤维的性能

（1）比重。玉米纤维的比重为 1.27，在纺织纤维中属于较轻的，制成的衣物轻盈舒适。

（2）力学性能。强度、伸长与涤纶和锦纶差不多，但初始模量较低，在小负荷作用下易变形，有很好的手感。玉米纤维的回弹性很好，拉伸 5%时弹性回复率为 95%，拉伸 10%时弹性回复率为 64%，优于涤纶。纤维透明性好，制成的玉米纤维产品性能优越，穿着舒适、弹性好。

（3）吸湿性。吸湿性优于涤纶，标准状态下回潮率为 0.4%～0.6%。吸湿性不高，不易在水中溶胀。

（4）染色性能。玉米纤维的染色以分散染料为好，能染浅、中和深色，耐洗色牢度和移染性较好，色牢度高于 3 级。

（5）热学性能。玉米纤维的熔点是 175℃，低于涤纶和锦纶。玻璃化温度是 57℃，介于涤纶和锦纶之间，沸水收缩率为 8%～15%。

（6）光学性能。玉米纤维有较低的折射指数，光泽柔和，具有丝般光泽。玉米纤维耐紫外线，在日晒500h后，仍保持90%的强力。

（7）阻燃性。玉米纤维的极限氧指数为26%~27%，接近国家标准中规定的阻燃纤维（极限氧指数量28%~30%）。燃烧无烟毒，燃烧过程中会自行熄灭，不产生黑烟，不会产生二次火灾。

（8）生物降解性。玉米纤维具有很好的生物降解性，埋入土中2~3年后强度会消失；如果与其他废弃物一起堆埋，几个月内便会分解，降解产物为无害的乳酸、二氧化碳和水。

（9）抗菌性。玉米纤维表面的聚乳酸能有效驱除细菌、螨虫。纤维材质温和、无刺激，近肤质的弱酸性具有抗过敏性能。

二、玉米纤维染色工艺

1. 染料与助剂

玉米纤维（聚乳酸纤维，PLA纤维）常采用分散染料染色，不易染深色，升高温度可以促进染料上染和提高深度，但温度太高会影响纤维的强力、延伸性，最好在100~110℃染色，温度过高纤维会变成黑色的焦油状物。染色原理类似涤纶染色，需要加匀染剂，用醋酸调pH值至5~6。

一般来说，由于PLA纤维分子链中不存在苯环等芳基，只存在较多的酯基，且结晶度较高，所以只有那些分子较简单，特别是呈线形，分子中存在较多酯基、羟基、卤素原子和氨基等极性基团的染料对PLA纤维有较高的亲和力。这些染料较易扩散进纤维内，再通过偶极力或氢键与纤维分子结合。有些分散染料结构虽然较简单，但缺少上述基团，或者染料分子体积较大但结合能力较差，平衡吸附量也就低，不少染料的饱和吸附量只有PET纤维饱和吸附量的1/6左右（100℃染色），这就导致染色提升性和染色效率低。

由于PLA纤维对光的折射率较PET纤维低（PLA为1.40，PET为1.58），在纤维上的染料浓度相同时，PLA纤维得色应比PET纤维深。紫外线较容易透入PLA纤维内，并使染料发生光褪色或变色，超过近一半的分散染料不耐光。PLA纤维应选用耐紫外线强的染料，或者使用合适的紫外线吸收剂来提高耐光色牢度。

除了改进染料外，筛选和研制染色助剂也很重要。例如，近期开发的双尾型和“双子星座”型表面活性剂，用于PLA纤维染色，可以大大提高上染率或大大降低染色温度，使PLA纤维在100℃以下达到最高上染率（目前它的最佳染色温度在110℃左右）。这些新型的表面活性剂不仅对染料有增溶、匀染、移染等作用，还可以与纤维发生作用，提高纤维的染色性能。

2. 温度

PLA纤维的玻璃化温度（T_g）较低，起始染色温度可适当降低。它在70℃以下几乎不上染，但在80℃后上染加快，故在80℃以前可以较快升温，但达到80℃后应该缓慢升温染色（1~2℃/min）。为了加强移染，还可以在90~95℃时保持5min左右，提高匀染效果。最高染色温度在100~110℃，在最高温度保持时间不宜太长，以免造成纤维损伤，通常保温20~30min。由于PLA纤维T_g较低，所以染后降温速率应慢，以免产生褶皱和使手感发硬，通常应保持 2℃/min 速率降温，直至 50℃以下，即低于 T_g（57℃）后才能排液和进行洗涤。染色过程中，织物强力不能太大，否则易擦伤或变形。

3. pH 值

pH 值是影响染色的另一重要因素。PLA 纤维中的聚酯结构对碱特别敏感，很容易水解损伤，所以不能在碱性浴中染色。事实上，在酸性浴中纤维也会发生明显的水解损伤，在碱性浴和较强酸性浴中，纤维强力和抗拉伸性均会降低，染色以在 pH 值为 5~6 较适合。

4. 染后洗涤

染后的洗涤对染色产品的色光和色牢度影响也很大。洗涤不应该在强碱性和过高温度下进行，否则会引起纤维损伤，并引起染料褪色和变色。染后洗涤温度一般在 60~65℃，最好在中性浴，时间宜短，不宜用烧碱、保险粉还原清洗。

5. 定形处理

PLA 纤维是热塑性纤维，需热定形处理，预定形时的温度和张力对纤维的染色性能影响很大，最高处理温度不超过 130℃，定形处理时间宜短，以 30~45s 为宜。

任务实施

一、准备

1. 材料

玉米纤维制品。

2. 染化料

分散染料 RGSE 黄、匀染剂、冰醋酸、螯合分散剂、碳酸钠、皂片。

3. 仪器

红外染色机、恒温水浴锅、染杯、250mL 烧杯、电炉、电子天平（0.01mg 精度）、烘箱、量筒、计算机测色仪。

二、操作

1. 设计工艺处方及条件

（1）染色处方及条件。

分散染料 RGSE 黄（owf）	2%
匀染剂	2g/L
螯合分散剂	2g/L
冰醋酸（98%）调 pH 值	4~5
温度	110℃
保温时间	30min
浴比	1∶50

（2）皂煮液处方皂煮条件。

碳酸钠	1g/L
皂片	2g/L
温度	95℃

皂煮时间	5min
浴比	1∶30

2. 设计工艺流程

织物准备→配制染液→放入染机染色→完毕取出水洗→烘干→测 *K/S* 值和染色牢度

3. 染色操作

（1）采用浸染工艺，配制染浴，红外线染色机中 50℃入染，以 1℃/min 的速率升温至 110℃保温 30min，取出水洗，烘干。

（2）测定 *K/S* 值和色牢度。

三、注意事项

（1）染色机温度不能太高，否则玉米纤维发黏。

（2）温度高于 80℃升温速率应慢些。

（3）烘干温度不要太高，可以晾干。

（4）玉米纤维材料保存要好，否则易降解。

任务拓展

玉米纤维常与其他纺织纤维混纺，如棉、再生纤维素纤维、涤纶、羊毛等。查阅文献资料试设计一组混纺产品的染色工艺条件。另外，玉米纤维在非织造上应用也很多，可以查阅资料了解玉米纤维的非织造产品。

思考与练习

1. 玉米纤维的染色性能如何?
2. 玉米纤维为何可以采用分散染料染色?
3. 如何控制玉米纤维染色的条件?
4. 为什么玉米纤维纺织品染色重现性比 PET 纤维差得多?

任务 5　仪纶及其织物染色

学习目标

1. 知识目标

（1）掌握仪纶及其织物染色的特性和染色方法。

（2）理解仪纶分散染料的染色原理。

（3）掌握仪纶及其织物的分散染料染色工艺及质量。

2. 能力目标

（1）会选择合适的染料并能设计和调整仪纶织物的染色工艺。

（2）能根据订单要求进行仪纶织物的仿色打样。

(3) 能针对染色后的仪纶织物的质量问题提出改进措施。

3. 素质目标

(1) 培养学生的节能环保意识和责任意识。

(2) 培养学生的团队合作能力和沟通能力。

4. 课程思政目标

(1) 培养学生的严谨的科学态度。

(2) 培养学生勇于探索的精神。

(3) 培养学生对我国纺织研发能力的自信心。

任务分析

根据仪纶及其织物的结构和染色特性，探索合适的染料，确定相应的染色工艺，进行小样染色试验，并验证染色效果如色牢度等方面的具体情况。本任务要求对仪纶及其织物进行分散染料染色，并发现和解决染色中出现的质量问题。

知识准备

仪纶织物染色

仪纶是中国石化仪征化纤有限责任公司和中国纺织科学研究院等单位研发的一种具有突破性创新的新型合成纤维，主要成分是聚酰胺酯，其兼具天然纤维和传统合成纤维的部分优势，绿色低碳，既可以部分代替棉花，减少纺织品对棉纤维的依赖，缓解粮棉争地问题，又可以作为普通聚酯纤维的升级换代产品，是纺织产品创新的理想原料。仪纶以其独特的属性给消费者带来新的体验，深受消费者青睐。

一、仪纶的特点

仪纶是一种最新研制出的新一代超仿棉合成纤维，由对苯二甲酸（PTA）、乙二醇（EG）及聚酰胺（PA）三者共聚反应而成的聚酰胺酯经纺丝而形成的。其分子结构如下所示：

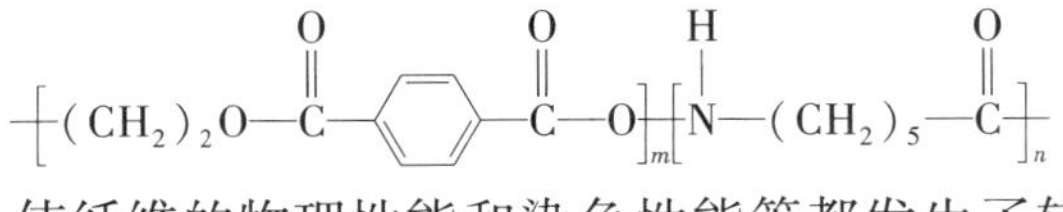

聚酰胺组分的引入，使纤维的物理性能和染色性能等都发生了较大的变化。纤维的初始弹性模量低于常规的聚酯纤维，易于弯曲形变，纤维表现出良好的柔软性；纤维的断裂强度低于常规的聚酯纤维，使织物的毛羽在外界摩擦环境下易断裂，不易成球，纤维表现出良好的抗起球性；回潮率提高至 0.6%，使纤维表面与水的接触角减小，液态水能在织物表面快速扩散，与水分子很少产生牢固的氢键结合，使纤维具有良好的吸湿快干性；纤维的玻璃化温度低至 68~72℃，染料分子更容易进入纤维内部，为实现分散染料常压染色和染整加工的节能减排提供了可能。

由上可知，仪纶既有聚酯纤维抗皱性和保形性好等优点，又拥有棉的柔软、舒适、抗起毛起球、常压染色等优良性能，兼具了棉与传统合成纤维的优良特性，又弥补各自了缺点，具有广阔的发展前景。

二、仪纶织物的染色

1. 仪纶染色适用染料

仪纶的染色性能与PET纤维相似，适合采用分散染料染色。不过，要注意不同分散染料的染色条件也有差别，所以应该针对面料具体组成与染色的具体要求，选择合适的染料，采用适合的染色条件，达到最佳染色效果。

2. 仪纶织物的染色工艺

仪纶染色温度低，在100℃就有优异的上染效果，与涤纶及其织物相比能够节约时间和能量；分散染料在仪纶中的渗透性高于PET纤维，且色泽均匀，色牢度高，具有良好的易染性；与敏感纤维，如毛或氨纶有很好的混纺性，并可在100℃下进行染色，对敏感纤维的损伤较小，色牢度也比较高。

仪纶织物染色实例：

（1）工艺处方、染浅色（浅绿色）。

分散剂	1.0g/L
分散染料（owf）	x
冰醋酸	0.5g/L
多功能乳化分散剂	0.8g/L
保险粉	2.0g/L
烧碱	2.0g/L
冰醋酸	1.0g/L
浴比	1∶20

（2）染色工艺曲线。

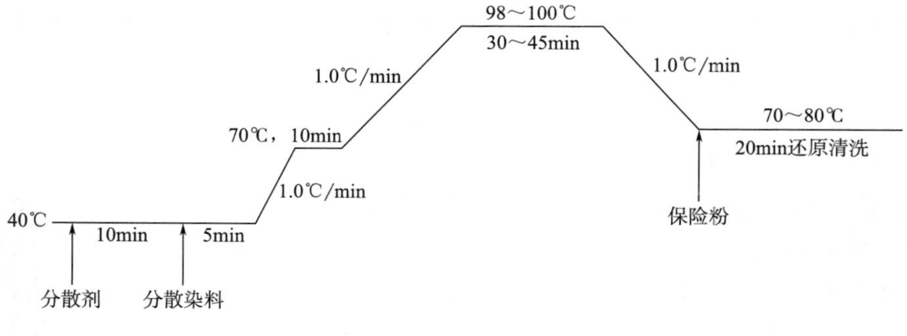

（3）对染色工艺的具体说明。

①处方中的染料为低温E型、中温SE型和高温S型红、黄、蓝分散染料中的一种。

②以40℃为始染温度，以1.0℃/min的速率升温至70℃，在70℃适当保温10min有助于匀染，因为仪纶玻璃化温度为68~72℃。染色升温过程中，染色速率应适当放慢，控制升温速率在1.0℃/min左右，最高不能超过1.5℃/min，否则，可能染花；染浅色可以在98~100℃保温30~45min，染中色和深色在110~120℃保温45~60min。

三、仪纶/棉织物的染色工艺

仪纶/棉织物既有棉织物穿着舒适，吸湿性好、抗静电优良的性能，也有仪纶织物保形、易洗、快干、柔软、舒适、抗起毛起球的优点。因此，两者混纺有效地改善了织物的起毛起球性能、手感和服用性能等，具有很好的市场前景。但是，仪纶和棉的结构、性能不相同，所以染色时使用的助剂、染料、染色工艺等都有所不同。

根据仪纶和棉的染色性能，仪纶/棉织物可以采用分散/活性染料、分散/直接染料或者分散/还原染料二浴法和一浴法染色。

1. 分散/活性染料二浴法染色

分散/活性染料二浴法染色，一般是先用分散染料染仪纶，然后用活性染料套染棉纤维。

（1）染色处方。

①仪纶组分染色。

分散剂	1.0g/L
分散染料（owf）	x
冰醋酸	0.5g/L
多功能乳化分散剂	0.8~1.0g/L
保险粉	2.0g/L
烧碱	2.0g/L
冰醋酸	1.0g/L
浴比	1∶20

②棉组分染色。

活性染料（owf）	x
元明粉	10~30g/L
纯碱	10~20g/L
洗涤剂	2.0g/L
浴比	1∶20

（2）染色工艺曲线。

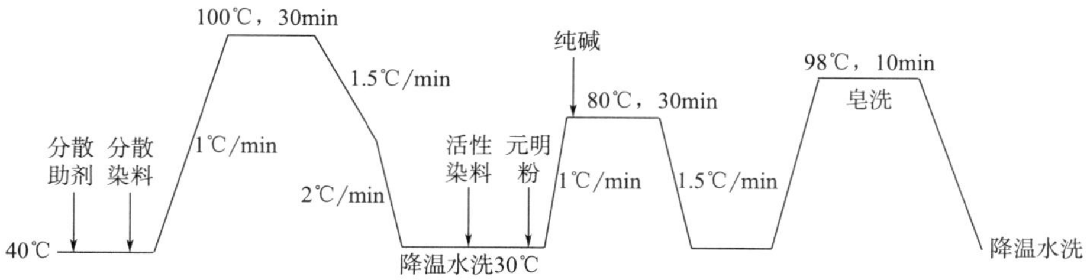

2. 分散/活性染料一浴法染色

分散/活性染料一浴法染色，一般是将分散染料和活性染料同浴，分散染料上染仪纶，活性染料上染棉。

（1）染料选择。选择染料时应该防止两种不同性能的染料发生聚集或产生沉淀、因对纤维沾色严重而影响色光和色牢度、助剂与染料发生反应影响染色进行，同时要考虑两种染料的色牢度等相近。

①活性染料。活性染料染棉时常常需要在碱性条件下固色，染色时上染和固色的温度为60℃。仪纶分散染料常压染色的温度为90~100℃，分散染料在酸性条件下染色。由于活性染料与分散染料同浴染色，因此应该选用在90℃与分散染料可以同浴染色的耐高温活性染料。

比如，上海科颜化学制品有限公司提供的HE型活性染料，其活性基为双一氯均三嗪基，它是耐高温型的活性染料，它的反应主要与温度有关，温度越高，反应性越强，得色率越高，可以在80~90℃条件下对棉织物染色，因此，该类活性染料可与分散染料同浴染色。

②分散染料。活性染料与分散染料对仪纶/棉织物一浴一步法染色时，由于两种染料的染色性能有一定的差异，活性染料染棉时需要加入一定量的元明粉来促染，但大量的元明粉会导致分散染料的分散稳定性降低；活性染料染棉时常常需要在碱性条件下固色；一般分散染料容易沾棉，因此筛选出的分散染料应该具有在碱性条件下稳定、受元明粉影响小、吸尽率高和色牢度好的特点。

比如，上海安诺其集团股份有限公司提供的系列分散染料耐碱性好、稳定性好，其在染浴pH值为9~11、元明粉浓度为50~60g/L的条件下能稳定，也与活性染料共存，并且上染仪纶时对棉沾色很少，适合仪纶/棉织物一浴一步法染色。

（2）染色工艺处方。

匀染剂（g/L）	1.0g/L
耐碱性分散染料（owf）	x
耐高温活性染料（owf）	y
元明粉	20~70g/L
碳酸钠	5~25g/L
洗涤剂	2.0g/L
浴比	1：20

（3）工艺曲线。

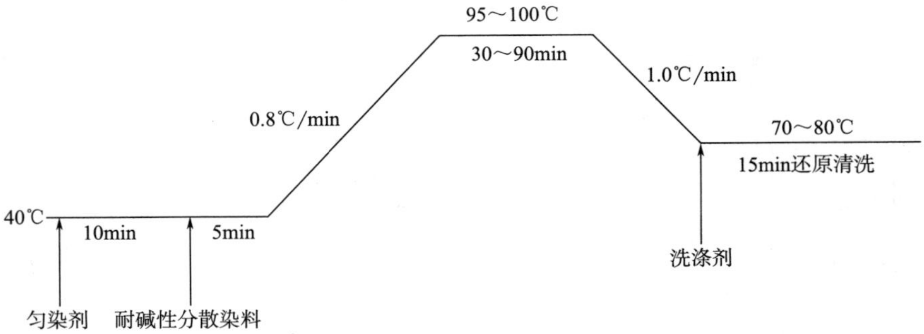

（4）注意事项。

①染色升温过程中，染色速率应适当放慢，控制升温速率在0.8℃/min左右，有利于匀染。

②温度至 95～100℃后保温，根据染色深度选择保温时间（30～90min），染色后降温至 70～80℃还原清洗 15min。

③浅色或者中色时可以采用常压染色，温度 95～100℃；染深色时，如果各项色牢度要求高，最好采用 110～120℃。

任务实施

一、准备

1. 仪器设备

HTF-24P 红外线染色小样机、PHS-25 酸度计、烘箱、焙烘箱、玻璃棒、染杯、烧杯、量筒、电炉、容量瓶、天平、吸量管、吸耳球、胶头滴管。

2. 染化药品

染化料醋酸钠、元明粉、冰醋酸、氨水、皂洗剂、分散剂 NNO、渗透剂 FFC、载体，弱酸性大红 GFS、弱酸性黄 6G、弱酸性蓝 3G、分散红 3B、分散黄 EGL、分散蓝 PUD、匀染剂 ALBEGAL B、渗透剂 FFA。

3. 实验材料

仪纶/羊毛交织物。

二、操作步骤

1. 设计酸性染料/分散染料染色染液处方

A：匀染剂 ALBEGAL B	1.0
冰醋酸	0.5g/L
渗透剂 FFC（owf）	0.5%
B：弱酸性大红 GFS（owf）	0.03%
弱酸性黄 6G（owf）	0.01
弱酸性蓝 3G（owf）	3.01
C：载体	1.5g/L
分散剂 NNO	2.0g/L
D：分散黄 EGL（owf）	0.009%
分散红 3B（owf）	0.06%
分散蓝 PUD（owf）	2.95%
浴比	1∶30
E：皂洗剂	2.0g/L
浴比	1∶20

2. 设计后处理工艺

染色后水洗，用还原清洗液（由 2.0%的烧碱和 2.0%的保险粉组成）进行清洗，在 70℃处理 20min。

3. 设计酸性染料/分散染料一浴法染色工艺曲线

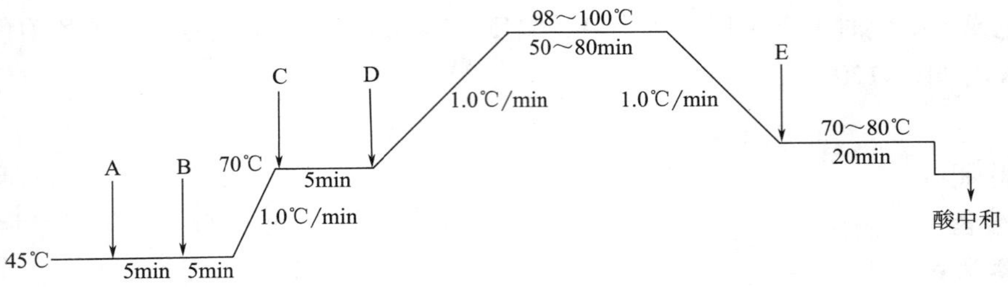

4. 注意事项

（1）处方中的分散染料可以是低温 E 型、中温 SE 型和高温 S 型。

（2）仪纶/羊毛交织物染浅色或者中色时可以采用常压染色，温度 98～100℃；染深色时，如果各项色牢度要求高，为了保护羊毛，一般不采用 110～120℃染色，而是加入分散染料染色时用的载体。

（3）染色时，为了防止分散染料对羊毛的沾色，先在 45℃时加入冰醋酸、匀染剂、渗透剂等助剂，搅匀后再加入酸性染料或毛专用染料或中性染料，当温度升至 70℃时加入载体、分散剂等助剂搅匀，然后加入分散染料，适当保温 5～10min 有助于分散染料的上染和匀染，控制升温速率低于 1.0℃/min，最高不能超过 1.5℃/min，否则可能染花。

（4）升温至 98～100℃后保温，根据染色深度选择保温时间（50～80min），染色后先热水洗，再皂洗 15～20min，热水洗，冷水洗，最后浸轧冰醋酸，使织物表面呈现中性或弱酸性。

任务拓展

仪纶制品受众多消费者青睐，请查阅相关的资料，设计最新仪纶与其他纤维织物的染色方法与染色工艺。

思考与练习

1. 纯仪纶及其织物理论上可以用哪些染料染色？
2. 纯仪纶及其织物的染色方法有哪些？各有什么优缺点？
3. 仪纶/棉织物的染色方法有哪些？各有什么优缺点？
4. 仪纶/羊毛织物的染色方法有哪些？各有什么优缺点？

任务 6　竹浆纤维织物染色

学习目标

1. 知识目标

（1）掌握竹浆纤维及其织物染色的染料选择和染色方法。

（2）理解竹浆纤维分散染料染色原理。

（3）掌握竹浆纤维及其织物的染色工艺。

2. 能力目标

（1）会选择合适的染料并能设计和调整竹浆纤维织物的染色工艺。

（2）能根据订单要求进行竹浆纤维织物的仿色打样。

（3）会评价竹浆纤维织物染色产品的质量。

3. 素质目标

（1）培养学生的节能环保意识。

（2）培养学生的团队合作能力和沟通能力。

4. 课程思政目标

（1）培养学生的一丝不苟的工匠精神。

（2）培养学生勇于探索的精神。

（3）培养学生纺织专业自信。

任务分析

当工艺员接到竹浆纤维织物染色订单时，先要分析其主要染色性能，它同黏胶纤维、棉纤维的染色性能相似，可采用活性染料、直接染料等染色。但因竹浆纤维的湿强低、沸水收缩率高、纤维入水易发硬、耐碱性差、白度低于普通黏胶纤维。因此，先要仔细筛选染料和助剂、选择合适的染色方法和制定合理的染色工艺，完成染色并保证染色成品的质量。

知识准备

一、竹浆纤维概述

竹子应用于纺织纤维有两种方式：一种是天然竹纤维，另一种是竹浆黏胶纤维，也就是人们通常所说的竹浆纤维。目前天然竹纤维还处于试生产阶段，纺织工业利用竹子资源大批量开发的纤维制品是竹浆纤维，竹浆纤维目前在我国已实现了工业化的批量生产。竹浆纤维有多孔隙、中空分子结构，具备优良的吸湿性、透气性、凉爽性、抗菌性、抗紫外线等性能，可生物降解，是一种非常有市场前景的新型环保纤维素纤维。

竹浆纤维染色

竹浆纤维的化学成分主要是纤维素、半纤维素和木质素，三者同属于高聚糖，总量占纤维干质量的90%以上，其次是蛋白质、脂肪、单宁、色素、灰分等，大多数存在于细胞内腔或者特殊的细胞器内，直接或间接地参与其生理作用。

竹浆纤维的内部为多环型网状结构，其纤维内布满了大大小小的椭圆形孔隙，形成高度中空，表面有沟槽，可在瞬间吸收并蒸发水分，故被称为“会呼吸的面料”，由其制成的服装透气、凉爽，经测试吸湿、放湿性能介于麻与蚕丝之间。

但是，竹浆纤维也有很多缺点，例如湿强低、沸水收缩率高、纤维入水易发硬、耐碱性差、纤维细化困难、白度低于普通黏胶纤维、制品抗皱性差等。

二、竹浆纤维染色

1. 适用染料

由于竹浆纤维是纤维素纤维，因此它的染色可参照棉纤维的染色，可采用活性染料、直接染料、还原染料来等来进行染色。染色原理和棉纤维相同。

2. 染色工艺

染色工艺与其他纤维素纤维相似，可以参照纯棉织物染色方法和染色工艺，但因竹浆纤维织物耐碱性较纯棉织物差，在染色时要注意碱剂等的用量和染色工艺条件的控制。

3. 染色设备

由于竹浆纤维湿强低，在水中膨化较剧烈，所以染色设备要选择低张力或者无张力，可选用松式绳状染色机或卷染机等染色设备。

三、质量控制

竹浆纤维织物用卷染机染色时易出现染色边深浅和头尾色过长等疵病。

1. 边深浅

（1）产生原因。

①织物门幅宽窄不一。

②打卷不整齐。

③缝头先边口爆裂。

④织物边纱过紧或偏松。

⑤染料配伍性差。

（2）解决措施。

①染色前检查门幅，误差不能超过1cm。

②头口必须整齐，打卷两边布边一定要整齐。

③如发现走偏现象及时检修设备。

④选用配伍性好的染料进行拼色。

2. 头尾色过长

（1）产生原因。

①导布选择不当。

②加料次数不当。

③加料时没有过导布。

④过早调向。

（2）解决措施。

①机头导布应选择与被染织物同类，经退浆、煮练不含漂白剂的织物、织物幅宽比被染织物宽3~4cm。

②导布若多次回用，要进行清洗，必要时脱色，布面pH值保持中性。

③加料时一定要走出导布。

④经常检查自动调头装置是否失灵，无自动调头装置的卷染机，要严格控制操作，不能

导布缝口未走出就调头。

任务实施

一、准备

1. 仪器设备

烘箱、恒温水浴锅、玻璃棒、染杯、烧杯、量筒、容量瓶、天平、吸量管、吸耳球、胶头滴管。

2. 染化药品

活性红 X-2BF 为分析纯。碳酸钠、元明粉、皂片，均为工业纯。

3. 实验材料

漂白竹浆纤维织物。

二、操作

1. 设计染液处方工艺条件（表 4-6-1）

表 4-6-1　竹浆纤维织物染色处方及工艺条件

染化料及工艺条件	用量
活性染料(%,owf)	1
碳酸钠(g/L)	20
元明粉(g/L)	20
浴比	1 : 50
染色温度(℃)	80
染色时间(min)	30
固色温度(℃)	80
固色时间(min)	30

2. 设计染色工艺曲线

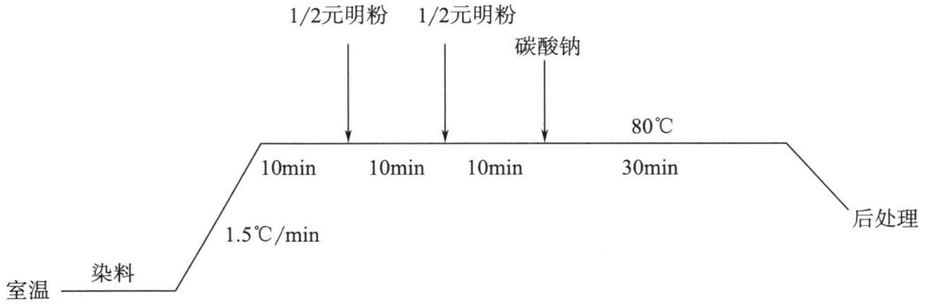

3. 实验步骤

配制染料母液，按处方用吸量管吸取活性黄 X-2BF 放入烧杯，按浴比加水至规定水量，将漂白布 2 块（先用温水浸湿并挤干）投入染浴中，加热至 80℃，染色 10min 时加入一半量的元明粉，再染 10min 加入剩下的元明粉，再染 10min 加入纯碱固色 30min，染毕取出试样，水洗，皂煮，水洗，烘干。

任务拓展

自行选择其他类型的活性染料染色工艺，并对染色产品质量进行比较。

思考与练习

1. 竹浆纤维有什么特点？
2. 请设计两种染料对竹纤维的染色工艺。
3. 竹浆纤维和竹原纤维有什么异同点？
4. 竹纤维的前处理如何进行？

任务 7　莫代尔纤维织物染色

学习目标

1. 知识目标

（1）掌握莫代尔纤维及其织物染色的染料选择和染色方法。

（2）理解莫代尔纤维活性染料染色原理。

（3）掌握莫代尔纤维及其织物的染色工艺。

2. 能力目标

（1）会选择合适的染料并能设计和调整莫代尔织物的染色工艺。

（2）能根据订单要求进行莫代尔纤维织物的仿色打样。

3. 素质目标

（1）培养学生的节能环保意识。

（2）培养学生与人沟通的能力。

4. 课程思政目标

（1）培养学生的工匠精神。

（2）培养学生勇于探索的精神。

（3）培养学生的纺织专业情怀。

任务分析

当工艺员接到莫代尔纤维织物染色订单时，先要分析其主要染色性能，它同黏胶纤维、棉纤维的染色性能相似，可采用活性染料、直接染料等染料染色。但因莫代尔纤维的特殊性，其对染料助剂比较敏感，初染率高，半染时间短，染料一旦上染就不容易移染，容易产生色花和色斑。因此，先要仔细筛选染料和助剂，选择合适的染色方法，制订合理的染色工艺，完成染色并保证染色成品的质量。

莫代尔纤维织物染色

知识准备

一、莫代尔纤维概述

莫代尔（Modal）纤维是由奥地利兰精公司生产的一种环保型纤维素纤维。该纤维具有高湿模量，它是按照黏胶的纺丝工艺原理用高质量的木浆和专门的机械设备及特殊的加工处理方法制得。莫代尔纤维属于改进的黏胶纤维，它具有更高的聚合度，纤维的实用价值更高。

该纤维柔软、顺滑，具有真丝般的光泽和质感，染色性能好，吸湿性比棉纤维高 50%。吸湿快，可使皮肤保持干爽、舒适，是高质量针织内衣的理想纤维原料。

二、适用染料

适用于棉纤维的染料都可以用来染莫代尔纤维，实际生产中以活性染料为主。在选用活性染料时，为了提高染料的固色率，以 B 型染料为主，该染料分子结构中含有两个活性基团，其中一个是一氯均三嗪，耐碱性较好，另一个是 β-硫酸酯乙基砜型活性基团，耐酸性好，因此染色牢度高。

三、染色工艺

染色工艺基本同其他纤维素纤维的染色工艺。在染色加工过程中为了保持莫代尔纤维的优良特性，可以在染液中加入浴中宝来防止织物在染色过程中产生的灰伤、褶皱、擦伤等现象。

四、染色质量控制

莫代尔纤维一般以针织内衣为主，在染整加工过程中容易产生折印。为了克服折印现象的产生，首先应选择好染色设备。一般以溢流染色机为好，染色时染液从浸渍槽底部抽出，经热交换器加热后进入溢流槽，由于染液的流速较织物运动快，溢流的染液带动织物做同向运动，织物在液流中处于松弛状态，所以张力较小，得色均匀，手感好。

任务实施

一、准备

1. 仪器设备

烘箱、恒温水浴锅、玻璃棒、染杯、烧杯、量筒、容量瓶、天平、吸量管、吸耳球、胶头滴管。

2. 染化药品

活性黄 3RS、活性红 3BS、活性蓝 CF，以上均为分析纯。碳酸钠、元明粉、皂片，均为工业纯。

3. 实验材料

莫代尔汗布。

二、操作

1. 设计工艺处方及工艺条件（表 4-7-1）

表 4-7-1 莫代尔汗布染色处方及工艺条件表

染化料及工艺条件	用量
活性黄 3RS(%,owf)	0.19
活性红 3BS(%,owf)	0.46
活性蓝 CF(%,owf)	1.5
元明粉(g/L)	40
碳酸钠(g/L)	20
浴比	1∶12
染色温度(℃)	70
染色时间(min)	30
固色温度(℃)	60
固色时间(min)	60
皂煮温度(℃)	90
皂煮时间(min)	10~15

2. 设计工艺曲线

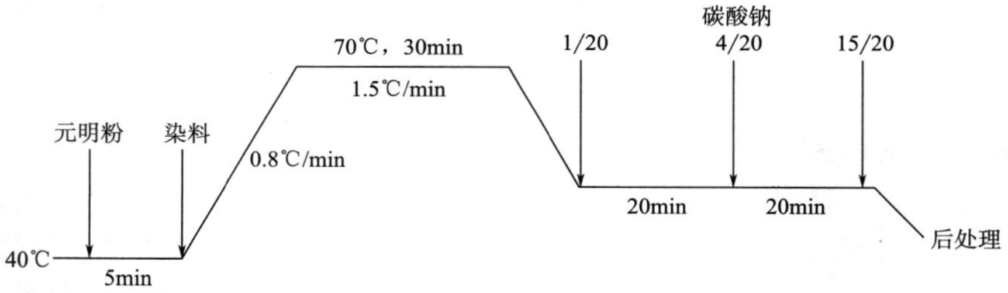

3. 设计染色后处理工艺

（1）水洗。冲洗两遍，10min 后排水，再酸洗一遍（40℃×10min）。

（2）皂洗。加入 HAC+皂洗剂 90℃处理 10min 后排水，降温 70℃洗冷排液。

（3）水洗。水洗二遍各 10min 排液。

（4）酸洗。升温至 40℃处理 10min，带酸出布。

4. 注意事项

莫代尔汗布加工时容易产生折皱印，因此应选择张力小的染色设备，如溢流染色机，这样织物在液流中处于松弛状态，所受张力小，得色均匀，手感柔软。

任务拓展

自行选用其他类型的活性染料对莫代尔纤维进行染色，找出最佳工艺。

思考与练习

1. 莫代尔纤维在染整加工过程中应注意什么问题？
2. 设计一个莫代尔纤维用还原染料染色工艺。
3. 莫代尔纤维有哪些特性？
4. 莫代尔纤维的前处理加工如何进行？

参考文献

[1] 王菊生．染整工艺原理（第三册）[M]．北京：纺织工业出版社，1984.
[2] 宋心远，沈煜如．活性染料的染色理论与实践 [M]．北京：纺织工业出版社，1991.
[3]《最新染料使用大全》编写组．最新染料使用大全 [M]．北京：中国纺织出版社，1996.
[4] 陶乃杰．染整工程（第二册）[M]．北京：纺织工业出版社，1990.
[5] 黑木宣彦．染色理论化学 [M]．陈水林，译．北京：纺织工业出版社，1981.
[6] 李毅．牛仔布生产与质量控制 [M]．北京：中国纺织出版社，2002.
[7] 陈立秋．新型染整工艺设备 [M]．北京：中国纺织出版社，2002.
[8]《印染手册》编写组．印染手册 [M]．北京：中国纺织出版社，1995.
[9] J. 帕克．实用纱线染色技术 [M]．袁雨庭，译．北京：纺织工业出版社，1987.
[10] 罗巨涛．合成纤维及混纺纤维制品的染整 [M]．北京：中国纺织出版社，2002.
[11] 盛慧英．染整机械 [M]．北京：中国纺织出版社，2001.
[12] 宋心远．染色理论概述（四）[J]．印染，1984，10（3）：36-44，59.
[13] 国家纺织产品基本安全技术规范 GB 18401—2010 [S]．北京：中国标准出版社，2011.
[14] 孙铠，沈淦清．染整工艺（第二分册）[M]．北京：中国纺织出版社，2002.
[15] Johnson A. The theory of coloration of textiles [M]．UK：Bradford. The Society of Dyers and Colourists，1989.
[16] 王益民，黄茂福．新编成衣染整 [M]．北京：中国纺织出版社，1997.
[17] 范雪荣．针织物染整工艺学 [M]．北京：中国纺织出版社，2004.
[18] 吴冠英．染整工艺学（第三册）[M]．北京：纺织工业出版社，1985.
[19] Aspland J R. Reactive dyes and their application [J]．Textile Chemist and Colorist，1992，24（5）:31-36.
[20]《针织工程手册染整分册》编写组．针织工程手册（染整分册）[M]．北京：中国纺织出版社，1995.
[21] 钱以竑．PTT 纤维与产品开发 [M]．北京：中国纺织出版社，2006.
[22] 郑光洪，冯西宁．染料化学 [M]．北京：中国纺织出版社，2002.
[23] 孔繁超，吕淑霖，袁柏耕．毛织物染整理论与实践 [M]．北京：纺织工业出版社，1990.
[24] 杨薇，杨新玮．腈纶及碱性（阳离子）染料的现状及发展（二）[J]．上海染料，2003，31（5）:9-14.
[25] Arved Datyner. 表面活性剂在纺织染加工中的应用（Surfactants in Textile Processing）[M]．施予长，译．北京：纺织工业出版社，1988.
[26] Etter. Equilibrium sorption isotherms of indigo on cotton denim yarn [J]．Textile Research Journal，1991，61（12）：773-776.

[27] Albert Roessler. State of the art technologies and new electrochemical methods for the reduction of vat dyes [J]. Dyes and Pigments. 2003, 59 (3): 223-235.
[28] 陈荣圻，王建平．禁用染料及其代用 [M]. 北京：中国纺织出版社，1996.
[29] 范雪荣．纺织品染整工艺学 [M]. 北京：中国纺织出版社，1999.
[30] 木村光雄．染浴の基础物理化学 [M]. 东京：繊维研究社，1979.
[31] Parham R. New dyeing system for acrylic/cationicdyeable polyester [J]. American Dyestuff Reporter, 1993, 82 (9): 79.
[32] 方雪娟．大豆纤维结构与染色性能的关系 [J]. 毛纺科技，2002 (6): 21-23.
[33] 宋心远，沈煜如．新型染整技术 [M]. 北京：中国纺织出版社，1999.
[34] 张壮余，吴祖望．染料应用 [M]. 北京：化学工业出版社，1991.
[35] 周庭森．蛋白质纤维制品的染整 [M]. 北京：中国纺织出版社，2002.
[36] 黄奕秋．腈纶染整工艺 [M]. 北京：纺织工业出版社，1983.
[37] 唐人成，梅士英，程万里．双组分纤维纺织品的染色 [M]. 北京：中国纺织出版社，2003.
[38] 周宏湘，徐辉．含蚕丝复合纤维的纺织和染整 [M]. 北京：中国纺织出版社，1996.
[39] 何瑾馨．染料化学 [M]. 北京：中国纺织出版社，2004.
[40] 上海毛麻纺织工业公司．毛染整疵点分析 [M]. 北京：纺织工业出版社，1986.
[41]《染料应用手册》编写组．染料应用手册 [M]. 北京：纺织工业出版社，1989.
[42] 梅士英，王华杰，唐人成，等．大豆纤维针织品染整加工技术研究 [J]. 针织工业，2003 (1):64-67.
[43] Anis P, Eren H A. Improving the fastnss properties of one-step dyed polyester/cotton fabrics [J]. Textile Chemist and Colorist and American Dyestuff Reporter, 2003, 5 (4): 20-23.
[44] Park J, Shore J. Dyeing blended fabrics-The ultimate compromise [J]. Textile Chemist and Colorist and American Dyestuff Reporter, 2000, 2 (1): 46-50.
[45] 吴立．染整工艺设备 [M]. 北京：中国纺织出版社，2002.
[46] Chavan R B. Alternative reducing system for dyeing of cotton with sulphur dyes [J]. Indian Journal of Fibre & Textile Research, 2002, 27 (2): 197-183.
[47] 宋心远．新合纤染整 [M]. 北京：中国纺织出版社，2000.
[48] 庄才晋，朱凤芳．混纺交织品染色技术 [M]. 台北：染化杂志社，2000.
[49] 吕淑霖．毛织物染整 [M]. 北京：中国纺织出版社，1997.
[50] 赵涛．染整工艺学教程第二分册 [M]. 北京：中国纺织出版社，1997.
[51] 陈荣圻．从外国超细旦纤维专用分散染料看国产染料（二） [J]. 印染，1997, 23 (2): 35-37.
[52] 朱世林．纤维素纤维制品的染整 [M]. 北京：中国纺织出版社，2002.
[53] 吕淑霖．毛织物染整 [M]. 北京：中国纺织出版社，1997.
[54] Aspland J R. Direct dyes and their application [J]. Textile Chemist and Colorist, 1991, 23 (11): 41-45.
[55] 唐育民．固色剂的发展概况评述 [J]. 染整技术，1999, 21 (5): 19-21.

[56] Aspland J R. Vat dyes and their application [J]. Textile Chemist and Colorist, 1992, 24 (2): 22-24.
[57] Chares M. A review of vat dyeing on cotton yarns [J]. Textile Chemist and Colorist, 1995, 27 (10):27-30.
[58] Aspland J R. The dyeing of other blends [J]. Textile Chemist and Colorist, 1993, 25 (9): 79-85.
[59] 滑钧凯. 毛和仿毛产品的染色和印花 [M]. 北京: 中国纺织出版社, 1996.
[60] 王惠珍, 谢玲, 钱国坻. 毛/棉交织物直接酸性染色研究 [J]. 苏州丝绸工学院学报, 1987 (1):19-33.
[61] 唐人成, 赵建平, 梅士英. Lyocell 纺织品染整加工技术 [M]. 北京: 中国纺织出版社, 2001.
[62] 沈煜如, 宋心远. 活性染料中性固色工艺 [C]. 第四届全国染色学术讨论会论文集, 1999, 47-55.